海岛维管植物野外实习教程

马玉心　崔大练　编著

海洋出版社
2016年 · 北京

内容简介

主要内容：本书共分六章，第一章舟山植物概述，重点讲授了舟山植被的分布及区系特点，并以茶山岛为例介绍了无居民海岛的植物特征；第二章舟山海岛植物实习的准备工作，主要讲述海岛植物野外实习的意义、目的、内容要求及实习的组织保障、具体实施方式等；第三章常用植物形态学术语和鉴定方法，重点介绍野外实习中常用的植物形态学术语基础知识；第四章植物标本的采集、制作与保存，主要讲述海岛常见植物标本的采集方法、制作及保存；第五章舟山海岛常见滨海维管植物，重点介绍了舟山海岛特有植物的分类地位、形态特征、生态及分布等；第六章舟山海岛常见维管植物，主要介绍了舟山海岛常见的蕨类植物、裸子植物、被子植物的科、属、种等。

本书特色：本书兼具直观性与实用性，书中附以大量的各类海岛植物图片以加强物种的直观性，便于读者学习，同时又强化了物种的检索，让读者通过本书达到自主学习的目的；增加了海岛特有植物的解剖学部分，此部分以彩图的形式展现，从而使读者更直观认识海岛植物；书中在对海岛植物详细介绍的同时，也对海岛生态做了简要介绍，使读者更加深入了解海岛植被的形成、区系组成、植被覆盖等特点；本书还在附录部分收录了有关植物学方面的经典视频、网站等资料目录，供广大读者学习、参考。

读者对象：本书适合高等院校海洋科学专业及相近专业学生使用，也可供生命科学及中医药等相关专业作为药用植物实习的参考书，也可作为从事海岛野外调查以及植物学与药物学相关工作的科研人员参考用书。

图书在版编目（CIP）数据

海岛维管植物野外实习教程/马玉心，崔大练编著．—北京：海洋出版社，2015.12
ISBN 978－7－5027－9302－9

Ⅰ．①海… Ⅱ．①马… ②崔… Ⅲ．①岛－维管植物－舟山市－实习－高等学校－教材 Ⅳ．①Q949.408－45

中国版本图书馆 CIP 数据核字（2015）第 289359 号

责任编辑：郑跟娣
责任印制：赵麟苏
海洋出版社 出版发行
http：//www.oceanpress.com.cn
北京市海淀区大慧寺路 8 号 邮编：100081
北京朝阳印刷厂有限责任公司印刷 新华书店发行所经销
2016 年 6 月第 1 版 2016 年 6 月北京第 1 次印刷
开本：787 mm×1092 mm 1/16 印张：17.75
字数：400 千字 定价：49.00 元
发行部：62132549 邮购部：68038093 总编室：62114335

前　言

植物学是一门实践性很强的学科，野外实习是学好这门学科的重要途径。目前各高校多采取在野外集中实习的办法，这样安排一是采集植物样品方便，二是可以对学生进行野外生存、团队纪律等各方面的训练。调动学生自主学习的积极性是植物学野外实习的关键，而一本实用性、指导性强的实习指导用书，对植物学野外实习的顺利开展无疑是必要的。目前，植物学实习指导用书很多，但是存在两个方面问题：一是适于本土野外实习的地方特色指导用书相对匮乏，而针对海岛植物野外实习方面的图书更是没有；二是现有的一些指导用书在内容直观性、难易程度等方面，不适宜学生学习使用，难以调动学生自主学习的主动性。因此，编写一本具有地方特色的、内容充实的海岛植物实习指导用书是十分重要的。

编写依据

舟山群岛有大大小小岛屿1300多个，各个岛屿生境差异极大，植物种类较多，而且有许多特有及濒危种类，是认识植物的最佳选择地。因此，国家自然科学基金委员会国家基础学科人才培养基金资助项目“野外实践能力提高项目”——长江口及邻近海域海洋生物与生态野外实习基地将舟山群岛作为陆上集结地。该实习基地已经成功开展了两届全国性的涉海高校实习。由于海岛野外实习受到各相关高校的重视与支持，编写一本海岛植物学实习指导用书势在必行，而且也是当务之急。由于浙江海洋大学地处舟山，编者也对舟山群岛植物已有多年研究，所以，受联合实习高校的委托，编者动笔写这本实习指导用书。

主要内容

本书共分6章，主要内容如下。

第一章　舟山植物概述。本章首先介绍了舟山群岛自然概况、地理概貌，重点讲授了舟山植被的分布及区系特点，并以茶山岛为例介绍了无居民海岛的植物特征。读者通过本章内容的学习，对舟山群岛自然地理概况、植物区系分布等进行初步了解，为后续章节的学习打下基础。

第二章　舟山海岛植物实习的准备工作。本章主要讲述海岛植物野外实习的意义、目的、内容要求及实习的组织保障、具体实施方式等。通过本章内容的学习，让读者提前了解海岛野外实习需做的准备工作。

第三章　常用植物形态学术语和鉴定方法。本章重点介绍野外实习中常用的植物形态学术语基础知识，简要介绍了如何根据植物的特殊结构特征来识别植物。通过本章内容的学习，使读者掌握常用植物形态学术语，并会正确描述野外采集的植物。

第四章　植物标本的采集、制作与保存。本章主要讲述海岛常见植物标本的采集方法、制作及保存。通过本章内容的学习，使读者掌握植物标本的采集与制作。

第五章　舟山海岛常见滨海维管植物。本章针对舟山海岛常见高等植物的主要特征进行描述，重点介绍了舟山海岛特有植物的分类地位、形态特征、生态及分布等，并附有这些植物主要器官的结构解剖彩图，更加直观突出其主要特征，方便读者野外识别。通过本章内容的学习，读者可以认识舟山海岛常见的滨海维管植物。

第六章　舟山海岛常见维管植物。本章主要介绍了舟山海岛常见的蕨类植物、裸子植物、被子植物的科、属、种。通过本章内容的学习，读者可进一步了解舟山海岛常见维管植物，便于野外识别与采集。

附录共分4个部分，主要是为了拓展学生的专业知识，列出一些与植物学有关的视频和网络资源，以便学生课余自学。

编写特色

本书与同类书相比，具有以下几方面的特色。

1.本书兼具直观性与实用性。现有的一些植物学实习指导用书要么在图片直观方面见长，要么在科学检索方面见长， 而这两方面兼具者不多， 本书在参考、借鉴已有资料的基础上有所完善和提高。书中附以大量的各类海岛植物图片以加强物种的直观性，便于读者学习；同时又强化了物种的检索，让读者通过本书达到自主学习的目的。

2.增加了海岛特有植物的解剖学部分，此部分以彩图的形式展现。书中列出了40种海岛植物，基本涵盖了海岛特有植物种类。每一种植物彩图都含有该植物的结构解剖图，从而使读者更直观认识海岛植物。

3.书中在对海岛植物详细介绍的同时，也对海岛生态做了简要介绍，使读者更加深入了解海岛植被的形成、区系组成、植被覆盖等特点。

4.本书还在附录部分收录了有关植物学方面的经典视频、网站等资料目录，供广大读者学习、参考。

教学建议

本书作为教材使用，建议学时为32学时，理论教学8学时，野外实习教学24学时，各章学时分配如下。

第一章：理论教学1学时，通过本章教学让学生了解舟山群岛的自然概况，掌握舟山群岛的植被分布及区系特征。

第二章：理论教学1学时，通过本章教学让学生了解海岛植物野外实习的意义、目的及内容要求；了解实习的组织、实施原则及考核方法。

第三章：理论教学2学时，实习教学4学时。通过本章教学使学生了解植物常用的形态学术语，并能利用形态学术语对植物进行准确描述。本章理论教学结束后，让4~6名学生组成小队，做一套根、茎、叶、花和果实类型的标本。

第四章：理论教学1学时，实习教学 4学时。通过本章教学使学生了解植物标本的采集用品，掌握植物标本的采集、制作及保存方法。本章理论教学结束后，让4~6名学生组成小队，采集、制作一份腊叶标本、一种浸制标本，初步感受野外实习的步骤和标本制作方法。

第五章：理论教学1学时，实习教学 8学时。通过本章教学使学生了解舟山滨海维管植物及主要分布生境，重点掌握舟山常见岛屿植物特征及分布。本章理论教学结束后，选择朱家尖等岛屿进行滨海植物野外实习教学8学时。

第六章：理论教学2学时，实习教学 8学时。通过本章教学使学生重点掌握舟山海岛常见蕨类植物、裸子植物、被子植物主要分布种的重要识别特征。本章理论教学结束后，选择岱山或桃花岛等岛屿进行植物野外实习教学8学时。

自学建议

1. 本课程涉及植物形态学术语、生态学术语等植物基础知识的内容较多，在自学过程中，注意查阅参考课外资料。可结合本书附录提供的学习资源，加强学习效果。

2. 本课程实践性较强，需要有丰富的实践经验才能加深理解或掌握，在有限的实习时段应主动参与野外实践活动，熟记每种植物特有特征，做到勤学好问。

3. 有条件的学生可利用暑期到各地采集植物，将采到的植物以标本、照片、视频等方式上传至指定网站，以增加野外实习经验，取得更好的学习效果。

适用对象

本书适合高等院校海洋科学专业及相近专业学生使用，也可供生命科学及中医药等相关专业作为药用植物实习的参考书，也可作为从事海岛野外调查以及植物学与药物学相关工作的科研人员参考用书。

致谢

本书的编写历时一年，但素材的收集却有十年之久。在此，感谢生物实验教学中心植物生物学教研室的石戈、王萍、何桂明、苗增良、范美华等同事为本书的撰写提供的宝贵建议。感谢浙江海洋大学海洋科学与技术学院学工办刘松平提供的支持与帮助。感谢海洋出版社教材出版中心的编辑为本书的编写与出版付出的辛勤劳动。本书由浙江海洋大学教材出版基金资助出版。最后，在本书出版之际，向所有支持本书出版的老师及朋友们表示衷心的感谢!

当然，本书的编写难免有疏漏和不当之处，书中不妥之处，望广大读者给予批评与指正。

编著者 马玉心

2015.03

目　录

第一章　舟山植物概述

教学目标

1. 了解舟山群岛的自然概况。
2. 掌握舟山群岛的植被分布及区系特点。

海岛具有其独特的地理属性，由于其与大陆隔离，形成了岛屿特有的植物区系属性。舟山群岛有大小岛屿1 300多个，各个岛屿生境差异极大，植物种类较多，本章主要介绍舟山群岛的自然地理概况、植被分布及区系特征，为后续章节的学习打下基础。

第一节　舟山群岛自然概况

舟山群岛位于浙江东北部，长江口以南，杭州湾外缘的东海海域中，29°32′～31°04′N，121°31′～123°25′E之间。东临东海，南至六横岛，西与宁波市隔海相望，北和上海佘山洋毗邻，东西长1 817 km，南北宽1 694 km，为我国第一大群岛，总面积2.22×10^4 km^2。舟山群岛有大小岛屿1 300多个，主要大岛有舟山本岛、岱山、六横、金塘、朱家尖、衢山、桃花、长涂、泗礁等，明礁3 306座，拥有海域面积2.08×10^4 km^2，滩涂面积183.19 km^2，岸线长度2 447.87 km，陆地总面积1 241 km^2，面积超1 km^2的岛屿有58个，以舟山岛最大，面积为502.6 km^2，仅次于台湾、海南和崇明岛，是我国第四大岛。

舟山于1987年1月经国务院批准撤地建市，并列入沿海经济开发区。舟山市下辖两个县和两个区，人口98.4万。2009年12月25日，舟山跨海大桥全面通车。舟山跨海大桥的贯通，有利于推进宁波—舟山港口一体化进程，甚至可能使长三角区域的战略空间格局发生新的演变和整合。2011年7月7日，国务院新闻办举行发布会，宣布正式批准设立浙江舟山群岛新区，标志着中国首个以海洋经济为主题的国家战略层面功能区正式成立。舟山群岛新区范围与舟山市行政区域一致，其定位为浙江海洋经济发展的先导区、海洋综合开发试验区和长江三角洲地区经济发展的重要增长极。

舟山群岛地质构造属闽浙隆起带东北端，华夏古陆的构造单元。为天台山东北方向之余脉，至全新世中期新构造运动及多次海侵而逐渐与大陆分离形成，地史较为年轻，距今7000～9000年。群岛地势自西南向东北倾斜，西南多大岛，东北多小岛。海域自西向东由浅入深，岛上丘陵起伏。一般大岛中央都绵亘山脊分水岭，滨海围涂造田，呈小块平原。桃花岛的对峙山为群岛最高峰，海拔544.4 m，其次为本岛的黄杨尖，海拔503.6 m，其余各岛均在500 m以下，一般为200 m左右或更低。坡度通常在30°上下。岛屿多为一山一谷地形，属里亚斯型海岛，距离陆地最近处不足5 km。

舟山群岛岛屿多为基岩岛，基岩以火山岩、侵入岩为主，其次为潜火山岩和变质岩。岛屿地表为上侏罗纪陆相火山岩系的流纹岩、凝灰岩、石英斑岩等，形成海岛地区特殊的饱和红壤及滨海盐土。山地成土母岩多为流纹岩、凝灰岩及变质岩，主要分布在舟山本岛、六横、金塘、桃花、岱山和长涂等岛，其次为花岗岩，多见于朱家尖、桃花、普陀山及泗礁等岛。丘陵山地土壤主要有红壤、黄壤、粗骨土、石质土等，其中粗骨土分布面积约占丘陵山地面积一半以上，土层浅薄，厚度仅 30 cm 左右，其次为红壤，占 35.1% ，多分布在山麓一带，土层厚达 50 ~100 cm，pH 5.0 ~6.5，是分布森林植被的主要土壤。滨海沙土面积较少，主要分布在泗礁、普陀、朱家尖和岱山等地，沙层深厚，无结构，土体流动性大，含盐量较低，肥力极差，多生长一些耐盐抗旱的沙生植物。陆域以丘陵山地为主，丘陵和平地面积分别占 62.6% 和 37.4% 。

舟山群岛四季分明，冬暖夏凉，年温适中，光热充裕，蒸发量大，降雨偏少。全年常有大风天气出现，春季多雾，夏秋台风（热带风暴）影响频繁。由于受海洋环流影响显著，舟山群岛属中亚热带北缘典型季风气候区，全年风日多、风力大。年均温 15.4 ~16.4℃，最冷月 1 月均温 4.3 ~6.1℃，最热月在 8 月，比内陆推迟一个月，平均气温 26.8 ~28.1℃，极端最高温 39.1℃，极端最低温 -7.9℃，大于 10℃的年平均积温 48 976 ~ 52 276℃ 。年均降水量 850.6 ~1 367.1 mm，无霜期 239 ~268 天，年均风速 3.3 ~7.8 m/s，最大风速达 28 ~41.7 m/s。

第二节　植被概况

舟山群岛的地理位置，使其植被具有海岛特殊性，本区植物区系的地理成分具有多样性和复杂性。舟山群岛植物区系在属级水平上已具有明显的热带区系性质。

一、舟山群岛植物研究简史

最早来舟山采集植物的外国学者是苏格兰医生坎宁安（J. Cunningham），他在普陀桃花岛采得杉木标本。荷兰植物学家勃鲁梅（C. L. Blume）于 1826 年发表了 *Laurus sericea* Bl.，后被组合为 *Neolitsea sericea*（Bl.）Koidz.（舟山新木姜子）。中井猛之进（日）在研究了采自舟山的标本后，于 1939 年发表了普陀樟（*Cinnamomum ehienii* Nakai），后被并入天竺桂（*C. japonicum* Sieb.）。北川政夫（1933）（*Act. PhytOtax. Geobot.* 2：43.）也采集并发表了舟山特有种普陀狗娃花（*Heteropappus arenarius* Kitam.）。英国园艺学家福琼（R. Fortune）于 1845—1856 年先后 8 次来舟山采集标本，带走了大量的苗木与种子。英国人法贝儿（E. Faber）于 1891 年在舟山采集了大量的植物标本，他也是在浙江采集模式植物最多的外国人。钟观光 1927 年任教于浙江大学农学院兼任西湖博物馆自然部主任期间，曾多次来舟山采集标本，他采集的标本许多被定为新种，其中就有普陀鹅耳枥。普陀鹅耳枥是由郑万钧教授与钱崇澍教授在合著的《浙江维管束植物之记载》中发表。秦仁昌在 1921—

1924 年也来舟山采集标本，发现了许多珍稀物种和新记录种。钟补求发表了《普陀，雁荡采集旅行记》，贺贤育、陈诗等于 1929—1934 年多次来舟山采集。

20 世纪 80 年代以来，浙江省林业科学研究所、舟山林业研究所等单位对桃花岛、朱家尖岛、普陀山等岛屿进行了较为完整的植物区系调查研究，并对普陀山的古树名木和木本植物进行了调查，基本上摸清了舟山地区岛屿的植物资源现状（包括普陀山的古树名木资源）。1990—1993 年，舟山市各区县在开展海岛林业植被资源调查的同时，首次全面系统地查清了舟山群岛的植物资源及分布、生境和数量，为进一步保护珍稀濒危植物提供了科学依据。

近年来，浙江海洋大学加大学生的野外实践活动指导工作，尤其是植物学野外实习工作。马玉心教授团队近年来对舟山群岛的植物进行较为翔实的调查研究，更新了舟山原有名录，并发现了浙江省、舟山市新记录十几种，填补了原有的植物目录空白。

二、舟山植物区系

以马玉心、丁柄杨、王国明等教授团队多年对舟山群岛植被的调查研究资料为主要参考依据，舟山群岛共有野生维管束植物 166 科 652 属 1 407 种（亚变种），其中蕨类植物 24 科 41 属 61 种，种子植物 122 科 611 属 1 346 种。

舟山植物区系的地理成分具有多样性和复杂性。根据吴征镒先生将种子植物的属划分为 15 个分布类型，舟山群岛具有 14 种分布类型，主要为泛热带分布、东亚分布、北温带分布三个成分，还有世界广泛分布构成了舟山群岛区系成分的主体。热带成分与温带亚热带成分趋于相等说明本区系在属级水平上已具有明显的热带区系性质。

滨海植物区系发达，本区共计有滨海植物 62 种（含少量引种，归化及蕨类植物），隶属于 33 科 52 属。由海向陆按生境不同可分为 4 类，为海滨沙地植物、滩涂泥沼植物、海岸崖壁植物以及岛屿或大陆海岸山地植物等。在上述 52 个属中，以世界广泛分布（9 属）、泛热带分布（12 属）、北温带分布（6 属）、旧世界温带分布（7 属）、东亚分布（5 属）五种分布型为主，占了滨海植物总属数的 75%。各种热带性地理成分占 55% 。

海岛植物区系次生现象明显。本区裸子植物极为贫乏，自然分布的仅有马尾松、粗榧、竹柏 3 种。作为被子植物最原始的类群术兰科在本区未见分布，五味子科仅南五味子属 2 种，其他离生心皮类群也较稀少，仅防己科 4 属 5 种，木通科 2 属 2 种，毛茛科 2 属 10 种。而葇荑花序类在本区则较为发达，如壳斗科、榆科、桑科、荨麻科、胡桃科、桦木科、杨柳科等均属常见。

本区无我国特有科分布，特有属亦极贫乏，自然分布的仅有金桔、盾果草、短穗竹三属。本区特有种仅普陀鹅耳枥1种。这些现象既说明了本区系缺乏古老性而具明显的次生性质，同时也反映了本区系与大陆之间交流的频繁以及人为干扰的严重。

三、无居民海岛的植被特征

无居民海岛指没有户籍居民居住的海岛，俗称无人岛。2011年4月12日国家海洋局公布了首批176个可开发无居民海岛名录，其中浙江31个，10个在舟山市。舟山共有1 300多个海岛，也是此次浙江开发无居民海岛的重点区域。舟山的无居民岛开发已有多年。从历史看，因投资额大、环境不利及政策不明晰等诸多因素，开发并不顺利。荒芜岛屿的环境、植被种类及其生长状态没有明确、翔实的资料，如何更好地开发利用是亟待解决的问题。而对无居民海岛的植被调查更要做大量艰辛的工作。马玉心教授团队与舟山市海洋勘测设计院和国家海洋局第二海洋研究所等单位联合对部分无居民岛屿上的植被进行了调查，有很多新发现，并提出了保护建议。本书以茶山岛为例，介绍无居民海岛植被调查情况。

（一）植物种质资源概况

茶山岛共有维管植物56科117属140种植物，其中蕨类植物4科4属5种；裸子植物1科1属2种；被子植物51科112属133种。单科属种的有25个，占整个科数的44.64%。可见其区系的原始性。优势科为禾本科（Poaceae）13种、菊科（Compositae）18种、蔷薇科（Rosaceae）5种、豆科（Leguminosae）7种、百合科（Liliaceae）6种、蓼科（Polygoaceae）5种、唇形科（Labiatae）5种 这7科的植物种数占茶山岛总植物种数的42.14%。其中细小景天（*Sedum subtile* Linn.）为浙江新记录种。

茶山岛维管植物种类较为丰富，在主要的140种维管植物当中，木本植物50种，草本植物90种。既有乔木、灌木，也有一年生、二年生和多年生草本植物及一定数量的藤本植物。

该岛分布有刺楸等珍稀植物及多种珍贵的药用植物。另有6个舟山市新记录种、4个濒危保护物种。

（二）植被概况

茶山岛总体分为养殖区和山区两部分。养殖区以草本植物为主；山区为岛屿山体，以灌木、乔木为主，植被丰度高。

（三）茶山岛植被资源总体评价

茶山岛植被分为两部分，一是山体植被，二是养殖池塘植被。

1. 受保护的濒危植物资源

岛屿上分布着大量的国家级保护植物，如滨柃、香樟和野大豆；浙江省重点保护野生植物全缘冬青、海滨木槿、柃木、红山茶、寒竹。厚叶石斑木，是海岛特有植物，由于生境狭窄，生态位不宽，所以也应当受到保护。

2. 舟山群岛新记录植物

依据金佩聿《舟山群岛植物区系的研究》的数据，结合2013年10月和2014年3月的两次调查，发现如下植物为舟山群岛新记录植物：白花败酱（*Patrinia punctiflora* Hsu et H. J. Wang）、缬草（*Valeriana officinalis* L.）、枸骨（*Ilex cornuta* Lindl.）、老鸦瓣（*Tulipa edulis*（Miq.）Baker）、愉悦蓼（*Polygonum jucundum* Meisn.）、光叶蔷薇（*Rosa wichuraiana* Crep.），新记录种的发现填补了舟山群岛植被研究的空白。

3. 经济植物资源

岛屿上具有多数药用植物资源，如山营、天门冬、火炭母等。岛屿上分布着许多重要的经济植物，如紫藤、黑松等。花卉植物有换锦花、普陀水仙等。

（四）茶山岛植被的区系特征

从表1－1可以看出，茶山岛的植被区系成分以世界分布、泛热带分布、北温带和旧世界热带分布及东亚日本分布为主，这五部分分布占区系总成分的69.56%。根据吴征镒先生对中国植物区系地理成分的划分意见可知，本区缺乏中国特有属、古热带分布、中亚分布、温带亚洲分布。其余成分均与吴征镒先生所描述的中国植物区系成分类型相同。热带成分及温带亚热带成分所占比例较大，说明本区在属级水平上具有较明显的热带区系成分。

表1－1　茶山岛种子植物区系分布类型

序号	分布区类型	属数/属	占总属数/%
1	世界分布	27	23.7
2	泛热带分布	20	17.5

续表

序号	分布区类型	属数/属	占总属数/%
3	北温带分布	16	14.1
4	东亚（东喜马拉雅—日本）	8	7
5	地中海区、西亚和东亚间断	4	3.6
6	地中海区至温带、热带亚洲，大洋洲和南美洲间断	3	2.7
7	东亚和北美洲间断分布	4	3.6
8	旧世界热带分布	9	7.9
9	热带亚洲（印度—马来西亚）分布	3	2.7
10	热带亚洲和热带美洲间断分布	5	4.4
11	热带亚洲至热带非洲分布	4	3.6
12	中国—日本分布	5	4.4
13	北温带与南温带间断分布	3	2.7
14	旧世界温带分布	3	2.7

从植物种类可以看出，中国—日本区系成分占有一定的比例，说明我国东部地区与日本之间植物区系的相似性，代表植物如刺楸、檵木、寒竹、紫藤、厚叶石斑木等。有些种类是与台湾岛共有的种类，如中华补血草、芙蓉菊、柃木、山菅等，说明本区与台湾植物区系也有一定的相似性。

植物区系热带成分所占的比例较大，占所有种数的34.78%。从林相来看分布着热带雨林所具有的绞杀植物，如络石、薜荔、紫藤、菝葜、木防己等，这些藤本植物缠绕于树林之中，构成了热带林相景观。而且在林中的优势树种沙朴的根，由于多年的雨水冲蚀，形成了状似板状根的现象。

茶山岛植物种类资源较丰富，经统计维管植物有58科，124属，140种。裸子植物与蕨类植物不丰富，裸子植物只有一种，蕨类植物有5科6属6种。岛屿山体部分植被覆盖率达90%左右，乔木群落发达，林下藤本及灌木构成热带景观。山体植被受干扰较少，在林内可以见到鸟卵及鸟的尸骸，还可见到蛇蜕，说明林下环境适于动物的生活。在这里分布着重要的国家级保护植物——刺楸，而且其数量较多，几乎遍布全岛，最大直径达60 cm，而且林下更新较好。这里保存有较好的以海岛区系特色为代表的植物群落，而且还有换锦花、普陀水仙等濒危保护植物，外来入侵植物较少，在该区很少发现加拿大一枝黄花等外来入侵种。因此对全部岛屿应采取划定保护区加以保护。

岛屿的养殖池塘部分，受人为干扰较为严重，这里分布着大量的外来入侵植物——加拿大一枝黄花，对此部分岛屿植被应采取适当的植被恢复策略加以恢复。具体的恢复策略可以采用间歇性养殖，以恢复被破坏的植被。

本章小结

舟山群岛有岛屿 1 300 多个，拥有海域面积 $2.08\times10^4\ km^2$，滩涂面积 183.19 km^2，岸线长度 2 447.87 km，陆地总面积 1 241 km^2，以舟山岛最大，面积为 502.6 km^2。岛屿多为一山一谷地形，属里亚斯型海岛。岛屿多为基岩岛，基岩以火山岩、侵入岩为主，其次为潜火山岩和变质岩。舟山群岛属中亚热带北缘典型季风气候区，全年风日多、风力大。舟山群岛四季分明，冬暖夏凉，年温适中，光热充裕，蒸发量大，降雨偏少。全年常有大风天气出现，春季多雾，夏秋台风（热带风暴）影响频繁。

舟山群岛共有野生维管束植物 166 科 652 属 1 407 种（亚变种），其中蕨类植物 24 科 41 属 61 种，种子植物 122 科 611 属 1 346 种。植物区系的地理成分具有多样性和复杂性。主要成分为泛热带分布、东亚分布、北温带分布三个成分，还有世界广泛分布成分构成了舟山群岛区系成分的主体。热带成分与温带亚热带成分趋于相等说明本区系在属级水平上已具有明显的热带区系性质。

舟山无居民海岛较多，是浙江省无居民海岛开发的重点区域，无居民海岛植被资源丰富，以茶山岛为例，岛屿上维管植物种类较为丰富，在主要的 140 种维管植物当中，木本植物 50 种，草本植物 90 种。既有乔木、灌木，也有一年生、二年生和多年生草本植物及一定数量的藤本植物。该岛分布有柃木、滨柃等珍稀植物及刺楸等多种珍贵的药用植物。另有 6 个舟山市新记录种、4 个濒危保护物种。

第二章 舟山海岛植物实习的准备工作

教学目标

1. 了解海岛植物野外实习的意义、目的及内容要求。
2. 了解实习的组织、实施原则及考核方法。

植物学是一门实践性很强的科学，野外实习则是植物学教学不可缺少的重要环节。植物野外实习对每个学生来说都将是终生受益的，是一次十分宝贵而终身难忘的学习、交流机会。海岛植物野外实习又因海岛的地理环境复杂，不可预见因素较多，要在短短一周内取得最大的效果，必须明确目的，充分做好各项准备工作。

第一节　海岛植物野外实习的意义和目的

植物学野外实习是植物学实践教学的重要组成部分，主要目的是复习、巩固和验证所学的植物学基本理论和基本知识，对培养学生野外植物调查研究的基本技能和实践能力，具有重要意义。

一、实习意义

植物学是一门内容十分广博的学科，研究对象是植物各类群的形态结构、分类和有关的生命活动、发育规律以及植物和外界环境之间多种多样的关系。植物学野外实习是植物学教学重要的组成部分。野外实习是掌握和巩固课堂教学的基础理论知识和基本实验技能的重要环节，同时也是增强学生对自然界生物的认识、培养学生理论联系实际和独立分析问题、解决问题等综合能力的一个重要的教学环节。在野外学习植物自然资源的种群分布和分类知识，对于了解我国一些典型地区植物的分布、生活习性、生态及种类鉴别知识，同时培养学生对大自然的热爱，以及培养学生利用和开发自然资源的兴趣、拓宽思路、提高对生物多样性的认识及环保意识均具有重要的意义。

二、实习目的

植物学野外实习是植物学实践教学的重要组成部分，野外实习可培养学生不怕困难的精神、团队协作意识，是巩固课堂知识及掌握知识迁移能力的重要环节。实习主要目的是复习和验证所学的植物学基本理论和基本知识，同时进一步扩大和丰富学生的植物学知识；激发学生学习的积极性；促进学生理论知识与实践应用的统一与结合，培养学生野外植物调查研究的基本技能和实践能力，同时使学生们加强环境保护意识，深入认识保护植物多样性和合理利用植物资源的重要性，成为适应时代发展要求的植物学专业人才。

第二节　实习内容和要求

海岛植物学野外实习主要以海岛森林植物实习和海岸常见植物实习为主，通过一周的野外实习，使学生学会植物野外实习的一些基本方法，使用工具书识别植物，掌握标本采集、记录和制作的方法。

一、实习的内容

海岛植物学野外实习主要以海岛森林植物实习、海岸常见植物实习为主，实习的内容包括以下几个方面。

（1）野外环境下植物种类识别，学习植物种类鉴定的基本方法和工具书检索表的使用，识别并鉴定200种左右常见海岛森林植物和100种左右的海岸常见植物。

（2）植物标本的制作，包括传统的实体植物标本制作和数字标本制作方法学习。

（3）根据所选实习基地附近植被特点和现状，选取有实际意义的小型调查项目，以小组为单位开展短期专项研究，通过查阅资料，分析讨论，最后做出总结报告。

二、实习的要求

通过一周时间的野外实习，要求每个学生做到以下几点。

（1）初步掌握植物分类学和植物资源野外调查的基本方法和步骤，熟悉野外调查工具及使用方法。

（2）掌握植物分类检索表、植物志、植物图鉴等工具书的特点和使用方法，并利用它们对所采集的植物标本进行科学鉴定，写出科属种的学名，分小组按系统写出植物名录。

（3）通过鉴定由老师辅导，能正确识别150~400种植物，并归纳30~40个重点科的主要特征。

（4）掌握植物标本的采集、记录和制作方法。每个同学完成10~15份腊叶标本，每小组完成150~200种合格的腊叶标本。

第三节　实习的组织和实施

野外实习是课堂教学和实验室教学的延伸，是重要的实践教学环节。良好有序的实习组织与实施是顺利完成实习工作的重要前提条件。

一、做好实习地点的选择和预采工作

选择合适的实习地点是完成野外实习一个重要的问题。一般选择植物种类丰富的山地丘陵和港湾多的岩礁海滨，这些区域植物区系成分复杂，植被类型多样，垂

直分布明显。交通方便，食宿等条件完备，还与有关学校建立教学基地共建关系，可以节约开支。根据上述原则，舟山的集中实习地点多选择在岱山、定海、朱家尖等大岛上。

年度实习确定之后，指导老师必须组织一次预采工作。进行预采的老师是对实习工作做一次全盘安排。除安排交通、食宿等问题外，更重要的是对实习地的植物种类、分布情况进行实地考察，并确定实习路线和实习地点，以便制定实习日程，有计划地进行实习工作。通过预采使教师做到现场备课，心中有数保证实习质量，这对教师来说是一次极好的业务学习机会，不可忽视。踩点与备课：实习指导教师提前一周到实习基地进行教学准备工作，熟悉当地的自然情况，设计实习路线，制订教学计划，根据当地植被生长的实际情况认真备课并初步拟定专项调查题目。

二、实习时间和实习日程安排

（一）实习时间

实习一般安排在第二学年度第二学期期末，通常是7月初，为期10天左右。

（二）实习日程安排

集中实习为期1周，主要进行实习动员、标本采集、标本压制、翻制、制作标本、撰写报告、标本认识考试等内容，日程具体安排如下。

（1）第1天：在校内召开动员大会，主要对学生进行野外实习内容讲解及签订安全责任书等。着重强调人身安全、行动安全、野外环境安全、住宿安全等内容，做到统一指挥、统一行动，特殊情况及时汇报。同天，由教研组的两位老师前往实习地进行路线勘查、住宿等先行准备工作。

（2）第2~5天：在实习地采集植物，压制、翻制标本。

（3）第6天：在植物实验室、标本室进行制作标本、再认标本及进行标本认识考试。

（4）第7天：整理标本，撰写实习报告。

学生利用暑期完成团队设计性实习报告。

三、实习的组织

（一）组织保障

为保障实习工作的顺利进行，建立实习领导小组。组长由学院主管教学的院长（或系主任）担任，副组长原则上由野外实习经验丰富的课程老师担任，成员还应包括学工部的老师主要负责学生安全、思想教育和后勤工作，根据实习学生的人数安排有经验的专业教师进行专业知识的辅导。

（二）学生分组

每个实习团队原则上设立一位大队长，自然班的班长为副队长。学生以自然班为一个大组，每个大组下设 4 ~5 个小组，每个小组设一名小组长，也可再选一个副组长。每个小组人数控制在 8 ~10 人之间，每两个小组由一位专业老师指导。大队长应协助带队老师指挥，管理并督促各小组工作，副队长应协助带队老师与大队长指挥、管理并督促本班工作，并在实习动员前完成本班的“××大学（学院）××级植物学野外实习简明通讯录”填写工作，交大队长汇总，见附录1。每位小组长与副组长应随时注意本组人员的行动，保管好实习资料、工具，具体负责工作任务分配到人，并作轮换。指定卫生员若干人，也可由副组长代替，负责携带管理药品及卫生保健工作。

（三）实习动员

实习动员是指导教师、参加实习的辅导员老师和全体学生在实习之前召开的一次重要会议。主要包括以下几个方面的内容。

1. 安全教育

需要学生明确实习期间必须遵守的各项纪律要求，认真阅读《××大学（学院）学生处出安全告知书》（附录2）并签署《××大学（学院）野外实习安全承诺书》（附录3）。

2. 实习内容介绍

介绍实习地自然概况和实习内容相关的知识是十分必要的，可组织学生看有关电影、录像、幻灯片等，先有个大致印象。把实习地的主要植物种类压成腊叶标本，写上科名、药名、应用价值及生态环境，供学生实习前预习用。重点强调主要实习内容和时间安排及拟开展的专项调查研究题目，学生们可以根据自己的兴趣爱好选择专项调查的题目，并准备相应的参考书和资料。此项工作要认真周密才不至于陷入被动。实习所用的工具配齐后可分由实习小组携带。这里需要强调的是：参考文献和工具一定要带足，“实习计划”要周密和合理以利执行。

3. 实习用具的发放与领取

具体安排实习用品等的领取、登记及归还的时间和地点，安排实习日记和实习报告上交日期。

4. 食宿安排

实习期间食宿由学校统一安排，告知学生基本情况。提供实习期间可能用到的个人生活用品清单，供学生们参考。

特别应予强调的是，必须做好实习前的思想动员。应反复讲明有关实习的目的和要求，交代清楚实习中预计的困难和实习的纪律、注意事项。我们的经验表明，学生政治辅导员或班主任参加领导实习工作十分有益。只有具有高度的组织性和纪律性，才有可能保证实习工作的顺利进行。

（四）实习具体实施方式

采用集中—分散—集中方式完成实习。即先由老师针对实习地植物以实地与PPT相结合的形式集中讲解，学生以小组的形式分散进行实习，再以专题的形式集中以PPT形式进行汇报，由学生和指导老师共同评分，评出优秀。实习组织中学生自愿组队，以小组为单位进行实习。团队选题，做一个以海岛植物为特色的小课题，要求学生利用所学的知识，通过查找文献、网络平台，自行解决野外实习发现的问题，撰写实习论文。

第四节　实习考核

一、考核方式

探究式考核模式由浙江海洋学院马玉心教授于2002年提出，并延用至今。探究式考核，主要强调学生在考核中主动参与，调动学生的积极性与创造性，变被动为主动，使考核成为一种创造性的实践活动。近三年来，我们在此基础上将3T（3T是Technology掌握技术，Teaming团队精神，Transference知识迁移的英文缩写）培养模式中团队设计性实验项目、自选项目的成果纳入考核中，个人成绩加团队成绩为最终总成绩。对本科植物学野外实习内容和形式的改革，目的是激发学生学习的主动性、积极性并最大限度地挖掘学生的创新意识和独立开展科学研究工作的潜能。这种考核方式有效地调动了学生3T实践能力，减少了死记硬背学生的比例，促进多元化实践能力的培养模式的发展。

考核共分两个方面，即学生个人考核和团队设计性报告考核，各占50%。

学生个人考核主要包括学生实习过程中知识的掌握程度，观察、记录、归纳、总结能力。实习报告占20%，标本或植物实物识别占20%，标本制作占10%。

团队设计性报告考核包括选题是否完成（10%），PPT制作（10%），汇报内容准确、丰富（5%），论文撰写（15%），论文创新点（10%）。这部分成绩由学生和指导老师共同评分，评出优秀。

具体要求见表2－1。

表2－1　××大学（学院）植物野外实习考核表

________学校________届__________专业植物野外实习考核表

姓名________________　班级______________　学号______________

考核组成	考核内容	考核要点	配分	评分标准	扣分	得分	备注
学生个人考核（50分）	实习报告	实习报告内容、格式以及实习心得等	20	格式正确6分； 内容丰富8分； 实习心得真实可读性强4分； 字体清晰2分			
	植物识别	由教师指定植物实物或标本，学生回答出科属种及识别要点	20	迅速、准确回答科属种得1分； 识别要点得1分； 每更换一份植物材料扣1分			
	标本制作	制作腊叶标本5份	10	完成1份标本1分； 标本摆放美观、制作精巧1分			

续表

考核组成	考核内容	考核要点	配分	评分标准	扣分	得分	备注
团队设计性报告考核（50分）	选题	内容正确	10	选题可行性6分； 完成情况4分			
	PPT 制作	制作技巧	10	背景清雅4分； 音视频技术运用6分			
	PPT 汇报	讲解技巧	5	语言表达清晰3分； 肢体语言2分			
	论文撰写	论文内容	15	格式正确2分； 内容丰富10分； 图表正确3分			
	创新点	论文创新性	10	内容创新5分； 展望5分			
总分			100				

二、学生实习报告及团队设计性论文题目参考实例

（一）实习报告参考实例

实习报告是学生植物学野外实习的记录与总结，既锻炼学生掌握知识、运用知识的总结能力，又锻炼学生在统一格式要求下，发挥拓展性思维，独创性的写作能力。植物野外实习报告共分为实习动员、集中实习内容、实习心得和实习过程记录等内容。具体要求如下。

（1）实习动员要求简单记录实习安排、实习路线、实习安全等内容。

（2）实习内容是重点写作部分，包括野外采集、室内标本制作等实习环节，是实习报告的主体部分。野外采集重点记录老师讲解的植物科属种以及自己采集、鉴定的植物；室内标本压制、制作重点记录自己操作的过程。

（3）实习心得要求学生对本次真实感受写作。学生可自由发挥，写作体裁不限，字数不限。

（4）实习过程记录要求简单记录，也可利用图片代替实习过程，图下加标题或简介。

表2-2为植物野外实习报告空白样本，图2-1至图2-4为实习报告参考实例。

表 2-2　××大学（学院）植物野外实习报告

__________学校________届__________专业植物野外实习报告

姓名		班级		学号
实习时间				
实习地点				
实习内容				
实习心得				
实习见闻				

植物学野外实习报告

姓名		班级		学号	
实习时间	2014. 6. 24. 4:30				
实习地点	教学楼 138				
实习内容	实习动员．				

一、实习动员

1. 行程安排

6月25号：7:20集合，8:30乘船前往桃花岛．

当天中午一起吃饭

2:00出发到安期峰采集标本

5:30回宾馆．

6月26日：8:00采集标本．12:00回宾馆．

2:00出发采标本

晚上：压标本

6月27日：回校．压标本

6月28日：8:00海科楼150．151．做标本．认植物

考试

6月29号．写实习报告．

2．注意事项：

(1)人身安全：行车．乘船安全．出行、住宿．野外行的安全

(2)签署安全责任书．

图2－1　实习内容参考实例

2.第一天加种植物标本.

1. 野胡萝卜 Daucus carota L 伞形科
2. 爬山虎 Pathenocissus tircuspidata 葡萄科
3. 白车轴草 Trifolum repens 豆科
4. 化香 Plathy carya strobilacea Sieb. et Zuc 胡桃科
5. 山合欢 Albizia kalkora (Roxb.) Prain 豆科
6. 小飞蓬 Conyza. cancdensis (L.) Cronq 菊科
7. 五爪金龙 Ipomoea cairica (L.) Sweet 旋花科
8. 加拿大一枝黄花 Solidago canadensis L. 菊科
9. 茅莓悬钩子 Rubus parvifolious 蔷薇科
10. 树莓 Rubus corchorifolius 蔷薇科
11. 乌桕 Sapium. sebiferum (L.) Roxb 大戟科
12. 天仙果 Ficus erecta Thunb. var. beecheyana (Hook. et Arn.) 桑科
13. 鱼腥草 Heartleaf Houttuynia Herb 三白草科
14. 千斤藤 Setphania japonica 防己科
15. 海金沙 Lugodium japonicum (Thunb.) Sw 海金沙科
16. 算盘子 Glochidion puberum L 大戟科
17. 盐肤木 Rhus chinensis 漆树科
18. 芒萁 Dicranopteris dichotoma (Thunb.) Bernh. 里白科
19. 马尾松. Pinus massoniana. Lamb 松科
20. 野鸦椿 Euscaphis japonica (Thunb.) Dippel 省沽油科
21 紫萁 Osmunda japonica Thunb. 紫萁科
22. 大花酢浆草 Oxalis bowiei Herb. ex Lindl 酢浆草科

图 2-2（一） 野外采集记录与室内标本制作参考实例

24. 铁线莲 Clematis florida Thunb. 毛茛科
25. 五节芒 Miscanthus floridulus (Labill.) Warb. ex. Schum. et Laut 禾本科
26. 野菊 Dendranthema indicum (L.) Des Maul.) 菊科
27. 美洲商陆 Phytolacca Americana L. 商陆科
28. 沿阶草 Ophiopogon bodinieri 百合科
29. 旋覆花 Inula japonica Thunb 菊科
30. 稗草 Echinochloa crusgalli (L.) Beauv. 禾本科
31. 疏花雀麦 Bromus Remotiflorus (Steud.) Ohwi 禾本科
32. 菝葜 Smilax. china L. 百合科
33. 胡枝子 Lespedeza. bicolor Turcz. 豆科
34. 榆 Ulmus pumila Linn. 榆科
35. 醉鱼草 Buddleja. Lindleyana. Fortune. 马钱科
36. 山杏 Armeniaca sibirica (L.) Lam 蔷薇科
37. 葎草 Humulus. japonicus. 桑科.
38. 苦荬菜 Ixeris sonchifolia Hance. 菊科
39. 山莴苣 Lagedium sibiricum (L.) Sojak. 菊科
40. 紫苏 Perilla. frutescens 唇形科

晚上制作标本

先在标本夹上铺上5~6张报纸，之后放上一株植物，铺几张报纸（张数根据标本形状、大小来定）。以此叠加，最后再铺上5~6张报纸，盖上另一个标本夹，用绳子系紧。

注意：制作标本对折叶柄，标本固定于合适位置，在固定木板时应交叉绑，且不能绑太紧。

图 2-2（二） 野外采集记录与室内标本制作参考实例

实习心得

五天的实习已经结束，在这个同学之间交流甚少的大学里，我们之间的关系迅速上升了一个高度，我们也获得了很多与老师交流的机会，从老师身上学到了好多东西。实习的日子简单而快乐，每天忙碌而充实，与老师同学们面对面的交流取代了天天呆在电脑面前的空虚无聊。比较学习，集体学习，反复学习，虽然每种植物都有自己独特的一面，但是对于我来说，还是会很容易弄混，集体学习让我收获很多，一群人围在一桌标本边上，互相帮助，互相提醒，硬是把一袋袋的标本消化了，集体学习氛围比较轻松活跃，学习效率比较高，个人独立思考的时间相对少了但是从他人身上获得的东西多了，独学无友则孤陋寡闻，集体学习在同学之间普遍缺少多人面对面交流的大学有重要意义，当然，对于认植物来说无论什么学习方式都离不开反复学习，只有反复去看，才能不断消化记忆，才能让数量如此庞大的植物烂熟于心。

即使是下雨天，依然没使我们停下实习的脚步，依然撑着伞，一路认植物。野外实习巩固了我们的课堂知识，我们理论联系实际，不仅加深了我们对课本知识的印象，而且培养了我们对课本知识的运用能力。由于这次实习差不多都

图2－3（一）　实习心得参考实例

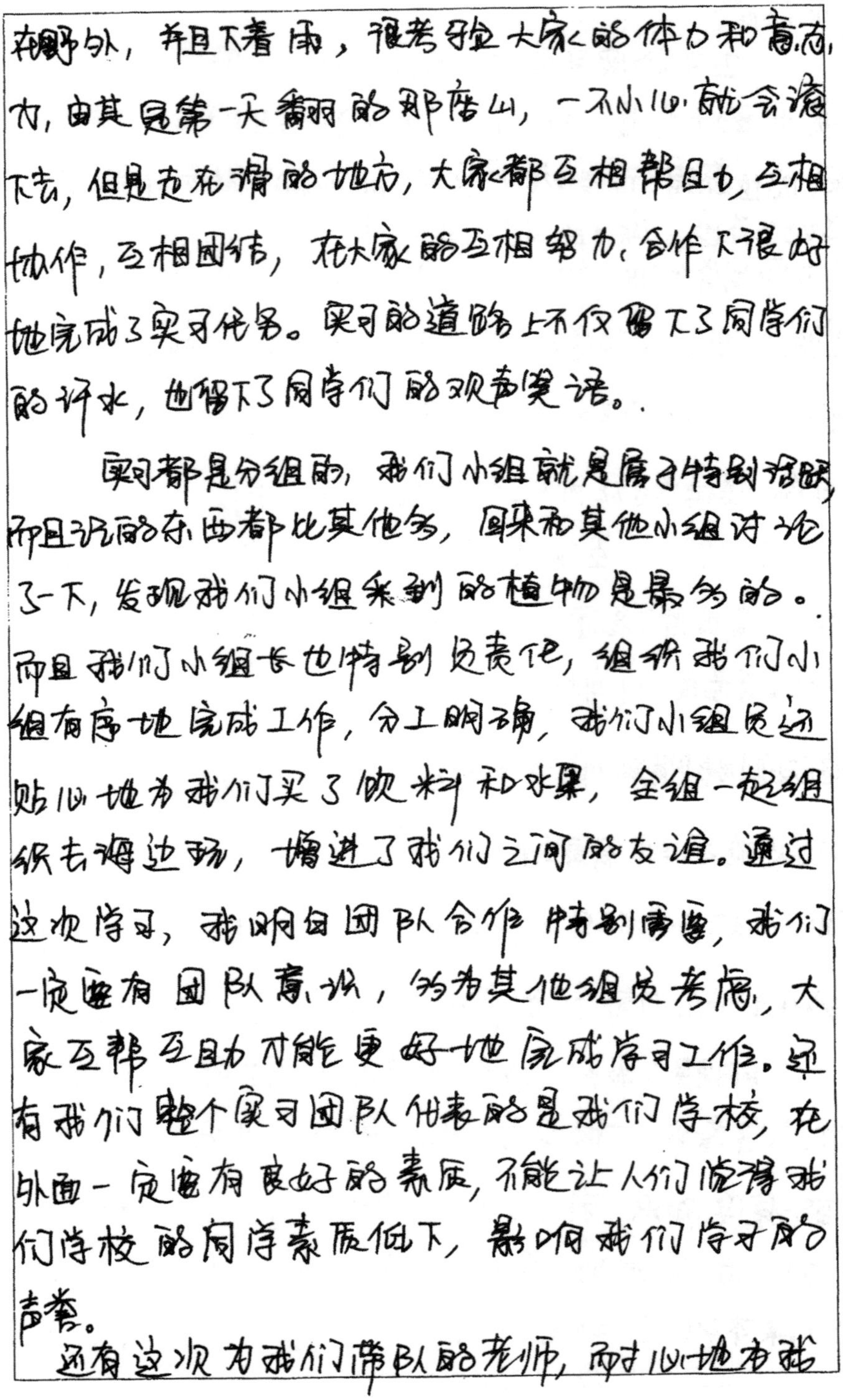

在野外，并且下着雨，很考验大家的体力和意志力，尤其是第一天翻的那座山，一不小心就会滚下去，但是在难滑的地方，大家都互相帮助，互相协作，互相团结，在大家的互相努力、合作下很好地完成了实习任务。实习的道路上不仅留下了同学们的汗水，也留下了同学们的欢声笑语。

实习都是分组的，我们小组就是属于特别活跃，而且记的东西都比其他多，回来和其他小组讨论了一下，发现我们小组采到的植物是最多的。而且我们小组长也特别负责任，组织我们小组有序地完成工作，分工明确，我们小组员还贴心地为我们买了饮料和水果，全组一起组织去海边玩，增进了我们之间的友谊。通过这次学习，我明白团队合作特别需要，我们一定要有团队意识，多为其他组员考虑，大家互帮互助才能更好地完成学习工作。还有我们整个实习团队代表的是我们学校，在外面一定要有良好的素质，不能让人们觉得我们学校的同学素质低下，影响我们学校的声誉。

还有这次为我们带队的老师，耐心地为我

图2－3（二）　实习心得参考实例

实习见闻（可附图）

这张图，是我们刚刚到，出门前的~~[illegible]~~照片。一個人，很开心，很兴奋地出门啦！

在[illegible]峰的山路上，我们找到了许多植物，这一张是我们找到了鱼腥草，同学们觉得它好美，是大自然的尤物。

图 2－4　实习见闻参考实例

（二）团队设计性论文题目参考实例

（1）同科属植物不同生境的生态型形态学研究。

（2）不同生境下植物叶片、花部形态结构的比较观察。

（3）海岛崖壁植物多样性的调查。

（4）海岛临海植物调查。

（5）海岛滩涂植物多样性的调查。

（6）岛屿外来植物入侵调查。

（7）实习地物种多样性的调查研究。

（8）实习地重要经济植物调查。

（9）实习地药用植物调查。

（10）实习地区野生植物资源调查。

（11）实习地濒危植物调查报告。

（12）实习地可食用植物调查。

本章小结

植物学野外实习是植物学实践教学的重要组成部分，主要目的是复习、巩固和验证所学的植物学基本理论和基本知识，对培养学生野外植物调查研究的基本技能和实践能力具有重要意义。

野外实习的准备工作是十分重要的。主要包括实习必备品和植物形态学专业知识的准备。

第三章 常用植物形态学术语和鉴定方法

教学目标

1. 了解植物常用的形态学术语。
2. 能利用形态学术语对植物进行准确描述。
3. 重点掌握植物检索表的使用方法。

自然界中植物具有明显的生长季节，对植物的形态学描述是通过一系列的术语对这种植物进行准确描述。形态描述术语被用于描述物种已经有几个世纪了，一直延续至今。多数高校的植物学野外实习多集中在夏末秋初的一周时间内，为更好鉴定、识别植物，需要准确掌握植物形态结构的基础知识。为师生信息交流的顺畅，本章主要介绍植物实习中常用的植物形态学术语。

第一节　常用植物形态学术语

植物的器官可分营养器官和繁殖器官，营养器官主要为根、茎、叶，繁殖器官在不同的类群中有所不同。蕨类植物中以孢子叶球、球果、孢子叶、小孢子叶、大孢子叶和孢子为代表，裸子植物中以球果、大孢子叶、小孢子叶为代表，有花植物繁殖器官为花、花序、果实、种子。

一、根

（一）根的形态特征

根据根的发生情况，可分为主根、侧根和不定根。种子萌发后，由胚根生长出来的根称主根或初生根。由主根分枝形成的支根，称为侧根。在主根和侧根以外的部分，如茎、叶或胚轴上生出的根，统称为不定根。直根系：有明显的主根和侧根区别的根系，如大多数双子叶植物和裸子植物。须根系：主根停止生长或生长缓慢，而由胚轴或茎下部的节上生出的不定根组成的根系，大部分单子叶植物为须根系。

（二）野外常见根变态类型

1. 肉质根

由主根或下胚轴肥大发育而成，里面贮藏大量养分的根，如海滨珊瑚菜、天门冬。

2. 块根

由不定根或侧根肥大发育而成的贮藏根，如薯蓣、何首乌。

3. 气生根

凡露出地面，生长在空气中的根均称为气生根。

4. 支柱根

从近地面茎节上生出的不定根延长后伸入土中，形成能支持植物体的辅助根系，成为支柱根，如玉米、榕树。

5. 攀缘根

因植物体细弱，植物体靠气生根攀缘的，称为攀缘根，如常春藤。

6. 呼吸根

一些生长于沼泽地带的植物，其部分侧根从淤泥中向上生长，露出水面，能进行呼吸作用的根，如红树。

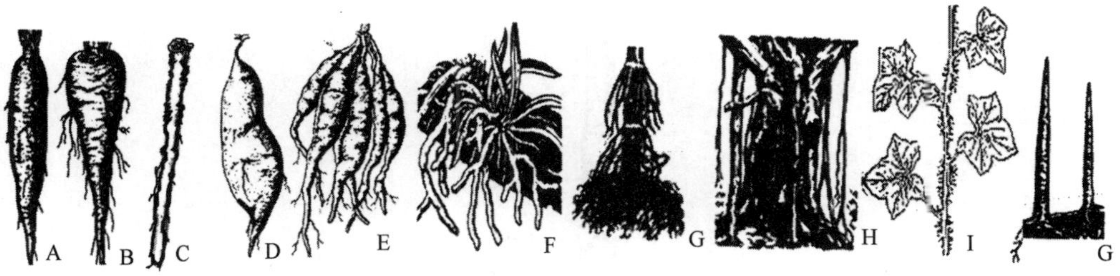

图 3－1　根的类型

A：萝卜的纺锤状肉质根；B：胡萝卜的圆锥状肉质根；C：珊瑚菜的肉质直根；D：甘薯的块根；E：大丽花属的束生块根；F：石斛属的气生根；G：玉米的支持根；H：榕树的支柱根；I：常春藤的攀缘根；G：红树的气生根

二、茎

（一）茎和枝条的形态特征

茎是叶、花、果等器官着生的轴，着生叶和芽的茎称为枝条和小枝。在茎上着生叶的部位称为节，两节之间的部分称为节间。不同的植物，节间的长度是不同的。一般来讲，节间显著伸长的枝条称为长枝；节间显著短缩，各节紧密相接的枝条称为短枝。叶从小枝脱落后留下的痕迹叫叶痕。叶痕的形状、大小多与叶柄形状有关。有些树木在叶痕两侧还有托叶脱落后遗留的托叶痕，如玉兰的托叶痕呈环状。此外，芽鳞脱落后在茎上留下的痕迹叫芽鳞痕。皮孔是枝条上的通气结构，其形状、大小、分布密度、颜色因植物而异。

（二）茎的主要类型

根据茎的质地，可分为草质茎和木质茎。

1. 草质茎

茎的木质部不发达，而为草质，通常较柔软。具有草质茎的植物称为草本植物。草本植物根据其生长期长短可分为以下几类。

（1）一年生草本：当年萌发、开花结实后，整个植株枯死。

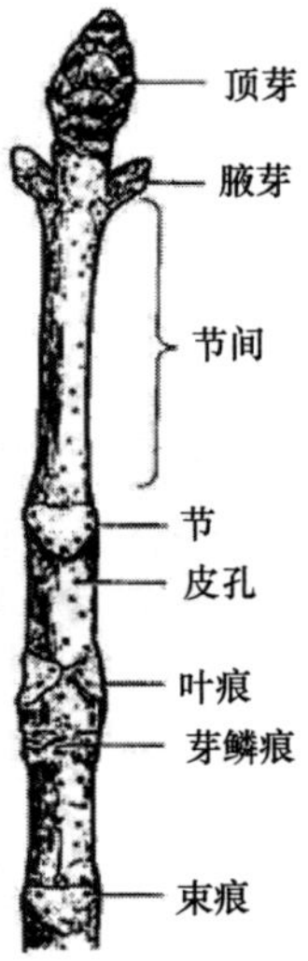

图 3－2　山毛榉的枝（冬态）

（2）二年生草本：当年萌发，次年开花结实后，整个植株枯死。

（3）多年生草本：能连续生活三年或更长时间的草本植物。

2. 木质茎

茎显著木质化，通常坚硬。具有木质茎的植物称为木本植物，可分成以下几类。

（1）乔木：植株高大，具有明显主干的树木（高通常在 5 m 以上），如落羽杉树。

（2）灌木：无主干或无明显主干，在近地面处就发生分枝的植物，高度在 5 m 以下，其中高不足 1 m 的又称为小灌木，如连翘。

（3）半灌木（亚灌木）：茎基部近地面处木质化，而上部转为草质茎，每年仅上部枯死，翌年重新发出新枝。

（三）野外常见茎的形态类型

1. 地上茎的类型

（1）直立茎：茎垂直于地面，绝大多数植物的茎为直立茎。

（2）平卧茎：茎平卧于地面，节上不生根，如地锦草等。

（3）匍匐茎：茎平卧于地面，但在节上生根，如草莓、蕨麻等。

（4）攀缘茎：借助卷须、吸盘或其他特殊器官攀附着他物而上升的茎。具有这种茎的植物称为攀缘藤本，如葡萄、爬山虎。

（5）缠绕茎：借助植物体本身缠绕他物而上升的茎。具有这种茎的植物称为缠绕藤本，如北五味子、牵牛等。

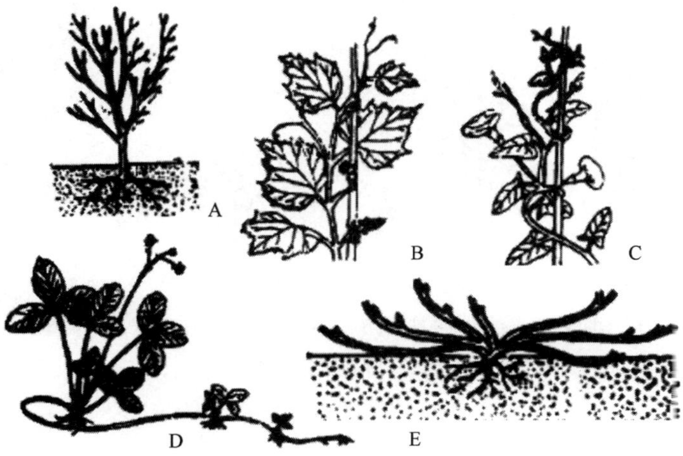

图3－3 地上茎的类型

A：直立茎；B：攀缘茎；C：缠绕茎；D：匍匐茎；E：平卧茎

2. 茎的变态类型

1）变态地上茎类型

（1）叶状茎（叶状枝）：茎或枝扁平，变成叶状，呈绿色，如仙人掌、天门冬。

（2）枝刺：由腋芽长成硬针刺，即茎转变成刺，如山楂、皂角树。

（3）茎卷须：由枝特化成的卷须，如葡萄、黄瓜。

2）变态地下茎类型

生于地下的茎虽然与根相似，但由于仍具有茎的特征，如有叶、节和节间，叶常退化为鳞片，叶腋内有腋芽等，因此，与根很容易区别。常见的变态地下茎有以下几类。

（1）根状茎：横卧或直立的多年生地下茎，有明显的节和节间，如芦苇、竹、莲等。

（2）块茎：短而肥厚肉质的地下茎，节间很短，如马铃薯、菊芋等。

（3）鳞茎：由许多肥厚的肉质鳞片（叶）包围的扁平或圆盘状的地下茎，如洋葱、百合、蒜、石蒜等。

（4）球茎：肥厚肉质的球形地下茎，外面生有干膜质鳞片，鳞片内有芽，如慈姑、荸荠等。

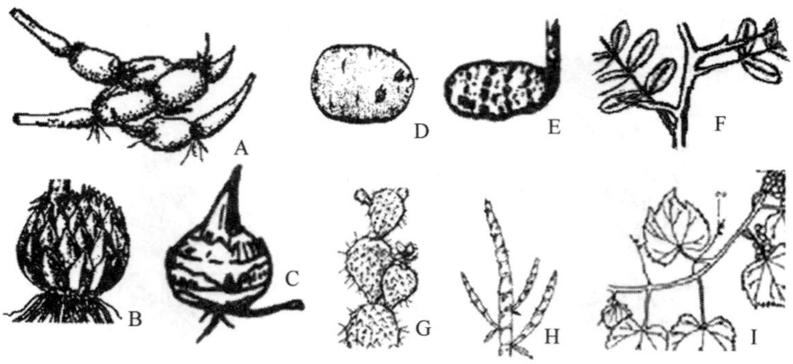

图 3－4　茎的变态类型

A：莲的根状；B：百合的鳞茎；C：荸荠的球茎；D：马铃薯的块茎；E：天麻的块茎；F：皂角的茎刺；G：仙人掌的叶状茎；H：竹节蓼的叶状枝；I：葡萄的茎卷须

三、叶

（一）叶的组成

叶一般由叶片、叶柄和托叶三部分组成，但不是所有植物的叶均具有这三部分。

1. 完全叶

具有叶片、叶柄和托叶三部分的叶称为完全叶。典型叶片为薄片状，内有叶脉。叶柄是连接叶片与茎的部分，托叶是叶柄基部的附属物，通常两枚，细小，有的早期脱落，如桃、月季等。

2. 不完全叶

仅有叶片、叶柄和托叶中其一或其二的叶，称不完全叶。无托叶的不完全叶较普遍，如丁香、白菜等。没有叶柄的不完全叶叫无柄叶；叶片基部抱茎的叫抱茎叶；叶片基部延伸到茎上形成翼状或棱状的叫下延叶；如果叶基两侧裂片围绕茎部，称

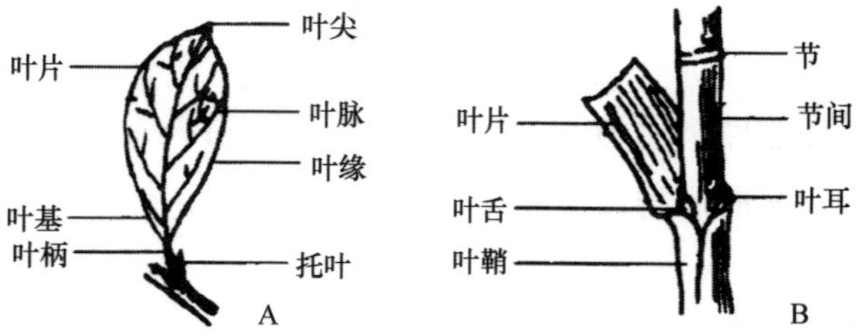

图 3－5　叶的组成

A：单叶的组成；B：禾本科叶的组成

穿茎叶；如缺乏叶片而叶柄扁化成叶片状的，叫叶状柄，如台湾相思树。

禾本科等一些单子叶植物叶的形态有叶片和叶鞘两部分，为无柄叶。叶片与叶鞘连接处外侧色泽不同，叫叶环或叶颈，而在内侧（腹侧）常有膜状突起物，叫叶舌。在叶舌两侧，从叶片基部边缘伸出的一对耳状突出物叫叶耳。

（二）叶的变态

1. 叶刺与托叶刺

由叶或托叶变态成的刺状物，前者如小檗植物，后者如刺槐。

2. 叶卷须或托叶卷须

由叶或托叶变态成卷须，前者如豌豆，后者如菝葜。

3. 捕虫叶

食虫植物的叶发生变态，能捕食小虫，如瓶状的（猪笼草）、囊状的（狸藻）等。

4. 苞叶

生在花或花序外围或下方的变态叶。如在总花梗和花梗上同时具有苞片，则前者称为总苞，后者称为小苞片。

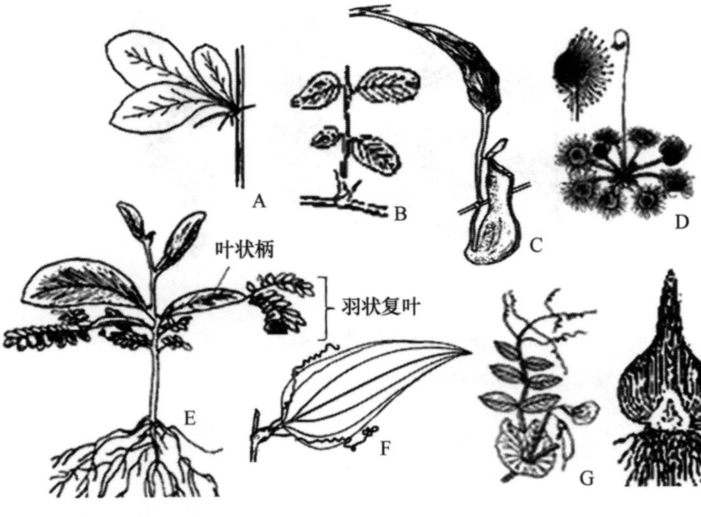

图3-6　叶的变态类型

A：小檗的叶刺；B：刺槐的托叶刺；C：猪笼草的瓶状捕虫叶；D：茅膏菜的捕虫叶；E：金合欢的幼苗期的叶状柄；F：菝葜的托叶卷须；G：豌豆的叶卷须；H：风信子的鳞叶

5. 鳞叶

叶的功能特化或退化成鳞片状，起保护幼芽的作用，无叶片、叶柄的区分。

6. 叶状柄

植物的叶片完全退化，叶柄变为扁平的叶状体，代替叶的功能。

（三）叶序

叶在茎上排列的方式称为叶序。

1. 互生

每个节上只生一片叶，在茎上交互而生，如杨树、苹果等。

2. 对生

在茎的每个节上着生两片叶，并相对排列，如石竹、丁香、忍冬等。

3. 轮生

在茎的一个节上生有三片或更多的叶，并呈车轮状着生，如夹竹桃、黑藻、茜草等。

4. 簇生

由于节间极度短缩，使叶成簇生于短枝上，如银杏、落叶松等。

图3－7　叶序的类型

A：互生叶序；B：对生叶序；C：轮生叶序；D：簇生叶序

（四）叶的形状

叶的形状和大小变化多样，叶的形状，包括叶片的形状以及叶尖、叶基、叶缘的形状等。叶的形状是区别植物种类的重要根据之一，下列术语虽然常用于描写叶的形状，但也同样适用于萼片、花瓣等其他扁平器官的描述。

1. 叶片的形状（叶形）

通常以叶片长与宽的比值以及最宽处的位置来决定。常见的有针形、线形（条形）、披针形、镰刀形、矩圆形（长圆形）、椭圆形、宽椭圆形、卵形、心形、肾形、圆形、菱形、锲形、匙形、扇形、半月形、提琴形、钻形、剑形、带形、管状、鳞形、箭头形、戟形、盾形等形态。

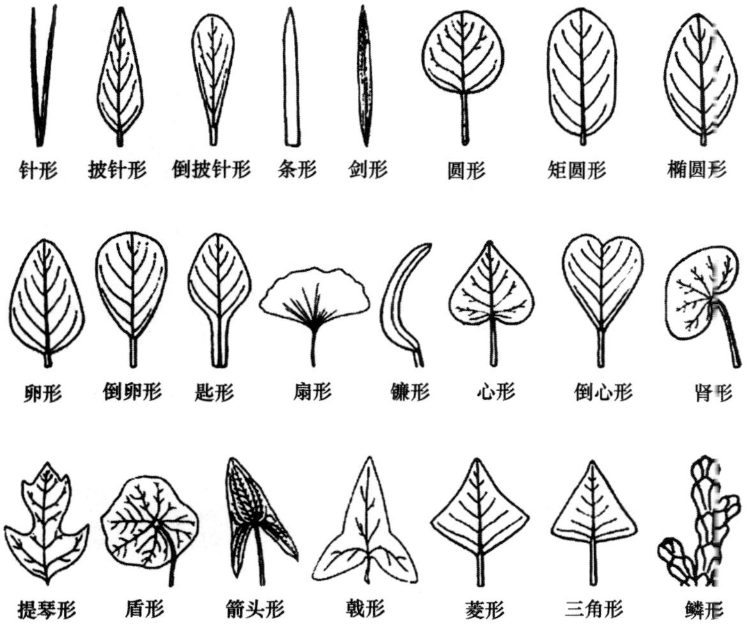

图 3－8　叶形的形态

2. 叶尖的形状

叶片的先端即叶尖，不同植物叶片先端的形状多样，常见的有卷须状、芒状、尾状、渐尖、锐尖、钝形、圆形、截形、尖凹、凹缺、倒心形、骤凸（形）、凸尖、

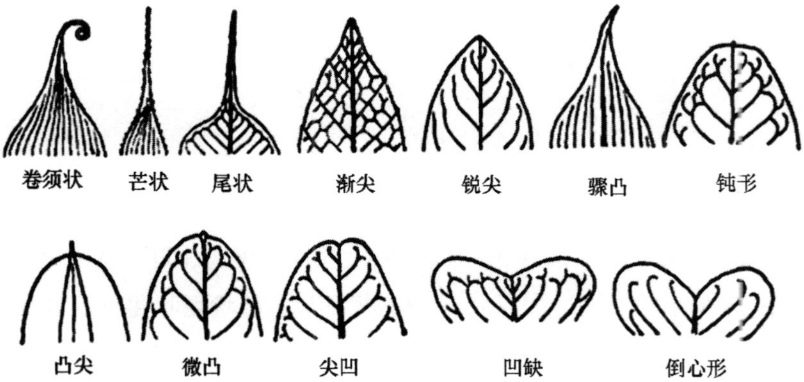

图 3－9　叶尖的类型

微凸、刺凸等形态。

3. 叶基的形状

由于叶片局部生长情况的差异，叶片基部有各种形态，常见的主要有心形、耳垂形、箭形、戟形、截形、圆形、盾形、楔形、渐狭、歪斜、抱茎、穿茎、合生穿茎等形态。

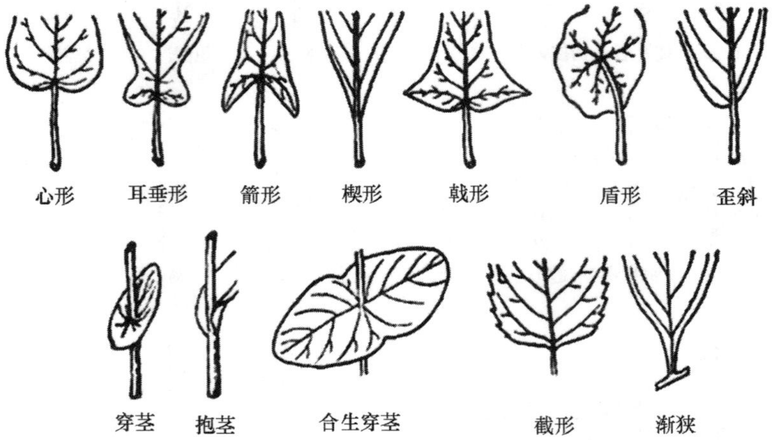

图 3－10　叶基的形态

4. 叶片边缘的形状

叶片的边缘称叶缘，形态各异，常见的主要有全缘、波状、锯齿状、重锯齿状、牙齿状、纤毛状、刺芒状、浅裂、深裂、全裂（叶片分裂到中脉，为单叶向复叶的过渡类型）。此外，叶缘的分裂又有掌状分裂和羽状分裂之分。

（五）单叶和复叶

1. 单叶

每叶只具一叶片，叶脉直接连于叶柄，如杨树、向日葵。

2. 复叶

一个总叶柄（叶轴）上着生两个以上的叶片，其中每个叶片称为小叶，有小叶柄或无。根据小叶着生方式，复叶可分为羽状复叶、掌状复叶和单身复叶。

具单叶的小枝条与复叶有时易于混淆，一般可以根据芽着生情况等加以判别：① 单叶叶腋内有腋芽，复叶小叶的叶腋内无腋芽；② 复叶本身无顶芽，而具单叶的枝条有顶芽或不发育的顶芽；③ 复叶死亡时小叶先脱落，总叶柄后脱落，单叶则

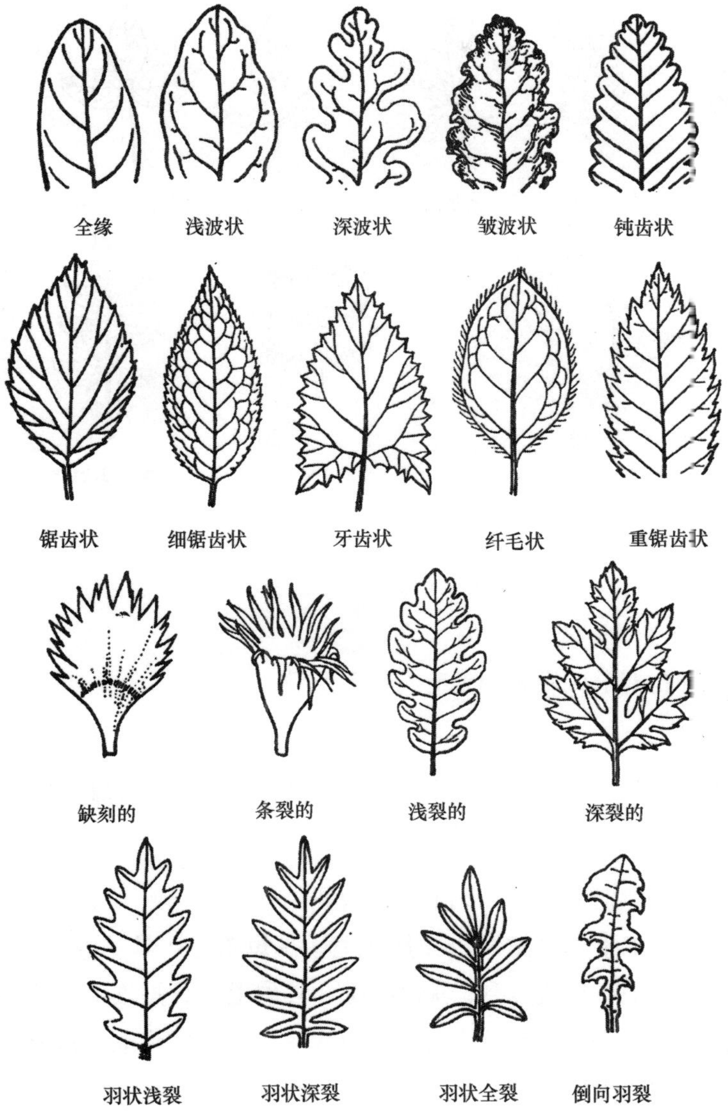

图 3－11　叶缘的形态

叶柄和叶片同时脱落。

（六）叶表面附属物（毛被）的形态

毛被是指一切由表皮细胞形成的毛茸，植物毛被有如下主要的术语。

1. 无毛

无毛指叶表面没有任何毛。

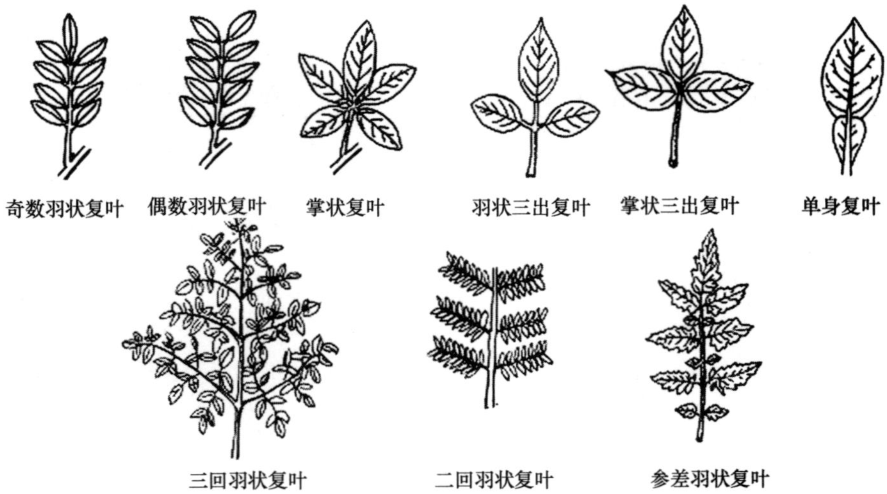

图 3－12　复叶的形态

2. 变无毛

变无毛指叶初有毛，后来变无毛或几乎无毛。

3. 几乎无毛

几乎无毛指叶基本上无毛，但用放大镜看仍有极稀疏、极细小的毛。

4. 有毛

有毛仅指有一般的毛，是“无毛”的反语。

植物毛被还有如下主要的术语：具腺毛、具短柔毛、具丛卷毛、具蛛丝状毛、具微柔毛、具长柔毛、具微柔毛、具绢状毛、具硬毛、具短硬毛、具糙硬毛、具长硬毛、具睫毛、具短睫毛、具星状毛、具钩状毛、具棍棒状毛、具串珠状毛、具盾状鳞片和具蛛丝状毛等形态。

（七）叶脉的类型

叶脉：生长在叶片上的维管束，它们是茎中维管束的分枝。脉序：叶脉在叶片中的排列方式，有下列主要类型：网状脉、羽状（网）脉、掌状（网）脉、平行脉、射出脉、弧形脉、叉状脉等类型。

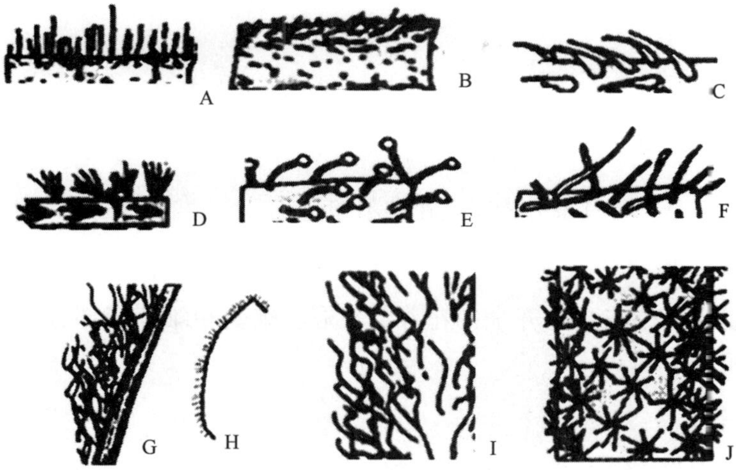

图 3－13 叶表面附属物（毛被）的形态类型

A：具长硬毛；B：具微柔毛；C：具糙硬毛；D：具丛卷毛；E：具腺毛；F：具柔毛；G：具蛛丝状毛；H：具睫毛；I：具长柔毛；J：具星状毛

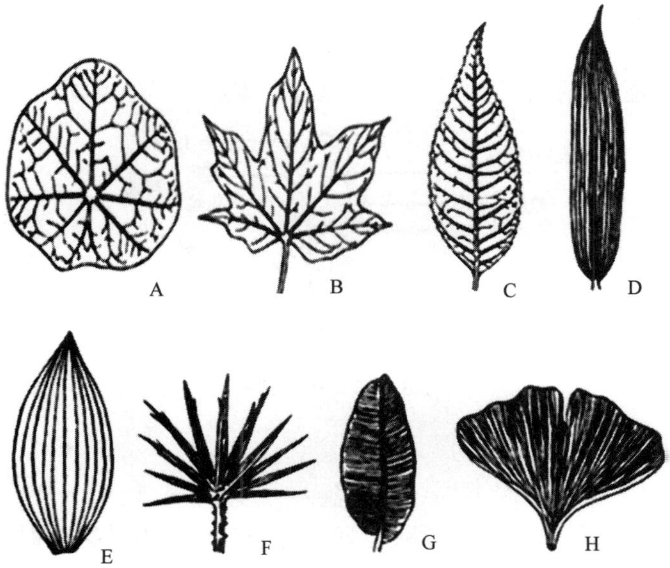

图 3－14 叶脉的类型

A、B：掌状（网）脉；C：羽状（网）脉；D：平行脉；E：弧形脉；F：射出脉；G：横出脉；H：叉状脉

四、花

（一）花的类型

以花的各部分是否具备分为完全花和不完全花。

1. 完全花

完全花是指一朵花具有齐全的花萼、花冠、雄蕊和雌蕊四部分共同着生于花托上。

2. 不完全花

当一些植物花的结构中缺少上述四部分中的任何一部分或两部分，甚至缺少三部分时，即为不完全花。当缺少内轮或外轮花被时，可形成单被花，而花被完全缺少时，形成裸花。当雄蕊或雌蕊缺少时，可形成单性花，而当雌、雄蕊都缺失时，为中性花或无性花。

（二）花的基本结构

花一般由花梗、花托、花萼、花冠、雄蕊、雌蕊等部分组成。

图 3－15　花的结构

1. 花被

花被是花萼与花冠的总称，特别是萼、冠形态相似不易区分时，则称为花被，如木兰、百合、黄精等。花被各片之间的排列形式与关系，称为花被卷迭式，在花蕾将绽开期最明显。常见的花被卷迭式类型包括镊合状（内向镊合、外向镊合）、螺旋状、覆瓦状、重覆瓦状、下行覆瓦状、上行覆瓦状等。

2. 花萼

花萼是一朵花中所有萼片的总称，位于花最外层，常呈绿色叶片状。有离生萼、合生萼、距、早落萼、宿萼、瓣状萼、副萼、整齐萼、不整齐萼之分，有膜质、冠

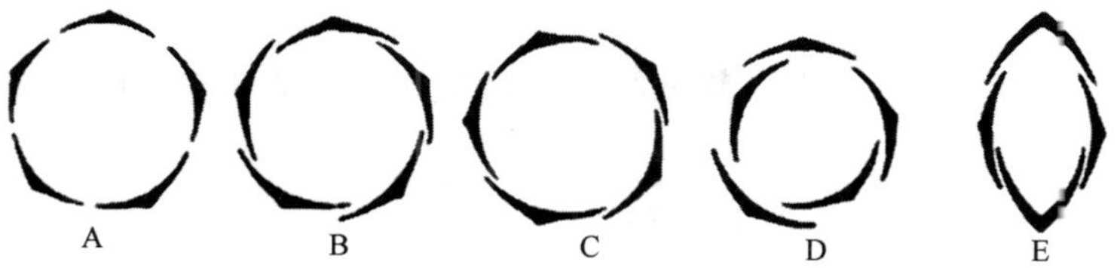

图 3－16　花被卷迭式

A：镊合状；B：螺旋状；C：覆瓦状；D：重覆瓦状；E：下行覆瓦状

毛等变化。

3. 花冠

花冠是一朵花中所有花瓣的总称，位于花萼内侧。花冠常有各种鲜艳的颜色，花色绚丽多彩，无色素时，为白色，吸引动物传粉，是花中最引人注意的部分。根据花瓣是否联合，将花区分为离瓣花和合瓣花两大类。离瓣花各花瓣彼此分离；合瓣花则花瓣相互联合，其联合的程度也有不同，可部分联合或全部联合。花冠的形态变异很大，形成了各种花冠类型。花冠类型是植物分类的重要依据之一。一般同一科植物常具有相同的花冠类型。有些植物科的名称就是以花冠类型命名，如十字花科、唇形科等。野外常见的花冠类型包括以下几种。

1）十字花冠（cruciform）

4 个花瓣，具爪，排列成十字形（瓣爪直立，檐部平展成十字形），为十字花科植物的典型花冠类型，如二月蓝、菘蓝等。

2）蝶形花冠（papilionaceous）

5 个花瓣有 3 种形态，覆瓦状排列，最上一片最大，称为旗瓣；侧面两片通常较旗瓣小，且与旗瓣不同形，称为翼瓣；最下两片其下缘稍合生，状如龙骨，称龙骨瓣，常见于豆科植物如黄芪、甘草、苦参等。

3）唇形花冠（labiate）

花冠下部合生成管状，上部向一侧张开，状如口唇，上唇常 2 裂，下唇常 3 裂，常见于唇形科植物如薄荷、黄芩、丹参等。唇形花冠是合瓣花冠之一种，花冠呈对称的二唇形，即上面由二裂片合生为上唇，下面三裂片结合构成下唇。合瓣花植物中种类特别多，唇形科以唇形花冠作为本科的特征，是合瓣花植物中的一个庞大类群。一串红是唇形科中最普通的一种。

4）高脚碟形花冠（salverform）

花冠下部合生成狭长的圆筒状，上部忽然成水平扩大如碟状。常见于报春花科、木犀科植物如报春花、迎春花等。

5）漏斗状花冠（funnelform）

花冠下部合生成筒状，向上渐渐扩大成漏斗状。常见于旋花科植物如牵牛、打碗花等。

6）钟状花冠（companulate）

花冠合生成宽而稍短的筒状，上部裂片扩大成钟状。常见于桔梗科、龙胆科植物如桔梗、沙参、龙胆等。

7）辐状花冠或轮状花冠（rotate）

花冠下部合生形成一短筒，裂片由基部向四周扩展，状如轮辐。常见于茄科植物如西红柿、马铃薯、辣椒、茄、枸杞等。

8）管状花冠（tubular）

花冠大部分合生成一管状或圆筒状。常见于菊科植物如向日葵、菊花等头状花序上的盘花（靠近花序中央的花）。

9）舌状花冠（ligulate）

花冠基部合生成一短筒，上部合生向一侧展开如扁平舌状。见于菊科植物如蒲公英、苦荬菜的头状花序的全部小花，以及向日葵、菊花等头状花序上的边花（位于花序边缘的花）。

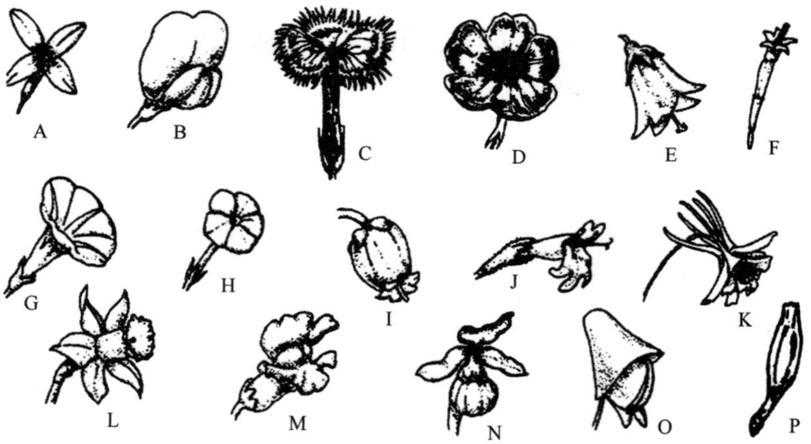

图 3－17　花冠的类型

A：十字花冠；B：蝶形花冠；C：石竹型花冠；D：蔷薇型花冠；E：钟状花冠；F：管状花冠；G：漏斗状花冠；H：高脚碟形花冠；I：坛状花冠；J：唇形花冠；K：具距花冠；L：副花冠；M：假面状花冠；N：拖鞋状花冠；O：盔状花冠；P：舌状花冠

4. 雄蕊群

1）雄蕊

雄蕊群是一朵花中全部雄蕊的全称，一般着生于花托上，花被内侧，合瓣花则着生在花冠上称贴生或冠生，雄蕊一般是花瓣的同数或倍数，超过 10 枚称“∞”，分为花丝、花药两部分。

（1）花丝：是雄蕊基部细长柄状部分，下部着生在花托上，或花被基部，上部支柱着花药，长短不一。

（2）花药：花丝顶端膨大的囊状体，常由 4 个或 2 个药室或花粉囊组成，分为两半，中间为药隔。花药着生方式有全着药、基着药、背着药、丁字着药、个字着药、广歧着药等。花药开裂方式有纵裂、孔裂、瓣裂、横裂等，当花粉成熟时，花药以不同方式开裂，散出花粉。最常见的花药开裂方式是纵裂，即花药沿药室的纵轴开裂，如小麦、玉米和百合的花药开裂形式。孔裂是在花药的顶部或接近顶端裂开一小孔，花粉由孔中散出，如茄科的马铃薯和茄子。瓣裂是一种较不常见的花裂方式，是在花药成熟时，药室上形成 1 ~4 个活门状的瓣片，散粉时，瓣片向上掀起，花粉由此处散出，如樟科和小檗科植物的花药开裂形式。

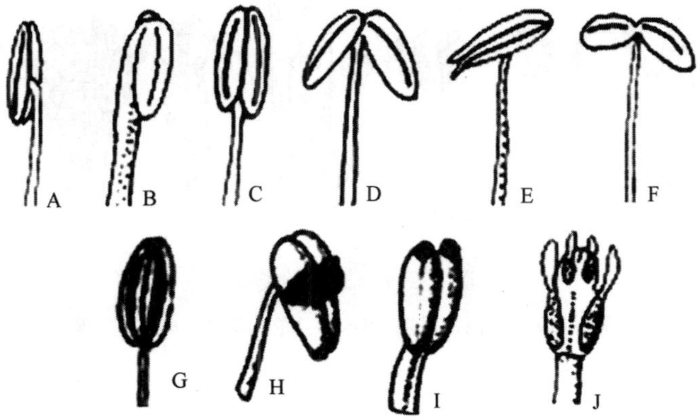

图 3－18　花药的着生方式和开裂方式

A：背着药；B：全着药；C：基着药；D：个字着药；E：丁字着药；F：广歧着药；G：纵裂；H：横裂；I：孔裂；J：瓣裂

2）雄蕊类型

多数植物花中的各个雄蕊彼此分离，花丝长短大致相等。但一些植物的雄蕊由于花丝长短不同，花丝、花药的联合或分离情况不同，形成了不同的雄蕊类型，主要有下列几种：二强雄蕊、四强雄蕊、单体雄蕊、二体雄蕊、多体雄蕊、聚药雄蕊等，除此之外还有附瓣雄蕊、外轮对萼生雄蕊、外轮对瓣生雄蕊、内向雄蕊、外向雄蕊、向心发育雄蕊、离心发育雄蕊、不育雄蕊。

（1）二强雄蕊。一朵花中有4枚雄蕊，其中两枚雄蕊的花丝较长，另两枚花丝较短。如唇形科植物益母草等的雄蕊。

（2）四强雄蕊。一朵花中具6枚离生雄蕊，其中4枚雄蕊的花丝较长，另两枚雄蕊的花丝较短。如十字花科植物萝卜、二月兰等的雄蕊。

（3）单体雄蕊。雄蕊数目多数，其花丝部分联合，而花药仍各自分离。如锦葵科其他植物扶桑、蜀等植物的雄蕊。

（4）聚药雄蕊。雄蕊数目多数，花丝各自分离，花药相互联合在一起，形成聚药雄蕊。如菊科植物向日葵、蒲公英等植物的雄蕊。

（5）两体雄蕊。雄蕊由花丝联合成通常数目不等的两束。多数豆科植物具两体雄蕊，如豌豆花的雄蕊，其10枚雄蕊中，9枚雄蕊花丝相互联合而花药分离，另一枚雄蕊单生，成两组。又如紫穗槐的雄蕊，每5枚花丝联合而成两组。

（6）多体雄蕊。雄蕊数目为多数，分成若干组，每组雄蕊的花丝部分联合，上部花丝和花药仍保持分离，形成了多体雄蕊，如金丝桃的雄蕊。

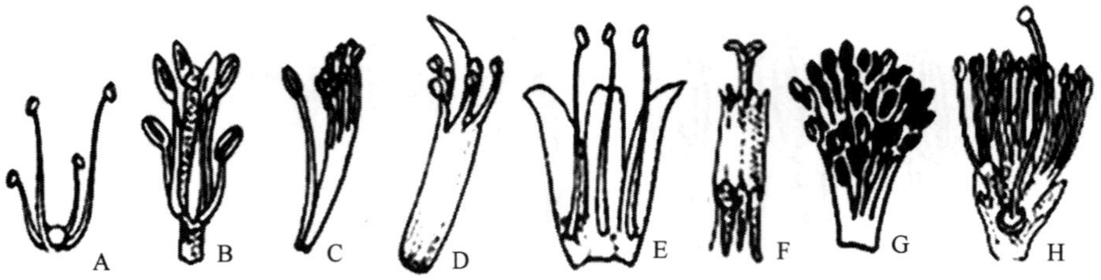

图3－19　雄蕊的类型

A：二强雄蕊；B：四强雄蕊；C：两体雄蕊；D、G：单体雄蕊；E：冠生雄蕊；F：聚药雄蕊；H：多体雄蕊

5. 雌蕊群

1）雌蕊

雌蕊一般指一朵花中心皮的集合，位于花的中央，主要由子房、花柱和柱头组成。子房：雌蕊基部的膨大部分，着生花托之上；花柱：子房与柱头之间相连部分，粗细长短不一；柱头：雌蕊顶端部分，通常膨大成球状、圆盘状或羽毛状，具乳头状突起，不光滑，并分泌黏液，有利于花粉固着与萌发。

2）雌蕊类型

雌蕊是由心皮构成的，心皮是为适应生殖的变态叶。心皮边缘相当于叶缘，卷合时的合缝线称腹缝线，背部相当于中脉部分称背缝线，胚珠常着生在腹缝线上。胚珠在子房中的着生处即为胎座。一个雌蕊可以由单个心皮或多个心皮构成。由于构成雌蕊心皮数目以及心皮联合方式的不同，形成了各种类型的雌蕊，相应地也出现了不同的胎座类型，有单雌蕊、离生心皮雌蕊、复雌蕊之分。

（1）单雌蕊。单雌蕊是由单个心皮合拢而成，形成一个子房室，胚珠着生在腹缝线上，为边缘胎座。如豆科植物的雌蕊，是由一个心皮包围而成。将子房做纵切及横切观察，可看到在细长的子房一侧（心皮合拢的腹缝线处）着生若干个胚珠，仅一子房室。受精后，子房发育成荚果。

（2）单室复雌蕊。单室复雌蕊是由多个心皮（一般为3～5个心皮）在腹缝线处结合，共同包围成一个子房室，胚珠着生在各腹缝线上，形成侧膜胎座。如紫花地丁的雌蕊，是由三个心皮联合而成的单室复雌蕊。每一腹缝线上着生两列胚珠，受精后发育成蒴果。当蒴果沿背缝线开裂后，可明显看到每一腹缝线上着生的两列细小种子。在单室复雌蕊中，还可有另一种胎座类型，它是在子房腔的基部向上长出一轴柱，此轴柱不到达子房顶部，胚珠着生于轴柱上，称为特立中央胎座。石竹或马齿苋的雌蕊为这种胎座类型。

（3）多室复雌蕊。多室复雌蕊是由多个心皮（一般是3～5个心皮）联合而成。各心皮在腹缝线联合后，并向内延伸成隔膜，各隔膜在子房中央处汇合形成一中轴。子房腔由隔膜分隔成若干个子房室（如3心皮可形成3个子房室；5心皮可形成5个子房室）。胚珠着生于中轴上，为中轴胎座。棉花、牵牛等植物的雌蕊为这种胎座类型。

（4）多心皮离生雌蕊。多心皮离生雌蕊是一朵花中有多个单雌蕊，每一单雌蕊均由一心皮包围而成。如玉兰花和毛茛花的雌蕊，均属多心皮离生雌蕊。

3）子房及花冠着生类型

由于花托形状的变化，相应地，子房在花托上着生的位置以及花冠着生的位置也发生了变化，由此形成了上位子房、下位子房和半下位子房，以及相应的下位花、上位花和周位花。

（1）上位子房与下位花。当花托扁平或微凸时，子房仅基部着生于花托上，其他部分不与花托愈合，为上位子房。豆科、茄科及十字花科植物等多为上位子房。在这种情况下，花萼和花冠着生于花托的外缘，其相对于子房的位置属于下位花。桃花具杯状花托，但其子房除基部外其他部分未与花托愈合，故仍属上位子房，而其花冠着生处相对于子房的位置则属周位花。

（2）下位子房与上位花。花托下陷成瓶状，并将子房包埋于其中，整个子房与

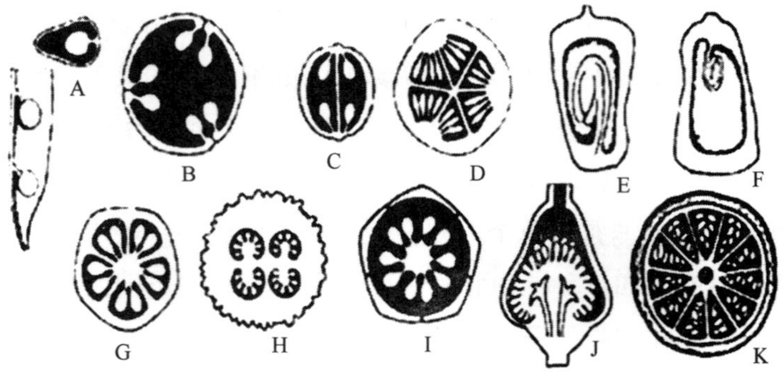

图 3－20　胎座类型

A：边缘胎座；B：有 3 个心皮的侧膜胎座；C：十字花科的有一个假隔膜的侧膜胎座；D：葫芦科的有多个假隔膜的侧膜胎座；E：基底胎座；F：顶生胎座；G：中轴胎座；H：曼陀罗属中的假隔膜的中轴胎座；I：具有连接子房底部与顶部中轴的特立中央胎座；J：报春花科的特立中央胎座；K：睡莲属的全面胎座

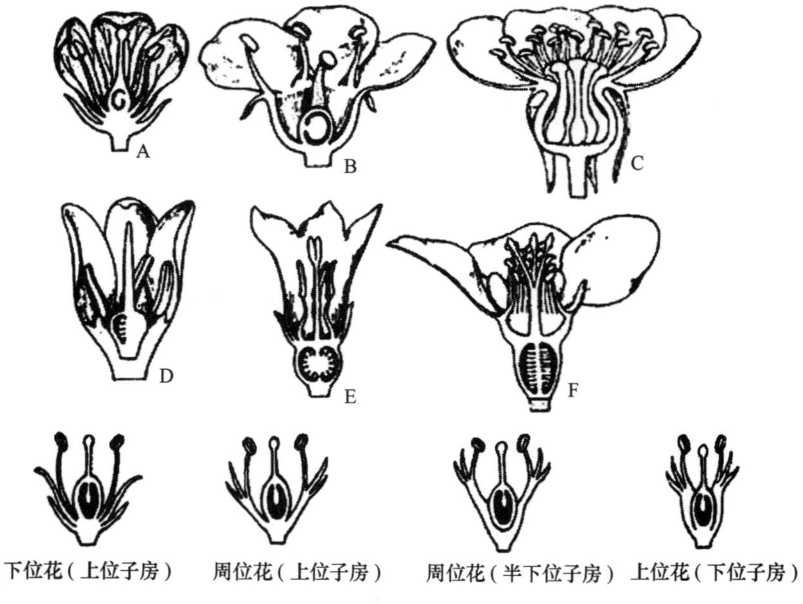

图 3－21　花部的着生与子房位置

A：下位花，子房上位；B：周位花，具有杯状的托杯和上位的子房；C：周位花，具有烧瓶状托杯，子房上位；D：周位花，具部分沉没和半下位子房；E：上位花，具下位子房，子房之上没有分离的托杯；F：上位花，具下位子房，子房之上有分离的托杯

花托愈合，构成了下位子房。梨花、向日葵的管状花或黄瓜的雌花，均为下位子房。在这种情况下，花萼和花冠着生于瓶状花托上口的边缘，其相对于子房的位置，属于上位花。

（3）半下位子房与周位花。花托呈杯状子房的下半部埋于花托中，与花托愈合，构成半下位子房，花冠着生于子房周围，其相对于子房的位置为周位花。

五、花序

一些植物的花各自单独着生于茎上，为单生花。不少植物的花是若干朵，按一定的次序和形式着生于共同的花序轴上，构成花序。在花序上没有典型的营养叶，仅在每朵花下着生一简单的苞片，或在整个花序下着生有总苞。根据花序轴上花的开放顺序，可将花序分成有限花序和无限花序两大类。有限花序是花序轴顶端的花或中心的花先开放，然后依次向下或向外逐朵开放，其花序轴顶端不再继续伸长，此类花序较为少见。多数花序开花顺序是由下向上或由外向内，开花期间花序轴可不断伸长和分化出新的花芽，故称无限花序。

（一）无限花序

在无限花序中，由于每朵花花柄有无或长短的不同，以及花序轴的长短和是否有分枝等情况的不同，形成了 9 种主要花序类型。

1. 总状花序

具有一伸长的不分枝的花序轴，在花序轴上着生多朵花柄基本等长的花朵。花序轴前端可不断伸长，并分化出新的花芽。其开花顺序是自下而上花朵逐渐开放，如荠菜和紫藤的花序。

2. 穗状花序

其基本特点是在一不分枝的花序轴上，着生多数无柄的小花，如车前的花序。

3. 葇荑花序

花序轴不分枝，无花柄，类似穗状花序。其特点是每一花序由单性花（雄花或雌花）组成，花序轴柔软下垂，在开花或果实成熟后，整个花序脱落。如杨属、柳属都是葇荑花序。

4. 肉穗花序

基本结构也与穗状花序相似，但其花序轴肥厚肉质化，如玉米的雌花序。也有一些肉穗花序外包被有一大型苞片，形似花冠，特称佛焰苞，如天南星，这种花序有时称佛焰苞花序。

5. 伞形花序

其特点是花序轴缩短成一球形，上面集中着生有多数花柄近等长的花。整个花序外形如张开的伞状，故称伞形花序。其开花顺序是自外向内开放。如葱、韭菜等植物的花序属伞形花序。胡萝卜的花序则为复伞形花序。

6. 伞房花序

花序轴不分枝，稍伸长，其上着生多朵花柄不等长的花，靠下部花的花柄较长，越往上花柄越短，使整个花序的各朵花在上面排列成一平面。如绣线菊、梨、苹果等植物的花序。

7. 头状花序

一般认为头状花序是花序中较进化的类型，菊科植物多具头状花序。是由许多无柄的花密集地着生于一缩短成头状或盘状的花序轴上组成，花序轴下有总苞。头状花序中各朵花的开放顺序是由外向内渐次开放。如向日葵、蒲公英等植物的花序。

8. 隐头花序

此类花序较特殊，不多见。其特点是花序轴缩短并膨大肉质化，中央部分下陷。花着生于花序轴的下陷部位，而被包围于膨大肉质化的花序轴之中，仅在顶端留下一开口，外表看不见花朵，称为隐头花序。有时被误认为不开花而结果，如无花果、榕树都具隐头花序。

9. 圆锥花序

实际上是一种复合花序。其特点是花序轴分枝，每一分枝可为一总状花序或穗状花序等，整个花序的外形呈圆锥形，总称为圆锥花序。珍珠梅、丁香、水稻等植物的花序，均为圆锥花序。

（二）有限花序

有限花序的花序轴顶端不再伸长，新的花芽发生在侧轴上。由于每次长出侧轴的数目和侧轴生长形式的不同，又形成了下述几种不同类型。

1. 单歧聚伞花序

花序轴顶花开放后，其下仅有一侧芽开放，长成侧轴。侧轴上仍是顶花先开放，其下再有一侧芽开放，如此反复分枝形成了单歧聚伞花序。若侧枝是左右间隔发生，就形成了蝎尾状聚伞花序，如鸢尾、唐菖蒲的花序；若侧枝都在同一方向发生，就

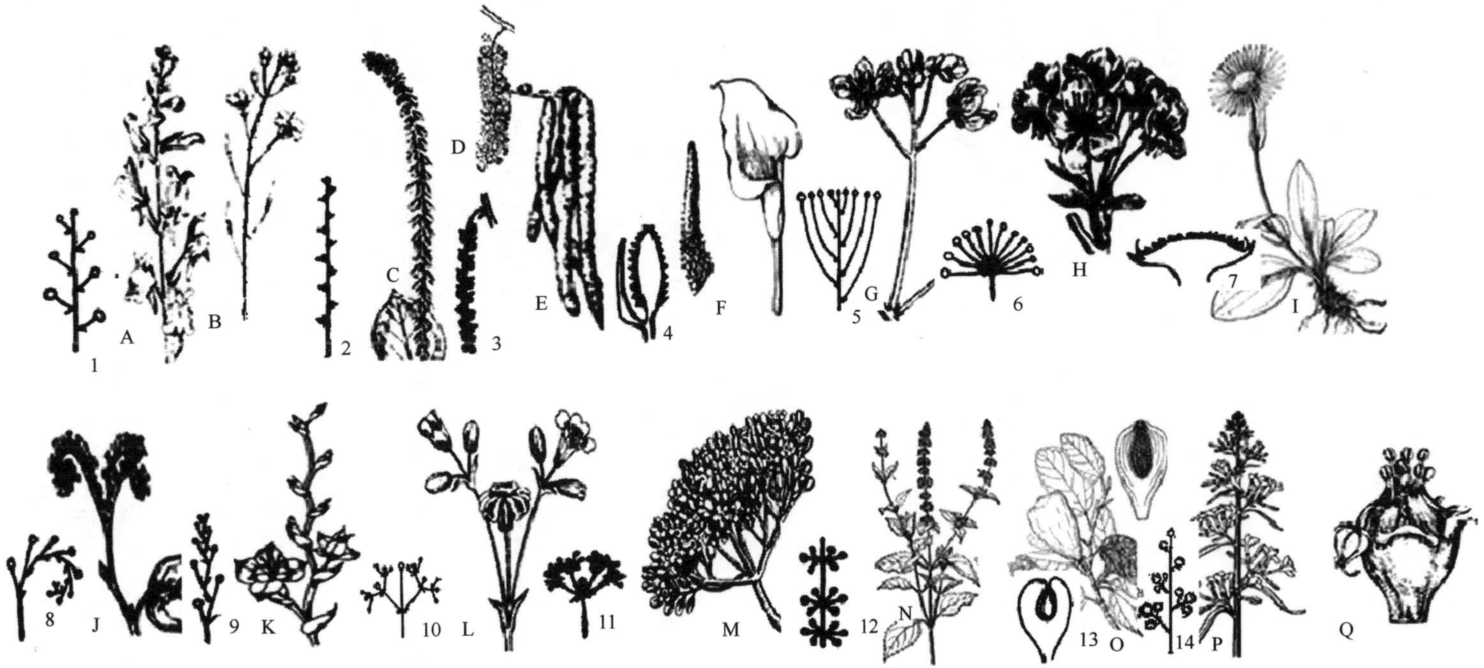

图 3-22 花序类型（数字表示花序简图）

A、1：柳穿鱼属的总状花序；B：芸苔属的伞房总状花序；C、2：牛膝属的穗状花序；D、3：柳属的葇荑花序；E、3：桦木属的葇荑花序；F、4：天南星属的肉穗花序；G、5：决明属的伞房花序；H、6：李属的伞房花序；I、7：菊属的头状花序；J、8：天芥菜属的螺形聚伞花序；K、9：鸢尾属的蝎尾状聚伞花序；L、10：石竹属的二歧聚伞花序；M、11：荚蒾属的多歧聚伞花序；N、12：鼠尾属的轮伞花序；O、13：无花果的隐头花序；P、14：聚伞圆锥花序；Q：大戟属的杯状聚伞花序

形成螺旋状聚伞花序，如萱草的花序。

2. 二歧聚伞花序

花序轴顶花开放后，其下有一对侧芽同时开放长成侧枝，侧枝顶花开放后，又以同样方式长出分枝，这样形成了二歧聚伞花序，如石竹植物的花序。

3. 多歧聚伞花序

花序主轴顶端的花开放后，在下面同时发生几个侧枝。侧枝长度超过主轴。各侧极顶花开放后，又以同样方式发生多个侧枝。这种花序类型为多歧聚伞花序，如大戟的花序。

4. 轮伞花序

是由着生于对生叶叶腋的花序轴短缩的聚伞花序构成。从外表看，像花朵在茎上成轮状排列，故称轮伞花序。如唇形科益母草、夏至草、薄荷等植物的花序，为轮伞花序。

六、果实

（一）单果

由单雌蕊和复雌蕊子房发育形成的果实。根据单果成熟后果皮性质不同，可分为干果和肉质果两类。

1. 干果

果实成熟时果皮干燥，根据果皮开裂与否，又可分为裂果和闭果。

1）裂果

果实成熟后果皮开裂，根据心皮数目和开裂方式不同可分为以下几种。

（1）蓇葖果：由单雌蕊子房发育而成，成熟时沿背缝线或腹缝线开裂，如梧桐、飞燕草、八角茴香。

（2）荚果：由单雌蕊子房发育而成，成熟后果皮沿背缝线和腹缝线两边开裂，如豆科植物的果实。但是也有少数豆科植物的荚果是不开裂的，如紫荆、刺槐、花生等。

（3）角果：由两个心皮的复雌蕊子房发育而成，中央有一片由侧膜胎座向内延伸形成的假隔膜，成熟时果皮由下而上两边开裂，如十字花科植物的果实。根据果实长短不同，又有长角果（silique）和短角果（silicle）之分，前者如萝卜、油菜，后者如荠菜、独行菜。

（4）蒴果：由两个或两个以上心皮的复雌蕊子房形成，成熟时以多种方式（如背裂、腹裂、盖裂、孔裂等）开裂，如棉花、曼陀罗、木槿、罂粟、车前等。

2）闭果

果实成熟后，果皮不开裂，这类果实有以下几种。

（1）瘦果：由单雌蕊或2~3个心皮合生的复雌蕊子房发育而成，子房一室，内含一粒种子，果皮与种皮分离，如向日葵、荞麦。

（2）颖果：由2~3个心皮的复雌蕊子房发育而成，子房一室，内含一粒种子，但果皮与种皮愈合，因此常将果实误认为种子，如竹类、水稻、小麦、玉米。

（3）坚果：果皮坚硬，一室，内含一粒种子，果皮与种皮分离，如板栗、茅栗等。

（4）翅果：果皮沿一侧、两侧或周围延伸成翅状，以适应风力传播，如槭树科植物、臭椿、榆等。

（5）分果：复雌蕊子房发育而成，成熟后各心皮分离，形成分离的小果，但小果果皮不开裂，如锦葵、蜀葵等。其他如伞形科植物的果实，成熟后分离为两个瘦果称为双悬果；唇形科和紫草科植物的果实成熟后分离为四个小坚果。

2. 肉质果

果实成熟时，果皮或其他组成部分肉质多汁，常见的有以下几种类型。

1）浆果

由复雌蕊发育而成，外果皮薄，中果皮、内果皮肉质或有时内果皮的细胞分离成汁液状，如葡萄、番茄、柿子等。

2）柑果

由多心皮复雌蕊发育而成，外果皮和中果皮无明显分界，或中果皮较疏松，并有很多维管束，内果皮形成若干室，向内生有许多肉质表皮毛，内果皮是主要食用部分，如柑、桔、柚、橙等。

3）核果

由单雌蕊或复雌蕊子房发育而成，外果皮薄膜质，中果皮肉质，内果皮骨质形成坚硬的壳，通常一粒种子，如桃、杏、枣等。

4）梨果

由下位子房的复雌蕊形成，花托强烈增大和肉质化并与果皮愈合，外果皮、中果皮肉质化而无明显界线，内果皮革质，如梨、苹果等。

5）瓠果

由下位子房的复雌蕊形成，花托与果皮愈合，无明显外、中、内果皮之分，果皮和胎座肉质化，如西瓜、黄瓜等葫芦科植物的果实。

（二）聚合果

由一朵花中许多离生心皮雌蕊发育成的果实，每一心皮都形成一个独立的小果，集生在膨大花托上，如草莓为聚合瘦果，八角茴香和芍药为聚合蓇葖果等。

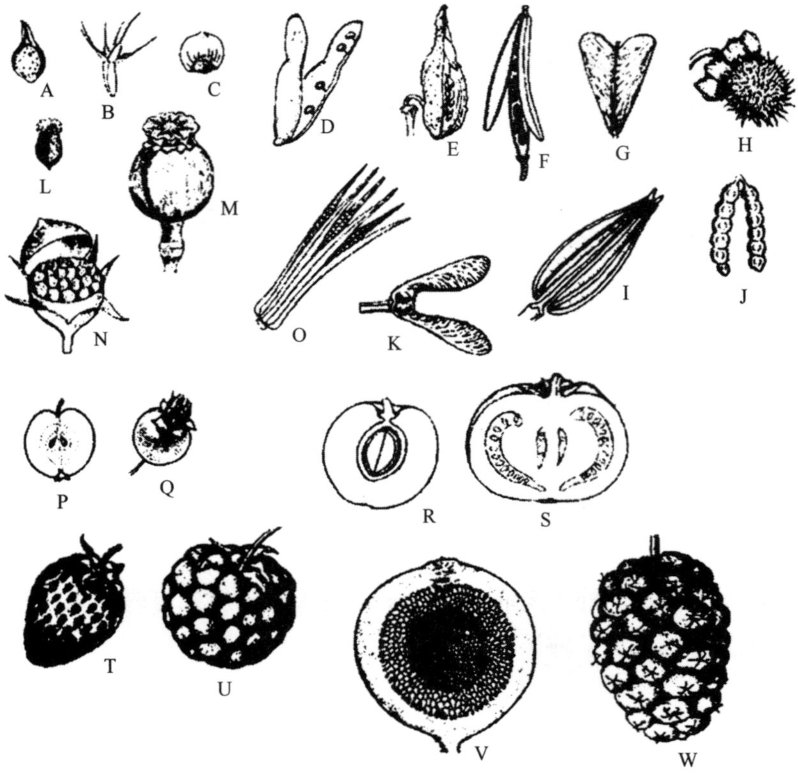

图 3－23　果实的类型

A：毛茛属的瘦果；B：胜红蓟属具鳞片状的冠毛的连萼瘦果；C：栗属的坚果；D：豌豆属的荚果；E：牛角瓜属的单心皮蓇葖果；F：芸苔属的长角果；G：荠菜的短角果；H：曼陀罗属的蒴果；I：伞形科的双悬果；J：含羞草属的一对节荚果；K：槭树属的双翅果；L：报春花属由于顶端齿裂而开裂的蒴果；M：罂粟属的具孔裂的有盖蒴果；N：青葙属的双翅果；O：咖啡黄葵的室背开裂的蒴果；P：苹果的梨果；Q：蔷薇属的聚合果在内部的蔷薇果；R：李属的核果；S：番茄的浆果；T：草莓属的假果，具附属结构的聚合瘦果；U：悬钩子属的聚合核果；V：榕属的由隐头花序发育而来的无花果；W：桑属的肉质聚合果

（三）聚花果

由整个花序发育形成的果实，如菠萝、桑葚、悬铃木、无花果等。

七、禾本科的花

花序是以小穗为基本单位，在穗轴上再排成穗状、指状、总状或圆锥状；小穗有1个小穗轴，基部常有一对颖片，生下面或外面的1片称外颖，生上方或里面的1片称内颖，小穗轴上生有1个到多个小花，每一小花外有2个苞片，称外稃和内稃，在子房基部有2或3枚特化为透明而肉质的小鳞片（相当于花被片），称为浆片（鳞被）。

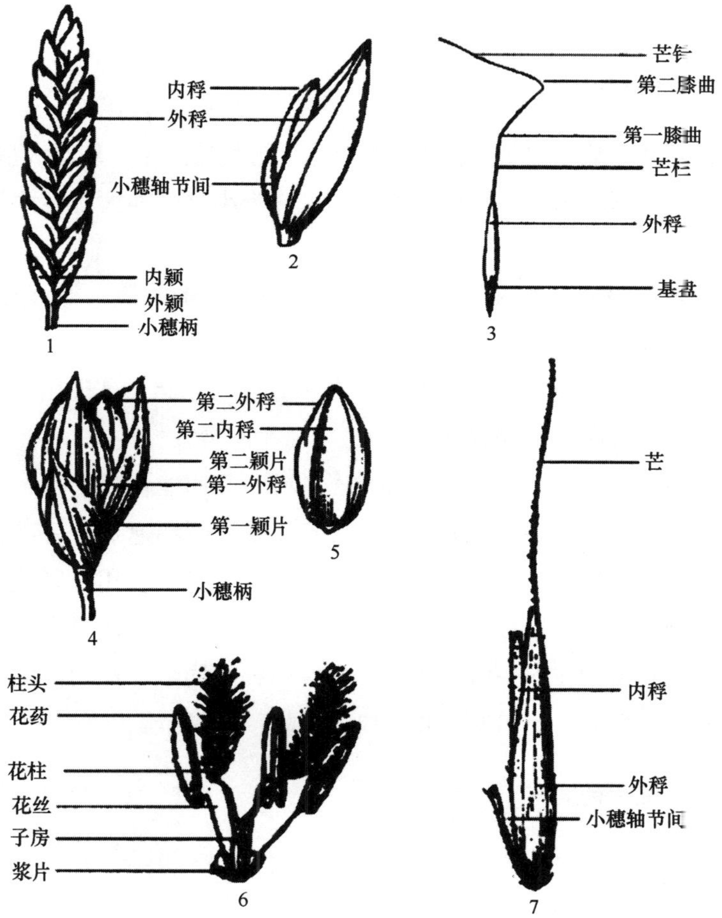

图3－24　禾本科花的结构

1：小穗（两侧扁）　2、3、5、6、7：不同的小花构造　4：小穗（背复扁）

雄蕊通常3枚，花丝细长，花药丁字形着生，可摇动，有利于风力传粉；

雌蕊1枚，由2~3个心皮构成，子房上位，1室，1胚珠，花柱2个，很少1个或3个；柱头常为羽毛状或刷帚状。

果实的果皮常与种皮密接，称颖果，或稀为胞果、浆果等。

第二节　蕨类植物和裸子植物的形态学术语

蕨类植物和裸子植物因其没有真正的花，繁殖器官的形态学术语以球果、小孢子叶、大孢子叶等为代表。

一、蕨类植物的形态学术语

（一）蕨类植物的叶

蕨类植物的叶多从根状茎上长出，有簇生、近生或远生，幼时大多数呈拳曲状，是原始的性状。根据叶的起源及形态特征，可分为小型叶和大型叶两种。根据叶的功能又可分成孢子叶和营养叶两种。

（1）小型叶：没有叶隙和叶柄，仅具1条不分枝的叶脉，如石松科、卷柏科、木贼科等植物的叶。

（2）大型叶：具叶柄，有或无叶隙，有多分枝的叶脉，是进化类型的叶，如真蕨类植物的叶。大型叶有单叶和复叶两类。

（3）孢子叶：是指能产生孢子囊和孢子的叶，又叫能育叶。

（4）营养叶：仅能进行光合作用，不能产生孢子囊和孢子，又叫不育叶。

有些蕨类植物的孢子叶和营养叶不分，既能进行光合作用，制造有机物，又能产生孢子囊和孢子，叶的形状也相同，称为同型叶，如常见的贯众、鳞毛蕨、石韦等。而又有些蕨类植物在同一植物体上，具有两种不同形状和功能的叶，即营养叶和孢子叶，称为二型叶，也叫异型叶，如荚果蕨、槲蕨、紫萁等。

（二）蕨类植物的孢子

1. 孢子囊群

大型叶的蕨类植物不形成孢子叶穗，孢子囊也不单生于叶腋处，而是由许多孢子囊聚集成不同形状的孢子囊群或孢子囊堆，生于孢子叶的背面或边缘。孢子囊群有圆形、长圆形、肾形、线形等形状。

2. 囊群盖

孢子囊群常有膜质盖，称囊群盖。

3. 环带

孢子囊的细胞壁由单层（薄囊蕨类）或多层（厚囊蕨类）细胞组成，在细胞壁上有不均匀的增厚形成环带。环带的着生位置有多种形式，如顶生环带、横行中部环带、斜行环带、纵行环带等，这些环带对于孢子的散布有重要作用。

4. 大孢子囊

产生大孢子的囊状结构叫大孢子囊，大孢子萌发后形成雌配子体。

5. 小孢子囊

产生小孢子的囊状结构叫小孢子囊，小孢子萌发后形成雄配子体。

6. 孢子叶球

在小型叶类型的蕨类植物中，孢子囊单生于孢子叶的近轴面叶腋或叶的基部，通常很多孢子叶紧密地或疏松地集生于枝的顶端形成球状或穗状，称孢子叶球或孢子叶穗，如石松和木贼等。

7. 原叶体

蕨类植物的孢子成熟后散落在适宜的环境里萌发成一片细小的呈各种形状的绿色叶状体，称为原叶体。这就是蕨类植物的配子体，大多数蕨类植物的配子体生于潮湿的地方，具背腹性，能独立生活。

8. 精子器和颈卵器

当配子体成熟时大多数在同一配子体的腹面产生有性生殖器官，即球形的精子器和瓶状的颈卵器。精子器内生有鞭毛的精子，颈卵器内有一个卵细胞，精卵成熟后，精子由精子器逸出，借水为媒介进入颈卵器内与卵结合，受精卵发育成胚，由胚发育成孢子体，即常见的蕨类植物。

二、裸子植物的形态学术语

1. 球花

孢子叶大多数聚生成球果状，称球花或孢子叶球。孢子叶球单生或多个聚生成各种球序，通常都是单性，同株或异株。

2. 雄球花

小孢子叶（雄蕊）聚生而成，称小孢子叶球，每个小孢子叶下面生有贮满小孢子（花粉）的小孢子囊（花粉囊）。

3. 雌球花

大孢子叶（心皮）丛生或聚生而成，称大孢子叶球（雌球花 femal cone）。胚珠裸露，不为大孢子叶所形成的心皮所包被，而被子植物的胚珠则被心皮所包被，这是被子植物与裸子植物的重要区别。

大孢子叶常变态为珠鳞（松柏类）、珠领（银杏）、珠托（红豆杉）、套被（罗汉松）和羽状大孢子叶（铁树）。

4. 多胚现象

由于1个雌配子体上的几个或多个颈卵器的卵细胞同时受精，形成多胚，称为简单多胚现象或者由于1个受精卵，在发育过程中，胚原组织分裂为几个胚，称为裂生多胚现象。

5. 简单多胚现象

由一个雌配子体上的几个颈卵器同时受精，因而在胚胎发育早期，可以产生两个以上的原胚。

6. 裂生多胚现象

仅一个卵受精，生成4个胚细胞，分别单独发育成4个幼胚。而胚发育中，通常只有1个（很少两个或更多）幼胚正常分化、发育，成为种子中成熟的胚。

表3-1 蕨类植物、裸子植物和被子植物繁殖器官的主要区别

蕨类植物	裸子植物	被子植物
孢子叶球	孢子叶球或球花	花
小孢子叶球	小孢子叶球或雄球花	雄花
小孢子叶	小孢子叶	雄蕊
小孢子囊	小孢子囊或花粉囊	花粉囊
小孢子母细胞	小孢子母细胞或花粉母细胞	花粉母细胞
小孢子	小孢子或花粉粒（单细胞期）	花粉粒（单细胞期）
雄配子体	花粉粒（4细胞期）	花粉粒（2细胞或3细胞）
大孢子叶球	大孢子叶球或雌球花	雌花
大孢子叶	大孢子叶（珠领、珠托、珠鳞、套被等）	心皮
大孢子囊	珠心	珠心
大孢子母细胞	大孢子母细胞	胚囊母细胞

续表

蕨类植物	裸子植物	被子植物
大孢子	大孢子	单核胚囊
雌配子体	雌配子体（具颈卵器）	8 核胚囊

第三节　植物识别鉴定方法

一、根据植物的特征识别植物

自然界中有些植物具有特殊的结构特征，根据这些特殊特征识别植物。如有些植物有特殊的气味，有些植物的叶、花、苞片颜色很特殊，有些植物有特别的味道，有些植物有各种颜色的乳汁，有些植物的枝条、茎干、叶柄甚至果实往往具有翼或翅、刺或者卷须、腺毛或花盘等。

（一）依据气味识别植物

某些植物具有特殊的气味，可根据不同气味来识别植物，如伞形科、唇形科、芸香科等具有挥发油及蜜腺的科都具有香气；薄荷、山香、山薄荷有薄荷味；野香薷有香草味；野芫荽、天胡荽有芫荽味；海风藤、蒌叶有胡椒辣味；鱼腥草有鱼腥味；百合科的葱属植物具有葱蒜气味；荚果蕨的叶片具有黄瓜气味。

在实际操作中有些植物需要把叶揉碎、剥开果实或切断根茎等方法进行识别。

常见需要把叶揉碎的植物有附地菜、鸡屎藤等。附地菜的叶子经过反复揉搓具有黄瓜的香味，所以称为“黄瓜香”；鸡屎藤、毛鸡屎藤揉叶有鸡屎臭味；香茅的叶揉捻后有姜味；毛大丁草有煤油味；十字花科具有芥子油的气味，所以鉴定十字花科需要将叶子反复揉搓。桢桐、臭牡丹、臭茉莉三种植物很相似，但桢桐的叶子不臭，臭牡丹的叶子还没有揉捻便十分臭，而臭茉莉的叶子揉捻后才具有臭味。

常见需要切断根茎的植物有山苍子等。山苍子的根既有豆豉气味又有姜味，故有“豆豉姜”之称；败酱属多数植物的根具有大酱的气味；樟树、豺皮樟的根都有香樟味。

（二）依据颜色识别植物

植物的颜色是识别植物的主要依据，而且有些植物的颜色是固定的，能代表植物的特征。有些植物的叶、花、苞片颜色很特殊，是区别植物的主要特征。

以叶色识别植物的主要有：三白草开花时，顶端三片叶子全变白；一品红冬月花际，顶端几片较狭的叶子全变红；雁来红的叶暗紫色，可是秋天一到，大雁南飞的时候，顶叶变为鲜红色，十分壮观。有些外形相近的植物，可以通过辨色而区别，如狗肝菜和红丝线很相似，但前者叶很绿，干后还是青的，后者干后变黑。冬青科和卫矛科植物的叶子很相似，但前者在火上一烘会出现黑色弧圈。有些植物叶子为红色或紫色，非常容易识别，如紫叶李的叶子为紫色，紫叶小檗的叶子也为紫色，红花檵木的叶子为紫红色，光叶石楠的叶子为鲜红色。有的植物的叶子为灰白色，如水果兰、鼠曲草、火绒草、绒背蓟、长春花等。有的植物的叶子为蓝色，如拟南芥。有的叶子带黄色边缘，如金边虎尾兰、金边大叶黄杨。有的植物由于叶子的老幼不同而在一株植物上呈现不同的颜色，如杜英的老叶为红色，嫩叶为绿色。有些植物的叶子为杂色，如洒金珊瑚、彩叶草、五彩苋、花叶芋、竹芋等。

有些植物的花随着时间变化，颜色也会有变化，如鸳鸯茉莉花初开时紫蓝色，后变为白色。有的植物的芽具有特殊的颜色也成为主要的识别特征，如银芽柳。有些植物茎干具有特殊的颜色，如黄金竹、黄金柳、红瑞木等。

（三）依据味道识别植物

就是用嘴舌来尝植物，根据舌、喉的感觉来辨别植物。一般应在有经验的人指导下进行，通常微量而又不吞咽，是不容易引起中毒的，但对某些毒性较大或生物碱含量高的植物，如海芋、天南星、土半夏、巴豆、白木香（种子）等植物切勿尝试。五味子的叶片具有酸甜苦辣的各种味道；胡椒、山肉桂、姜等有辛辣味；两面针的皮、九里香的叶子有麻舌感；扛扳归、马齿苋、酢酱草、酸果藤的叶有酸味；穿心莲的叶、铁冬青的皮、黄连的根都很苦；桃金娘、算盘子等的根有涩味。丁香的叶子具有苦味，依据这个特征很容易区分南方的女贞与北方的暴马丁香的叶片。水蓼的形态与酸模叶蓼很相似但是水蓼的叶片具有极强的辛辣味，以此特征可以加以区别。辣叶铁线莲与褐毛铁线莲极其相似，但是辣叶铁线莲具有辛辣味，而褐毛铁线莲却没有。

（四）根据植物的特殊特征识别植物

1. 乳汁

有的植物的叶片、枝条折断后会流出各种颜色的汁液。乳汁的颜色有很多种，有的乳汁为红色，如大戟科、萝藦科、桑科、桔梗科等。白屈菜的乳汁为黄色，许多紫堇科植物的汁液也为黄色，而珠果紫堇的汁液却为红色。

2. 翼或翅

有些植物的枝条、茎干、叶柄甚至果实往往具有翼或翅，这些特征是识别植物的主要依据。植物的茎翅成为区分物种的主要依据，如大果榆，其茎具有扩展的翅，而春榆却没有，易于区别。植物的叶柄具有翅也是区分植物的主要依据，如盐肤木、枫杨的叶子都具有翼翅，但是盐肤木的叶柄翅宽大而扩展，枫杨叶柄的翅狭窄而细长。叶柄具有翼的植物有翼柄厚喙菊、翼柄翅果菊、翼柄蒲公英、翼柄碎米荠、翼柄瑞香、翼柄紫菀、翼柄风毛菊等。果实具有扩展而延伸的翅往往成为区分物种的主要依据，而且翅的大小形状也是区分物种的依据。如槭树科植物的果实往往是双翅果，其果实翅的张开角度，翅的大小都成为鉴定物种的依据。

3. 刺和卷须

刺是植物的防御器官，而卷须是植物的攀援器官。植物具刺与否或者是否有卷须是鉴别植物的重要特征。刺又分为茎刺与叶刺，卷须又分为茎卷须和叶卷须。实践中我们发现卷须对鉴别野豌豆属和薐薁属具有重要意义。而刺是区分玫瑰与月季的主要特征，因为玫瑰的刺上有毛，而月季的刺上无毛。区分茎刺与叶刺的经验是，茎刺由于是茎的变态当用手掰时不能轻易地把它掰掉，而叶刺则很容易掰掉。

4. 腺毛和腺点及花盘

有一些植物具有腺毛，用手触摸时有黏的感觉，用放大镜观察可以看到明显的腺毛。如马先蒿属植物。有些植物具有腺点，这是识别植物的明显特征，一般观察腺点时可以对着天空，发现有亮的白点或黑色的小点即为腺点。如芸香科植物多数具有透明的腺点，而乌腺金丝桃的腺点为黑色。花盘为花托突起的腺质结构，一般能分泌蜜汁，吸引昆虫。而花盘本身也具有一定颜色，一般多为黄色，或橙红色。花盘的位置对于区分卫矛科与鼠李科很重要，卫矛科的雄蕊着生在花盘上，而鼠李科的雄蕊着生在花盘外。

二、植物检索表的编制和使用

检索表是植物分类中识别和鉴定植物不可缺少的工具，编制检索表根据二歧分类原则，应从植物器官的性状中找出相对性状，即同一性状的两个相反的方面，把一个类群分成相对的两个类群之后，再从两个类群中分别找出相对性状，依次地向下分成若干类群，直至分到科、属、种为止。目前广泛使用的检索表类型有定距式和平行式检索表两种。

（一）植物检索表的编制

检索表是植物分类中识别和鉴定植物不可缺少的工具，是根据法国拉马（Lamarck，1744—1829）二歧分类原则，把原来一群动植物相对的特征、特性分成对应的两个分支，再把每个分支中相对的性状又分成相对应的两个分支，依次下去直到编制到科、属或种检索表的终点为止。

二歧分类原则，指的是从植物器官的性状中找出相对性状。所谓的相对性状指得是，同一性状的两个相反的方面，如植株的高与矮，颜色的黑与白，花萼宿存与花萼脱落，合瓣花与离瓣花，叶片光滑与叶片被毛，等等。在编制植物检索表之前，对其所采用的植物特征的取舍，通常采取“由一般到特殊”或“由特殊到一般”的原则。当你面对一个类群的植物时，首先必须将所采到的地区植物标本进行有关习性、形态上的记载，将根、茎、叶、花、果和种子的各种特点进行详细的描述和绘图，在深入了解各种植物特征之后，首先从这个类群中找出大的相对性状，如胚珠裸露或胚珠被子房包被着，从而把一个类群分为两个大的类群即裸子植物与被子植物；或者找出一片子叶与两片子叶的相对性状，从而把大的类群分为单子叶植物与双子叶植物。把一个类群分成相对的两个类群之后，再从两个类群中分别找出相对性状，依次地向下分成若干类群，直至分到科、属、种为止。

依据最终所要划分的阶元，而将检索表划分为分科检索表、分属检索表、分种检索表。

为了便于使用，在各类分支的前边按其出现的先后顺序加上一定的顺序数字或符号，相对应的两类或两个分支前的顺序数字或符号应是相同的。

值得注意的是在选用区别特征时，即在编制植物检索表中的成对性状时，最好选用相反的或容易区别的特征，即非此即彼的特征（如单叶和复叶、草本和木本等），千万不能采用似是而非或不确定的特征，即亦此亦彼的特征。有些特征要实测其大小值，尽量避免使用较大、较小、较长、较短等难以肯定的特征。采用的特征要明显，最好选用仅用肉眼或手持放大镜就能观察得到的特征。要选用常见的、不变的特征，切勿选用受季节性影响或仅能在野外观察得到的特征。

在编制过程中还应注意到，有时同一物种（或同一类植物）由于生长在不同的生境条件下，会出现不同的性状（如沙棘因分布地区不同，出现乔木、灌木等），遇到这种情况时，就应在不同大类群的各项中（乔木和灌木）都将它们包含进去，这样就可以保证能检索到它们。

（二）检索表的类型

常用检索表类型有定距式（不齐头检索表）、平行式检索表（齐头检索表）两种。

1. 定距式检索表

在这种检索表中，每一对相对性状编为相同的序号，并纵向相隔一定距离，且都书写在距书页左边有同等距离的地方；每个分支的下边，又出现相对性状的分支，再编写相同的序号，书写在较先出现的一个分支序号向右退一个字格的地方，这样如此往复下去，直到要编制的终点为止。

1 种鳞木质
　2 叶二型，鳞形、刺形 ………………………………………… 柏木属
　2 叶一型，鳞形 ……………………………………………… 侧柏属
1 种鳞肉质
　　3 叶二型，鳞形和刺形，叶无关节 …………………………… 圆柏属
　　3 叶一型，刺形 …………………………………………… 刺柏属

2. 平行式检索表

每一对两个相对性状编写相同的编号，平行排列在一起，在每个分支之末，再编写出名称或序号。此名称为需要已查到对象的名称（中文名和学名）；序号为下一步依次查阅的序号，并重新书写在相对应的分支之前。

1 种鳞木质 ……………………………………………………… 2
1 种鳞肉质 ……………………………………………………… 3
2 叶二型，鳞形、刺形 ………………………………………… 柏木属
2 叶一型，鳞形 ……………………………………………… 侧柏属
3 叶二型，鳞形和刺形，叶无关节 …………………………… 圆柏属
3 叶一型，刺形 ……………………………………………… 刺柏属

（三）检索表的使用

使用检索表检索植物首先必须对植物的特征有全面的了解。利用记录本记录植物的所有特征，植物标本必须全面，如果不全面检索起来就比较困难。有些科的检索需要专门的知识，如禾本科的小穗，伞形科的果实的油管分布，十字花科的子叶与胚根的关系，兰科的合蕊柱，萝藦科的花粉块与载粉器。许多检索表的相对性状都是利用生殖器官的特征，所以采集标本一定得具有花果的标本。

当要从检索表中确定一种植物的分类地位时，先要找到检索表中阿拉伯数字小的相对性状，判别其归属。之后在下一级的分类性相对性状中确定其分类归属，以此类推直到确定其分类地位为止。

使用检索表时要选择适合的检索表，随着全国植物志和各省、区及地区性地方植物志的陆续出版，为我们在鉴别植物种类时提供了很大的方便。但使用时要注意，不同的检索表所包括的范围各有不同，有包括全国范围的植物检索表，也有仅包括某一地区的植物检索表，或仅包括某一类植物的检索表。因而在具体使用时，应根据鉴定目标和不同需求，选用合适的检索表，这样既能减少工作量，又能达到事半功倍的效果。如检索浙江植物就可以采用《浙江植物志》，而如果采用《中国植物志》检索范围太广，增加了工作量。

为了证明根据检索表检索出的结果是否正确，还应与有关专著或有关资料中对该科、该属和该种的描述进行核对，看是否完全符合科、属、种的特征，植物标本上体现出的形态特征是否和书上的图、文、分布等一致。如果全部符合，证明鉴定的结论是正确的，否则还需进一步加以研究，直至完全正确为止。

本章小结

植物形态学术语：植物的形态学描述是指通过一系列的术语对这种植物进行准确描述。植物的器官可分营养器官和繁殖器官。营养器官主要为根、茎、叶；有花植物繁殖器官为花、花序、果实、种子。

自然界中有些植物具有特殊的结构特征如特殊的气味；有些植物的叶、花、苞片颜色很特殊；有些植物的枝条、茎干、叶柄甚至果实往往具有翼或翅，具刺或者卷须、具腺毛花盘等，这些特征是识别植物的主要依据。

检索表是植物分类中识别和鉴定植物不可缺少的工具，检索表根据二歧分类原则编制。依据最终所要划分的阶元，而将检索表划分为分科检索表、分属检索表、分种检索表。

目前广泛使用的检索表类型有定距式（不齐头检索表）、平行式检索表（齐头检索表）两种。

第四章　植物标本的采集、制作与保存

教学目标

1. 了解植物标本的采集用品。
2. 掌握植物标本的采集方法。
3. 重点掌握植物标本的制作。
4. 掌握植物标本的保存。

植物标本是课堂教学和科学研究所必需的重要材料和依据。在教学中，利用标本，为教学观察之用，可以帮助老师讲授教材中的难点，加强直观性，克服季节性和区域性的限制，使学生更好地理解与掌握课堂教学内容，能收到好的教学效果。在科学研究中，植物标本是科研工作者研究植物的第一手资料。特别是在植物的分类研究、植物资源的考察和植物群落的研究等工作中，标本是重要的科学依据。植物标本是全株体或其一部分，经过采集和适当处理后能长期保存其形态特征的植物体。合格的植物标本包含着一个物种的大量信息，诸如形态特征、地理分布、生态环境、物候期等。因此从标本的采集到制作、保存等环节均要高度重视。

植物标本就是将新鲜植物的全株或一部分用物理或化学方法处理后保存起来的实物样品，按制作方法可分为腊叶标本、浸渍标本、风干标本、砂干标本及叶脉标本等，本章着重介绍腊叶标本和浸渍标本的制作方法。

第一节 植物标本的采集工具

工欲善其事，必先利其器。适用、齐全的采集仪器和工具是野外实习取得良好效果的重要保障，本节重点介绍几种主要的标本采集制作工具。

一、采集仪器

（1）GPS定位仪。GPS技术在确定植物样地位置时具有准确性高、迅速而快捷的优势，对于蜿蜒的海岸、原始森林或草原等开阔而位置难以确定的采集地点定位具有重要作用，对于采集路线的记录也具有独特的优势。定位系统也可由学生手机下载的软件代替。

（2）数码照相机。用来拍摄采集地主要植被类型和植物生活形态特征。

（3）解剖镜。用来镜下辨认植物的细微区别，主要在实习驻扎地使用。

（4）望远镜。用来瞭望远处的地形和植物种类。

（5）高度计（海拔仪）。用于了解采集点的海拔高度。

（6）指北针。用来指示方向。

（7）放大镜。用来观察植物的细小形态特征。

二、采集用具

（1）多功能采集铲。也称工兵铲，主要具有铲、镐、撬棍（刺）、锯、刀的功能，可折叠两次，抗磨损、抗腐蚀。主要用来割取树条，挖掘深根或具有变态茎、变态根的草本植物。

（2）树枝剪。分枝剪和高枝剪两种，用来剪取木本植物的枝条。

（3）采集袋。用人造革、帆布或尼龙绸制成，用于盛取标本和小型采集用品用具，体积可为44 cm×39 cm×15 cm。

（4）自封口袋。用PE材料做成，透明、无毒、无味，防潮防水，用来装鳞茎、块根等。一般采用长约15 cm、宽约10 cm的规格。

（5）指管。用PE材料做成，内装福尔马林—酒精—冰醋酸固定液（FAA液），用于浸泡花和肉质叶、果，一般采用15～20 ml的规格。

（6）标本夹。标本夹由上下两块木板组成，内装吸水纸，并用绳子固定，标本夹坚固，用于压制标本，长度为47 cm、宽33 cm、板条厚1 cm。用来捆绳的板条长41 cm、厚2.5 cm。吸水纸可用旧报纸、毛宣纸代替，最好用吸水纸。

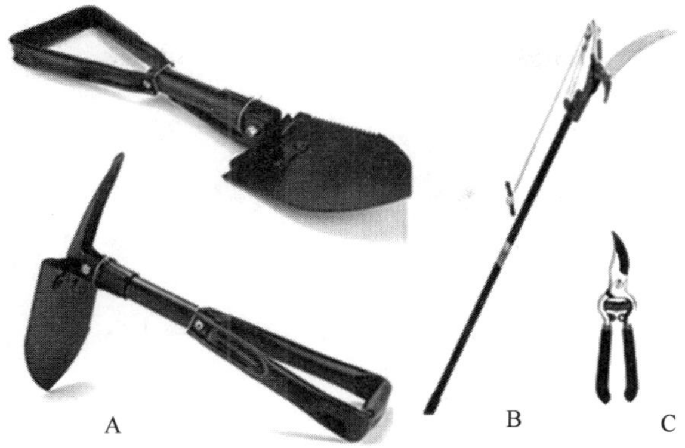

图 4－1　采集工具

A：多功能采集铲；B：高枝剪；C：枝剪

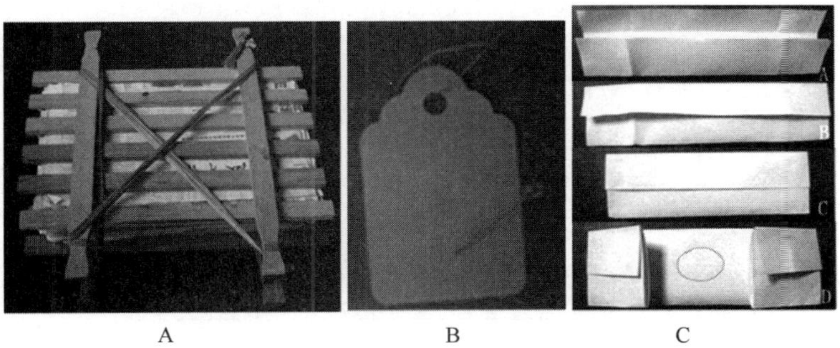

图 4－2　标本采集工具

A：标本夹；B：标本签；C：种子袋制作方法

（7）种子袋。用牛皮纸制成，长约 10 cm、宽约 7 cm，用于收集植株上易掉落的部分。有些植物的器官如花、果、鳞片和种子易脱落，所以采集时将易脱落的部分装在种子袋中以免混淆。

（8）采集记录册。用来记录植物标本。采集记录册中每一页记录一号植物（不同地点采集的同一种植物要按不同号记载）。为使记录工作迅速准确，可事先印刷，装订成册，供野外采集时用。采集记录册内页的格式见表 4－1。

（9）标本号牌。也称小标签。用白色硬纸做成，长宽各 3 cm 左右，系以白线，挂在各个标本上，其上要记录该标本的号数（与野外采集记录册号数一致）。也可以在小标签上记录采集时间、采集人（盖章也可）、采集地点等信息。

三、野外防护和生活用具

（1）护腿。用厚帆布制成，用于防蛇咬伤。

（2）野外急救简易药箱。内装治疗外伤、蛇咬、中暑、感冒等医药用品。

（3）长袖上衣、长裤、高帮鞋和遮阳帽。这样的穿着是为了尽可能避免晒伤、扎伤和咬伤。

（4）矿泉水及必要食品。

四、室内标本制作用具

（1）镊子。用于压制标本时对标本进行整形。

表 4－1　植物学野外实习标本采集记录册内页

________植物学野外实习标本采集记录表

标本号数：________

采集人：________采集号数________

采集日期：____年____月____日

产地：____省____市____乡____山（河）

环境：路边____林缘____林下____岸边____水中________

地形________海拔________土壤________

生长型：乔木____灌木____藤本____草本________

高度：____米，胸高直径____米

形态：树皮 颜色____开裂方式________

根________

茎________

叶 背颜色____腹颜色____毛____乳汁________

花 颜色____气味____花的位置（上举____下垂____斜向）

果 颜色____类型________

种子颜色____类型________

附　记：________

科　名：________

中　名：________　俗名：________

学　名：________

（2）直刀（刻纸刀）。用于标本上台纸时切开台纸。

（3）台纸。为8开的白版纸或道林纸，用来承载标本。

（4）盖纸。为8开的片页纸、薄牛皮纸、拷贝纸等，并非透明，用来盖台纸上的标本，保护标本。

（5）宽的白纸条、白线、针、胶水。用来固定台纸上的标本。

（6）野外记录复写单。其内容、大小与野外记录册完全一样，但不装订成册，一般粘贴在台纸的左上角。

（7）标本签。采集压制整形装订好，准确鉴定后将采集时间、采集人、标本的科属、用途等粘贴在标本台纸的右下角。

植物标本鉴定签	
采集号	200900001
科名	Lauraceae
学名	*Neolitsea sericea* (Bl.) Koidz
中名	舟山新木姜子
产地	舟山　定海
采集人	班级　姓名
日期	2009-11-15

图4－3　植物标本鉴定签

（8）消毒箱。木制，用于标本杀虫，密闭性能要好，体积不限，一般能容纳几十份腊叶标本，箱内距底部以上约5 cm处，按水平方向放置带木框的铁纱，将消毒箱分成上下两部分，上面空间放置待消毒的标本，下面空间放置四氯化碳。

（9）四氯化碳和玻璃皿。用于标本消毒。

第二节　植物标本的采集方法

植物标本的采集因采集的时间、地点、标本选取部位等不同，所选用的标本采集方法也有所不同。

一、采集的时间和地点

每种植物生长发育的时期不同，因此，采集的时间也不同。一般采集应在初秋进行，花果俱全，植物体纤维多，水分少，容易压干。早春开花植物种类繁多，也应适时采集。由于野外实习多集中在夏末、初秋，加之海岛特殊的地理环境，一天来说，最佳时间是上午 9 点以后，此时岛上的雾气已渐渐消散，大多数植物的花、叶也完全展开。

选择采集地点是决定采集种类多少的关键性因素。要事先确定好路线，宜先近后远。同学们都应结伴而行，一天切不可行程太远。

二、标本的选取

采集标本时要注意标本的典型性和完整性。一般应选择根、茎、叶、花、果实、种子等器官俱全的植株作为标本的采集对象，但有时植物的花果的物候期不同，只能采到带花或带果的标本。一般要求采集具有花期和果期的标本，如果只采到花期标本，应做好记录，在果期再继续补充采集使标本全面。如果以营养期的植株为采集对象，应注意，从苗期开始一直按成长植株的顺序采集整个成长过程。选择标本时应注意，不要选择被虫蛀害的植株或被病菌侵害的植株作为标本，因为虫害或病害的特征，代表不了植株的本来特征（采集病虫害标本除外）。

标本的采集数量，每号标本至少采集 3 份，用于交流时需多采。

采集时还应注意资源保护的问题，对于濒危植物尽量少采或不采，或者以照片的形式代替采集标本。

采集的标本要及时编号，在标本上拴上小标签牌。记录标本信息，使标本号与采集号相符。

对于雌雄异株、单性花、花柱异长的种类，应采集不同的种类，使每一物种标本齐全。

三、各类标本的采集方法

植物的形态繁杂多样，根据植物的生长状态和主要特征，采集的方法也有所不同。

（一）蕨类植物标本的采集法

蕨类植物的分类依据是孢子囊群的构造、排列方式、叶的形状和根茎特点等，所以要采全株，包括带有孢子囊和根茎，不然就不容易鉴定种类。如果植株太大，可以采叶片的一部分（但要带尖端、中脉和一侧的一段）、叶柄基部和部分根茎，同时认真记录下植物的实际高度、阔度、裂片数目及叶柄的长度。用数码相机拍摄全株。

（二）裸子植物的采集

裸子植物的分类识别特征有枝、叶、孢子叶球或球果等，因此必须采集具有这些特征的枝条标本。苏铁纲、松柏纲植物的采集应注意选择较小的叶片，带有大、小孢子叶球的标本；应注意鳞叶及营养叶；长枝短也要采全。要记录好采集时的雌雄株。采集时应用枝剪或高枝剪，尽量不要破坏树形。

（三）被子植物的采集

1. 草本植物

草本植物采集时首先要选好植株，最好全株挖掘。标本形态要美观，各器官（根、茎、叶、花或果）要齐全，用采集铲连根挖掘，轻轻去掉泥土，放入采集箱或采集袋中。

2. 木本植物

植物的花和果是识别植物种类的主要依据，因此，木本植物采集时要尽量剪取能代表该种植物的带花果枝，使标本具备花或果的枝条。标本应控制在以 A4（297 mm×210 mm）或 A3（420 mm×297 mm）为台纸的范围内。

掌握植物生长规律，对先花后叶的标本要注意分不同时节采摘。对新叶、老叶的不同形态，枝的不同、芽的形态要分开采集。当有明显的识别特征时，如树皮、笋箨或卷须大花序、吸盘等，一定要把凸显的特征一起采下。

3. 藤本植物

剪取能表示它的藤本性状的一段，或用相机拍摄其缠绕姿态、方向等主要特征。

4. 寄生植物

应连同寄主一起采下，记录好寄生或附生植物及寄主植物。

5. 水生植物

沉水植物的采集，应在水浅的地方采集，选择株型软小的植物。标本应连根拔出或采集具有识别特征的花果的茎叶。挺水植物一般属于多年生草本，一定采一段根茎。

海洋高等植物是对生长在近海海域的蕨类植物、裸子植物和被子植物的总称，主要是指海洋大陆架浅水和潮间带的沼泽植物，或称滨海湿地高等植物。

在海边采集适应海滨湿地生长的盐生性或在盐沼中生长的植物时，要注意潮汐表的大小潮汐，表 4－2 为舟山东极岛潮汐表。

表 4－2　舟山东极岛潮汐表

日期（阴历）	最低潮时	最高潮时
初一、十六	6:05	10:30
初二、十七	6:30	11:00
初三、十八	7:25	11:40
初四、十九	7:50	12:20
初五、廿十	8:30	13:00
初六、廿一	9:00	13:40
初七、廿二	9:40	14:30
初八、廿三	10:20	15:20
初九、廿四	11:30	16:30
初十、廿五	12:20	17:40
十一、廿六	13:50	18:40
十二、廿七	15:00	19:30
十三、廿八	16:10	20:20
十四、廿九	17:10	21:10
十五、三十	17:50	21:50

注：高低潮时的计算公式

高潮时＝（阴历日数－1）×0.8 时＋平均高潮时间隙（下半月减去 16）

低潮时＝（阴历日数－1）×0.8 时＋平均低潮时间隙（下半月减去 16）

采集水生植物的植株有共同特点，即茎皆细长而软柔，一经捞出水面，很容易缩成一团，不易分开，枝叶就粘贴重叠失去原状。采集中要成束捞起来，然后用湿布或湿纸包裹好，装在塑料袋中或采集桶中，采集桶中最好盛原产地的水。

第三节　植物标本的处理

植物采集回来制作标本前，要经过相应的处理，本节内容重点介绍各科植物制作标本时的一些处理方法及注意事项。

一、标本的处理

标本的大小尽量与台纸的大小一致，所以取回的标本应做适当的修剪，剪去重叠枝，留下特征枝。对于一些高大的草本植物，可以剪取其根段、中段、上段保留特征性的叶片、根系、花及花序和果实。对于一些中等大小的草本植物尽量不要剪断茎段，而是做适当的折曲，一般有“V”、“N”、“W”字形状。

图4－4　腊叶标本的折叠方式

由于裸子植物的叶片容易脱落，所以在压制之前要用开水烫一下。蒲公英、苦菜等菊科植物其头状花序在标本压制过程中可能继续成熟而形成果实，所以也要将其花序用开水烫一下以杀死细胞。盐生植物的叶片较厚，易脱落，也应当用开水烫制。

肉质植物的处理方法比较特殊，由于含水量较大，不易干燥，所以尽量纵切或横切，或挖去内部组织，或采用硅胶迅速干燥。其花序也必须用开水烫制，才能使其在压制时不开花。

粗大的植物的根可以纵切，或把根切下后单独干燥做成根部标本。如当归的根较粗，可以纵切，党参的根就必须单独干燥处理。有一些植物的根太大，不容易干燥的可以做成浸制标本。

水生植物标本采回后，先做测量。制作的顺序是先做柔软、脆弱或稀有的种类。选出3～5株完整的植株放入盛有水的容器内，用毛笔轻轻刷去植物体上的泥土和杂物，把标本放入白瓷盘内，在瓷盘的水中放入与植物体标本大小相当的标本纸（用A4打印纸），从下面轻轻托起藻类标本，用镊子或毛笔轻轻按植物体的自然状态展开在标本纸上，然后慢慢地将标本纸从水中托起，贴在斜立的玻璃板上，沥去多余的水分，再放在吸水纸上，在标本上蒙上一层纱布和3～4层吸水纸，夹于标本夹内，其余的部分与种子植物标本制作相同。

以下是各科植物的标本处理过程中应注意的问题。

（1）伞形科植物由于花序较大，往往超过标本夹，所以只能分成几个部分压制，并标好顺序。

（2）含羞草科，或棕榈科的大型叶种类，也只能压制叶片的一部分，对于其余部分做好记录。

（3）对于具有特殊气味的科，应在压制标本前，对其气味做记录，如十字花科的芥子油的气味、芸香科植物的挥发油的气味、唇形科的生物碱的气味等。

（4）对于需要种子、果实才能准确鉴定的科属，应尽量采集其种子、果实。如十字花科的鉴定在很大程度上依赖于其子叶的着生情况；伞形科植物的鉴别往往依赖于果实的油管分布情况；莎草科植物薹草属植物囊苞的形态是其鉴定的依据。

（5）对于有汁液的植物，应当做记录，如旋花科、大戟科、萝藦科、桑科、菊科、桔梗科等植物会流出白色乳汁；而紫堇科、毛莨科植物会流出黄色汁液。对于有毒植物还要做特殊标记。

（6）有些植物的种子易脱落，所以要做种子袋，将种子收集起来，装入种子袋内。如凤仙花的果实极易开裂，种子容易脱落。

二、标本的整理与脱水

整理标本时要用镊子认真整理每一片叶片，使叶片不要重叠，并且使叶片尽量有正面与反面，便于鉴定标本。对于百合科植物的大型花瓣也要展开。

标本的脱水一般采用更换吸水纸的办法，一般初采集的标本一天翻动两次，3～4 d后一天翻动一次。一周后2～3 d翻动一次，一般情况下8～10 d可以完全脱水。初次压制时标本夹应绑得紧一些，3～4 d后要绑得稍微松一些。如翻动的标本是粗大的根，应将其放在标本夹的不同位置，并经常调换，使标本受力均匀。

第四节　植物标本的制作

植物标本的制作方法众多，本节主要介绍腊叶标本和浸制标本的具体制作方法。

一、腊叶标本的制作

野外采集的植物标本，主要用来制作腊叶标本，因此标本的大小取决于台纸的大小。学生制作腊叶标本用的台纸，通常是8开的白版纸或道林纸，其大小为38 cm×25 cm，所以标本的大小以不超过35 cm×25 cm为适度。采集木本植物时，可按照这一尺寸剪取枝条。草本植物虽然要采集全株，但一般不会超过这一尺寸，如果超过该范围，对高大草本植物，可分别剪取上、中、下三段作为标本。采集标本的同时，还应采集一些花和果实，放入广口瓶中浸泡，留待返校后进行解剖观察。

（一）标本的消毒

当标本较少时，用升汞（$HgCl_2$）消毒，取 1 g 升汞溶于 100 ml 无水乙醇当中，待全部溶解后，用毛笔蘸药水涂抹标本，对于较大的花果应多涂几次。涂抹过后乙醇挥发，而升汞留在标本上。

当对大量标本进行消毒时，将标本放入消毒柜内，将敌敌畏或四氯化碳、二硫化碳混合液放入培养皿内，利用蒸气熏杀标本上的虫子或虫卵，3 d 后取出上台纸。

（二）上台纸

台纸的大小一般为 8 开（38 cm×25 cm），将台纸平整地放在桌上，然后把消毒好的标本放在台纸上（一般一张台纸只放一个标本），摆好位置，右下角留出贴定名签的位置，左上角留出贴野外记录签的位置。一般定名签包括标本号、中文名、拉丁名，有时还有科名、属名等，还要写清定名人。

（三）固定

标本固定的方法有多种。当标本量不多时一般用纸条固定法。在根、枝条及叶柄的两侧用小刀在台纸的适当位置切出小口，再将硬纸条穿入小孔，标本的枝或叶及花的一部分夹于纸条内，从背面拉紧，并用胶水在台纸背面粘牢。也可以用锯条制作双切口刀，在台纸下面垫聚苯乙烯泡沫板，一次性在枝条两侧切出两个平行切口。当标本数量较大时也可以用针线固定，一般用白色线，线不能太粗，绳结系于台纸的背面，固定的点一般至少 3 个。固定标本时切忌用浆糊，时间长的话能够引起虫蛀。

二、浸制标本的制作

植物浸制标本就是用化学药剂制成的保存液将植物浸泡制成的标本，也叫液浸标本。

对不宜制成腊叶标本的，尤其是植物的花、果实及幼嫩、多肉，容易变色、变形，不易观察的植物的整体或部分器官，通过化学处理使原色固定，然后进行浸制保存，可使制作的标本色泽自然、形态逼真，能较长时间保持原色泽不变。对于教学和科研工作具有重要的意义。

（一）标本的处理

常见的肉质果实和鲜艳的各种浆果，很难制成腊叶标本，制成浸制标本比较适宜。在制作植物的浸制标本时，要选择发育正常、具有代表性的新鲜标本。植物采集后，先在清水中除去污泥，再经过整形，放入保存瓶。

浸制标本的保存瓶以圆形为好。选择好的标本瓶用重铬酸钾清洁干净，清水反复冲洗，装入4/5清水。根据标本大小及标本瓶高度，用玻璃刀割取长度和宽度适中的玻璃片备用。将标本用白线扎牢后，再固定在玻璃片上，轻轻放入盛有清水的标本瓶中，边观察边修整，直到符合理想情况 ，既美观又清晰为止。观察标本瓶中的清水是否浸没标本，若不够可适量增加，然后将标本轻轻从清水中取出，放在搪瓷容器中。同时将清水倒出，量取实际用量。按清水的实际用量，配制等量的保存液置于标本瓶内，再将标本轻轻放入，然后封口。常用的封口方法有透明胶带法（缸口不平时，用此法，效果好，既干净、透明，且美观）和石蜡法（纯石蜡凝固点高，须边加热边使用，可采用1份石蜡、4份蜂蜡、1份松脂混合隔水加热熔化后，用毛笔蘸取封口）。

先将标本放在清水中整形然后置于保存液中保存，优点表现在，其一，保存液的药品多数对皮肤有腐蚀作用，用清水便可避免皮肤与保存液接触，减少对皮肤的伤害；其二，整形过程中，标本上的枝、叶等杂物容易掉下来，将保存液弄浑浊。

（二）浸制标本保存液的配置

浸制标本制作的关键是保存液。保存液一般分成两种，即普通浸制标本保存液和原色浸制标本保存液。

1. 普通浸制标本保存液

普通保存液主要是用于花和果实或地下部分（如鳞茎、球茎等）的标本制作，常用的保存液有3种，见表4－3。

（1）甲醛液：甲醛（市售者含量为40%）5～10 ml，蒸馏水100 ml。

（2）乙醇液：95%乙醇100 ml，蒸馏水195 ml，甘油5～10 ml。

（3）FAA固定液：70%乙醇90 ml，甲醛5 ml，冰醋酸5 ml。

表4－3　三种保存液的比较

	价格	效果	保存时间
甲醛液	最常用，价格最低	稍硬，脱色快	保存时间较长，但保存液本身易变褐色
乙醇液	价格略贵	比甲醛液稍软，脱色慢	保存时间较长且不腐烂发霉
FAA固定液	价格较贵	效果好，可用于植物切片材料	保存时间较长

2. 原色浸制标本保存液

1）保绿浸制标本

植物体之所以呈绿色是因为植物体的叶绿体中含有叶绿素，叶绿素分子结构的中央有一个金属镁离子，叶绿素呈现绿色的原因就是由于含有镁原子的核心结构。叶绿素极容易分解破坏，且易溶解在酒精或甲醛等保存液中，当叶绿素与酸发生反应时，镁离子就分离出来，此时因叶绿素缺镁离子，所以植物就变成了褐色，这种没有镁离子的叶绿素一般称为植物黑素。为使植物保存绿色，可用铜离子置换叶绿素中的镁离子，使叶绿素分子中的核心结构恢复原来的有机金属化合状态，植物体便获得了叶绿素样的绿色物质，而重新变绿。以铜原子为核心的叶绿素分子结构很稳定，不容易分解破坏，且不溶于酒精或甲醛中，所以经过如此处理的植物标本在保存液中可以保存绿色。保绿浸制标本保存液的配置主要有以下几种。

（1）将醋酸铜结晶加到50%冰醋酸溶液中，一直加到溶液饱和为止。再将饱和溶液按4∶1的比例加水稀释，再加热至85℃，将标本植物放进，继续加热，直到植物由绿色变黄褐色，再由褐色转蓝绿色，停止加热。把植物取出用清水洗净药液，保存于5%甲醛或70%乙醇中。由于铜原子作核心的叶绿素是不溶解在甲醛或乙醇中的，这类化合物很稳定，不易分解破坏，因此，这种保绿的标本可以长久保存。

（2）将植物体用7%硫酸铜溶液（$CuSO_4$）固定2～4 d（根据标本的老嫩程度确定），取出洗净，再用0.2%亚硫酸溶液将其保存于标本瓶中，密闭瓶盖。这种方法无论从效果、易操作性和经济适用性上均较好。

（3）将五水硫酸铜制成饱和溶液，再将750 ml饱和溶液与甲醛50 ml，蒸馏水250 ml混合后制成处理液，然后将绿色标本放入处理液中浸泡15～20 d后取出（浸渍时间的长短，要视植物老嫩程度和种类而定，当植物褪成黄色而又重新变成绿色时，即可取出），用清水洗净后浸入4%甲醛溶液中，长期密封保存，其保色效果也很好。这种保存液适用于植物表面附有蜡质，而且不适于热煮或药液不容易透入，不易浸泡的植物标本。

（4）将硫酸铜85 g，亚硫酸28.4 ml，蒸馏水2 485 ml混合成处理液，将绿色标本放入处理液中浸泡3周后取出，再放入用亚硫酸284 ml和蒸馏水3 785 ml混合制成的保存液中保存。

（5）用50%乙醇90 ml、甲醛5 ml、甘油2.5 ml、冰醋酸2.5 ml、氯化铜10 g配成混合溶液，将清洗且晾干的材料标本放入混合溶液浸渍数日，即可保色。这种方法适用于叶薄而嫩，遇高温易变软的植物。

2）保红浸制标本

植物的某些器官呈现红色是由其细胞里的花青素决定的，而花青素具有遇碱性溶液易变蓝、遇酸性溶液易变红的特性。因此，采用合理的酸性溶液来加以处理即可达到使植物保持红色的目的。

（1）用硼酸 45 g、95% 酒精 200 ml、40% 甲醛 200 ml，加蒸馏水至 1 000 ml，将植株置于其中浸制且保存，这种方法对澳洲合欢花、辣椒果、荔枝果的红色保存效果较好。

（2）将硼酸粉 450 g、水 2 000 ~4 000 ml、75% ~95% 酒精 2 000 ml、甲醛原液 300 ml 混合起来，取澄清液作为浸制液，直接用来保存标本。如果保存粉红色的标本时，须将甲醛减至微量或不加。

（3）硼酸 3 g，40% 的甲醛 4 ml 与水 400 ml 混合制成固定液，然后将洗干净的红色植物标本放在固定液中浸泡 1 ~3 d，如不发生浑浊现象即可取出放入由甲醛 25 ml、甘油 25 ml、水 1 000 ml 制成的保存液或由 10% 亚硫酸 20 ml、硼酸 10 g、水 580 ml 制成的保存液中长期密封保存。对较大的果实标本最好用注射器注入少量保存液，再长期密封保存效果会更好。

3）保黄浸制标本

植物有黄色的花和果实主要是其含有类胡萝卜素和核黄素，类胡萝卜素和核黄素又是由胡萝卜素和叶黄素组成，胡萝卜素为橙红色而叶黄素为黄色。通过化学方法保持其结构从而保存其颜色。

（1）用 6% 亚硫酸 500 ml 和 90% 酒精 500 ml 加入 400 ml 蒸馏水混合制成保存液，将采集来的标本直接浸入保存液密封保存，效果较好。

（2）亚硫酸饱和溶液 568 ml、95% 酒精 568 ml、水 4 500 ml 混合起来取澄清液对标本进行直接保存。

4）黑色、红紫色、紫色浸制标本

黑色、红紫色、紫色标本的浸制保色保存液的配制有以下两种。

（1）甲醛 450 ml、95% 酒精 540 ml、水 18 100 ml 混合起来，取澄清液来保存标本。

（2）甲醛 500 ml、饱和氯化钠溶液 1 000 ml、水 8 700 ml 混合起来，取澄清液来保存标本。

5）白色、浅绿色浸制标本

白色、浅绿色浸制标本的浸制保色保存液的配制有以下几种方法。

（1）氯化锌 225 g，80% ~90% 乙醇 900 ml，蒸馏水 6 800 ml。

（2）氯化锌 50 g，甲醛 25 ml，甘油 25 ml，蒸馏水 1 000 ml。

（3）15%氯化钠水溶液1 000 ml，2%亚古本钠20 ml。

第五节 植物标本的保存

一、腊叶标本的保存

凡经上台纸和装入纸袋的标本，经正式定名后，都应放进标本柜中保存。

（一）标本的排列

（1）植物标本排列顺序可按恩格勒系统、哈钦松系统等，对整理和查找均比较方便。

（2）按地区排列。把同一地区采集来的标本放在一起，这样对某一地区的植物研究时比较方便。

（3）按拉丁字母的顺序排列。即科、属、种的顺序全按拉丁文的字母顺序排列；也可采用中文汉字笔画的方式来排序，但这种方式只适用于标本量少的情况。

（二）标本的防虫

入柜的压制标本是很重要的资料，要永久性地保存好。标本保存的原则是安全、方便使用，因此标本入柜前可再次进行整体消毒。一般采用等量二硫化碳和四氯化碳放在容器中，混合后产生气体挥发，消毒时药剂与标本要一起密闭中，缝隙处贴上纸条，隔3~5 d便可开启，达到消毒目的。

可请专业消毒队采用溴甲烷熏蒸消毒，可以杀死成虫、幼虫和虫卵。

平时可以经常往标本柜里放一些樟脑精块或樟脑刃等防虫药物。

（三）标本的防霉、消尘

经常开启吸湿机保持室内干燥，防止标本发霉。只采光不通风，室内常年温度控制在23℃，湿度保持在75%左右。

二、浸制标本的保存

刚制作成的浸制标本可能还有一些色素和杂质析出，会使保存液变色、变浊。因此，要在标本制好后的两周后，及时封口。封口可采用石蜡法、凡士林、透明胶带等方法。封口之后，要在适当位置贴好标签，为防止污损标签，在其外涂上少许乳胶或宽度适当的透明胶带。

（1）浸制标本制作完成后要放在阴凉避光处保存，最好是存放在橱柜里，平时要关好柜门。

（2）及时更换保存液。随时检查保存液，及时补充。最好是每年更换一次，更换时，用细胶管虹吸出保存液，再沿瓶壁徐徐注入新鲜保存液，尽量避免标本振动。

本章小结

植物标本就是将新鲜植物的全株或一部分用物理或化学方法处理后保存起来的实物样品，按制作方法可分为腊叶标本、浸渍标本、风干标本、砂干标本及叶脉标本等。

植物的形态繁杂多样，根据植物的生长状态和主要特征，采集的方法也有所不同。蕨类植物标本的采集要采全株，包括带有孢子囊和根茎。裸子植物分类识别特征具有枝、叶、孢子叶球或球果等，裸子植物必须采集具有这些特征的枝条标本。被子植物的采集：草本植物采集时首先要选好植株，最好全株挖掘；木本植物的花和果是识别植物种类的主要依据，因此，木本植物采集时要尽量剪取能代表该种植物的带花、果枝，使标本具备花或果的枝条，或者是具有明显特征的部位；藤本植物剪取能表示它的藤本性状的一段；寄生植物应连同寄主一起采下；水生植物应在水浅的地方采集，选择株型软小的植物，标本应连根拔出或采集具有识别特征的花果的茎叶；挺水植物一般属于多年生草本，一定采一段根茎。

野外采集的植物标本，主要用来制作腊叶标本。标本固定的方法有多种，一般采用纸条固定法和白线固定法。

植物浸制标本通过对采集的植物进行化学处理，对不易制成腊叶标本，尤其是植物的花、果实和幼嫩、多肉的容易变色、变形，不易观察的等植物整体或部分器官，使原色固定，然后进行浸制保存，可使制作的标本色泽自然、形态逼真，能较长时间保持原色泽不变。

第五章　舟山海岛常见滨海维管植物

教学目标

1. 了解舟山滨海维管植物及主要分布生境。
2. 重点掌握舟山常见岛屿植物简介。
3. 重点掌握舟山常见岛屿植物分布。

舟山海岛是南北和东西植物的中转站，植物种类比较丰富。海岛植被区系缺乏古老性而具明显的次生性质。由于海岛特殊的地理环境条件影响，海岛植物具有明显的滨海植物区系特色，形成独特的海滨植物群落，保存着丰富的海岛或滨海特有的植物资源。本章主要介绍舟山海岛常见的滨海维管植物分布及特有植物品种。

对于本章学习，需要特别说明的是，在详细介绍每种植物的分类地位、形态特征及分布等内容时，各种植物的形态及结构解剖图，我们以彩图的形式集中放在本章末尾展示，读者在学习本章内容时，可以前后对照学习。

第一节　舟山滨海维管植物概述

舟山群岛位于我国东部海岸线中点，为我国第一大群岛，地处中亚热带北缘。舟山海岛土壤以红土、粗骨土和滨海盐土为主，大岛面海山坡和各小岛土壤盐基饱和度偏高属饱和红壤或中性粗骨土，山坡、山岙前的沙地属风砂土类，岛屿岸线两侧的平地属滨海盐土类。群岛海岸线长约 2 300 km，滩涂总面积 2.3×10^4 hm^2，约占陆地总面积的 18.58%，海盐土面积占滩涂总面积的绝大部分，表层多为重壤土，含盐量达 0.2% ~0.5%，pH 值约 8.5，仅适于一些耐盐植物生长。舟山群岛气候四季分明、冬暖夏凉，年平均降雨量小于年平均蒸发量。具有夏、秋季地表温度高，温差大，光照充足，风力大，雨热同步的特点。这种气候特点，对海岛植物群落特征具有极为深刻的影响。笔者经多年对舟山群岛植被的调查研究，发现舟山共有野生维管束植物 166 科 652 属 1 407 种，由海向陆按生境不同可分为 4 类，为海滨沙地植物、滩涂泥沼植物、海岸崖壁植物以及岛屿或大陆海岸山地植物等。

一、海滨沙地植被（喜砂植物）

沙丘自然植被系统层次结构简单，近海沙丘受海洋活动影响频繁，由海向陆，海滨沙地植物主要以草本层、灌木层和乔木层构建成沙生群落。受海岸极端生境的影响，海岸沙丘天然植物种类相对匮乏，种群单一，优势种明显。外貌、季相变化明显。对于沙丘来说，多以低矮的草本植物为主，而随着沙丘海拔的增高、地下水位的降低，可能会有小灌木和乔木树种的出现。因而沙丘海岸经常会有草本层、灌木层—草本层、乔木层（—灌木层）—草本层等不同的植物群落配置方式。而由潮上带至后滨沙地带，沙丘的生态条件发生了有序变化，沙粒逐渐变细，水分和盐分含量降低，有机质含量逐渐升高，导致近海到沙丘上植被分布的条带性明显，由海向陆，依次出现草本植物、灌木和乔木树种，也即草本植物、草本—灌木和草本—灌木—乔木的植物配置格局沿海岸线渐次递变，甚至出现植物物种多样性的增加。此外，大多数海岸沙丘植被系统的生活型中，一年生草本植物是优势植物，即耐盐碱及抗海风、海浪和海雾，耐沙埋。草本植物中矮生苔草、肾叶打碗花、沙苦荬菜（匍匐苦荬菜）、海滨山黧豆、珊瑚菜等是潮上带的先锋植物，这些物种具有高度的耐盐、耐瘠、耐沙埋的特性，对风沙截留效果好，一旦定居可成为单优势种群落或这几种组成的群落。当形成一定高度的小沙丘后，可形成沙钻苔草、绢毛飘拂草等低草草丛。地势提高及海岸线外移一定程度时出现了滨蒿、甜根草、五节芒等中、高形的草丛。这些种群的伴生种较少。

木本植物主要是单叶蔓荆和中华胡枝子（为伴生种）的侵入，单叶蔓荆可半固定沙丘定居并迅速发展成稳定的群落。随着岸线的外移最终由旱生特性、耐沙但不耐盐的其他直立灌木代替。其他直立灌木如雀梅、小蜡树、圆叶鼠李、胡颓子（*Elaeag uspunge*）、野花椒（*Zanthoxylum simulans*）等，形成丛状、直立、稍高大而茂密的阔叶灌（草）丛。在乔木林阶段，随着土壤肥力的提高、结构改善，土壤有机质迅速增加，微生物数量增多，生境渐趋旱中生，为下一步耐旱瘠、耐沙、抗风的乔木树种侵入定居提供了良好的物质基础。首先侵入定居的是黄连木、沙朴、黄檀、柞木、榔榆和椤叶花椒等乔木或亚乔木，均为阳生植物，幼期均较耐阴，具发达主根，抗风力强，根茎具极强的萌蘖能力。它们由零星散生到最后形成以黄连木、沙朴为主的落叶阔叶林，在千步沙沙堤上，则是以黄连木、沙朴、普陀樟为主的常绿落叶阔混交林 。

二、滩涂泥沼植被

滩涂泥沼植物主要分布于淤泥、泥质海岸。土壤以潮间带泥涂、涂黏及围涂涂泥、涂黏和咸泥土等为主。其中潮滩潮间带泥涂、涂黏盐土主要是分布于潮间带，受海水周期性间歇浸淹，土壤 pH 值 8.0～8.9。生长在淤泥质海岸的植物具有明显的盐生特征。

由海向陆，最早出现于潮间带原生裸地的为盐地鼠尾粟、大米草等群落；这些植物极耐盐、耐脊、耐海水浸淹，定居力强并可形成先锋群落；随着泥沙的淤积，为一些间歇性耐淹的植物盐沼植物生长创造条件如糙叶苔草群落，继而是高大的芦苇等高草群落。这些群落加速了淤泥形成，地势进一步抬升，最终由喜泥的植物定居。最早出现于潮上带过湿地段的喜泥土盐生植物是耐盐、耐湿的南方碱蓬、盐地碱蓬、滨艾等，局部还有中华补血草、番杏、无翅猪毛菜、灰绿碱蓬、盐角草等肉质盐生植被。淤泥泥质海岸上，碱菀、钻形紫菀、金狗尾草等一年生群落也有分布。随着土壤盐分的逐渐淋失，有机质含量的增加，生境变得渐趋中性，出现白茅群落及稍耐盐的禾草及杂草类盐生草本群落。但在定海本岛的淤泥泥质海岸尤其是新城附近多数为大米草组成的单一高草群落，伴生种仅有少量的田菁。

三、海岸崖壁植被

多见于海岸岩石、崖壁生长的植物，具有耐贫瘠、耐干旱、耐盐的特点。舟山群岛海岸崖壁普遍生长的植物为芙蓉菊、滨海珍珠菜、滨海假还阳参、全缘贯众、骨碎补等。而在对无居民海岛的调查中发现了大量生长于岩石隙缝上的换锦花群落等。海岸的崖壁分为阴面与向阳面，在阴面分布有耐阴的大吴风草、薜荔、紫藤、风藤、翠云草、算盘子等，在向阳面则分布着喜光、耐旱的植物如滨柃、黑松、丝兰、乌桕、日本野桐、黄檀、合欢树等。崖壁植物生活型多为低芽植被，由于受海风影响植被密度较小。群落多聚于岩缝之上，由灌木及耐旱的草本组成。

四、岛屿或大陆海岸山地植被

多生于岛屿或大陆海岸山地的种类，以木本为主，如普陀鹅耳枥、天竺桂、舟山新木姜子、滨柃、柃木、米碎花、海桐、厚叶石斑木、全缘冬青、冬青卫矛、大叶胡颓子、日本女贞、小叶蜡子树、日本珊瑚树、寒竹、黄杨、红山茶、红骨蛇等。

第二节　舟山岛屿特有植物简介

海岛特殊的生境，使舟山岛屿特有植物的主要特征明显，多数植物仅分布于岛屿，经济价值与药用价值很高。本节重点介绍舟山群岛特有植物。

一、舟山新木姜子 *Neolitsea sericea*（Blume）Koidz

（一）分类地位

樟科新木姜子属，本种为稀有植物，国家二级保护植物（图 5－1）。

（二）形态特征

常绿乔木，小枝幼时密被金黄色绢状柔毛，老后转至紫褐色，无毛。叶互生，革质，椭圆形，叶缘明显反卷，幼叶两侧密被金黄色绢状柔毛（状似和尚），老叶上面深绿色，无毛，有光泽，下面粉绿色，密被金黄色或橙褐色绢状短伏毛。雌雄异株，伞形花序 3～5 簇生于新枝苞腋或叶腋窝。花小型，传粉昆虫主要为蝇类。核果球形，鲜红色；花期 9－10 月，果期翌年 12 月至第三年 1－2 月。

（三）生态及分布

原产于普陀（佛顶山）及桃花岛，现广为栽培，上海崇明有分布，朝鲜、日本也有分布。生长在海拔 300 m 以下的杂木林中或林缘。

（四）经济价值及药物应用

木材有香气，纹理美观，为高级家具材料。春梢嫩枝金黄色，故称为佛光树，是良好的观叶观果树种。本种为稀有植物，在《中国珍稀濒危保护植物名录》第一册中被列为二级保护对象。目前在遗传学方面进行了大量研究。人工苗已经繁殖成功。

二、普陀樟 *Cinnamomum japonicum* Sieb. var. chenii（Nakai）G. F. Tao

普陀樟又名大叶天竺桂、竺香、山肉桂、土肉桂、土桂、山玉桂。

（一）分类地位

樟目樟科樟属，国家二级保护植物（图5－2）。

（二）形态特征

常绿乔木。枝条细弱，红色或红褐色，具香气。叶近对生或在枝条上部者互生，卵圆状长圆形至长圆状披针形，革质，上面绿色，光亮，下面灰绿色，晦暗，两面无毛，离基三出脉。圆锥花序腋生。花短小，花被裂片6片，外面无毛，内面被柔毛。果长圆形，熟时蓝黑色。花期5－6月，果期11－12月。

（三）生态及分布

产普陀（普陀岛、朱家尖、桃花岛），上海大金沙岛。江苏、浙江、安徽、江西、福建及台湾有分布。

（四）经济价值及药物应用

木柴坚实，耐水湿，有香气。为建筑、造船、家具等优良用材。树冠浓郁，具有良好观赏价值。枝叶及树皮可提取芳香油，是制各种香精及香料的原料。果核含脂肪，供制肥皂及润滑油。根、树皮（桂皮）、枝叶辛、温。祛寒镇痛、行气健胃。

三、普陀鹅耳枥 *Carpinus putoensis* Cheng

（一）分类地位

属壳斗科鹅耳枥属，国家一级保护植物，中国特有植物（图5－3）。

（二）形态特征

落叶乔木。叶厚纸质。雌雄同株，雄花序短于雌花序。果序长3～8 cm，直径4～5 cm；序梗、序轴均被疏长柔毛或近无毛；果苞半宽卵形。雄、雌花于4月上旬开放，果实于9月底至10月初成熟。

（三）生态及分布

自然生长情况下仅存一株，位于浙江省舟山市普陀佛顶山慧济寺西侧，现已通过技术繁育出大量普陀鹅耳枥树苗，使其暂时脱离灭绝危险。

（四）经济价值及药物应用

普陀鹅耳枥是一种高大的落叶乔木，是生长在浙江普陀山上的“圣树”，与岛上的元代多宝塔、唐人阎立本的《杨枝观音图》一起被称为“普陀三宝”。具有分类学价值。目前人工繁殖已经获得成功（组培）。

四、滨柃 *Eurya emarginata*（Thunb.）Makino

滨柃又名海瓜子。

（一）分类地位

山茶科柃属，常绿灌木（图5－4）。

（二）形态特征

滨柃是海浪拍打的岩石缝中生长的一种常绿植物，多生于滨海山坡灌丛中及海岸边岩石缝中。野生状态下植株高度仅1.5 m左右。其嫩枝密被褐色的短柔毛，芽也被柔毛，后脱落。叶小而密着，革质互生，有短柄，倒卵状椭圆形或倒卵形，先端钝，微凹，基部楔形，叶缘反卷而使叶片常呈龟背状，深绿油亮。花为雌雄异株，花1～2朵生于叶腋。雄花：小苞片2片；萼片5片，质稍厚；花瓣5枚，白色；雄蕊约20枚。雌花花瓣5片，卵形；子房圆球形，3室。果实圆球形，直径3~4 mm，成熟时黑色。花期10－11月，果期次年6－8月。

（三）生态及分布

分布于普陀，福建沿海及台湾岛有分布，日本、朝鲜也有分布。野外常生于滨海的灌丛中、阔叶林或松树林下。性喜温暖湿润的环境，喜阳也耐半阴。

（四）经济价值及药物应用

滨柃是极耐盐碱的树种，还非常耐瘠薄、耐干旱，所以，在园林绿化中，特别适用于滨海的绿地建设，是非常优良的树种，也适宜作盆景。现仍属于新开发的野生观赏植物，还处于种苗繁育阶段，仅有舟山的少量种苗供应市场，目前浙江的宁波、杭州地区已有批量生产。

五、海滨木槿 *Hibiscus hamabo* Sieb. et Zucc.

海滨木槿别名海槿、海塘苗木、日本黄槿。

（一）分类地位

锦葵科木槿属，落叶灌木（图5－5）。

（二）形态特征

整株具灰白色的星状毛。叶片厚纸质，倒卵形、扁圆形，宽大于长。托叶披针状长圆形，早落。花单生枝端叶腋。花萼1/3合生。花冠钟状，淡黄色具紫色心。蒴果卵形。花期6－8月，果期8－9月。

（三）生态及分布

产定海，日本、朝鲜也有分布。一般生长于海滨盐碱地。

（四）经济价值及药物应用

为海岸防潮林、防风林的优良树种，是滨海海岸的重要观赏树种。具有清热、利湿、凉血功效。

六、单叶蔓荆 *Vitex trifolia* Linn. var. *simplicifolia* Cham.

单叶蔓荆又名蔓荆子、海埔姜、白埔姜、山埔姜。

（一）分类地位

马鞭草科牡荆属，多年生落叶小灌木（图5－6）。

（二）形态特征

茎匍匐，常于节处生不定根。叶对生，上面被微绒毛，下面被灰白色短绒毛。圆锥花序顶生，被毛。花萼钟形，果期增大。花冠淡紫色或蓝紫色，二唇形，被毛。雄蕊4枚。核果球形，黑色。花果期7－11月。

（三）生态及分布

产舟山群岛各个岛屿。茎匍匐，耐寒、耐旱、耐瘠薄，喜光，可作海滨防沙造林树种。根系发达，其根茎可以匍匐生长，在适宜的气候条件下生长极快，匍匐茎着地部分生须根，能很快覆盖地面，抑制其他杂草生长，是海滨沙地木本先锋树种。

（四）经济价值及药物应用

根、茎、果实入药，干燥果实名蔓荆子，主治风热头痛、目赤肿痛等。蔓荆子味清香，民间有治疗头疼、失眠的功效，人们常用蔓荆子装枕头。

七、构骨 *Ilex cornuta* Lindl.

构骨又名老虎刺。

（一）分类地位

冬青科冬青属，常绿灌木或小乔木（图5－7）。

（二）形态特征

树皮灰白色。叶硬革质，两型，矩圆状四方形，顶端扩大，有硬而尖的刺齿3枚，两侧为1～2枚，或长圆形倒卵状长圆形全缘，仅先端具硬刺。花黄绿色，4数，雌雄异株，簇生二年生枝上。果球形鲜红色，分核4颗。花期4－5月，果期9月。

（三）生态及分布

产舟山各个岛屿，生于荒地、山坡、溪边杂木林或灌丛中。

（四）经济价值及药物应用

树皮及枝叶含咖啡碱，挥发油可供药用。叶、果实是滋补强壮药，种子油可制肥皂，树皮作染料或熬胶。

八、硕苞蔷薇 *Rosa bracteata* Wendl.

（一）分类地位

蔷薇科蔷薇属，多年生灌木（图5－8）。

（二）形态特征

常绿匍匐灌木。小枝密被黄褐色柔毛，混生针刺及腺毛。皮刺扁弯。复叶有小叶5～9枚。托叶离生。呈篦齿状深裂。密被柔毛，边缘有腺毛。小叶片只在下面沿叶脉有稀疏柔毛。花单生。花梗长小于1 cm。密生腺毛。苞片数枚大型。宽卵形有不规则锯齿。花白色，较大，5～7 cm，花柱比雄蕊稍短。果球形被黄褐色柔毛。花果期4－5月、9－11月。

（三）生活及分布

产普陀等各个岛屿，生于低海拔的平原、溪边、山坡、路旁等向阳处。分布于江苏、安徽、江西、福建，日本、朝鲜也有分布。

（四）经济价值及药物应用

根、叶、花及果实入药，根能补脾益肾，收敛涩精，祛风活血，消肿解毒；花用于润肺止咳；叶可收敛解毒；果实有祛风调经之效。

九、厚叶石斑木 *Raphiolepis umbellata*（Thunb.）Makino

（一）分类地位

蔷薇科石斑木属，常绿灌木或小乔木（图5－9）。

（二）形态特征

枝粗壮而叉开。叶片集生于小枝顶端，厚革质，长椭圆形。全缘或疏生钝锯齿，上面深绿色，略带紫色。圆锥花序顶生。花瓣白色，倒卵形。果实黑紫色带白霜，直径 7 ~ 10 mm，球形，顶有萼片残痕。花果期 8 – 11 月。

（三）生态及分布

产舟山各个岛屿，生于海拔 80 m 的山坡、路旁岩石上。

（四）经济价值及药物应用

能自然成伞形，且耐修剪，花姿、果实都可供观赏，适合作盆景。最大的特点为花朵刚盛开时，雄蕊为黄色，后逐渐转为红色，因此花心常同时呈现黄色及红色，生长形态颇为奇特。

十、黄杨 *Buxus sinica*（Rehd. et Wils.）Cheg ex M. Cheng

黄杨又名黄杨木、瓜子黄杨、锦熟黄杨。

（一）分类地位

黄杨科黄杨属，常绿灌木或小乔木（图 5 – 10）。

（二）形态特征

小枝黄绿色具棱。叶片革质，宽椭圆形、宽倒卵形。头状花序腋生，花密集。苞片宽卵形，外部有毛。雄花 10 枚，分外内萼片。雄蕊长 4 mm。雌花萼片长 3 mm，蒴果球形。花期 3 月，果期 5 – 6 月。

（三）生态及分布

产舟山各个岛屿，生于海拔 300 ~ 1 400 m 的山谷、溪旁、林下。

（四）经济价值及药物应用

木材坚硬致密，耐腐抗蛀。车旋及雕刻性能特好，适于细木工，比如现存北京故宫的黄杨木雕圆雕人物“李铁拐”，是元代至正二年（1342 年）的作品，距今已经有六百多年的历史了。树姿优美，常栽培用于观赏。以根、叶入药。

十一、海桐 *Pittosporum tobira*（Thunb.）Ait.

（一）分类地位

海桐花科海桐属，常绿小乔木或灌木（图5-11）。

（二）形态特征

枝条近轮生。叶聚生枝端，成假轮生状。叶革质，倒卵形，顶端微凹，全缘。花序近伞形，顶生。萼片5片，花瓣白色，有香气。雄蕊5枚，具有退化雄蕊。蒴果近球形，裂为3片，果皮木质。种子暗红色。花期4-6月，果期9-12月。

（三）生态及分布

产普陀，生于林下沟边。

（四）经济价值及药物应用

为园林绿化树种，对二氧化硫气体有较强的抗性。木材可作器具。根、叶、种子入药，根能祛风，叶能解毒止血，种子能涩肠固精。

十二、全缘冬青 *Ilex integra* Thunb.

（一）分类地位

冬青科冬青属，常绿乔木（图5-12）。

（二）形态特征

高达9 m，小枝有棱。叶厚革质，倒卵形，具小突尖，顶刺状，边缘1~3对（常2对）大刺齿。花序簇生于叶腋，花4数。单性花。雌花1~3朵或单生于叶腋。果球形，红色，分核4颗，近圆形，背部下陷，有不规则皱纹，内果皮骨质。花期4月，果期8-11月。

（三）生态及分布

产普陀潮音洞及佛顶山，福建、日本也有分布。一种抗风耐瘠的滨海珍树，常生长在海边岩缝中或海边山坡山谷等土壤瘠薄、受海雾海风影响大以及干旱等恶劣的环境条件下。

（四）经济价值及药物应用

其适应性和抗逆性极强，临冬其果实鲜红缀于枝头，远望满树缀满红果，十分适合作为浙江沿海地区的行道树、庭院树、风景林与防护林。

十三、大叶黄杨 *Euonymus japonicus* Thunb.

大叶黄杨又称卫矛冬青。

（一）分类地位

卫矛科卫矛属，常绿灌木或小乔木（图5－13）。

（二）形态特征

小枝绿色，四棱。叶光亮革质，椭圆状、倒卵形；聚伞花序腋生，1～2回2歧分枝，每分枝顶端有5～12朵的短梗小聚伞花序；花白绿色，4基数，花盘肥大。蒴果淡红色，近球形，有4浅沟，种子每室1～2，棕色，有橙红色假种皮。花期6－7月，果期9－10月。

（三）生态及分布

在舟山各个岛屿有野生，主产日本。生于山坡石缝处。

（四）经济价值及药物应用

大叶黄杨是优良的园林绿化树种。木材细腻质坚，色泽洁白，不易断裂，是制作筷子、棋子的上等木料。树皮含硬橡胶。具有活血调经、祛风湿的作用。

十四、大叶胡颓子 *Elaeagnus macrophylla* Thunb.

（一）分类地位

胡颓子科胡颓子属，常绿直立灌木（图5－14）。

（二）形态特征

无刺，幼枝扁棱形，被鳞片。叶厚革质，椭圆形，边缘微波状，叶片下面银白色，上面绿色，干后黑色。花银白色，下垂，花被筒圆筒形，上部4裂，裂片矩圆状三角形，果实椭圆形，被锈色鳞片，成熟时红色。花期9－10月，果期次年3－4月。

（三）生态及分布

舟山各个岛屿均见，生于海岛小山坡及荒野，山麓、山坡、悬崖陡壁及岩缝间。江苏、山东、台湾也有分布。

（四）经济价值及药物应用

各地庭园常有栽培，供观赏。果食用和酿酒；果及根、叶入药，有收敛止泻、镇咳解毒之效。

十五、竹柏 *Nageia nagi* Kuntze

（一）分类地位

罗汉松科竹柏属，常绿乔木。竹柏为古老的裸子植物，起源约15 500万年前的中生代白垩纪，被人们称为“活化石”，是珍贵稀有濒危树种（图5－15）。

（二）形态特征

树皮平滑，枝开展，有棱，树冠圆锥形。叶对生，革质，长卵形。雄球花穗状，分支。雌球花单生叶腋，花后苞片不肥大成肉质种托。种子圆球形，成熟套被暗紫色，有白粉，外种皮骨质，黄褐色，内种皮膜质。花期3－4月，种子期10月。

（三）生态及分布

产普陀。生于海拔200～500 m的溪边、路边与常绿阔叶林中。喜温暖湿润的气候，疏松肥沃的砂质酸性土壤。耐阴性强，在林冠下自然更新良好。

（四）经济价值及药物应用

木材文理直，结构细致，易加工，工艺用材。种子含油，提取工业用油。竹柏叶形奇异，终年苍翠；树干修直，树态优美，叶茂荫浓，抗病虫害强，为优美的常绿观赏树。叶片具有止血、接骨功效，主治外伤出血、骨折。

十六、小蜡 *Ligustrum sinense* Lour.

（一）分类地位

木犀科女贞属，落叶灌木（图5－16）。

（二）形态特征

枝灰色具柔毛。叶片纸质，长圆形。背部叶脉具小腺点，侧脉5～8对，边缘具网结。圆锥花序顶生，有短柔毛。花冠白色，4裂。雄蕊2伸出花冠外。浆果状核果球形，黑色。花期7月，果期9－10月。

（三）生态及分布

分布于舟山各个岛屿。生于海拔500 m以下的沟谷、林边及灌丛中。

（四）经济价值及药物应用

果实可以酿酒；种子可以制肥皂；茎皮纤维可以制人造棉；树皮、叶药用，抗感染止咳。

十七、马甲子 *Paliurus ramosissimus*（Lour.）Poir.

（一）分类地位

鼠李科马甲子属（图5－17）。

（二）形态特征

灌木，高达6 m。小枝密被褐色柔毛。叶片宽卵形，卵状椭圆形，或近圆形，边缘有钝细锯齿，具基生三出脉。叶柄基部有两个斜向直伸的托叶刺，腋生聚伞花序，被花色柔毛。花瓣短于萼片。具花盘。子房3室，每室1颗胚珠。核果杯状，被黄褐色绒毛。周围具木栓质窄翅。花期5－8月，果期9－10月。

（三）生态及分布

分布于少数无人岛屿。喜生沿海岛屿、山坡林缘、草丛中。

（四）经济价值及药物应用

根、叶入药，根能除寒活血，发表解热，消肿，治跌打损伤、心腹疼痛；叶片治无名肿痛。木材可做农具。具有良好的园林价值。

十八、椿叶花椒 *Zanthoxylum ailanthoides* Sieb. et Zucc.

（一）分类地位

芸香科花椒属（图 5－18）。

（二）形态特征

落叶乔木，高 15 m。树干上有大皮刺。幼枝髓中空，有毛。奇数羽状复叶互生，叶轴被毛，而无皮刺，小叶两面散生油点。伞房状圆锥花序，顶生，花多数，花淡青色或白色，雄花雄蕊 5 枚，雌蕊心皮 5 枚。蓇葖果红色。花期 7－8 月，果期 11－12 月。

（三）生态及分布

生于海岛林中。

（四）经济价值及药物应用

种子可以榨油，茎、叶及根可做兽药，用于治牛出痘。

十九、台湾蚊母树 *Distylium gracile* Nakai

（一）分类地位

金缕梅科蚊母树属（图 5－19）。

（二）形态特征

常绿小乔木，高达 10 m。嫩枝有星状毛。芽褐色裸露，有星状毛。叶片革质，椭圆形，全缘，无毛。叶柄有星状毛。花期 11 月，果实次年成熟。

（三）生态及分布

分布于普陀。生于山地林中。

(四) 经济价值及药物应用

栽培用于观赏。

二十、芙蓉菊 *Crossostephium chinense* (Linn.) Makino

(一) 分类地位

菊科芙蓉菊属，浙江新记录种（图 5 - 20）。

(二) 形态特征

半灌木，茎直立，上部多分枝，密被灰色短柔毛。叶聚生枝顶，狭匙形或狭倒披针形，全缘或有时 3 ~ 5 裂，两面密被灰色短柔毛，质地厚。头状花序盘状，具细梗生于枝端叶腋，排成有叶的总状花序；总苞半球形，总苞片 3 层。边缘花管状，雌性，1 列；盘花两性，管状，顶端 5 裂齿，外面密生腺点。瘦果矩圆形。花果期全年。

(三) 生态及分布

产于舟山（普陀）。生于海滨岩缝。

(四) 经济价值及药物应用

有祛风除湿、解毒消肿、止咳化痰的功用。民间草药，可治小儿惊风，麻痘作痒。目前对其药物开发很热。

二十一、珊瑚菜 *Glehnia littoralis* (A. Gray) Fr. Schmidt ex Miq.

珊瑚菜又名北沙参、滨防风。

(一) 分类地位

伞形科珊瑚菜属，国家Ⅱ级重点保护野生植物（图 5 - 21）。

(二) 形态特征

多年生草本，主根细长，达 1 m，高 5 ~ 20 cm。植株密被细毛。叶鞘基部膨大包茎。复伞形花序顶生，花为白色，秋季孕育花芽，4 月开始孕育花蕾。传粉昆虫主要为蝇类，传粉受沙影响。同期花植物，肾叶打碗花、匍匐苦买菜等。果实倒卵形，被白毛。花期5－6月，果期6－8月。

（三）生态及分布

主要分布于中国沿海地区，主要产普陀、定海、桃花。在桃花岛、朱家尖等向阳平坦的海边沙滩有成片野生珊瑚菜分布。

（四）经济价值及药物应用

珊瑚菜抗碱性强，是对盐碱土的指示作物，耐寒力强。珊瑚菜的嫩茎、叶均可作为蔬菜食用，其根是著名的中药材北沙参。目前该种受破坏严重。

二十二、滨海珍珠菜 *Lysimachia mauritiana* Lam.

（一）分类地位

报春花科珍珠菜属，二年生草本植物（图5－22）。

（二）形态特征

全体无毛。茎簇生，直立，稍粗壮，通常上部分枝。叶互生，匙形或倒卵形以至倒卵状长圆形，两面散生黑色粒状腺点。总状花序顶生，初时因花密集而成圆头状，后渐伸长成圆锥形；花冠白色，雄蕊比花冠短。蒴果梨形。花期5－6月，果期6－8月。

（三）生态及分布

产于普陀及舟山各个岛屿。生长在海滨岩石缝中或沿海沙滩上。

（四）经济价值及药物应用

滨海珍珠菜化学成分以黄酮和皂普为主。近年来发现皂普在多个方面具有显著的生理活性。

二十三、肾叶打碗花 *Calystegia soldanella*（Linn.）R. Br.

肾叶打碗花又名滨旋花、肾叶天剑。

（一）分类地位

旋花科打碗花属，多年生卧地生长的草本植物（图5－23）。

（二）形态特征

根状茎横走。叶互生，肾形。花单生叶腋。苞片2枚，与萼片等长。萼5裂，外裂片与内裂片。花冠淡红色，钟状。蒴果卵球形。花期5－6月，果期7－10月。

（三）生活及分布

产于普陀等岛屿沙地。生长于海滨沙地或海岸岩石缝中，是一种浅根性植物，是沿海地带盐性砾土指示植物，具有很高的覆被性、护滩抗风性能。在自然状态下，借海潮传播种子，繁衍后代。

（四）经济价值及药物应用

茎秆脆嫩、纤维素含量少，蛋白质丰富，灰分和脂肪含量较高，钙和磷的比例接近于平衡，为多种家畜所喜食，是一种近海沙滩地上的优质好盐牧草。

二十四、砂钻苔草 *Carex kobomugi* Ohwi

砂钻苔草又名筛草。

（一）分类地位

莎草科苔草属，多年生草本（图5－24）。

（二）形态特征

根状茎粗壮，匍匐横走沙中或垂直向下。杆散生15～20 cm，粗壮，基部具黑色残存的老叶鞘。雌雄异株，雄穗状花序长圆形。雄花鳞片先端为粗糙锐刺。雌穗状花序长圆形至长圆状卵形。雌花鳞片先端变成芒尖。果囊卵圆状披针形，黑褐色。小坚果包于果囊之中，花果期5－9月。

（三）生态及分布

为滨海沙滩前缘野生植物植被群落的优势种和建群种。生长于近高潮线无乔覆盖的沙地上，可作为海滨地、风口地段固沙造林的先锋植被。砂钻苔草广泛分布于舟山沿海沙滩地区。

（四）经济价值及药物应用

砂钻苔草既能固沙保水，改善生态环境，又易管理、耐贫瘠，是治理我国土壤沙化的首选优良植物。砂钻苔草的种子可以入药，称筛食，气味甘平。其种子含淀粉、多种氨基酸、微量元素、维生素 E 和亚油酸，开发成医疗保健产品前景广阔。

二十五、海滨山黧豆 *Lathyrus japonicus* Willd.

（一）分类地位

豆科山黧豆属（图 5 – 25）。

（二）形态特征

多年生滨海草本植物。茎基部稍匍匐，上部斜升。羽状复叶 6 ~ 10 枚小叶。叶轴顶端退化为 1 ~ 3 枚卷须。托叶大，叶状，近斜卵形或三角状箭形，长达 2 cm。总状花序有 2 ~ 5 朵，花冠紫色，子房有短柔毛，花柱内侧有髯毛。荚果线状长圆形，顶端具尖喙，表面具有明显的网纹，有种子 3 ~ 7 粒。花期 5 – 6 月，果期 6 – 8 月。

（三）生态及分布

生于普陀、桃花岛，生海滨沙滩上。

（四）经济价值及药物应用

种子可以食用，茎叶可以做饲料。

二十六、普陀狗娃花 *Heteropappus arenarius* Kitamura

（一）分类地位

菊科狗娃花属，二年生或多年生草本（图 5 – 26）。

（二）形态特征

主根粗壮，木质化。茎斜升，自基部分枝。叶质厚，基生叶片呈匙形，具缘毛，下部叶片在花期枯萎；中部及上部叶片匙形，具缘毛，两面无毛或有时在中脉上疏生伏毛。头状花序，总苞半球形，具缘毛；缘花舌状，浅蓝色或淡白色，雌性。盘花管状，黄色，两性。瘦果扁平，被卷状柔毛。

（三）生态及分布

产于普陀等各个岛屿。生于海滨沙地。

（四）经济价值及药物应用

海岛生态植物。

二十七、普陀南星 *Arisaema ringens*（Thunb.）Schott

普陀南星又名开口南星。

（一）分类地位

天南星科天南星属，多年生植物（图 5－27）。

（二）形态特征

块茎扁球形，周围生根，常具有侧生小块茎。叶常 2 片，稀 1 片；叶柄下部 1/3 处具鞘；叶片 3 全裂。总花梗短于叶柄，佛焰苞管部绿色，喉部常具宽耳，耳内面深紫色。肉穗花序单性；雄花序无柄，圆柱形，雌花序近球形。附属物棒状或长圆锥状。花期 4－5 月，果期 6－11 月。

（三）生活及分布

产普陀，分布于江苏，日本、朝鲜也有。生于林下、沟边、山坡林下阴湿地。

（四）经济价值及药物应用

块茎（由跋）：辛、苦，温，有毒，用于毒肿热结。

二十八、中华补血草 *Limonium sinense*（Girard） O. Ktze.

（一）分类地位

蓝雪科补血草属，多年生草本植物（图 5－28）。

(二) 形态特征

多年生草本，主根粗壮。叶片基生，匙形。花2~3朵多构成聚伞花序，密集着生于花序轴一侧，排成圆锥花序。苞片褐色。花萼白色，漏斗状，具5棱，顶端5裂。花冠黄色，雄蕊6枚与花冠对生。子房5棱，花柱5个。蒴果圆柱形。花果期5-9月。

(三) 生态及分布

产于普陀螺门及椒江大陈岛等各个岛屿。生于海滨盐碱地，一般生于沟边等水源地。

(四) 经济价值及药物应用

民间全草入药。具有清热止血、祛湿之功效。又为盐碱地的指示植物。

二十九、盐角草 *Salicornia europaea* Linn.

(一) 分类地位

藜科盐角草属，一年生草本，浙江新记录种（图5-29）。

(二) 形态特征

一年生草本，茎直立而多分枝，肉质，具有明显的节。叶片退化对生。穗状花序顶生，1~5 cm，有短梗。花腋生，3朵为一簇，着生于节的凹窝内。花被合生呈口袋形，肉质，花后增大。雄蕊2枚或1枚。子房卵形，柱头2个。胞果包于蓬松的花被内。花果期7-9月。

(三) 生态及分布

产于普陀等沿海地带。生于海滨低湿地、盐田旁。

(四) 经济价值及药物应用

工业上用作提取碳酸钠的原料。全草可作利尿剂，可抗坏血病。本种为潮湿环境的盐土指示植物。

三十、番杏 *Tetragonia tetragonioides* (Pall.) Kuntze

番杏又叫法国菠菜。

（一）分类地位

番杏科番杏属（图5－30）。

（二）形态特征

一年生或二年生肉质草本，茎粗壮从基部分枝而呈匍匐状。表皮细胞具有针状结晶，因而呈颗粒状突起。叶片卵状菱形或卵状三角形。花单生或2～3朵生于叶腋。花萼4～5裂，肉质，黄绿色。雄蕊4～10枚，子房3～8室。坚果陀螺形骨质，具有角状突起。花果期8－10月。

（三）生态及分布

产于沿海各个岛屿，生于海滨草地、岩石旁。

（四）经济价值及药物应用

嫩叶可做蔬菜食用。

三十一、假还阳参 *Crepidiastrum lanceolatum*（Houtt.）Nakai

（一）分类地位

菊科还阳参属，半灌木植物（图5－31）。

（二）形态特征

茎短，木质，粗壮，根茎状，具少数分枝，分枝顶端丛生莲座叶，花枝侧生，匍匐状，基生叶片卵形至匙形，稀椭圆形；茎生叶疏离，下部叶片匙状长圆形至线状披针形，中部叶片长圆形至披针形，上部叶片卵形至卵状长圆形，先端钝，基部抱茎。头状花序稀疏伞房花状排列。花全为舌状，黄色。冠毛白色，长3.5 mm，糙毛状。

（三）生态及分布

产于普陀等各个岛屿。分布于江苏、日本，浙江新记录种。生长于海滨沙地、山麓林缘。

（四）经济价值及药物应用

假还阳参属海岛生态植物。

三十二、钻形紫菀 *Aster sublatus* Michx.

（一）分类地位

菊科紫菀属（图 5－32）。

（二）形态特征

一年生草本，茎粗直立，20～80 cm，肉质而无毛，上部分枝略带红色。基部叶片倒披针形，花后凋落；中部叶片线状披针形，全缘无毛，无叶柄；上部叶片渐狭成线性。头状花序排列成圆锥状，直径约 1 cm。总苞钟形，3～4 层，外层短，无毛。边缘膜质顶端略带红色。缘花小，红色。盘花短于冠毛。瘦果略有毛，花果期 9－11 月。

（三）生态及分布

原产北美，现亦为野生。分布于舟山各个岛屿，喜生于潮湿的盐土上。

（四）经济价值及药物应用

钻形紫菀为舟山入侵植物，对本土生态环境构成一定危害。

三十三、盐地碱蓬 *Suaeda salsa*（Linn.） Pall.

盐地碱蓬又叫盐蒿子、黄须菜、翅碱蓬。

（一）分类地位

藜科碱蓬属（图 5－33）。

（二）形态特征

一年生草本，20～80 cm 高。绿色，晚秋变红色。茎直立，分枝多集中于上部。叶片线形，肉质，茎上部叶较短。花两性兼有雌性，花腋生，3～5 朵簇生，在分枝上排列成间断的穗状花序。花被 5 深裂，稍肉质，成果时增厚。基部延伸出突起。

雄蕊5枚，柱头2个，果黑色。胞果包于花被内。成熟后破裂露出种子。花期8－9月，果期9－10月。

（三）生态及分布

分布于舟山各个岛屿，喜生于盐碱土上。在海滩堤岸及盐田旁常形成单种群落。有时与碱蓬、南方碱蓬混生。

（四）经济价值及药物应用

幼苗可做蔬菜。种子油供食用，或做肥皂、油漆、油墨等原料。

三十四、匍匐苦荬菜 *Ixceris repens*（Linn.） A. Gray

（一）分类地位

菊科苦荬菜属（图5－34）。

（二）形态特征

多年生草本，具有横走的根状茎，茎匍匐。叶互生，叶片3～5角状心形，质厚，3～5掌状中裂、深裂或全裂。头状花序具有长梗，直径3 cm，2～3个生于花亭生，总苞狭钟形，总苞片6～8枚，外层不等长。花全为舌状，黄色，顶端5齿裂。瘦果纺锤形，棕褐色。冠毛多数，花果期5－10月。

（三）生态及分布

分布于普陀、桃花岛等岛屿。喜生于海滨沙地上。

（四）经济价值及药物应用

盐碱土指示植物，海滨固沙植物。

三十五、山菅兰 *Dianella ensifolia*（Linn.） DC.

（一）分类地位

百合科山菅属（图5－35）。

（二）形态特征

多年生常绿草本植物。根状茎粗壮，圆柱形。叶基生，革质，2 列，线状披针形，无毛，叶鞘基部包茎。花亭单一，具多数叶状苞片。圆锥花序长 10 ~ 30 cm，花绿白色至淡紫色，常数朵生于花枝顶端，花梗具关节。浆果圆球形，6 mm，蓝色。花果期 8 – 9 月。

（三）生态及分布

分布于普陀、桃花岛等各个岛屿。喜生沿海岛屿、山坡林缘、草丛中。

（四）经济价值及药物应用

根状茎有毒；调醋外敷，可治痈疮脓肿、癣、淋巴结炎等症。

三十六、海萝卜 *Raphanus sativus* Linn. var. *raphanistroides*（Makino）Makino

海萝卜别名蓝花子。

（一）分类地位

十字花科萝卜属（图 5 – 36）。

（二）形态特征

本种为萝卜的变种，与原种不同点在于，植株高 30 cm，具稀疏的白色硬毛。主根细长，但不呈肥大直根，侧根发达。基生叶侧裂片 2 ~ 3 对。花瓣倒卵形，长约 2 cm。长角果 1 ~ 2 cm。花果期 4 – 6 月。

（三）生态及分布

生于舟山各个海岛海岸。

（四）经济价值及药物应用

全草可以做绿肥，种子可以入药有宽中下气、通食解毒的功效。种子含油量 36.7%，油可以食用。

三十七、绢毛飘拂草 *Fimbristylis sericea* (Poir.) R. Br.

（一）分类地位

莎草科飘拂草属（图5－37）。

（二）形态特征

多年生草本植物。根状茎细长，斜生或横走。秆散生15～20 cm。叶片基生，密被白色绢毛。苞片2～3枚，聚伞花序简单，被白色绢毛。小穗3～15个聚成头状。鳞片卵形，中部有紫红色条纹，具白色宽边，背部有绢毛。1脉，雄蕊3枚，柱头2个。小坚果倒卵形。花果期6－11月。

（三）生态及分布

分布于普陀、嵊泗、桃花岛、东沙等岛屿。喜生海滨沙地或沙丘上。

（四）经济价值及药物应用

绢毛飘拂草可做固沙植物，幼时可食。

三十八、滨蒿 *Artemisia fukudo* Makino

（一）分类地位

菊科蒿属（图5－38）。

（二）形态特征

二年生草本植物。茎直立20～30 cm，分枝多而纤细，通常向上拱曲。根出叶密集莲座状，宽扇形，3～4掌状深裂，被蛛丝状毛。茎下部叶3～4羽状深裂，裂片线形，被蛛丝状毛后无毛。叶柄长达12 cm，茎上部叶片3列线形，宽2 mm，全缘。头状花序多数，圆锥形或倒圆锥形。总苞宽倒圆锥形，被蛛丝状毛或无毛。3～4层。花管状均结实。缘花雌性，盘花两性。瘦果无毛，花果期9－11月。

（三）生态及分布

分布于普陀、嵊泗、桃花岛、东沙等岛屿。喜生海滨沙地或沙丘上。

（四）经济价值及药物应用

滨蒿也为固沙植物。

三十九、矮生苔草 *Carex pumila* Thunb.

（一）分类地位

莎草科苔草属（图 5－39）。

（二）形态特征

多年生草本植物。根状茎具细长的匍匐枝，木质。秆 10～20 cm，节间短被叶鞘包。叶片束状，长于秆，革质，线形。基部叶鞘紫褐色。苞片长于花序。小穗 3～6 枚，接近生，顶生 1～3 枚雄性，侧生者雌性。雌花鳞片膜质，长圆状披针形，具芒尖，淡褐色或栗色，中部淡绿色，边缘白色，具 3 脉。果囊卵状披针形，木栓质。基部收缩成短柄，顶端渐狭成短喙。回扣带红色。2 裂，柱头 3 个，花果期 5－7 月。

（三）生态及分布

分布于普陀、嵊泗、桃花岛、东沙等各岛屿。喜生海滨沙地或沙丘上。

（四）经济价值及药物应用

固沙植物。

四十、换锦花 *Lycoris sprengeri* Comes ex Baker

（一）分类地位

石蒜科石蒜属，多年生草本植物（图 5－40）。

（二）形态特征

鳞茎椭圆形或近球形。叶早春抽出。花亭 50 cm 左右。总苞片 2 枚。伞形花序 5～8 朵。花淡紫红色，裂片先端带蓝色。雄蕊与花被几近等长，花柱略伸出于花被外。花期 8－9 月，果期 9－12 月。

（三）生态及分布

分布于普陀各个岛屿。根据作者多年野外采集经验，发现换锦花生态幅度宽，分布非常广泛。靠近海边，林下水源丰富，特别适合换锦花生长，但其也能耐半阴和干旱环境，稍耐寒，生命力颇强。

（四）经济价值及药物应用

鳞茎可提取加蓝他敏。有解毒散结，治疗咽喉肿痛、皮肤疮疖痈肿、瘰疬等功效。花可观赏，用于园林绿化。

第三节　舟山群岛滨海盐地植物及濒危植物

一、舟山群岛濒危保护物种

舟山群岛滨海植物约有维管植物 150（165）科 118（540）属 920 种植物（890）。野生 153 科 476 属 920 种及其变种，其中蕨类植物 24（25）科 24（39）属 61 种；裸子植物 5 科 8 属 9 种；被子植物 121 科 112 属 850 种。根据 1999 年经国务院批准、国家林业局和农业部发布的《国家重点保护野生植物名录（第一批）》及 2012 年浙江省人民政府公布的《浙江省重点保护野生植物（第一批）》，舟山市共有国家一级重点保护野生植物 1 种，为普陀鹅耳枥；国家二级重点保护野生植物 9 种，分别为中华结缕草、香樟、普陀樟、舟山新木姜子、野大豆、毛红椿、野荞麦、榉树、珊瑚菜；浙江省重点保护野生植物 22 种，分别为蛇足石杉、竹柏、孩儿参、毛叶铁线莲、龙须藤、海滨山黧豆、野豇豆、山绿豆、全缘冬青、三叶崖爬藤、海滨木槿、杨桐、柃木、红山茶、堇叶紫金牛、日本女贞、蔓九节、日本荚蒾、水车前、寒竹、薏苡、华重楼。舟山市拥有国家一级、二级、省重点保护野生植物数目分别占浙江省总数的 9.1%、22.5%、15.8%。

二、舟山群岛滨海盐生植物

滨海盐土主要是由盐渍淤泥发育而成。舟山群岛滨海盐土的盐分主要来自海水，其成因一是海水周期性的浸渍滨海低洼地区，及海潮对内陆河流的顶托倒灌；二是河流携带大量泥沙入海，沉积出水成陆后逐渐形成的。舟山群岛滨海盐地植物生长的土壤和地下水的盐分组成与海水的盐分组成一致，均以氯化物占绝对优势。

1980 年，Greenway 等认为盐渍生境是含有至少 3. 3bar（相当于 70 mmol/L 单价盐）渗透压盐水的生境，在此生境中能生长的自然植物区系就是盐生植物。根据植物的耐盐能力可分成盐生植物（halophyte）和非盐生植物（nonhalohyte）或甜土植物（glycophyte）。赵可夫、冯立田等研究认为我国现有盐生维管植物共 423 种，分属 66 科、199 属，占世界盐生植物总数的 27% 左右。从现在世界盐生植物的分布来看，沉水的盐生植物有 6 个科，40 余生种，低海岸盐生植物有 8 个科 12 个属，说明盐生植物与海洋的关系十分密切。

舟山群岛位于我国东部海岸线中点，是南北和东西植物的中转站，舟山群岛植物的生长环境重要的生态因素是海洋。在我国沿海岛屿生态系统中具有代表性，是独特的海滨植物群落的主要分布区，盐生植物区系特色明显，为反映出海岛生态系统独特性的重要价值，作者将多年的采集成果舟山各岛滨海盐地植物分布以表格形式列出，见表 5 - 1，以方便读者查阅及供采集参考。

本章小结

舟山群岛共有野生维管束植物 166 科 652 属 1 407 种，由海向陆按生境不同可分为 4 类，为海滨沙地植物、滩涂泥沼植物、海岸崖壁植物以及岛屿或大陆海岸山地植物等。

盐生植物是生长在盐渍土壤上的一类天然植物区系，舟山市共有国家一级重点保护野生植物 1 种，为普陀鹅耳枥；国家二级重点保护野生植物 9 种，浙江省重点保护野生植物 22 种。在我国沿海岛屿生态系统中具有代表性，是独特的海滨植物群落的主要分布区。

表 5－1 舟山群岛滨海盐地植物主要岛屿分布情况表

种中名	种学名	科名	舟山岛	嵊泗岛	梅山岛	大榭岛	金塘岛	册子岛	岱山	普陀山	朱家尖	桃花岛	中街山列岛	长峙岛
竹柏	*Nageia nagi* Kuntze	罗汉松科	0	0	0	0	0	0	0	1	0	1	0	0
普陀鹅耳枥	*Carpinus putoensis* Cheng	桦木科	0	0	0	0	0	0	0	1	0	0	0	0
苦槠	*Castanopsis sclerophylla* Schott	壳斗科	0	1	0	0	0	1	1	0	0	0	0	1
青冈	*Cyclobalanopsis glauca* Oerst.	壳斗科	1	1	1	1	1	0	1	1	1	1	0	0
葨芝	*Cudrania cochinchinensis* Kudo et Masam.	桑科	0	0	0	0	0	1	0	1	1	0	1	1
南方碱蓬	*Suaeda australis* Moq.	藜科	0	0	0	0	0	1	1	1	0	0	0	1
碱蓬	*Suaeda glauca* Bunge	藜科	0	0	0	0	1	1	1	1	0	0	0	1
粟米草	*Mollugo pentaphylla* Linn.	番杏科	1	1	0	0	1	0	1	0	0	0	0	1
番杏	*Tetragonia tetragonioides* Kuntze	番杏科	0	1	0	0	0	0	1	0	0	0	1	1
瞿麦	*Dianthus superbus* Linn.	石竹科	1	1	1	1	0	0	1	1	1	1	1	1
樟树	*Cinnamomum camphora* Presl	樟科	1	1	1	1	1	1	1	1	1	1	0	1
普陀樟	*Cinnamomum japonicum* Sieb. var. *chenii* G. F. Tao	樟科	1	0	0	0	0	0	1	1	1	1	1	1
红楠	*Machilus thunbergii* Sieb. et Zucc.	樟科	1	1	0	0	0	0	1	1	1	1	0	1
舟山新木姜子	*Neolitsea sericea* Koidz.	樟科	0	0	1	0	0	0	0	1	1	1	0	0

续表

种中名	种学名	科名	舟山岛	嵊泗岛	梅山岛	大榭岛	金塘岛	册子岛	岱山	普陀山	朱家尖	桃花岛	中街山列岛	长峙岛
蓝花子	*Raphanus sativus* Linn. var. *raphanistroides* Makino	十字花科	0	1	0	0	0	0	0	1	0	0	0	0
海桐	*Pittosporum tobira* Ait.	海桐花科	1	1	1	1	0	1	1	1	1	1	1	1
蚊母树	*Distylium racemosum* Sieb. et Zucc.	金缕梅科	0	0	0	0	0	0	0	1	1	1	0	0
枫香树	*Liquidambar formosana* Hance	金缕梅科	1	1	1	1	1	0	1	1	1	1	0	1
檵木	*Loropetalum chinensis* Oliv.	金缕梅科	1	1	0	1	1	0		1	1	1	0	1
石楠	*Photinia serrulata* Lindl.	蔷薇科	1	1	0	0	1	1	1	0	0	1	0	1
厚叶石斑木	*Raphiolepis umbellata* Makino	蔷薇科	1	0	0	0	0	1	0	1	1	1	1	0
硕苞蔷薇	*Rosa bracteata* Wendl.	蔷薇科	1	1	1	1	1	1	1	1	1	1	1	1
三籽两型豆	*Amphicarpaea trisperma* Baker ex Jacks.	豆科	1	1	0	0	0	0	1	1	0	0	0	1
黄檀	*Dalbergia hupeana* Hance	豆科	1	1	1	1	1	1	1	1	1	1	1	1
海滨山黧豆	*Lathyrus japonicus* Willd.	豆科	0	0	0	1	1	0	0	1	1	0	0	1
紫藤	*Wisteria sinensis* Sweet	豆科	1	1	1	1	1	1	1	1	1	1	0	1
椿叶花椒	*Zanthoxylum ailanthoides* Sieb. et Zucc.	芸香科	1	1	1	1	1	0	1	1	1	1	0	1

续表

种中名	种学名	科名	舟山岛	嵊泗岛	梅山岛	大榭岛	金塘岛	册子岛	岱山	普陀山	朱家尖	桃花岛	中街山列岛	长峙岛
楝树	*Melia azedarach* Linn.	楝科	1	1	1	1	1	1	1	1	1	1	0	1
乌桕	*Sapium sebiferum* Roxb.	大戟科	1	1	1	1	1	0	1	1	1	1	0	1
黄杨	*Buxus sinica* Cheg ex M. Cheng	黄杨科	0	0	0	0	0	0	0	0	0	1	0	0
黄连木	*Pistacia chinensis* Bunge	漆树科	1	1	1	1	1	1	1	1	1	1	0	1
盐肤木	*Rhus chinensis* Mill.	漆树科	1	1	1	1	1	1	1	1	1	1	0	1
枸骨	*Ilex cornuta* Lindl.	冬青科	1	1	1	1	1	1	1	1	1	1	0	1
全缘冬青	*Ilex integra* Thunb.	冬青科	0	0	0	0	0	0	0	1	1	1	0	0
大叶冬青	*Ilex latifolia* Thunb.	冬青科	0	0	0	0	0	0	0	0	0	1	0	0
南蛇藤	*Celastrus orbiculatus* Thunb.	卫矛科	1	1	1	1	1	0	1	0	1	1	0	1
大叶黄杨	*Euonymus japonicus* Thunb.	卫矛科	1	1	1	1	0	0	1	0	1	1	1	1
野鸦椿	*Euscaphis japonica* Kanitz.	省沽油科	1	1	1	1	1	1	1	1	1	1	1	1
清风藤	*Sabia japonica* Maxim.	清风藤科	0	0	0	0	1	0	0	0	1	0	0	0
雀梅藤	*Sageretia thea* Johnst.	鼠李科	1	1	1	1	1	1	1	0	1	1	1	1
异叶蛇葡萄	*Ampelopsis humulifolia* Bunge var. *heterophylla* K. Koch	葡萄科	0	1	0	0	0	0	1	0	0	1	0	1
海滨木槿	*Hibiscus hamabo* Sieb. et Zucc.	锦葵科	1	1	0	0	1	0	1	0	0	0	0	1
红山茶	*Camellia japonica* Linn.	山茶科	1	1	1	1	0	0	1	1	1	1	1	1
滨柃	*Eurya emarginata* Makino	山茶科	1	1	0	0	0	1	1	1	1	1	1	1

续表

种中名	种学名	科名	舟山岛	嵊泗岛	梅山岛	大榭岛	金塘岛	册子岛	岱山	普陀山	朱家尖	桃花岛	中街山列岛	长峙岛
柃木	*Eurya japonica* Thunb.	山茶科	1	1	0	1	1	1	1	1	1	1	1	1
柞木	*Xylosma japonica* A. Gray	大风子科	1	0	1	0	1	0	1	0	1	1	1	1
胡颓子	*Elaeagnus pungens* Thunb.	胡颓子科	1	1	1	1	1	1	1	1	1	1	1	1
刺楸	*Kalopanax septemlobus* Koidz.	五加科	1	1	1	1	0	1	1	1	1	1	0	1
珊瑚菜	*Glehnia littoralis* Fr. Schmidt ex Miq.	伞形科	0	0	0	0	0	0	0	1	1	0	0	1
滨海前胡	*Peucedanum japonicum* Thunb.	伞形科	1	1	0	0	0	0	1	1	0	0	1	1
映山红	*Rhododendron simsii* Planch.	杜鹃花科	1	1	1	1	1	1	1	1	1	1	0	1
乌饭树	*Vaccinium bracteatum* Thunb.	杜鹃花科	1	1	1	1	1	1	1	1	1	1	1	1
朱砂根	*Ardisia crenata* Sims	紫金牛科	0	1	0	0	0	0	1	0	1	1	0	1
疏节过路黄	*Lysimachia remota* Petitm.	报春花科	0	0	0	0	0	0	0	1	0	0	1	1
中华补血草	*Limonium sinense* O. Ktze.	蓝雪科	0	0	0	1	0	0	0	0	0	0	0	1
白檀	*Symplocos paniculata* Miq.	山矾科	1	1	1	1	1	1	1	1	1	1	0	1
四川山矾	*Symplocos setchuensis* Brand	山矾科	0	1	0	0	1	1	1	1	1	1	0	1
赛山梅	*Styrax confusus* Hemsl.	安息香科	0	1	0	0	1	0	1	1	0	0	0	1
日本女贞	*Ligustrum japonicum* Thunb.	木犀科	0	0	0	0	0	0	0	1	1	1	0	0

续表

种中名	种学名	科名	舟山岛	嵊泗岛	梅山岛	大榭岛	金塘岛	册子岛	岱山	普陀山	朱家尖	桃花岛	中街山列岛	长峙岛
小蜡	*Ligustrum sinense* Lour.	木犀科	1	0	1	1	0	0	0	1	1	1	0	0
亮叶小蜡	*Ligustrum sinense* Lour. var. *nitidum* Rehd.	木犀科	1	0	0	0	1	0	0	1	0	1	0	0
醉鱼草	*Buddleja lindleyana* Fort.	马钱科	1	1	0	1	1	1	1	1	1	1	0	1
肾叶打碗花	*Calystegia soldanella* R. Br.	旋花科	1	1	1	1	1	1	1	1	1	1	1	1
三裂叶薯	*Ipomoea triloba* Linn.	旋花科	1	0	0	0	0	0	0	0	1	0	0	0
砂引草	*Messeraschmidia sibirica* Linn. Ssp. *angustior* Kitagawa	紫草科	0	0	0	0	0	0	0	0	1	0	0	0
海州常山	*Clerodendrum trichotomun* Thunb.	马鞭草科	1	1	1	1	1	1	1	1	1	1	1	1
豆腐柴	*Premna microphylla* Turcz.	马鞭草科	1	0	1	1	1	0	0	0	0	0	0	1
牡荆	*Vitex negundo* Linn. var. *cannabifolia* Hand. – Mazz.	马鞭草科	1	1	1	1	1	1	1	1	1	1	1	1
单叶蔓荆	*Vitex trifolia* Linn. var. *simplicifolia* Cham.	马鞭草科	1	1	1	1	1	1	1	1	1	1	1	1
枸杞	*Lycium chinensis* Mill.	茄科	1	1	1	1	1	1	1	1	1	1	1	1
白花泡桐	*Paulownia fortunei* Hemsl.	玄参科	0	0	0	0	0	0	0	0	1	1	0	0
爬岩红	*Veronicastrum axillare* Yamazaki	玄参科	1	1	0	0	0	0	0	0	0	1	0	0

续表

种中名	种学名	科名	舟山岛	嵊泗岛	梅山岛	大榭岛	金塘岛	册子岛	岱山	普陀山	朱家尖	桃花岛	中街山列岛	长峙岛
爵床	*Rostellularia procumbens* Nees	爵床科	1	1	1	1	1	1	1	1	1	1	0	1
栀子	*Gardenia jasminoides* Ellis	茜草科	1	1	1	1	1	1	1	1	1	1	1	1
厚叶双花耳草	*Hedyotis biflora* Lam. var. *parvifolia* Hook. et Arn.	茜草科	0	1	0	0	0	0	0	1	0	0	1	0
日本珊瑚树	*Viburnum awabuki* K. Koch	忍冬科	0	0	0	0	0	0	0	0	1	1	0	0
茵陈蒿	*Artemisia capillaris* Thunb.	菊科	1	1	1	1	1	1	1	1	1	1	1	1
滨蒿	*Artemisia fukudo* Makino	菊科	0	1	0	0	0	1	1	0	0	0	0	1
假还阳参	*Crepidiastrum lanceolatum* Nakai	菊科	1	1	1	1	1	1	1	1	1	1	1	1
芙蓉菊	*Crossostephium chinense* Makino	菊科	0	1	0	0	0	0	1	0	0	0	1	1
大吴风草	*Farfugium japonicum* Kitamura	菊科	1	1	1	1	1	0	1	1	1	1	1	1
普陀狗哇花	*Heteropappus arenarius* Kitamura	菊科	1	1	1	1	1	1	1	1	1	1	1	1
匍匐苦荬菜	*Ixeris repens* A. Gray	菊科	0	1	0	0	0	0	1	1	0	0	0	1
大头橐吾	*Ligularia japonica* Less.	菊科	0	1	0	0	0	0	0	0	0	1	0	0
卤地菊	*Wedelia prostrata* Hemsl.	菊科	0	1	0	0	0	0	1	0	1	0	0	1
水烛	*Typha angustifolia* Linn.	香蒲科	0	1	0	0	1	0	1	1	1	0	1	1

续表

种中名	种学名	科名	舟山岛	嵊泗岛	梅山岛	大榭岛	金塘岛	册子岛	岱山	普陀山	朱家尖	桃花岛	中街山列岛	长峙岛
寒竹	*Chimonobambusa marmorea* Makino	禾本科	0	1	0	0	0	0	0	1	0	0	0	0
橘草	*Cymbopogon goeringii* A. Camus	禾本科	1	1	1	1	1	1	1	1	1	1	1	1
龙爪茅	*Dactyloctenium aegyptium* Beauv.	禾本科	0	1	0	0	0	0	1	0	1	1	0	1
疏花野青茅	*Deyeuxia arundinacea* Beauv. var. *laxiflora* P. C. Kuo et S. L. Lu	禾本科	1	1	1	1	1	1	1	1	1	1	1	
芦苇	*Phragmites australis* Trin.	禾本科	0	1	1	1	1	0	1	0	1	0	0	1
盐地鼠尾粟	*Sporobolus virginicus* Kunth	禾本科	0	0	0	0	0	0	1	0	1	0	0	1
筛草	*Carex kobomugi* Ohwi	莎草科	1	1	0	0	0	0	0	1	1	1	0	0
矮生苔草	*Carex pumila* Thunb.	莎草科	0	1	0	0	0	0	0	0	0	1	0	0
绢毛飘拂草	*Fimbristylis sericea* R. Br.	莎草科	0	1	0	0	0	0	0	1	1	0	0	0
砖子苗	*Mariscus umbellatus* Vahl	莎草科	0	1	0	0	1	0	0	1	0	1	1	0
天南星	*Arisaema heterophyllum* Bl.	天南星科	0	1	0	0	0	0	1	1	0	0	1	1
天门冬	*Asparagus cochinchinensis* Merr.	百合科	1	1	1	0	1	1	1	0	1	1	0	1
山菅	*Dianella ensifolia* DC.	百合科	1	1	1	1	1	1	1	1	1	1	1	1

续表

种中名	种学名	科名	舟山岛	嵊泗岛	梅山岛	大榭岛	金塘岛	册子岛	岱山	普陀山	朱家尖	桃花岛	中街山列岛	长峙岛
百合	*Lilium brownii* F. E. Brown ex Miellez var. *viridulum* Baker	百合科	0	1	1	1	0	0	1	0	0	1	0	1
换锦花	*Lycoris sprengeri* Comes ex Baker	石蒜科	1	1	1	1	1	1	1	1	1	1	0	1
水仙	*Narcissus tazetta* L. var. *chineasis* Roem.	石蒜科	0	1	0	0	0	0	1	0	0	1	0	1
绶草	*Spiranthes sinensis* Ames	兰科	0	1	0	0	0	0	0	0	0	0	1	0

注:“0”代表无分布;“1”代表有分布。

图 5－1　舟山新木姜子（详见本书 P80）

A：植株；B：雄花序；C：雌花序；D：果实；E：雄花解剖；F：雄蕊及蜜腺；H：雌花解剖；I：子房及花柱

图 5－2　普陀樟（详见本书 P81）

A：花；B：果实

图 5－3　普陀鹅耳枥（详见本书 P82）

A：雌花序；B：果序；C、D：雄花序

注：本图由林科院的高浩杰老师提供

图5-4　滨柃（详见本书P82）

A：雄花解剖；B：雌花；C：果实

图5-5　海滨木槿（详见本书P83）

A：单体雄蕊；B：果实及子房横切

图 5-6　单叶蔓荆（详见本书 P83）

A：花枝；B：花解剖；C：花；D：匍匐枝条；E：果实

图 5-7　枸骨（详见本书 P84）

A：雄蕊；B：柱头；C：花；D：雌蕊；E：子房横切

图 5-8　硕苞蔷薇（详见本书 P85）

A：花；B：雄蕊及雌蕊；C：苞片

图 5-9　厚叶石斑木（详见本书 P85）

A：红果期；B：蓝果期；C：花枝；D：花；F：雌蕊与雄蕊；E：子房横切；G：柱头

图 5-10　黄杨（详见本书 P86）

A：花侧面；B：花正面

图 5-11　海桐（详见本书 P87）

A：花；B：果实

图 5－12　全缘冬青（详见本书 P87）

A：花枝；B：果枝；C：花；D：子房；E：雄蕊；F：雌蕊

图 5－13　大叶黄杨（详见本书 P88）

A：果实；B：花

图 5 - 14 大叶胡颓子（详见本书 P88）

A：花枝；B：果枝

图 5 - 15 竹柏（详见本书 P89）

A：雄株及小孢子叶球；B：雌株及大孢子叶球

图 5－16　小蜡（详见本书 P90）

A：花；B：雌蕊及花柱

图 5－17　马甲子（详见本书 P90）

A：花；B：果实；C：叶片

图 5－18　椿叶花椒（详见本书 P91）

A：花；B：树干；C：花序；D：花序放大，示小花

图 5－19　台湾蚊母树（详见本书 P91）

A：花；B：果；C：雌蕊；D：雄蕊；E：子房横切

图 5－20　芙蓉菊（详见本书 P92）

A：花期；B：示顶端枝叶；C：群落

图 5－21　珊瑚菜（详见本书 P92）

A：果序；B：果期植株；C：根；D：花期植株

图 5－22　滨海珍珠菜（详见本书 P93）

A：幼苗；B：果实；C：子房横切；D：花枝；E：花解剖；F：花

图 5－23　肾叶打碗花（详见本书 P93）

A：果实；B：雄蕊及花柱；C：花

图 5－24　砂钻苔草（详见本书 P94）

A：花序；B：脱落的果实

图 5－25　海滨山黧豆（详见本书 P95）

A：花柱；B：花背面；C：花腹面

图 5－26　普陀狗娃花（详见本书 P95）

A：柱头；B：子房；C：舌状花；D：管状花；E：聚药雄蕊

图 5－27　普陀南星（详见本书 P96）

A：佛焰花序；B：果序

图 5－28　中华补血草（详见本书 P96）

A：花；B：花序

图 5－29　盐角草（红色为秋季景观）（详见本书 P97）

图 5－30　番杏（详见本书 P97）

A：果实；B：子房横切；C：种子；D：花解剖

图 5-31 假还阳参（详见本书 P98）

A：果实；B：花序

图 5-32 钻形紫菀（详见本书 P99）

图 5 - 33　盐地碱蓬（详见本书 P99）

a：花；b：胞果；c：花；d：种子

图 5 - 34　匍匐苦荬菜（详见本书 P100）

A：花序；B：花；C：叶

图 5－35　山菅兰（详见本书 P100）

A：花；B：果实

图 5－36　海萝卜（详见本书 P101）

图 5－37　绢毛飘拂草（详见本书 P102）

图 5－38　滨蒿（详见本书 P102）

图 5－39　矮生苔草（详见本书 P103）

A：囊包；B：柱头；C：子房

图 5－40　换锦花（详见本书 P103）

A：鳞茎；B：花；C：果实

第六章　舟山海岛常见维管植物

教学目标

1. 重点掌握舟山海岛常见蕨类植物主要分布种的主要识别特征。
2. 重点掌握舟山海岛常见裸子植物主要分布种的主要识别特征。
3. 重点掌握舟山海岛常见被子植物主要分布种的主要识别特征。

舟山群岛常见维管植物主要包括蕨类植物门28科53种、裸子植物门5 科12种、被子植物门122科461种。本章分科详细介绍舟山海岛常见维管植物的主要识别特征。

第一节　蕨类植物门（Pteridophyta）

蕨类植物是低等维管植物，但是一群进化水平最高的孢子植物，不产生种子。多为草本，通常无地上茎。叶分为小型叶和大型叶，营养叶（不育叶）和孢子叶（能育叶），通常在叶的背面或沿边缘生有孢子囊群，少数在茎或分枝的顶端生有孢子囊穗，蕨类植物的经济价值较大，不少种类可药用、食用、工业用和观赏用。

1. 石杉科 Huperziaceae

蛇足石杉 *Huperzia serrata*（Thunb.）Trev.（图 6 – 1A），多年生草本植物。茎直立或下部平卧，具少数二歧式分枝，枝端常具芽胞。叶椭圆披针形，螺旋状排列，略呈 4 行疏生，孢子囊肾形，叶腋生。全草入药，味苦，有清热解毒、生肌止血、散瘀消肿的功效。

2. 石松科 Lycopodiaceae

石松 *Lycopodium japonicum* Thunb.（图 6 – 1B），多年生草本植物，匍匐茎蔓生，直立茎为二歧式分枝，营养枝多回分叉，密生叶，叶为针状，顶部有易落的芒状长尾，孢子囊穗有柄，通常 2 ~ 6 个生于孢子枝的上部，孢子囊肾形。全草入药，主治：祛风除湿、通经活络、消肿止痛。可提蓝色染料。孢子可作翻沙工作上的脱模剂、闪光粉等，茎枝为极好的插花材料。

3. 卷柏科 Selaginellaceae

1 孢子叶 1 型，大多为卵形，决不同于营养叶
　2 植株主茎粗短成干，顶端密生分枝，排列成莲座状，遇干旱时向内拳曲
　　…………………… 卷柏 *Selaginella tamariscina*（Beauv.）Spring.（图 6 – 1C）
　2 植株无粗短主干；枝疏生，不排列成莲座状
　　3 主茎匍匐地上，凡分枝处全具根托或生根 ……………………………………
　　　…………………………… 翠云草 *S. uncinata*（Desv.）Spring（图 6 – 1D）
　　3 主茎直立，或基部匍匐，或斜升，仅基部生根，或下部具根托
　　　……………………………… 江南卷柏 *S. moellendorfi I* Hieron.（图 6 – 1E）
1 孢子叶 2 型，半数为卵形或阔卵形，半数为卵状披针形 ………………………
　………………………………… 伏地卷柏 *S. nipponica* Franch. et Sav.（图 6 – 1F）

4. 木贼科 Equisetaceae

节节草 *Equisetum ramosissima* Desf.（图 6 – 1G），多年生草本，根状茎横走，地

上茎直立，分枝中空有棱脊。粗糙，叶退化，下部联合成鞘。孢子叶穗着生分枝顶端，孢子叶六角形，孢子囊长形，孢子长形。地上茎药用，有明目退翳、清风热、利尿、止咳平喘功效。

5. 阴地蕨科 Botrychiaceae

阴地蕨 *Scepteridium ternatum*（Thunb.）Lyon.（图 6－1H），多年生草本植物。根状茎短而直立，有一簇肉质粗根，不育叶从总柄近基部或下部生出，草质，阔三角形，三回羽状复叶，孢子叶有长柄，孢子囊穗圆锥状，2～3 回羽状无毛。全草入药，有清热解毒、平肝散结、润肺止咳，补肾散翳功效。

6. 瓶尔小草科 Ophioglossaceae

瓶尔小草 *Ophioglossum vulgatum* Linn.（图 6－1I），多年生草本植物。根状茎短而直立，有一簇肉质粗根，叶单生，不育叶无柄，卵形，微肉质到草质，网状脉明显，孢子尖。全草入药，有清热解毒、消肿止痛、活血散瘀、凉血退翳功效。

7. 紫萁科 Osmundaceae

紫萁 *Osmunda japonica* Thunb.（图 6－2A），多年生草本植物，根状茎粗状，斜升，叶二型，幼时密被绒毛，不育叶簇生，高达 1m，2 回羽状复叶，小羽叶矩圆形。能育叶强度收缩，2 回羽状，小羽片条形，沿主脉两侧密生孢子囊，成熟后枯死。孢子囊棕色。根状茎药用，有清热解毒、祛湿散瘀、止血、杀虫功效。嫩叶可食。须根可做优良栽培基质。是舟山新记录品种。

8. 里白科 Gleicheniaceae

芒萁 *Dicranopteris dichotoma*（Thunb.）Bernh.（图 6－2B），多年生草本植物，直立蔓生，根状茎细长而横走，叶疏生，纸质，下面多少亮灰白色或灰蓝色，幼时密沿羽轴及叶脉有锈黄色毛，叶轴 1～3 回二叉分枝，分叉处有一休眠芽，各分叉处两侧各有 1 片平展宽披针形羽状叶，末回羽片蓖齿状深羽裂达羽轴。孢子囊群圆形，着生于小脉中部，在主脉两侧各排 1 行。酸性土指示植物，全草或根状茎入药，有清热利尿、解毒化瘀、止血、止咳接骨的功能。可栽培观赏。

里白 *Diploterygium glauca*（Houtt.）Nakai（图 6－2C），多年生草本植物，根状茎横走，有鳞片，叶疏生，纸质，上面绿色，下面灰白色。由休眠的顶芽两侧发出 1 对二回羽状深裂的张开的大羽片，侧脉分叉，孢子囊群生于侧脉的上侧 1 小脉，在主脉两侧各排 1 行。酸性土指示植物，根状茎或取髓部入药，有行气止血、接骨的功能。可栽培观赏。

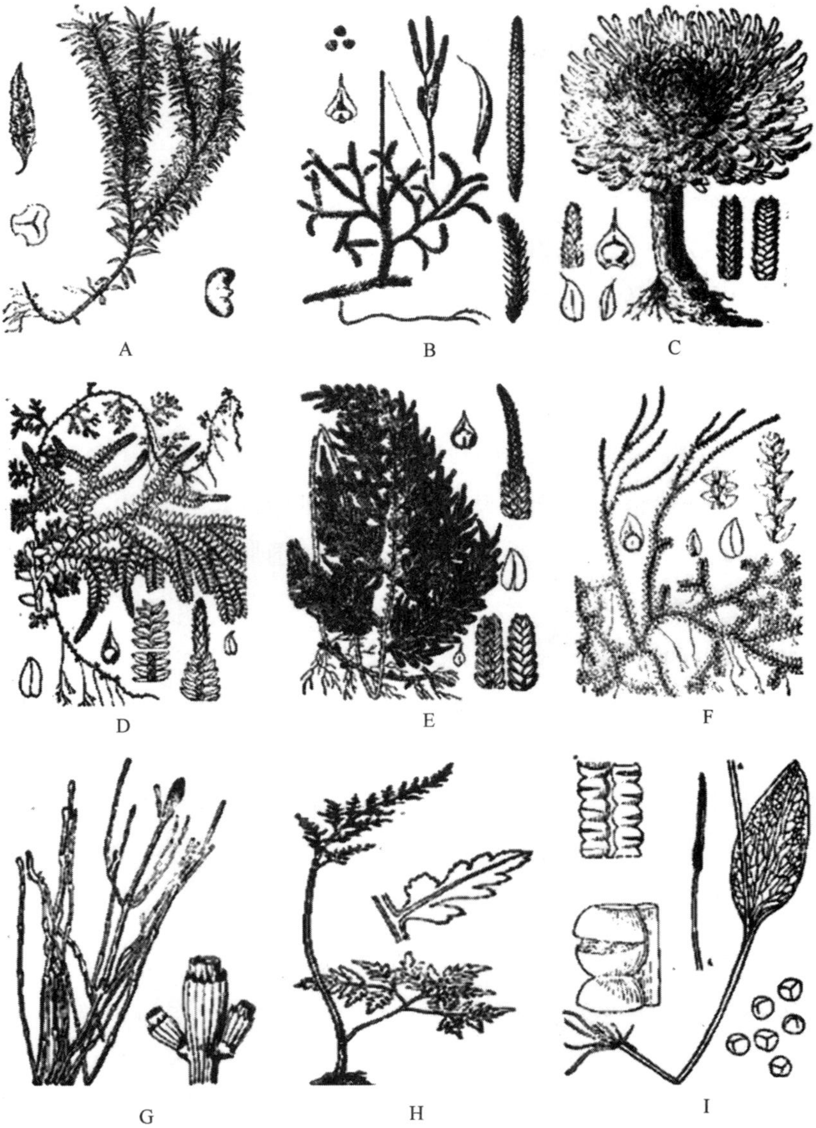

图 6－1

A：蛇足石杉；B：石松；C：卷柏；D：翠云草；E：江南卷柏；F：伏地卷柏；G：节节草；H：阴地蕨；I：瓶尔小草

两种植物的区别在于，芒萁根状茎被节状毛，主轴 1 至多回羽状分枝；里白根状茎被披针形鳞片，主轴单一。

9. 海金沙科 Lygodiaceae

海金沙 *Lygodlum japonicum*（Thunb.）Sw.（图 6－2D），多年生攀援草本植物，

叶多数，对生，叶二型，纸质，不育叶尖三角形2回羽状，小羽片掌状或3裂。能育叶卵状三角形，小羽片边缘生流苏状的孢子囊穗，暗褐色。全草药用，利湿热、通淋；鲜叶治烫火伤。孢子利尿，茎叶浸泡，可治蚜虫、红蜘蛛。或孢子入药，有清热解毒、利胆消肿的功能。可供绿化和观赏。

10. 膜蕨科 Hymenophyllaceae

华东膜蕨 *Hymenophyllum barbatum*（V. D. Bosch）Bak.（图6－2E），多年生草本植物，根状茎纤细长横走，叶远生，叶柄长，有狭翅，向上达各回羽轴都有淡褐色柔毛。叶片卵形，2回羽裂，裂片条形，圆头，边缘有小尖齿，叶脉叉状分枝，两面隆起。孢子囊群生于叶片顶部的短裂片上，囊苞两瓣形，深裂几达基部。囊托不伸出囊苞外。全草入药，有止血功能。

11. 碗蕨科 Dennstaedtiaceae

1 孢子囊群着生与叶缘，囊群盖碗形，由内外两半融合而成，常向下反曲如烟斗（碗蕨属 *Dennstodtia*）…………………………………………………………………细毛碗蕨 *Dennstodtia pilosella*（Hook.）Ching（图6－2F）

1 孢子囊群着生于叶缘内，囊群盖半杯形，以基部及两侧着生与叶肉，或肾圆形仅以阔基部着生（鳞盖蕨属 *Microlepia*）

2 叶为1回羽状，羽片不分裂，或仅为羽状深裂…………………………………………边缘鳞盖蕨 *Microlepia marginata*（Houtt.）C. Chr.（图6－2H）

2 叶为2回羽状深裂…………………………………………………………………粗毛鳞盖蕨 *M. strigosa*（Thunb.）Presl（图6－2G）

12. 鳞始蕨科 Lindsaeaceae

乌蕨 *Sphenomeris chinensis*（L.）Maxon（图6－2I），多年生草本植物，根状茎短而横走，密被赤褐色钻形鳞片，叶近生，厚草质，无毛。叶柄有光泽。叶片披针形，4回羽状细裂，末回裂片阔楔形，有不明显小牙齿或浅裂成2～3个小裂片。叶脉二叉。孢子囊群生于小脉顶端，每裂片1～2枚，囊群盖半杯形。全草或根状茎入药，有清热利湿、止血生肌、解毒功效。

13. 姬蕨科 Hypolepidaceae

姬蕨 *Hypolepis punctata*（Thunb.）Mett.（图6－3A），多年生草本，根状茎横走，密被棕色细长毛，叶远生，叶柄有纵沟达叶轴，粗糙，有光泽，有灰白透明的毛。叶片卵形，4回羽状浅裂，羽片14～20对，互生，斜上，有柄，3回羽状浅裂，基部1对最大，羽片17～20对，对生，末回小羽片9～11对，叶脉羽状，侧脉

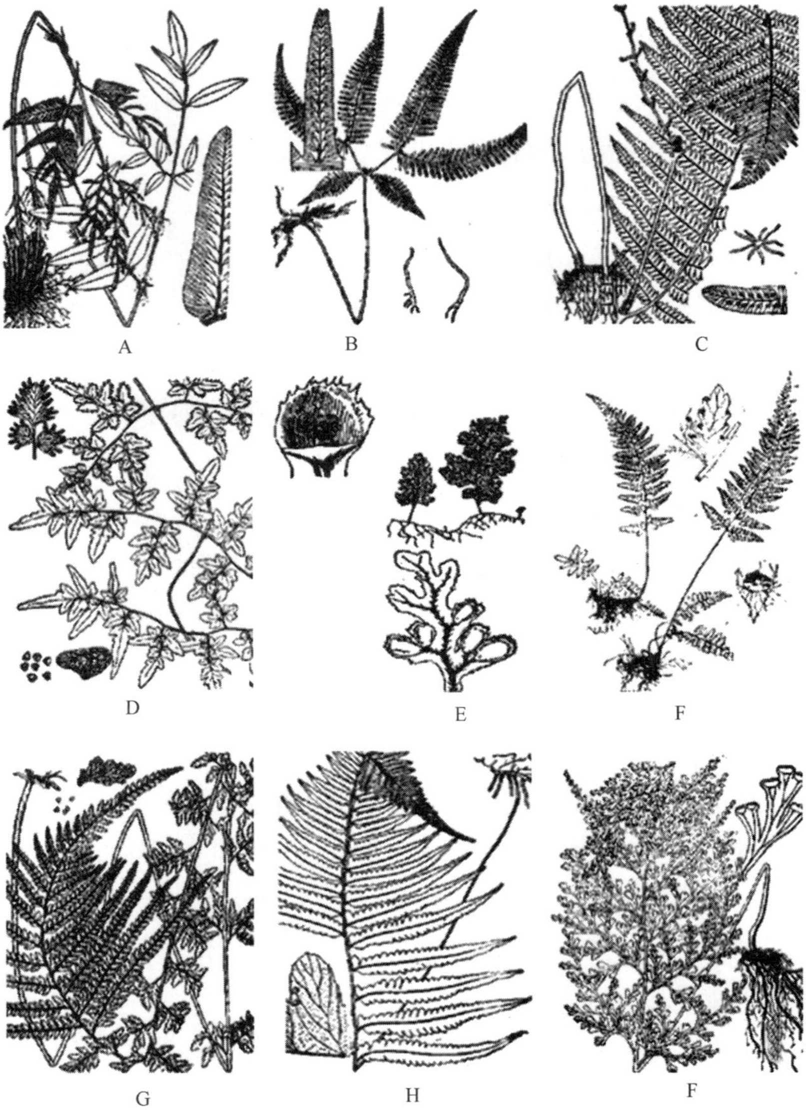

图6-2

A：紫萁；B：芒萁；C：里白；D：海金沙；E：华东膜蕨；F：细毛碗蕨；G：粗鳞盖蕨；H：边缘鳞盖蕨，I：乌蕨

分叉。叶纸质，两面有灰白色透明节状毛。孢子囊群圆形生于小脉顶端，无盖。常被略反折裂片边缘覆盖。全草入药，有清热解毒、收敛止血功效。

14. 蕨科 Pteridiaceae

蕨 *Pteridium aquilinum* (Linn.) Kuhn var. *latiusculum* (Desv.) Underw.

(图6－3B)，多年生草本植物，根状茎长而横走，叶远生，叶片卵状三角形，3～4回羽状，叶脉二叉。孢子囊群生于叶缘。囊群盖条形，内外二层。全草及根状茎入药，有清热解毒、利湿驱风、平肝潜阳、收敛止血功效。嫩叶可食。

15. 凤尾蕨科 Pteridaceae

井栏边草 *Pteris multifida* Poir.（图6－3C），多年生草本，根状茎直立，叶二型，簇生，草质，能育叶长卵形，1回羽状，下部羽状2～3叉，羽片条形，有细锯齿，向下全缘。不育叶边缘有尖锯齿，侧脉单一或分叉。孢子囊群沿叶边连续分布。全草入药，有清热利湿、凉血止血、生肌功效。可作绿化地植被物栽培。

刺齿凤尾蕨 *P. dispar* Kunze.（图6－3D），多年生草本植物，根状茎斜升，叶二型，簇生，草质，叶柄栗色，有四棱，能育叶叶片矩圆形，2回深羽裂，羽片三角状披针形，长尾头。不育叶边缘有刺尖锯齿，侧脉分叉。孢子囊群沿羽片边缘分布，仅顶部不育。全草入药，能治肠痢、疮毒。可作绿化栽培。

两种植物的区别在于，井栏边草的羽轴不具刺而刺齿凤尾蕨有刺。

16. 中国蕨科 Sinopteridaceae

野雉尾 *Onychium japonicum*（Thunb.）Kunze（图6－3E），多年生草本植物，根状茎横走，疏生棕色鳞片。叶二型，厚草质。能育叶和不育叶同型。能育叶片卵状披针形。4～5回深羽裂。孢子囊群生横脉上。囊群盖膜，全缘。全草入药，能清热解毒、利尿、止血、治疮毒等。

银粉背蕨 *Aleuritopteris argentea*（Gmel.）Fée（图6－3F），多年生草本植物，根状茎直立或斜升，生有红棕色边的亮黑色披针形鳞片。叶簇生，厚纸质。上面暗绿色，下面有乳黄色粉粒。叶柄菜栗棕色，有光泽，叶片五角形，基部3回羽裂，中部2回羽裂，上部一回羽裂，孢子囊群生于小脉顶端，条形。囊群盖厚膜质，全缘。全草入药，有止血功效。

两种植物的区别在于，野雉尾的着生孢子囊的末回裂片形如荚果，而银粉背蕨不是如此。

17. 铁线蕨科 Adiantaceae

扇叶铁线蕨 *Adiantum flabellulatum* Linn.（图6－3G），多年生草本植物，根状茎直立，生有亮棕色披针形鳞片。叶簇生，近革质。叶柄亮紫黑色，叶片扇形，2～3回不对称二叉分枝，小羽片扇形或斜方形。叶脉扇形分叉。孢子囊群生于裂片顶部变质反折的囊群盖下面。囊群盖半圆形至矩圆形。全草入药，有清热解毒、化痰功效。

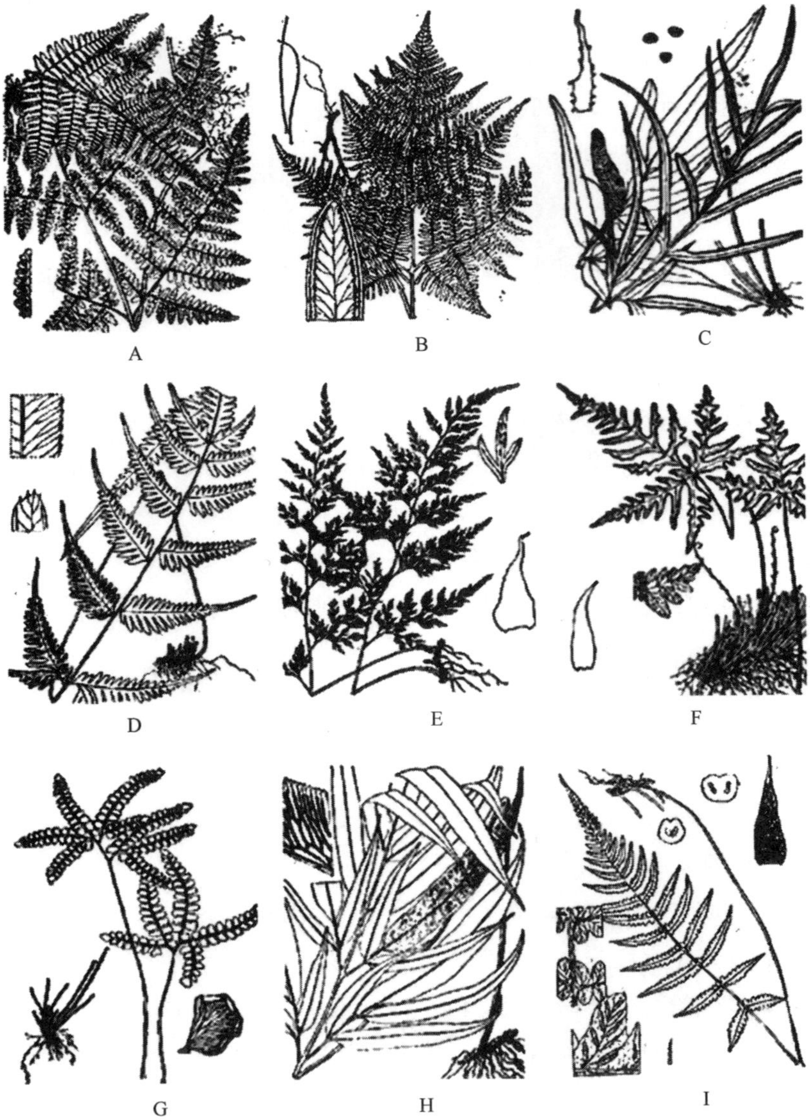

图 6 – 3

A：姬 蕨；B：蕨；C：井栏边草；D：刺齿凤尾蕨；E：野雉尾；F：银粉背蕨；G：扇叶铁线蕨；H：凤丫蕨；I：假蹄盖蕨

18. 裸子蕨科 Hemionitidaceae

凤丫蕨 *Coniogramme japonica*（Thunb.）Diels（图 6 – 3H），多年生草本植物，根状茎横走。叶远生，草质，叶片矩圆三角形，下部 2 回羽状，向上 1 回羽状，小羽片狭长披针形，主脉两侧各形成 2 ~ 3 行网眼，小脉顶端有纺锤形水囊。孢子囊群沿叶脉分布。全草入药，有消肿解毒功效。

19. 蹄盖蕨科 Athyriaceae

假蹄盖蕨 *Athyriopsis japonica*（Thunb.）Ching.（图 6－3I），多年生草本植物，根状茎长而横走。叶疏生，叶柄疏生红棕色节状卷曲短毛和披针形小鳞片。叶 2 回深羽裂，羽片开展，披针形。孢子囊群线形，通常沿侧脉单生一脉，囊群盖浅棕色，膜质，边缘啮蚀状。

二型叶假蹄盖蕨 *A. dimorphophylla*（Koidz.）Ching.，多年生草本植物，根状茎长而横走。叶近二型，疏生。能育叶较大，叶长圆形，不育叶三角形，较短，2 回羽状半裂，叶脉羽状，侧脉分叉。孢子囊群线形，弯曲、有毛、膜质，棕色。可供观赏。

江南短肠蕨 *Allantodia metteniana*（Miq.）Ching（图 6－4A），多年生草本植物，根状茎横走。叶疏生，叶片三角状阔披针形，1 回深羽状，羽片互生平展，披针形。孢子囊群长圆形，生于小脉近顶端，近叶缘。囊群盖圆柱状长圆形，灰白色，成熟时由背面不规则破裂。可供观赏。

三种植物主要区别在于，假蹄盖蕨属具有透明节状毛，而江南短肠蕨则只具有单细胞毛。二型叶假蹄盖蕨属二叶型，根状茎在地表以下，假蹄盖蕨一型叶，根状茎位于地表。

20. 金星蕨科 Thelypteridaceae

延羽卵果蕨 *Phegopteris decursive－pinnata*（Van Hall）Fée（图 6－4B），多年生草本植物，根状茎短而直立。叶簇生，被深棕色、狭披针形，有缘毛的鳞片叶片倒披针形，1～2 回羽裂，羽片互生，耳状三角形。孢子囊群近圆形，生于侧脉顶部以下，无盖。全草入药，有消肿利尿、清热解毒功效。

疏羽凸轴蕨 *Metathelypteris laxa*（Franch. et Say.）Ching（图 6－4C），多年生草本植物，根状茎长而横走。叶远生，草质，两面被针状毛。叶片披针形，2 回深羽裂，羽片互生，斜上，孢子囊群小，圆形，着生于侧脉上侧的小脉顶端，近叶边，囊群盖圆肾形，有疏柔毛。

金星蕨 *Parathelypteris glanduligera*（Kunze）Ching（图 6－4D），多年生草本植物，根状茎长而横走。叶近生，厚草质，羽轴被柠檬色圆球形腺体及短柔毛。叶片倒披针形，2 回深羽裂，羽片近平展。孢子囊群小，生于侧脉近顶处，囊群盖大圆肾形，有灰白色刚毛。叶入药，有消炎止血、止痢功效。

三种植物的区别在于，延羽卵果蕨孢子囊群无盖，而另两种孢子囊群有盖。疏羽凸轴蕨的羽轴上面圆形隆起，而金星蕨的羽轴上面凹陷。

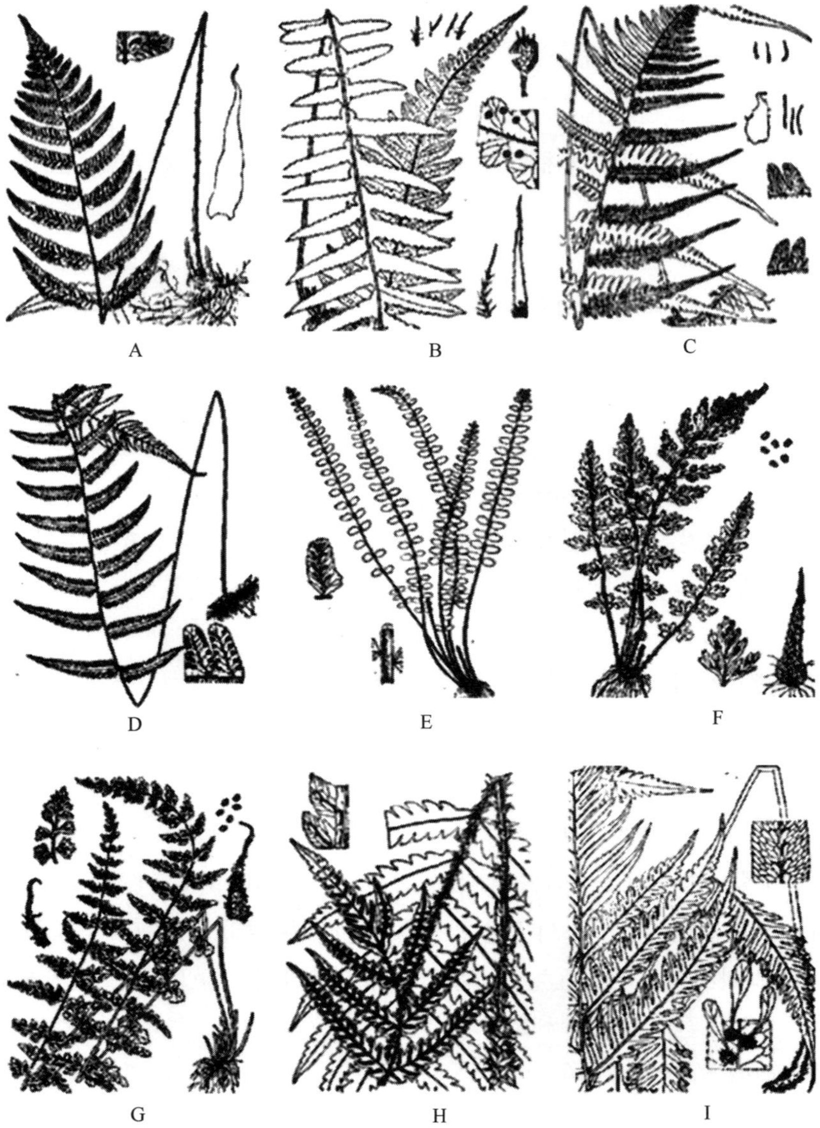

图 6－4

A：江南短肠蕨；B：延羽卵果蕨；C：疏羽凸轴蕨；D：金星蕨；E：铁角蕨；F：北京铁角蕨；G：虎尾铁角蕨；H：狗脊蕨；I：胎生狗脊蕨

21. 铁角蕨科 Aspleniaceae

1 叶为 1 回羽状，叶柄及叶轴栗褐色，且叶轴有狭翅……………………………………………………………………………铁角蕨 *Asplenium. trichomanes* L.（图 6－4E）

1 叶片2~3回羽状

2 下部羽片逐渐缩短（基部的呈小耳形）…………虎尾铁角蕨 *A. incisum* Thunb.（图6-4G）

2 下部羽片不缩短，基部羽片和其上的同形或稍长…………北京铁角蕨 *A. pekinense* Hance（图6-4F）

22. 乌毛蕨科 Blechnaceae

狗脊蕨 *Woodwardia japonica*（L. f.）Sm.（图6-4H），多年生草本植物，根状茎粗短，直立。叶簇生。叶片矩圆形，厚纸质，2回羽裂，羽片三角形。孢子囊群长形，生于主脉两侧相对的网脉上，囊群盖长肾形，革质，以外侧边着生网脉，开向主脉。根状茎入药，有清热解毒、杀虫、散瘀功效。

胎生狗脊蕨 *W. prolifera* Hook. et Arn.（图6-4I），多年生草本植物，根状茎粗短，横走。叶近生。叶片卵状矩圆形，厚纸质，上面有小芽胞生于裂片主脉两侧网脉交叉点，芽苞密覆鳞片。常萌发出1片有柄的匙形幼叶，落地长成新株。2回羽裂。孢子囊群长形，生于主脉两侧相对的网脉上，囊群盖长肾形，革质，以稍弯弓的一边着生网脉，以另一边开向主脉。根状茎入药，有强腰膝、补肝肾、除风湿功能。

两种植物的区别在于，胎生狗脊蕨叶片上面有多数芽孢，狗脊蕨叶片无芽孢。

23. 鳞毛蕨科 Dryopteridaceae

1 叶脉连接成网状（贯众属 *Cyrtomium*）

2 叶片为厚革质，或纸质，羽片边缘加厚，全缘，或有几个粗大缺刻……………………………………………………………全缘贯众 *Cyrtomium falcatum*（L. f.）Presl（图6-5B）

2 叶片为纸质或厚草质，少有近革质，羽片边缘不加厚，通体或至少顶端有细尖锯齿……………………………………………………………………………………贯众 *C. fortunei* J. Sm.（图6-5A）

1 叶脉分离

3 孢子囊群无盖，从叶柄至叶轴密被有睫毛的卵圆形鳞片，叶轴顶端常延伸成鞭状着地生根，形成新株……………………………………………………普陀鞭叶蕨 *Cyrtomidictyum faberi*（Bak.）Ching（图6-5C）

3 孢子囊群有盖，鳞片不如上述，叶轴顶端通常不延伸成鞭状

4 根状茎长而横走，叶远生或近生，各回小羽片均为上先出（复叶耳蕨属 *Arachniodes*）

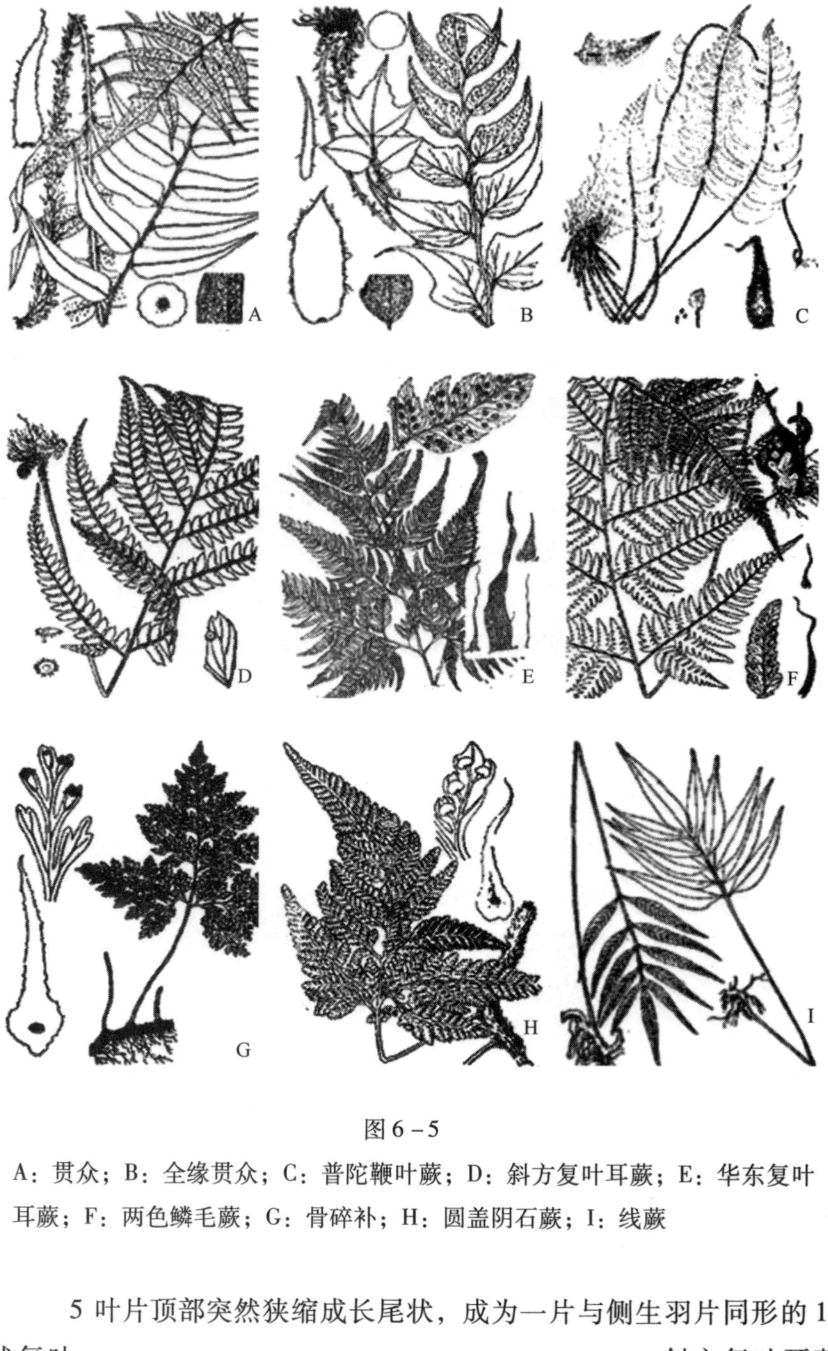

图6－5

A：贯众；B：全缘贯众；C：普陀鞭叶蕨；D：斜方复叶耳蕨；E：华东复叶耳蕨；F：两色鳞毛蕨；G：骨碎补；H：圆盖阴石蕨；I：线蕨

5 叶片顶部突然狭缩成长尾状，成为一片与侧生羽片同形的1回羽状顶生羽状复叶……………………………………………斜方复叶耳蕨 *Arachniodes rhomboidea*（Wal1. ex Mett.）Ching（图6－5D）

5 叶片顶部渐狭，或多少狭缩呈三角形渐尖头

6 叶片3回羽状…………………………………………………………

……………………………刺头复叶耳蕨 *A. exilis* (Hanee) Ching

6 叶片 4 回羽裂至 4 回羽状………………………………………………………

…………华东复叶耳蕨 *A. Pseudo - aristata* (Tagawa) Ching (图 6 - 5E)

4 根状茎粗短，直立或斜升，叶簇生，各回小羽片近对生，或下先出，偶上先出（鳞毛蕨属 *Dryopteris*）

7 羽轴或小羽轴下面多少被泡状鳞片或鳞片基部棕色，阔而圆，呈囊状或勺状，上部为黑色长钻状或线形

8 叶片 1 ~ 2 回羽状或 3 回羽裂，叶轴和羽轴下面的鳞片一色，多少呈泡状……………………………………………………………………………………红盖鳞毛蕨 *Dryopteris erythrosora* (Eaton) O. Ktze.

8 叶片 3 ~ 4 回羽状或羽裂，叶轴和羽轴下面的鳞片通常二色，即基部棕色，膨大为阔圆形，向上为黑色或褐色，急狭呈钻状或线形，基部一对羽片特大，三角形，其下侧基部小羽片特别伸长，往往叶片基部呈燕尾状…………………………………………………………………………两色鳞毛蕨 *D. bissitiana* (Bak.) C. Chr. (图 6 - 5F)

7 羽轴或小羽轴下面被平直的披针形、卵状披针形或纤维状鳞片或光滑……………………………………………同形鳞毛蕨 *D. uniformis* Mak.

24. 骨碎补科 Davalliaceae

骨碎补 *Davallia mariesii* Moore ex Bak. (图 6 - 5G)，多年生草本植物，根状茎长而横走，密生鳞片。叶五角形，远生，4 回羽状细裂。叶脉单一或分叉，每齿有小脉 1 条。孢子囊群生于小脉顶端，囊群盖盅状。根状茎药用，坚骨、补肾。

圆盖阴石蕨 *Humata tyermanni* Moore (图 6 - 5H)，多年生草本植物，根状茎长而横走，密生鳞片。叶远生，革质，阔卵状三角形，3 ~ 4 回深羽裂。末回有 2 个钝齿，每齿有小脉 1 条。孢子囊群生于小脉顶端，囊群盖近圆形。根状茎药用，有祛风除湿、清热凉血、利尿通淋之效。江苏名“鲜石蚕”，治黄病。

两种植物的区别在于，骨碎补囊群盅形或管形，圆盖阴石蕨囊群盖近圆形。

25. 水龙骨科 Polypodiaceae

1 叶脉在叶轴、羽轴与叶边之间联接成多行网眼，网眼内有分叉的内藏小脉，偶无内藏小脉，网外的小脉分离

2 孢子囊群线形，偶有间断成长圆形或近圆形（线蕨属 *Colysis*）………………………………………………………线蕨 *Colysis elliptica* (Thunb.) Ching (图 6 - 5I)

2 孢子囊群圆形、偶长圆形、卵形，或熟时汇合布满叶片下面

3 叶片两面被星状毛，孢子囊群偶长圆形、卵形，或熟时汇合布满叶片下面（石韦属 *Pyrrosia*）……………………………………………………石韦 *Pyrrosia lingua*（Thunb.）Farwell（图 6－6A）

3 叶片两面无毛或被单毛

4 孢子囊群幼时有盾形或伞形的隔丝覆盖，成熟时脱落

5 叶二型或近二型（骨牌蕨属 *Lepidogrammitis*）…………抱石莲 *Lepidogrammitis drymoglossoides*（Bak.）Ching（图 6－6B）

5 叶 一型，叶近革质，孢子囊群在中脉与叶边之间排成一行（瓦韦属 *Lepisorus*）………………………………瓦韦 *Lepisorus thunbergianus*（Kaulf.）Ching（图 6－6C）

4 孢子囊群不具盾状隔丝

6 孢子囊群在中脉两侧各排成一行，叶有加厚的软骨质叶边（假瘤蕨属 *Phymatopsis*）……………………………………金鸡脚 *Phymatopsis hastata*（Thunb.）Kitagawa ex H. Ito（图 6－6D）

6 孢子囊在中脉两侧散生或排成多行，少有排成不整齐的一行，叶不具软骨质的边缘（星蕨属 *Microsorium*）………………………………………………
江南星蕨 *Microsorium henyi*（Christ）Kuo.（图 6－6F）

1 叶脉分离，或仅沿羽轴两侧各有一行整齐的网眼，网眼外的小脉分离，伸向叶边，网眼内有一不分叉的内藏小脉，孢子囊群着生于内藏小脉的顶端（水龙骨属 *Polypodiodes*）……………………………………………………………………水龙骨 *Polypodiodes nipponica*（Mett.）Ching（图 6－6E）

26. 苹科 Marsileaceae

苹 *Marsilea quadrifolia* L.（图 6－6G），浅水水面漂浮植物，根状茎细长横走，分枝，顶端有淡棕色毛，茎节远离，向上发出一至数枚叶片。小叶 4，倒三角形，草质，无毛。叶脉扇形分叉，叶柄基部生有单一或分叉的短柄，顶部着生孢子果，果矩圆状肾形，大孢子囊和小孢子囊同生一个囊托上。全草药用，有清热解毒、利水消肿，外用治疮痈、毒蛇咬伤。

27. 槐叶苹科 Salviniaceae

槐叶苹 *Salvinia natans*（L.）All.（图 6－6H），水面漂浮植物，茎有毛，横走。叶 3 片轮生，2 片漂浮水面，椭圆形。1 片细裂如丝，在水中形成假根，密生有节的粗毛，水面叶在茎两侧紧密排列，形如槐叶。孢子果 4～8 枚聚生于水下叶的基部。大孢子果小，小孢子果略大。全草药用，有清热解毒、消肿止痛功效。可做家畜饲

图 6 – 6

A：石韦；B：抱石莲；C：瓦韦；D：金鸡脚；E：水龙骨；F：江南星蕨；G：苹；H：槐叶苹；I：满江红

料、绿肥。

28. 满江红科 Azollaceae

满江红 *Azolla imbricata*（Roxb.）Nakai（图 6 – 6I），漂浮植物，根状茎横走，羽状分枝，向水下生出须根。叶小形，无柄，互生，覆瓦状排列，梨形，圆头，全缘，通常分裂为上下两片，上面肉质红色，（秋后变红），有膜质边，上面有乳头突起，下面空腔，下片沉水中，膜质如鳞片。孢子果成对生于分枝基部的沉水裂片上。大孢子果小，长卵形，小孢子果大而成球形。全草药用，能发汗、利尿、祛风湿、治顽癣。可做家畜饲料、绿肥。

第二节　裸子植物门（Gymnospermae）

裸子植物是介于蕨类植物和被子植物之间的一类维管植物，种子裸露，没有被果皮包被。叶多为针形、线形或鳞形。其中松杉纲种类最多，分布最广泛，多以栽培品种为主，并构成了许多现代的植被类型。舟山群岛常见的裸子植物主要介绍了5科约12种。

1. 松科 Pinaceace

马尾松 *Pinus massoniana* Lamb.（图6－7A），针叶2针一束，细柔，较长。一年生小球果紫褐色，成熟时长卵形，有短柄，成熟前绿色，成熟时栗褐色。种鳞鳞盾菱形，种子具翅，球果次年10－11月成熟。用材树种，工业松脂，松针提取芳香油，花粉可食。分布于舟山岛、大榭岛、金塘岛。

黑松 *P. palustris* Mill.（图6－7B），针叶2针一束，粗硬。球果圆锥状卵圆形，鳞盾肥厚，横脊明显，有短尖刺；种子灰褐色，具翅。球果次年10月成熟。用材树种。在舟山各个岛屿均有分布。

黑松与马尾松不同之处在于叶较粗硬，树脂道中生，鳞盾隆起，鳞脐有刺尖。

2. 杉科 Taxodiaceae

杉木 *Cunninghamia lanceolata*（Lamb.）Hook.（图6－7C），叶披针形，革质，上面绿色，有光泽，两侧微有白粉，下面淡绿色。球果卵圆形，苞鳞革质三角状卵形，种鳞小，先端3裂，种子扁平，具窄翅，球果10月成熟。用材树种。分布于舟山岛、梅山岛、大榭岛、金塘岛、册子岛、普陀山、桃花岛。

水杉 *Metasequoia glyptostroboides* Hu et Cheng（图6－7D），叶线形，在侧生小枝上排成2列，呈羽状，冬季与枝一起脱落。种鳞交叉对生，能育种鳞有种子5～9粒，种子扁平，周围有翅，先端凹缺，球果10月成熟。为我国特有珍贵树种，用材、绿化防护林、护岸林树种。

水杉的突出特征在于叶与种鳞对生，冬季叶与小枝一同脱落。

3. 柏科 Cupressaceae

侧柏 *Platycladus orientalis* Franco（图6－7E），生鳞片的小枝直立或斜展，排成一平面，扁平，两面同型，叶片鳞形。球果近圆球形，成熟后木质，开裂，球果10

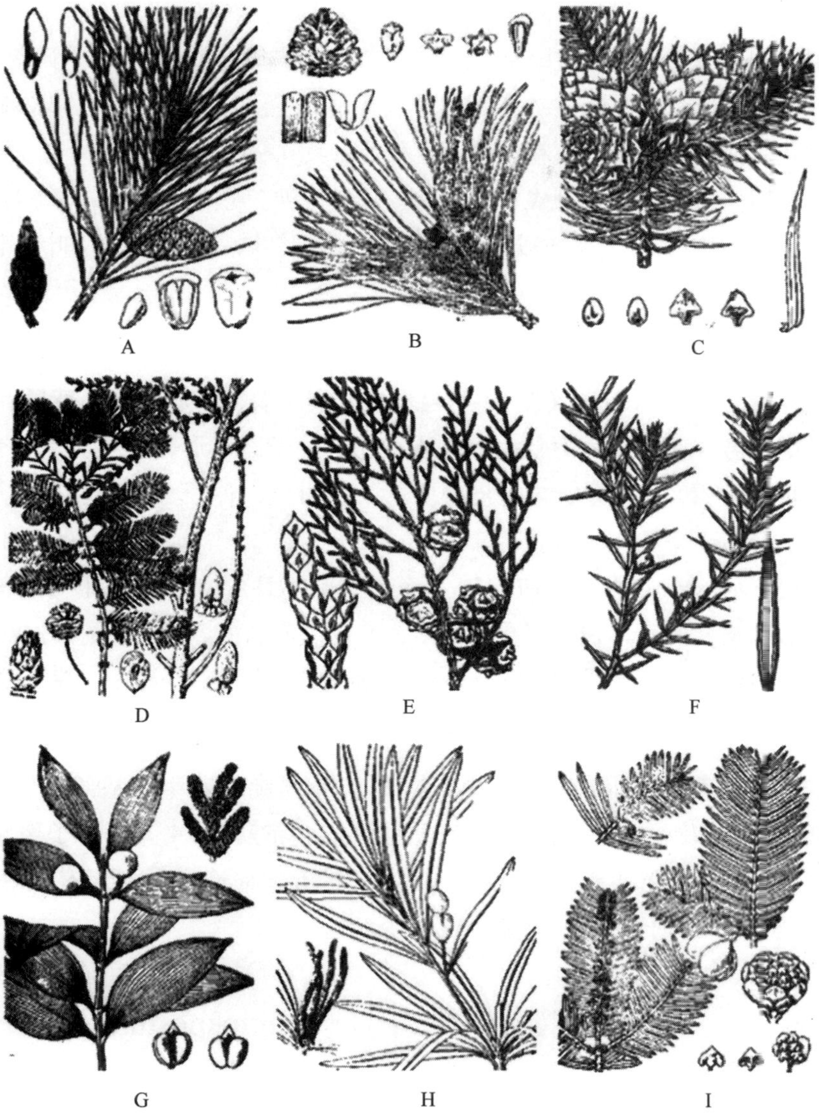

图 6－7

A：马尾松；B：黑松；C：杉木；D：水杉；E：侧柏；F：刺柏；G：竹柏；H：罗汉松；I：粗榧

月成熟。用材、观赏树种。种子入药，有滋补强壮作用，鳞叶的鲜汁吞饮，止胃出血有效。分布于舟山岛、梅山岛、大榭岛、普陀山。

柏木 *Cupressus funebris* Endl.，小枝细长，下垂，生鳞片的小枝扁，排成一平面，扁平，两面同形，鳞叶二型，中央叶的背部有条状腺点，两侧叶对折，背部有脊。球果圆球形，种鳞 4 对，种子倒卵圆形，具窄翅。球果次年 8 月成熟。优良用材，枝叶提取芳香油。分布于舟山岛、普陀山、朱家尖、桃花岛。

刺柏 *Juniperus formosana* Hayata（图 6－7F），枝条直展或斜展，小枝下垂，三棱形，叶全为刺形，3 叶轮生，上面微凹，中脉微隆起，具纵钝脊。球果近球形，肉质，成熟时淡红褐色，被白粉。种子半月形，具 3～4 棱脊。种鳞 4 对，种子倒卵圆形，具窄翅。球果次年 8 月成熟。用材、观赏树种。分布于舟山岛、朱家尖。

这三种植物主要从叶片加以区分，侧柏为鳞形叶，柏木为二型叶，刺柏为刺形叶。

4. 罗汉松科 Podocarpaceae

竹柏 *Nageia nagi* Kuntze（图 6－7G），枝开展，有棱。叶对生，革质，长卵形。雄球花单生叶腋，花后苞片不肥大成肉质种托。种子圆球形，成熟套被暗紫色，有白粉，外种皮骨质，黄褐色，内种皮膜质。工艺用材，种子含油提取工业用油，绿化用树种。分布于普陀山、桃花岛。

罗汉松 *Podocarpus macrophyllus* D. Don（图 6－7H），叶线形。种子卵球形，成熟时肉质假种皮紫黑色，种托肉质圆柱形，红色或紫红色。种子 8－9 月成熟。工艺用材，种子含油提取工业用油，绿化观赏。分布于舟山岛、普陀山、桃花岛。

5. 三尖杉科 Cephalotaxaceae

粗榧 *Cephalotaxus sinensis* L.（图 6－7I），叶螺旋状着生，基部扭转，排成二列，条形。种子卵圆形，外被红褐色肉质假种皮。花期 3－4 月，种子翌年 10－11 月成熟。工艺用材，绿化观赏，枝叶、树皮、树干和根治疗白血病有很好的疗效，种仁制皂及润滑油。分布于朱家尖、桃花岛。

第三节　被子植物门（Angiospermae）

被子植物亦称有花植物，形态为乔木、灌木和草本。可分为两个纲，双子叶植物和单子叶植物。花通常由花萼、花冠、雄蕊群、雌蕊组成。胚珠生于封闭的子房内，受精后子房发育成果实，胚珠发育成种子。各科在形态上都有自己独特的基本特征，掌握了各科的基本特征，就容易判定一个植物的分类所在位置。因此，在识别、鉴定被子植物时，“科”是首先要掌握的分类单位。科在被子植物的分类中具有很大的实际意义。要掌握 一个科的特征，应全面地认识该科的各个器官的形态特征，尤其是花、果形态。

1. 木麻黄科 Casuarinaceae

木麻黄 *Casuarina equisetifolia* Forst.（图 6－8A），常绿乔木。大枝淡褐色，纤

细；小枝灰绿色，下垂有密生的节，易断。叶鳞片状，轮生。花单性，雌雄同株，无花被；雄花序穗状，顶生或侧生；雌花序近头状，侧生于枝上。果序近球形有短梗；小坚果有薄翅。为海岸防护林的优良树种；树皮可提取栲胶，木材可作枕木；枝叶可入药，治疝气及慢性支气管炎。

细枝木麻黄 *C. cunninghamiana* Miq.，常绿乔木。小枝暗绿色，细长下垂，密生节，节韧而不易断裂。叶鳞片状，轮生。花单性，雌雄异株；雄花序葇荑状生于短侧枝顶。果序小，近球形；小坚果有薄翅。

粗枝木麻黄 *C. glauca* Sieb. ex Spreng.，常绿乔木。小枝灰绿色，粗长下垂，密生节，节韧而不易断裂。叶鳞片状，轮生。花单性，雌雄同株；雄花序生于小枝顶端；雌花生于短侧枝端，球形。果序近球形；小坚果有薄翅。

以上三种植物的区别在于每节具鳞片叶的数目，木麻黄为 7 枚，细枝木麻黄为 6～10 枚，粗枝木麻黄为 12～16 枚。

2. 三白草科 Saururaceae

三白草 *Saururus chinensis* Baill.，俗名三张白，多年生草本植物，节上常生不定根。叶纸质，卵形。总状花序生于茎上端，花小两性。果实分裂为 4 个分果。茎和花入药，有消肿之效。分布于普陀山。

蕺菜 *Houttuynia cordata* Thunb.（图 6－8B），俗名鱼腥草，多年生草本植物，有腥臭味，茎下部伏地。叶互生，心形，有细腺点，两面脉上有柔毛，下面常紫色，托叶膜质。穗状花序生于茎上端，基部有 4 片白色瓣状苞片，花小两性。蒴果顶端开裂。全草入药，有散热解毒、治痈肿之功效，幼嫩茎可作蔬菜。各个岛屿均有分布。

这两种植物主要区别在于，三白草花序下无总苞片而蕺菜有；三白草雄蕊 6～8 枚，而蕺菜只有 3 枚。

3. 胡椒科 Piperaceae

山蒟 *Piper hancei* Maxim.（图 6－8C），俗名海风藤，攀援木质藤本植物。茎长，无毛，节上常生不定根。叶纸质，狭椭圆形。花单性，雌雄异株。穗状花序，浆果球形，黄绿色。全株入药，祛风止痛。分布于普陀山、朱家尖、桃花岛。

风藤 *P. kadsura* (Choisy) Ohwi（图 6－8D），俗名细叶青蒌藤，攀援木质藤本植物。木质藤本，叶互生，革质，卵形。花单性，雌雄异株，穗状花序。浆果卵球形。全株入药，祛风止痛，中药海风藤即为本种和山蒟的茎藤。分布于普陀山。

这两种植物区别在于，风藤叶片卵形或长卵状披针形，基部心形，下面被短柔毛，雄花序长 3～5.5 cm，雌花序长 1～2 cm，叶鞘仅在叶柄基部具有，而山蒟不具备以上特征。

4. 金粟兰科 Chloranthaceae

草珊瑚 *Sarcandra glabra*（Thunb.）Nakai（图 6－8E），又名接骨金粟兰，常绿亚灌木。茎、枝具有膨大的节，有棱和沟。叶片革质，卵状披针形。穗状花序顶生，花小，两性，无花被。核果球形，红色。全株入药，用于清热解毒、祛风活血、抗菌消炎、接骨止痛，近年来还用于治疗癌症。

丝穗金粟兰 *Chloranthus fortunei*（A. Gray）Solms－laub.（图 6－8F），又名水晶花，多年生草本植物。叶对生，通常 4 片，近纸质，宽椭圆形。花白色，有香气，穗状花序单个，顶生。核果球形。全草供药用，治跌打损伤、毒蛇咬伤、关节疼痛等，有毒，内服宜慎重。

两种植物的区别在于草珊瑚雄蕊 1 枚，常为灌木；丝穗金粟兰雄蕊 3 枚，常为草本。

5. 杨柳科 Saliaceae

垂柳 *Salix babylonica* Linn.，又名水柳，落叶乔木，小枝下垂，无毛。叶片狭长披针形。花序先叶开放，有短柔毛，雄蕊 2 枚，腺体 2 个，雌花腺体 1 个。蒴果。用材树种。属广布种。

银叶柳 *S. chienii* Cheng.（图 6－8G），小乔木，小枝直立，无毛。叶椭圆形，老叶两面无毛。花序与叶同开，有短柔毛。雄蕊 2 枚，腺体 2 个，雌花腺体 1 个。蒴果。分布于朱家尖。

两种的主要区别垂柳枝条下垂。叶片长于银叶柳。

6. 杨梅科 Myricaceae

杨梅 *Myrica rubra*（Lour.）Sieb. et Zucc.（图 6－8H），又名山杨梅、火实，常绿乔木，小枝较粗壮。叶革质，楔状倒卵形，下面有金黄色腺体。雌雄异株，穗状雄花序生于叶腋，核果球形，有乳头状凸起，成熟时深红色或白色。重要果树；树干可提取栲胶；叶提取芳香油；根皮药用，可散瘀止血；种仁含油脂。各个岛屿均有分布。

7. 胡桃科 Juglandaceae

化香树 *Platycarya strobilacea* Sieb. et Zucc.（图 6－8I），又名化树蒲，落叶小乔木，奇数羽状复叶互生，小叶 7～23 枚，薄革质。花单性，雌雄同株，穗状花序直立，伞房状排列于小穗顶端，两性花序，雄花序在上，雌花序在下。果序长椭圆状圆柱形。小坚果，2 片狭翅。果序及树皮富单宁，作染料用。分布于舟山岛、梅山

图6－8

A：木麻黄；B：蕺菜；C：山蒟；D：风藤；E：草珊瑚；F：丝穗金粟兰；G：银叶柳；H：杨梅；I：化香树

岛、大榭岛、金塘岛、普陀山、桃花岛。

枫杨 *P. stenoptera* C. DC.（图6－9A），又名溪沟树，元宝树，落叶大乔木，偶数羽状复叶，小叶长椭圆形，有小疣突出。花单性，雌雄同株，雄葇荑花序下垂，雌葇荑花序腑垂。果序下垂，果实长椭圆形，果翅2片。可作行道树；叶有毒，能杀虫。分布于舟山岛、桃花岛。

两者主要区别在于，枫杨的小坚果具长翅，枝具片状髓，而化香树小坚果具窄翅，枝具实心髓。

8. 桦木科 Betulaceae

普陀鹅耳枥 *Carpinus putoensis* Cheng（图 6－9C），乔木，叶卵圆形。果苞大，半宽卵形，正面被稀疏柔毛，中裂片长，内缘全缘有 2～4 对浅锯齿，外缘数粗锯齿，小坚果宽卵形。

雷公鹅耳枥 *C. viminea* Wall.（图 6－9B），果苞的内、外侧基部各具一裂片，有时仅内侧有裂片，叶柄长 1.5～3 cm，1～2 年生枝密生白色细小皮孔，叶片无重锯齿。

9. 壳斗科 Fagaceae

1 雄花为直立的柔荑花序，柱头顶生，壳斗内具有 1～3 枚坚果

2 落叶，无顶芽，芽鳞 2～3 个，子房 6 室，壳斗球状，密被分支长刺，1～3 枚坚果，被壳斗全包（栗属 *Castanea*）

3 幼枝有毛，托叶宽大，叶片椭圆形或卵状长椭圆形，下面被星状毛或褐色鳞片，壳斗内有坚果 2～3 枚……………………………………………………板栗 *Castanea molissima* Blume.

3 幼枝无毛，托叶线性，叶片披针形或长圆状披针形，下面通常无毛，壳斗内有坚果 1 枚……………………………………………锥栗 *C. henryi* (Skam) Rehd. et Wils.（图 6－9D）

2 常绿，有顶芽，芽鳞多数，子房通常 3 室，壳斗内具坚果 1 枚

4 叶多为 2 列，边缘有锯齿，极少全缘，壳斗球形，被针刺状苞片，全包坚果（栲属 *Castanopsis*）……………………………………苦槠 *Castanopsis sclerophylla* Schott（图 6－9E）

4 叶螺旋状排列，全缘，罕有齿缺。壳斗杯状或盘状。无刺，内具坚果 1 枚（石栎属 *Lithocarpus*）……………………………………石栎 *Lithocarpus glaber* Nakai（图 6－9H）

1 雄花为下垂的柔荑花序，柱头侧生，壳斗杯状或盘状，内具 1 枚坚果

5 落叶或常绿，壳斗的苞片鳞形、线性或钻形，覆瓦状排列，不结合成同心环（栎属 *Quercus*）

6 叶缘具有刺芒

7 叶片下面灰白色，密生星状毛，树皮木栓层发达………………

……………………… 栓皮栎 *Quercus variabilis* Blume（图 6－9F）

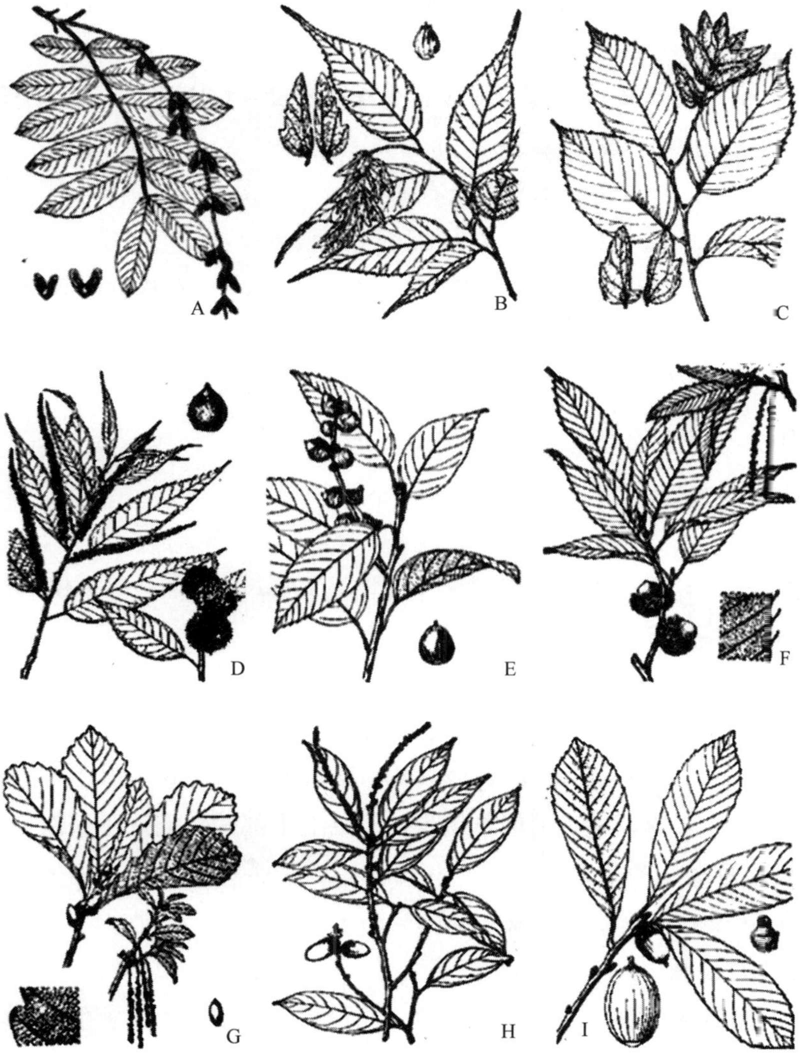

图 6－9

A：枫杨；B：雷公鹅耳枥；C：普陀鹅耳枥；D：锥栗；E：苦槠；F：栓皮栎；G：白栎；H：石栎；I：赤皮青冈

7 叶片下面淡绿色，无星状毛，树皮无木栓层………………麻栎 *Q. acutissima* Carr.

6 叶缘具有波状、指状或粗齿状锯齿

8 叶缘为粗锯齿，齿端腺体状……………………………………短柄枹 *Q. glandulifera* Blume var. *brevipetiolata* Nakai

8 叶缘为波状锯齿………………白栎 *Q. fabri* Hance（图 6－9G）

5 常绿，壳斗的苞片轮状排列，果时愈合，连接成同心环带（青冈属 *Cyclobalanopsis*）

9 叶全缘，或仅在先端具有 2～4 对锯齿……………………………………………云山青冈 *Cyclobalanopsis nubium* Chun

9 叶片中部以上有锯齿

10 小枝、叶下面密生黄褐色至灰黄色的星状毛；叶片倒卵状披针形，侧脉直达齿尖，齿尖有短芒………………………赤皮青冈 *C. gilva* Oerst.（图 6－9I）

10 小枝无毛，叶下面贴生微细单毛……………………………………青冈 *C. glauca* Oerst.

10. 榆科 Ulmaceae

1 羽状脉

2 花两性，翅果，周围具有圆形翅（榆属 *Ulmus*）…………榔榆 *Ulmus parvifolia* Jacq.（图 6－10B）

2 花单性或杂性，坚果

3 有枝刺，叶缘有钝锯齿；坚果偏斜，上半部具鸡头状翅（刺榆属 *Hemiptelea*）………………………刺榆 *Hemiptelea davidii* Planch.（图 6－10C）

3 无刺，叶缘具桃尖形的单锯齿；坚果上半部偏斜或近于偏斜。宿存柱头偏生，喙状，无翅（榉属 *Zelkova*）……………………………………………榉树 *Zelkova schneideriana* Hand.－Mazz.（图 6－10D）

1 叶基部三出脉

4 叶侧脉直伸，先端伸达齿尖；花单性，雄花密生成腋生聚伞花序；雌花单生叶腋；果有毛，具宿存而弯曲的柱头（糙叶树属 *Aphananthe.*）………………糙叶树 *Aphananthe aspera* Planch.（图 6－10A）

4 叶侧脉弧曲，先端不达锯齿（朴属 *Celtis*）

5 小枝及叶下面密被黄褐色的绒毛…………………………………………珊瑚朴 *Celtis julianae* Schneid.（图 6－10E）

5 小枝无毛或幼时有毛，后脱落；叶下面仅叶脉或脉腋有毛

6 果梗较叶柄长 2 倍…………………………………………………紫弹树 *C. biondii* Pamp.

6 果梗与叶柄近等长；枝具圆形的皮孔，叶下面网脉突起，果核有

凹点及棱脊……………………………………………………朴树 *C. tetrandra* Roxb. ssp. *sinensis* Y. C. Tang（图6－10F）

11. 桑科 Moraceae

1 乔木或灌木，植物体有乳汁

2 不为隐头花序，小枝无明显的环状叶痕

3 无刺，叶具掌状脉，柔荑花序或雌花排成头状花序，花丝在蕾中内折

4 雌雄花序均为柔荑花序，聚花果圆柱形，小果为瘦果，肉质部分为花萼发育而来，芽鳞3～6个（桑属 *Morus*）

5 叶通常不裂，稀有缺刻，下面脉腋有簇毛，雌蕊无花柱…………………桑 *Morus alba* Linn.（图6－10G）

5 叶3～5裂，下面脉腋无毛，有短花柱或无………………鸡桑 *M. australis* Poir.

4 雄花序为柔荑花序或头状花序，雌花序为头状花序，聚花果球形，小果为核果，肉质部分为子房发育而来，芽鳞2～3个（构属 *Broussonetia*）

6 乔木，枝粗壮，叶柄长2.5～8 cm，聚花果直径1.5～3 cm，花雌雄异株，雄花序为柔荑花序，长3～8 cm…………………………………………………构树 *Broussonetia kaempferi* Sieb.（图6－10H）

6 灌木或蔓生灌木，枝细，叶柄长0.5～2 cm，聚花果直径不超过1 cm

7 花雌雄同株，均为头状花序，叶片卵形或宽卵形，有缺刻或无………………………小构树 *B. kazinoki* Sieb. et Zucc.

7 花雌雄异株，雄花序为柔荑花序，雌花序为头状花序，叶片椭圆状卵形至狭卵形，无缺刻…………………………………………………藤葡蟠 *B. kaempferi* Sieb.（图6－10I）

3 常有枝刺，叶具有羽状脉或三出脉，头状花序，花丝在蕾中直立（柘属 *Cudrania*）

8 落叶性，叶非革质，叶片分裂…………………………………………莨芝 *C. cochinensis* Kudo et Masam. ex Lavall.（图6－11B）

8 常绿，叶片革质，叶分裂…………………………………………柘 *C. tricuspidata* Bur.（图6－11A）

2 隐头花序，花丝在蕾中直立，小枝具有环状野痕（榕属 *Ficus*）

9 攀援状木，常绿…………………………………………

薜荔 *Ficus pumila* Linn.（图 6－11C）

图 6－10

A：糙叶树；B：榔榆；C：刺榆；D：榉树；E：珊瑚朴；F：朴树；G：桑；H：构树；I：葎葡蟠

9 直立灌木或乔木，落叶

10 叶片倒卵状长圆形或长圆形，上面粗糙，疏生短粗毛，下面被柔毛及瘤状突起；隐花果直径 11～15 mm……………………………………天仙果 *F. erecta* Thunb. var. *beecheyana* King（图 6－11D）

10 叶片倒卵形提琴形，上面无毛，仅叶脉有疏毛；隐花果

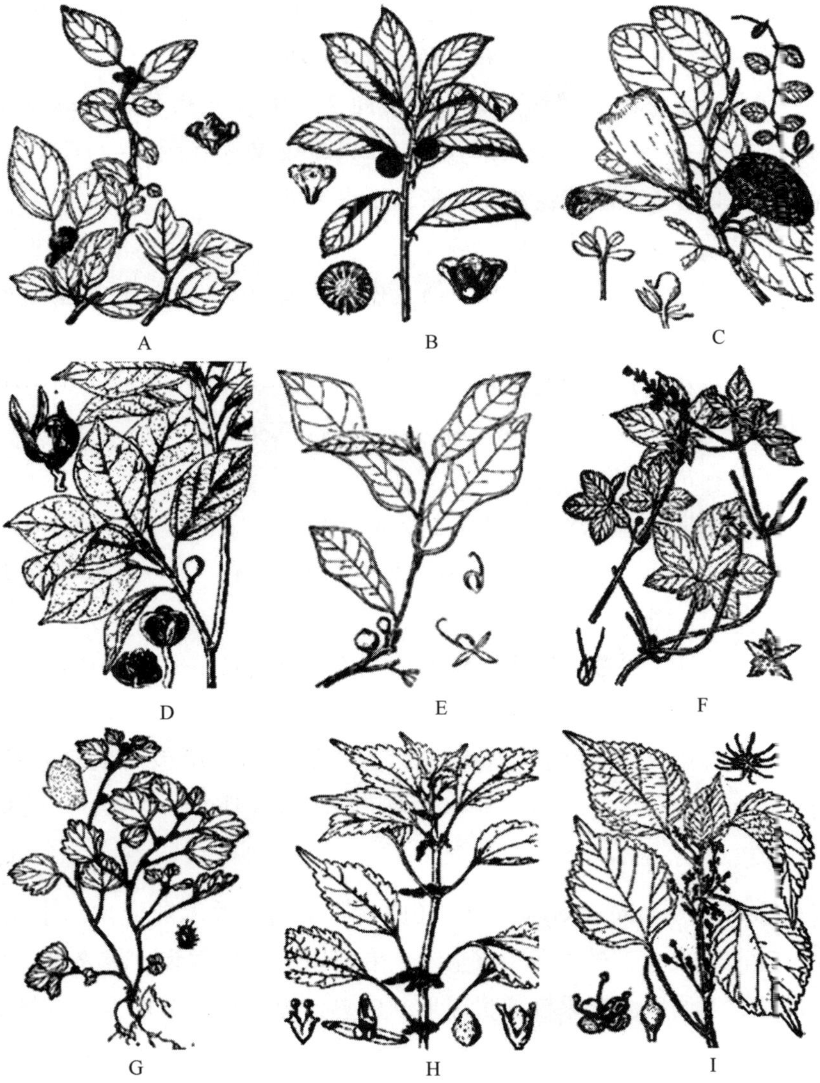

图6－11

A：柘；B：莨芝；C：薜荔；D：天仙果；E：全缘琴叶榕；F：葎草；G：毛花点草；H：透茎冷水花；I：苎麻

直径6～10 mm……………………………………………………缘琴叶榕 *F. pandurata* Hance var. *holophylla* Migo.（图6－11E）

1 草本，无乳汁，缠绕，叶对生，叶掌状裂，雌雄异株（葎草属 *Humulus*）………………葎草 *Humulus scandens* Merr.（图6－11F）

12. 荨麻科 Urticaceae

1 植物体具螫毛，雌花花被片大多4片或4裂

2 叶对生，雌花花被片外面2片比内面2片小（荨麻属 *Urtica*）……………………………………………………裂叶荨麻 *Urtica fissa* Pritz.

2 叶互生，雌花花被片外面 2 片比内面 2 片大（花点草属 *Nanocnide*）……………………………………………毛花点草 *Nanocnide pilosa* Migo（图 6 – 11G）

1 植物体不具螯毛，雌花花被片大多 3 片或 3 裂

3 子房无花柱（冷水花属 *Pilea*）

4 雄花花被片与雄蕊 2 枚，稀 3 枚或 4 枚………………透茎冷水花 *Pilea pumila* A. Gray（图 6 – 11H）

4 雄花花被片与雄蕊 4 枚……………………………………………………………齿叶矮冷水花 *P. peploides* Hook. et Arn. var. *major* Wedd.

3 子房有花柱

5 雌花花被管状，果熟时干燥或膜质

6 柱头宿存，线形（苎麻属 *Boehmeria*）…………苎麻 *Boehmeria nivea*（L.）Gaud.（图 6 – 11I）

6 柱头脱落，钻状（糯米团属 *Gonostegia*）…………糯米团 *Gonostegia hirta*（Blume）Miq.（图 6 – 12B）

5 雌花花被管状，果熟时基部被肉质的苞片所包（紫麻属 *Oreocnide*）……………………………………紫麻 *Oreocnide frutescens*（Thunb.）Miq.（图 6 – 12A）

13. 山龙眼科 Proteaceae

红叶树 *Helicia cochinchinensis* Lour.（图 6 – 12C），乔木或灌木。小枝紫褐色。单叶互生，叶薄革质，狭椭圆形，近全缘，中部以上有粗锯齿，有光泽。总状花序腋生，花两性，有香气。坚果椭圆状球形，成熟紫黑色，微被白粉，有光泽。种子榨油，供制肥皂及润滑油，可提取淀粉。分布于金塘岛、朱家尖、桃花岛。

14. 檀香科 Santalaceae

百蕊草 *Thesium chinense* Turcz.（图 6 – 12D），多年生草本半寄生。茎纤细，丛生，有纵条纹。叶互生，线形，全缘，仅 1 条明显中肋。花单生叶腋，两性，形小。坚果球形，表面具核桃壳雕纹。全草入药，有抗菌消炎、清热解毒、解暑利湿之功效。分布于金塘岛、普陀山、桃花岛、朱家尖、中街山。

15. 桑寄生科 Loranthaceae

栗寄生 *Korthalsella japonica*（Thunb.）Engl.（图 6 – 12E），亚灌木。分枝多，茎分枝扁平，多节，绿色，节间星狭倒卵形，两端具凸起中脉。叶退化鳞形，生于节之两侧。花序生于鳞形叶腋内，浆果椭圆形，橙黄色。

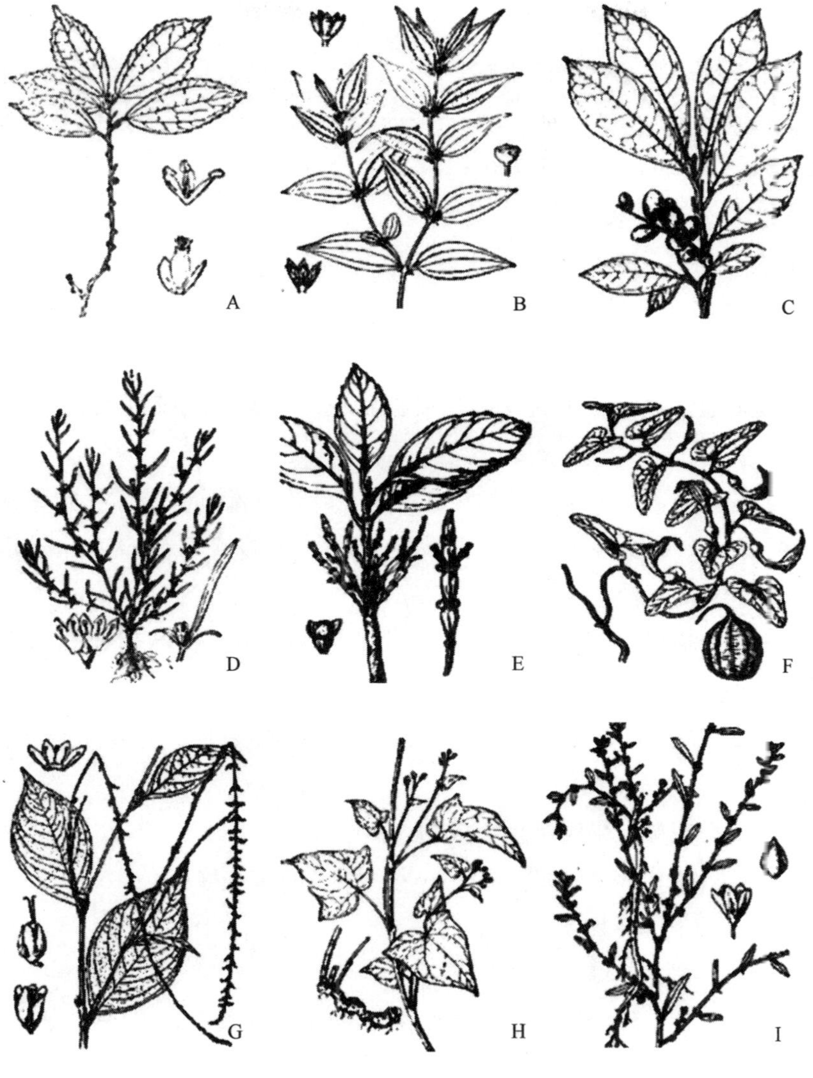

图 6－12

A：紫麻；B：糯米团；C：红叶树；D：百蕊草；E：栗寄生；F：马兜铃；G：矮毛金线草；H：野荞麦；I：匾蓄

16. 马兜铃科 Aristolochiaceae

马兜铃 *Aristolochia debilis* Sieb. et Zucc.（图 6－12F），多年生攀援草本，初生苗呈暗紫色。叶互生，三角状矩圆形，基部心形，两侧具圆的耳片；花单生于叶腋，花被喇叭状。蒴果近球形。果实称马兜铃，为清肺镇咳化痰药；茎称天仙藤，能清风活血；根称青木香，有解毒、利尿、理气止痛之效。分布于金塘岛、普陀山。

17. 蓼科 Polygonaceae

1 花被片 4 枚；雄蕊 5 枚；花柱 2 个，深裂达基部。顶端反卷成弯钩状，宿存（金线草属 *Antenoron*）…………………………………………………矮毛金线草 *Antenoron neofiliforme*（Nakai）Hara.（图 6－12G）

1 花被片 5～6 枚，稀 4 枚，雄蕊 8 枚

2 花被片 5 枚，稀 4～6 枚，雄蕊 8 枚

3 瘦果比花被长 1～2 倍，花排列成圆锥花序（荞麦属 *Fagopyrum*）………………… 野荞麦 *Fagopyrum dibotrys* Hara（图 6－12H）

3 瘦果通常短于花被，花排列成穗状花序、头状或圆锥状花序（蓼属 *Polygonum*）

4 花 1 至数朵簇生于茎的全部叶腋，叶片基部具关节，托叶鞘顶端数裂，茎通常匍匐…………………………………………………萹蓄 *Polygonum aviculare* Linn.（图 6－12I）

4 花簇通常组成各种花序，叶片基部无关节，托叶鞘顶端不裂或 2 裂，茎直立、蔓生或缠绕，稀木质化

5 植物体不具倒生钩刺，茎直立或略带蔓性，叶片基部不为戟形或箭形

6 花被在果时不增大成翅

7 花序为头状……………………………………………………火炭母草 *P. chinense* Linn.（图 6－13A）

7 花序穗状

8 托叶鞘筒状，顶端有一圈绿色边缘，叶片大，宽椭圆形，长 7～20 cm，基部圆形或浅心形………………………………………………荭草 *P. orientale* Linn.（图 6－13B）

8 托叶鞘顶端无绿色叶状边缘

9 瘦果扁平

10 托叶鞘及苞片无缘毛，花被裂片 4 枚，长 2～2.5 mm，外轮 2 裂片各具 3 条显著的脉纹，顶端成钩状分支，叶片下面通常有腺点………………………酸模叶蓼 *P. lapathifolium* Linn.（图 6－13C）

10 托叶鞘及苞片具显著缘毛，花被裂片 5 枚，叶片下面无或有腺点

11 穗状花序紧密，仅下部偶有间断………………小蓼

P. minus Huds

11 穗状花序稀疏间断，基部常有 1～2 朵花包于托叶鞘内，茎常无毛，叶片有辛辣味………………………………………………………………水蓼 *P. hydropiper* Linn.（图 6－13D）

9 瘦果三棱…………………………………………………愉悦蓼 *P. jcundum* Meisn.

6 花被在果时增大成翅

12 茎缠绕，叶片心形或卵心形，基部截形、心形或耳状箭形……………………………………………何首乌 *P. multiflora* Thunb.（图 6－13E）

12 茎直立，呈半灌木状；叶片宽卵形，或近圆形，基部圆形或宽楔形……………………………………虎杖 *P. cuspidata* Sieb. et Zucc.（图 6－13F）

5 植物体具倒生钩刺，叶片基部为戟形或箭形

13 托叶鞘大，近圆形，叶状抱茎，叶片三角形，或三角状戟形………………………杠板归 *P. perfoliatum* Linn.（图 6－13G）

13 托叶鞘小………………………箭叶蓼 *P. sieboldii* Meisn.（图 6－14A）

2 花被片 6 片，分 2 轮，外轮 3 片开展，内轮 3 片花后增大，包被瘦果，雄蕊 6 枚（酸模属 *Rumex*）

14 基生叶基部箭形，花单性，雌雄异株……………………………………………酸模 *Rumex acetosa* Linn.（图 6－13I）

14 基生叶基部楔形、圆形、截形或心形，花两性，内轮果被背部常有瘤状突起

15 基生叶基部心形，内轮果被圆形或卵心形，边缘多少有牙齿………………………………………………羊蹄 *R. japonicus* Houtt（图 6－14B）

15 基生叶基部圆形，内轮果被全缘，或有尖齿………………………………………皱叶酸模 *R. crispus* Linn

18. 藜科 Chenopodiaceae

1 枝及叶都对生，叶退化，鳞片状；花嵌入肉质花序轴（盐角草属 *Salicornia*）…………盐角草 *Salicornia europaea* Linn.（图 6－14C）

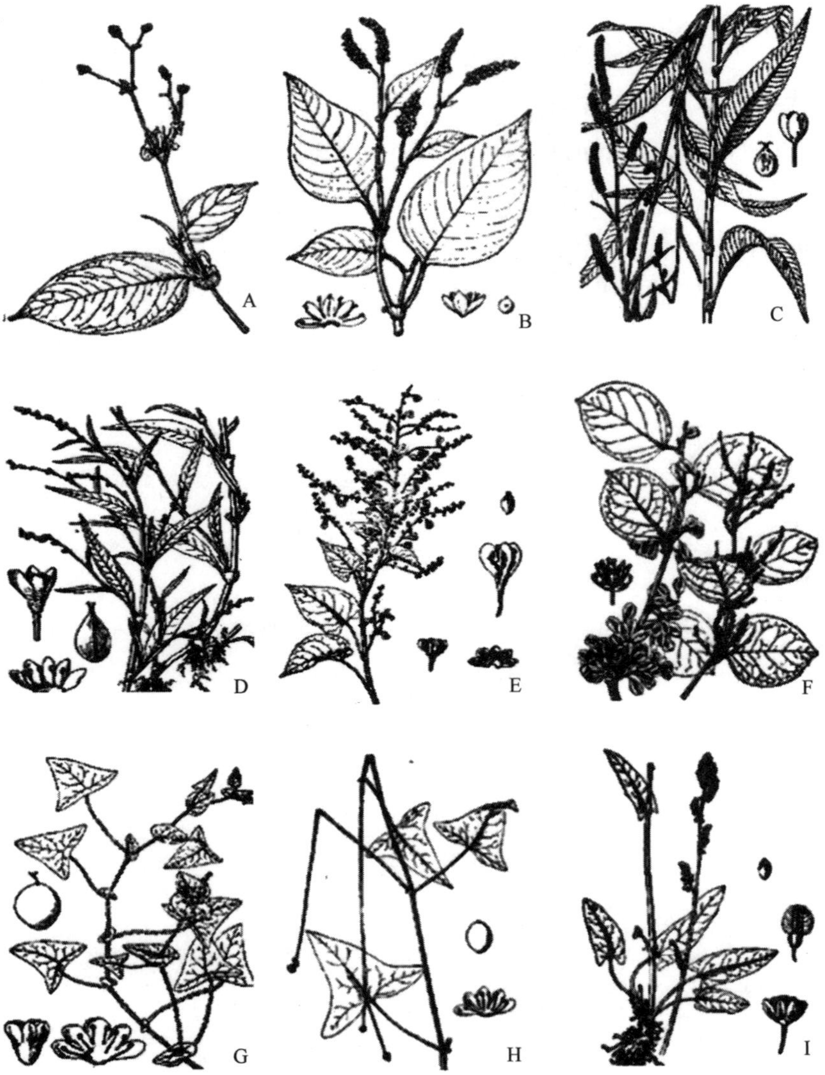

图 6－13

A：火炭母草；B：荭草；C：酸模叶蓼；D：水蓼；E：何首乌；F：虎杖；G：杠板归；H：刺蓼；I：酸模

1 枝及叶都互生，叶发达，扁平或圆柱状，花不嵌入花序轴

2 胚环形或半环形，叶为较宽阔的平面叶，有叶柄

3 植物体无柔毛，常被粉粒，花被果时无翅状附属物

4 全株多有腺毛，叶下面具黄褐色的腺点，揉搓叶片发出强烈香味（藜属 *Chenopodium*）……………………………………………………土荆芥 *Chenopodium am-*

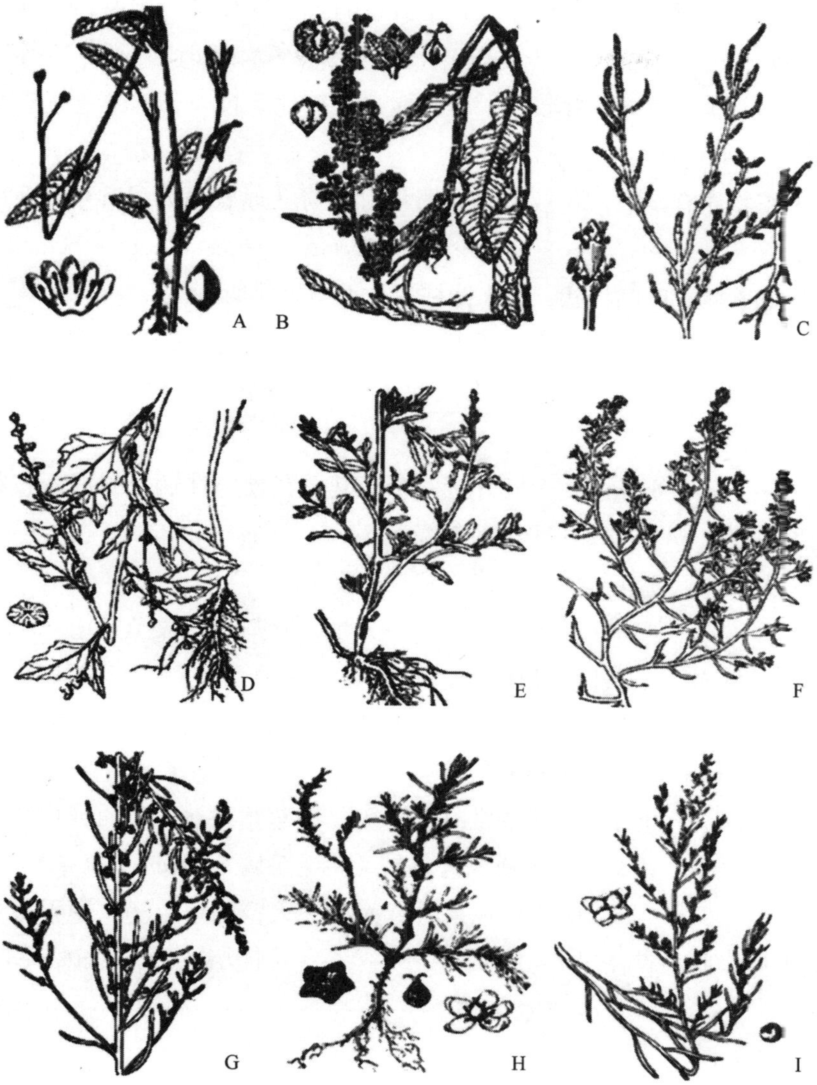

图6－14

A：箭叶蓼；B：羊蹄；C：盐角草；D：藜；E：灰绿藜；F：无翅猪毛菜；G：灰绿碱蓬；H：南方碱蓬；I：盐地碱蓬

brosioides Linn.

4 全株多无腺毛，叶下面无腺点，揉搓叶片无香味

5 叶片全缘或近基部有不明显侧裂片………………尖头叶藜 *C. Acuminatum* Willd.

5 叶缘有牙齿，锯齿或浅裂

6 茎通常由基部分支，半卧或斜上，叶片小而肥厚，中脉显著，花被片 3 ~4 枚……………………………………灰绿藜 *C. glaucum* Linn. （图 6 – 14E）

6 茎直立，叶较大，非肉质，花被片 5 枚………………藜 *C. album* Linn. （图 6 – 14D）

3 植物体有柔毛，花被果时有翅状附属物（地肤属 *Kochia*）………………………………………………………………地肤 *Kochia scoparia*（Linn.） Schrad.

2 胚螺旋状，叶圆柱状，或半圆柱形，无明显叶柄

7 叶无毛，先端无刺尖，小苞片不发达，膜质，鳞片状，位于花被下，果时花被通常肉质，常背面增大为龙骨状，翅状或角状突起（碱蓬属 *Suaeda*）

8 花簇生于叶片近基部，其总花梗与叶柄合并成短枝状，花被果时呈五角星状………………………灰绿碱蓬 *Suaeda glauca* Bunge（图 6 – 14G）

8 花簇生于叶腋，无总花梗

9 小灌木，茎下部多分枝，叶基部有关节………………南方碱蓬 *S. australis* Moq. （图 6 – 14H）

9 一年生草本，茎上部多分枝，细瘦，叶基部无关节………盐地碱蓬 *S. salsa* Pall.（图 6 – 14I）

7 叶有毛，先端常有硬刺尖，小苞片发达，草质或肉质，围抱花被，果时花被具横生翅，翅干膜质或近革质（猪毛菜属 *Salsola*）

10 花被片果时背面有一大型的横生翅，翅干膜质或近革质，具扇形脉，胞果直径达 7 ~10 mm………………刺沙蓬 *Salsola ruthenica* Iljin

10 花被不如上………………………………………………无翅猪毛菜 *S. komarovii* Iljin（图 6 – 14F）

19. 苋科 Amaranthaceae

1 叶互生。

2 子房含 2 至多数胚珠，花丝下部联合成杯状（青葙属 *Celosia*）…………青葙 *Celosia argentea* Linn. （图 6 – 15 D）

2 子房含 1 胚珠，花丝离生（苋属 *Amaranthus*）

3 花被片 5 枚，雄蕊 5 枚，果时盖裂。

4 叶腋有针刺 2 枚，苞片常变成锐刺……………………刺苋 *Amaranthus spinosus* Linn.

4 叶腋无针刺，苞片常不变成锐刺

5 植株密被细柔毛，幼枝更甚…………………………………………………………
……绿穗苋 *A. hybridus* Linn.

5 植物无毛或近无毛………………………………………………………繁穗苋 *A. paniculatus* Linn.（图 6－15A）

3 花被片 3 枚雄蕊 3 枚，果时不裂…………………………凹头苋 *A. lividus* Linn.

1 叶对生

6 花组成有或无总花梗的头状花序（莲子草属 *Alternanthera*）……
…………………喜旱莲子草 *Alternanthera philoxeroides* Griseb.（图 6－15B）

6 花组成细长的穗状花序，花开放后反折并贴近花序轴（牛膝属 *Achyranthes*）………………………………………………………………牛膝 *Achyranthes bidentata* Blume（图 6－15C）

20. 商陆科 Phytolaccaceae

美洲商陆 *Phytolacca americana* Linn.（图 6－15E），多年生草本植物。茎带紫红色。叶片纸质，卵状长椭圆形。总状花序顶生或与叶对生，弯垂，轴较细弱。花两性，乳白色，微带红晕，浆果扁球形，成熟时紫黑色，果序明显下垂。种子肾形。根供药用，有逐水、利尿、消肿之效。但有毒，全草可作农药，杀虫。分布于舟山岛。

21. 番杏科 Aizoaceae

粟米草 *Mollugo pentaphylla* Linn.（图 6－15F），一年生草本植物。茎铺散，基生叶成莲花状叶丛，茎生叶 3～5 成假轮生，或对生，披针形。二歧聚伞花序顶生或与叶对生，无花瓣。蒴果宽椭圆形，种子多数，肾形。全草药用，治腹痛泄泻。分布于舟山岛、金塘岛。

番杏 *Tetragonia tetragonioides*（Pall.）Kuntze（图 6－15G），一年生肉质草本，颗粒状凸起；茎肥粗，淡绿色。叶卵状菱形，边缘波状；花单生或 2～3 朵簇生于叶腋，无花瓣。坚果陀螺形，具钝棱。种子多数 。可作蔬菜。分布于中街山、茶山岛。

两种植物的区别在于，番杏肉质，叶互生，果为不开裂的坚果；粟米草为草质，叶对生，果实为开裂的蒴果。

22. 马齿苋科 Portulacaceae

马齿苋 *Portulaca oleracea* Linn.（图 6－15H），一年生肉质草本，茎匍匐，叶楔状矩圆形，生枝顶端；花瓣 5 片，黄色；蒴果圆锥形，盖裂。种子多数，肾状卵形。全草入药，清热解毒。可作野菜及饲料。分布于舟山岛、大榭岛、金塘岛、普陀山、

图 6－15

A：繁穗苋；B：喜旱莲子草；C：牛膝；D：青葙；E：美洲商陆；F：粟米草；G：番杏；H：马齿苋；I：土人参

朱家尖。

土人参 *Talinum paniculatum*（Jacq.）Gaertn.（图 6－15I），一年生肉质草本，叶倒卵形，全缘；圆锥花序顶生，花瓣 5 片，淡红色；蒴果近球形，盖裂。种子多数。根入药，滋补强壮。分布于金塘岛。

两种植物的区别在于土人参为直立草本，有肥大直根，蒴果瓣裂；马齿苋为匍匐草本，无肥大直根，蒴果盖裂。

23. 石竹科 Caryophyllaceae

1 叶具有膜质托叶，透明（拟漆姑草属 *Spergularia*）……………………………………………………拟漆姑草 *Spergularia marina*（Linn.） Griscb.

1 叶不具托叶

2 花萼分离，花瓣近无花瓣柄，白色，5 枚

3 花瓣 2 深裂

4 花柱 3 ~5 个，如 5 则与萼片互生

5 花柱 3 个，蒴果 6 瓣裂，种子圆形，密生细突起（繁缕属 *Stellaria*）…………………………繁缕 *Stellaria media* Cyrill.（图 6 – 16A）

5 花柱 5 个，蒴果 5 瓣裂，种子肾形，疣状突起（牛繁缕属 *Malachium*）………………牛繁缕 *Malachium aquaticum* Fries.

4 花柱 5 个常于花萼互生蒴果 10 齿裂，全株被毛，种子三角形，疣状突起（卷耳属 *Cerastium*）…………………………………………………………球序卷耳 *Cerastium glomeratum* Thuill.（图 6 – 16B）

3 花瓣全缘，近于全缘，不二裂

6 花柱 4 ~5，与花萼同数互生，蒴果 5 瓣裂，种子疣状突起（漆姑草属 *Sagina*）…………………………漆姑草 *Sagina japonica* Ohwi.（图 6 – 16C）

6 花柱 2 ~4，少于萼片数，蒴果卵形，种子肾形（蚤缀属 *Arenaria*）………………………………………蚤缀 *Arenaria serpyllifolia* Linn.

2 萼片合生，花瓣具有瓣柄，花瓣各种颜色

7 花柱 3 ~5，蒴果齿裂或瓣裂（蝇子草属 *Silene*）。

8 一到二年生植物，花萼卵形或筒形，长小于 10 mm…………………………………………………………女娄菜 *S. aprica* Turcz. ex Fisch. et Mey.

8 多年生植物，萼片细长管状，长 15 ~30 mm………………蝇子草 *S. fortunei* Vis.（图 6 – 16D）

7 花柱 2 个，蒴果成熟为 4 瓣裂（石竹属 *Dianthus*）

9 花瓣先端浅裂呈齿状……………………石竹 *Dianthus chinensis* Linn.（图 6 – 16E）

9 花瓣先端裂成丝状或流苏状……………………瞿麦 *D. superbus* Linn.（图 6 – 16F）

24. 睡莲科 Nymphaeaceae

莲 *Nelumbo nucifera* Gaertn.（图 6 – 16G），多年生水生草本植物。根状茎横生，

长而肥厚，有长节。叶圆形，高出水面；叶柄有刺。花单生在花梗顶端。花瓣多数，红色、粉红色和白色，花托于果期膨大海绵质。坚果椭圆形，种子卵生形。根状茎叫藕，种子叫莲子，入药，能清热止血；莲心有清心火、强心降压之效；莲子有补脾止泻、养心益肾等强壮作用。

莼菜 *Brasenia schreberi* J. P. Gmel. （图 6－16H），多年生水生草本。根状茎横生细瘦。叶椭圆状矩圆形，漂浮于水面；叶柄有柔毛。花单生在花梗顶端，花瓣 3～4 片，紫红色。坚果革质，不裂。种子卵形。嫩茎叶作蔬菜。

芡实 *Euryale ferox* salisb. ex koenig et Sims（图 6－16I），多刺，一年生水生草本。叶圆形或稍带心脏形，漂浮，革质，边缘向上折，上面多皱折，下面紫色。叶柄和花梗多刺。花单生在花梗顶端，部分露出水面。花瓣多数，紫红色，矩圆形。浆果球形，海绵质，污紫红色，密生刺。种子球形。种子供食用和酿酒，又入药，补脾益肾。全草作饲料及绿肥。根、茎、叶均药用。

睡莲 *Brasenia schreberi* J. F. Gmel. （图 6－17A），多年生水生草本。根状茎短粗，直立。叶漂浮，心脏状卵形，基部深湾缺，上面光亮，下面带红色或紫色。花单生在花梗顶端，花瓣 3～15 片白色，内轮几乎不变形成雄蕊。坚果球形。种子多数，椭圆形，有肉质囊状假种皮。根状茎食用或酿酒，又入药，治小儿慢惊风；全草可作绿肥。

萍蓬草 *Nuphar pumilum*（Timm.）DC. （图 6－17B），多年生水生草本。根状茎粗，横卧。叶漂浮，卵形，基部深心形，具湾，缺成 2 远离的圆钝裂片，上面光亮，下面密生柔毛，侧脉羽状排列。数回二歧分叉；花单生在花梗顶端，漂浮于水面。花瓣多数，狭楔形。浆果卵形。根状茎食用入药，补虚止血，治神经衰弱、刀伤等。

几种植物的区别在于，睡莲、莼菜为浮水叶，但莼菜叶较小；萍蓬草、莲既有浮水叶也有出水叶；芡实既有浮水叶也有沉水叶，浮水叶较大而且有刺。

25. 金鱼藻科 Ceratophyllaceae

金鱼藻 *Ceratophyllum demersum* Linn. （图 6－17C），多年生沉水草本植物，茎分枝，叶 4～12 枚轮生，1～2 回二歧分叉，裂片条形，顶端带白色软骨质，边缘仅一侧有数细齿，花单性，雄花具 12 枚，先端有 3 齿及带紫色毛的苞片；雌花具 9～10 苞片。坚果椭圆形。为鱼类饲料，又可喂猪；全草药用，治吐血。分布于舟山各个岛屿。

26. 毛茛科 Ranunculaceae

1 子房有数颗胚珠，果多为蓇葖果，稀为蒴果或浆果（天葵属 *Semiaquilegia*）
……………………天葵 *Semiaquilegia adoxoides*（DC.）Makino（图 6－18B）

图 6－16

A：繁缕；B：球序卷耳；C：漆姑草；D：蝇子草；E：石竹；F：瞿麦；G：莲；H：莼菜；I：芡实

1 子房有胚珠 1 颗，果为瘦果

2 叶基生或茎生，直立草本（毛茛属 *Ranunculus*）

3 植株明显具糙毛，或短柔毛

4 基生叶为单叶，掌状 3 深裂……………………毛茛 *Ranunculus japonicus* Thunb.（图 6－17D）

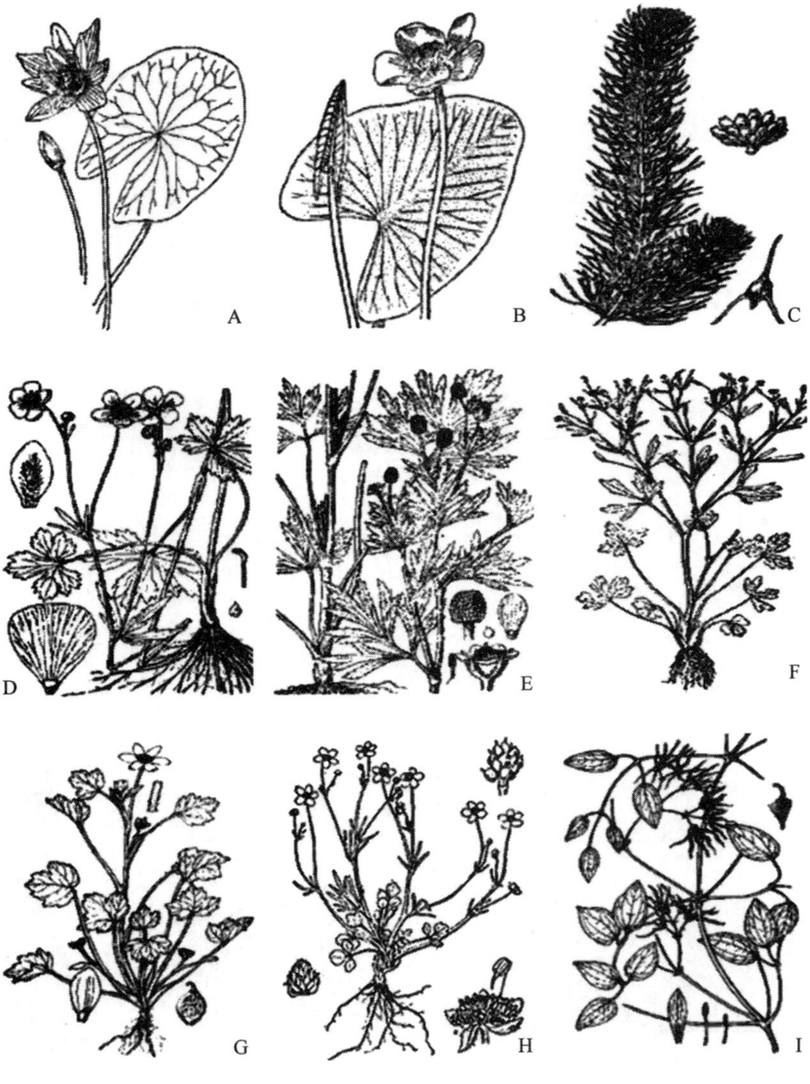

图6－17

A：睡莲；B：萍蓬草；C：金鱼藻；D：毛茛；E：茴茴蒜毛茛；F：石龙芮；G：刺果毛茛；H：猫爪草；I：圆锥铁线莲

4 基生叶为3出复叶或3全裂

5 茎直立，单生或数个聚生……………茴茴蒜毛茛 *R. cantoniensis* DC.（图6－17E）

5 茎铺散，常匍匐，下部节上生根，花与叶对生………………杨子毛茛 *R. sieboldii* Miq.

3 植株无毛或几无毛

6 果时两面具刺，花梗与叶对生……………………刺果毛茛 *R. muricatus* L.（图 6－17G）

6 果决不具刺

7 植株矮小，高 5～17 cm，须根肉质，聚合果球形………猫爪草小毛茛 *R. ternatus* Thunb.（图 6－17H）

7 植株较大，高 15～45 cm，须根纤维状，聚合果长圆形…………石龙芮 *R. sceleratus* L.（图 6－17F）

2 叶对生，草质或木质藤本，稀灌木或直立草本（铁线莲属 *Clematis*）

8 小叶两面被绵毛，下面尤密，如有时脱落则小叶下面可见紫褐色斑纹………………………………………毛叶铁线莲 *C. lanuginose* Lindl.（图 6－18A）

8 小叶两面无毛…………………………………………圆锥铁线莲 *C. terniflora* DC.（图 6－17I）

27. 木通科 Lardizabalaceae

木通 *Akebia quinata*（Thunb.）Decne.（图 6－18C），落叶木质藤本。叶为掌状复叶，小叶 5 枚，倒卵形，全缘。总状花序，肉质蓇葖果浆果状，椭圆形，暗紫色，腹缝开裂，露出白瓤和黑色种子。果实和茎、藤入药，可疏肝、补肾、理气止痛，消热利尿，通经活络。果味甜可食或酿。分布于舟山岛。

28. 小檗科 Berberidaceae

长柱小檗 *Berberis lempergiana* Ahrendt（图 6－18D），常绿灌木。老枝深灰色，刺三分叉。叶片革质，长椭圆形，叶缘每边常具 5～8（～12）枚细锯齿。总状花序具花 5～15 朵；花瓣 6 片，长圆形。基部具 1 肉质腺体。果椭圆形，成熟时深紫色，被厚重的带蓝色的蜡粉。

民间以其根皮及茎内皮代黄檗用，具抗菌消炎之效，水煎服用于治急性肝炎、胆囊炎、痢疾等。

29. 防己科 Menispermaceae

木防己 *Cocculus orbiculatus*（Linn,）DC.（图 6－18E），缠绕性藤本，茎木质化；小枝密生柔毛，有条纹。叶纸质，宽卵形，微呈波状，两面有柔毛；花单性，雌雄异株；聚伞花序圆锥状生叶腋；雄花淡黄色萼片 6 枚，2 轮；花瓣 6 片，卵状披针形，顶端 2 裂；雌花序短，花少。核果近球形。根供药用，祛风逌络、解毒、止痛；根含淀粉可酿酒。广布种。

千金藤 *Stephania japonica*（Thunb.）Miers（图 6－18F），木质藤本，小枝有细

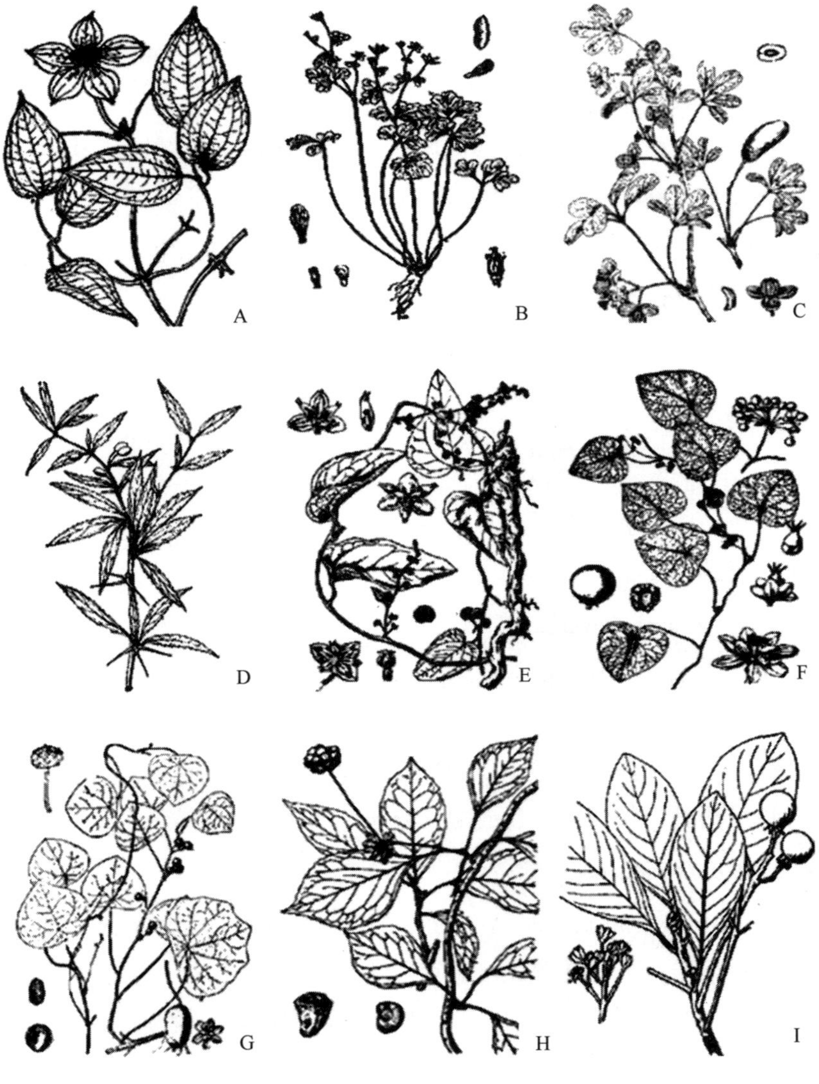

图 6－18

A：毛叶铁线莲；B：天葵；C：木通；D：长柱小檗；E：木防己；F：千金藤；G：金线吊乌龟；H：南五味子；I：红楠

沟纹；叶革质，互生，宽卵形，全缘，下面粉白色，掌状脉 7～9 条；叶柄盾状着生。花单性，雌雄异株；花序伞状至聚伞花序，生叶腋；雄花序为头状聚伞花序，扁圆形，由 18～20 朵再组成总状花序式排列。核果近球形，红色。根茎供药用，清热、利尿、消肿，蛇伤、疮疖；根含淀粉。广布种。

金线吊乌龟 *Stephaaia cepharantha* Hayata（图 6－18G），多年生缠绕性落叶藤本，老茎下部木质化，有细沟纹；叶互生，纸质，三角状近圆形，全缘；下面粉白色，掌状脉5～9条；叶柄盾状着生。花单性，雌雄异株；花序生叶腋；雄花序为头状聚伞花序，扁圆形，由18～20朵再组成总状花序式排列。核果球形，紫红色。根供药用，祛风清热，外敷治毒蛇咬伤及无名肿毒。分布于金塘岛、普陀山。

三种植物的区别在于，木防己叶非盾状着生，而另两种为盾状着生。千金藤的叶片长度大于宽度，而金线吊乌龟叶片长宽近相等。

30. 木兰科 Magnoliaceae

南五味子 *Kadsura longipedunculata* Finet et Gagnep.（图6－18H），常绿木质藤本，小枝褐色，有时剥裂；叶互生，革质，椭圆状披针形，边缘有疏锯齿，有光泽；花单性，单生叶腋，黄色，有芳香；花被片8～17片。聚合果近球形，浆果深红色至暗蓝色，卵形，肉质。茎叶果可提取芳香油；茎皮纤维供制绳或纺织用。根茎叶果均入药，有行气活血、消肿敛肺之效。分布于普陀山、朱家尖、桃花岛、中街山。

31. 樟科 Lauraceae

樟树 *Cinnamomum camphora*（Linn.）Presl，乔木，有樟脑味。叶互生，薄革质，卵形，下面灰绿色，有离基三脉，脉腋有明显的腺体。圆锥花序腋生，花小淡绿色，花被片6片，椭圆形，内面密生短柔毛。果球形，紫黑色；果托杯状。提取樟脑和樟脑油原料；可入药，有祛风散寒、强心镇痉、杀虫等效；木材为造船、建筑等用材。广布种。

普陀樟 *C. japonicum* Sieb. var. chenii（Nakai）G. F. Tao（图6－19A），乔木。叶对生，卵形，上面深绿色，下面绿色，离基三出脉，网脉明显结成网格。圆锥花序腋生。果长圆形，紫黑色；果托浅盘状。种子长圆形。木材坚实、耐水湿、有香气，为桥梁、建筑等优良用材。分布于舟山岛、普陀山、桃花岛、朱家尖、中街山。

红楠 *Machilus thunbergii* Sieb. et Zucc.（图5－18I），乔木。叶互生，倒卵形，上面深绿色，下面绿苍白色，具羽状脉，侧脉7～10对。圆锥花序腋生，花被片6片，狭矩圆形。果球形，紫黑色，基部具宿存外曲花被片。木材为桥梁、建筑等用材。树皮可作褐色染料和薰香原料，入药有舒筋消肿之效；种子油可制肥皂和润滑油。分布于舟山岛、普陀山、桃花岛、朱家尖。

紫楠 *Phoebe sheareri*（Hemsl.）Gamble，乔木。叶互生，革质，倒卵形，上面凹下，下面隆起。圆锥花序腋生，密生。果长圆形，紫黑色，果托浅盘状。种子长圆形。木材坚实、耐水湿、有香气，为桥梁、建筑等优良用材。分布于朱家尖。

舟山新木姜子 *Neolitsea sericea*（Blume）Koidz.（图6－19B），常绿乔木，小枝幼时密被金黄色绢状柔毛，老后绿至紫褐色，无毛。叶互生，革质，椭圆形，叶缘明显反卷，幼叶两侧密被金黄色绢状柔毛，老叶上面深绿色，无毛，有光泽，下面粉

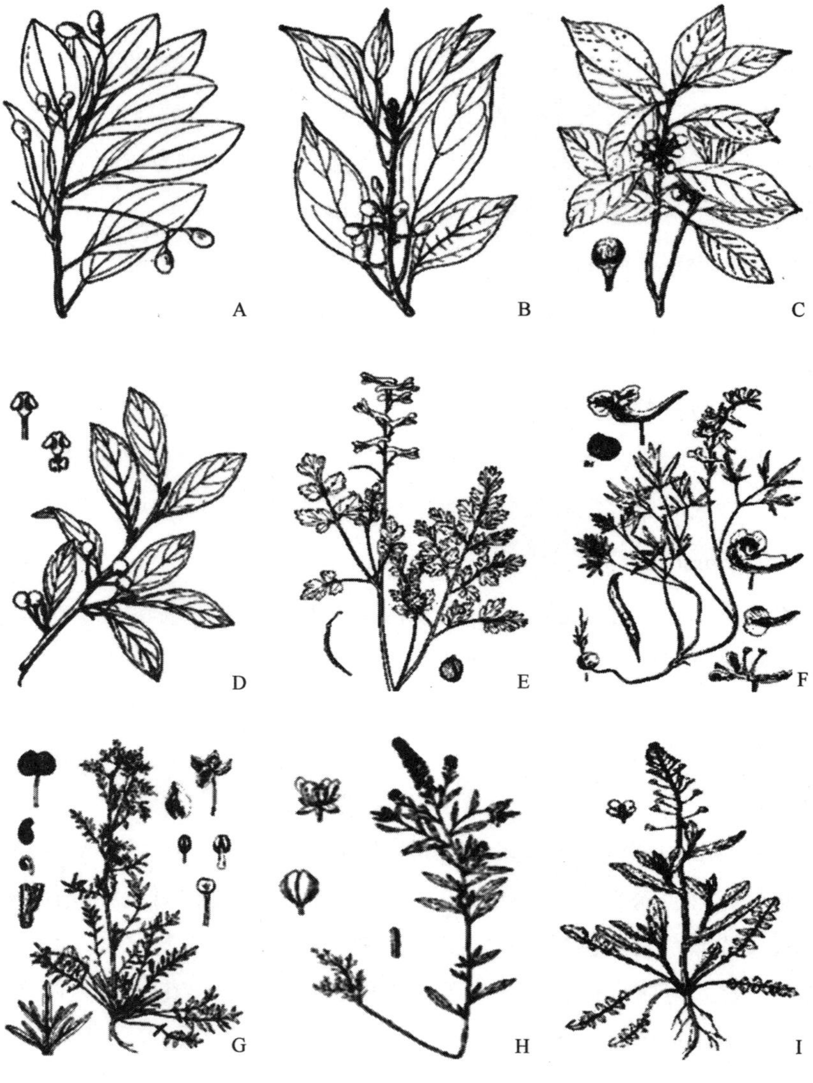

图6－19

A：普陀樟；B：舟山新木姜子；C：豹皮樟；D：山胡椒；E：黄堇；F：延胡索；G：臭荠；H：北美独行菜；I：荠菜

绿色，密被金黄色或橙褐色绢状短伏毛。离基三出脉。伞形花序3～5朵簇生于新枝苞腋或叶腋窝。核果球形，鲜红色，果托浅盘状。花期9－10月，果期翌年12月至第三年1－2月。木材有香气，纹理美观，为高级家具用材。春梢嫩枝金黄色，称为佛光树，是良好的观叶观果树种。本种为稀有植物，在《中国珍稀濒危保护植物名录》第一册中被列为二级保护对象。分布于普陀山、朱家尖、桃花岛、梅山岛。

豹皮樟 *Litsea rotundifolia* Hemsl. var. *oblongifolia*（Nees）Allen（图6－19C），常

绿乔木，树皮呈不规则块片状剥落。小枝疏生皮孔。叶互生，革质，长圆形，伞形花序腋生，或叶腋窝 。果近球形，紫黑色，果托扁平。花期 8 – 9 月，果期翌年 5 月。木材有香气，纹理美观，为高级家具用材。分布于普陀山、桃花岛。

山胡椒 *Lindera glauca* Blume（图 6 – 19D），落叶灌木，乔木。叶互生，近革质，宽椭圆形，下面苍白色，生灰色柔毛。伞形花序腋生。果近球形，有香气。木材有香气，纹理美观，为高级家具用材。叶和果提芳香油墨，种子油作肥皂和润滑油，根、枝、叶入药，有祛风湿、消肿毒之效。分布于普陀山、舟山岛、金塘岛、朱家尖、桃花岛。

几个物种的区别为，樟树、红楠、紫楠花两性，另三种雌雄异株。樟属花被片花后脱落，而红楠、紫楠宿存，但红楠的宿存之花被紧贴果实，紫楠则不。舟山新木姜子花被 4 数，山胡椒与豹皮樟 6 数，山胡椒花药 2 室，豹皮樟花药 4 室。

32. 罂粟科 Papaveraceae

黄堇 *Corydalis pallida*（Thunb.）Pers.（图 6 – 19E），草本无毛。叶片下面有白粉，轮廓卵形，2 ~ 3 回羽状全裂。总状花序，花瓣淡黄色，上面花瓣距圆筒形。蒴果串珠状，种子黑色，扁球形，密生圆锥状小突起。分布于桃花岛。

紫堇 *C. edulis* Maxim.，一年生草本无毛。叶片轮廓三角形，2 ~ 3 回羽状全裂。总状花序，花瓣紫色，上面花瓣距圆筒形，末端稍向下弯曲。蒴果条形，种子黑色，扁球形，密生小凹点。分布于普陀山、朱家尖、中街山。

延胡索 *C. yanhusuo* W. T. Wang ex Z. Y. Su et C. Y. Wu（图 6 – 19F），草本无毛。块茎球形，茎基部之上生 1 鳞片，其上生 3 ~ 4 叶。叶片轮廓三角形，2 ~ 3 回羽状全裂。总状花序，花瓣紫红色，上面花瓣顶端微凹，距圆筒形，下面基部具浅囊状突起。蒴果条形。

三个物种的区别为，紫堇与黄堇具有直根，而延胡索无直根。紫堇花为淡蔷薇色至近白色，而黄堇花为黄色，延胡索花为紫红色。

33. 十字花科 Cruciferae

1 果实成熟后不开裂

2 匍匐小草本，叶片羽状分裂，花白色，果实为两个并生状小肾球形体，侧扁，表面皱缩（臭荠属 *Coronopus*）……………………………………臭荠 *Coronopus didymus*（L.）J. E. Smith（图 6 – 19G）

2 直立草本，较高大，叶形不一，花白色、紫红色（萝卜属 *Raphanus*）………………蓝花子 *Raphanus sativus* L. var *raphanistroides*（Makino）Makino

1 果实成熟后开裂

3 短角果

4 果多少有翅，或表面具小泡状突起，或棒状毛（独行菜属 *Lepidium*）……………………………………………………………北美独行菜 *Lepidium virginicum* L.（图 6－19H）

4 果实不具翅，或其他附属物

5 果实倒三角形或倒心状三角形（荠属 *Capsella*）……………………………………………………荠菜 *Capsella buesa－pastoris*（L.）M edic.（图 6－19I）

5 果实为其他形状（蔊菜属 *Rorippa*）………………印度蔊菜 *Rorippa indica* Hiern（图 6－20A）

3 长角果

6 果顶端有喙（诸葛菜属 *Orychophragmus*）…………………………………………………………诸葛菜 *Orychophragmus violaceus*（L.）O. E. Schulz

6 果实顶端无喙（碎米荠属 *Cardamine*）…………碎米荠 *Cardamine flexuosa* With.（图 6－20B）

34. 茅膏菜科 Droseraceae

光萼茅膏菜 *Drosera peltata* Smith var. *glabrata* Y. Z. Ruan（图 6－20C），多年生柔弱草本。叶互生，叶处半月形或半圆形，边缘密生紫红色头状粘腺毛，能分泌黏液，捕捉小虫。聚伞花序生于枝顶或茎顶，花瓣 5 片，白色，蒴果。块茎及全草入药，具清热解毒、活血消肿、散结止痛等功效。分布于舟山岛、大榭岛、朱家尖、中街山。

35. 景天科 Crassulaceae

晚红瓦松 *Orostachys erubescens* Ohwi（图 6－20D），二年生草本；第一年仅有莲座叶，第二年生出花茎；叶椭圆披针形，顶端渐缩尖刺，肉质。花序穗状，花瓣 5 片，白色至紫红色，蓇葖果。全草供药用。分布于金塘岛、中街山。

东南景天 *Sedum alfredii* Hance，多年生草本；根状茎横走。花茎带暗红色。叶互生，匙形。聚伞花序顶生，花瓣 5 片，黄色，蓇葖果斜叉开。全草供药用。分布于金塘岛、册子岛、桃花岛、朱家尖。

垂盆草 *S. sarmentosum* Bunge（图 6－20E），多年生草本；枝细弱，匍匐生根。3 叶轮生，倒披针形。聚伞花序顶生。花少，花瓣 5 片，淡黄色。全草供药用，能清热解毒、消臃肿。广布种。

三种植物的区别，晚红瓦松基生叶莲座状，另两种不这样。垂盆草的叶为轮生，东南景天与晚红瓦松的叶为互生。

图 6－20

A：印度蔊菜；B：碎米荠；C：光萼茅膏菜；D：晚红瓦松；E：垂盆草；F：虎耳草；G：宁波溲疏；H：海桐；I：枫香树

36. 虎耳草科 Saxifragaceae

华茶藨 *Ribes fasciculatum* Sieb. et Zucc. var. *chinense* Maxim.，灌木，老枝褐紫色，常剥落。叶圆形，3～5 裂，裂片阔卵形，两面疏生柔毛。花簇生，黄绿色，有香气。浆果近球形。果实可食。分布于朱家尖、桃花岛。

虎耳草 *Saxifraga stolonifera* Meerb.（图 6－20F），多年生草本，细长匍匐茎。叶

基生，肾形，不明显浅裂，边缘具齿。圆锥花序稀疏，花瓣5片，白色，3片小，卵形，有红斑点，正面两个大，披针形。全草入药，有清热解毒、凉血止血之效。分布于桃花岛。

宁波溲疏 *Deutzia ningpoensis* Rehd.（图6－20G），落叶灌木，叶片狭卵形，近全缘，上面疏被星状毛，下面密被灰白色星状毡毛。花萼筒淡绿色密被白色短星状毛，花瓣白色外面密被星状毛。蒴果近球形，密被星状毛。为优良观赏树种；根、叶入药，有退热利尿、杀虫、接骨之效。分布于舟山岛。

这三种植物的区别为，虎耳草为蔓生性的草本，另两种为灌木。宁波溲疏叶片对生且具星状毛，华茶藨叶互生无星状毛。

37. 海桐花科 Pittosporaceae

海桐 *Pittosporum tobira*（Thunb.）Ait.（图6－20H），常绿小乔木或灌木，枝条近轮生。叶聚生枝端，顶端微凹，全缘。花序近伞形，花白色，有香气。蒴果近球形，裂为3片，果皮木质。种子暗红色。木材可作器具。广布种。

38. 金缕梅科 Hamamelidaceae

杨梅叶蚊母树 *Distylium racemosum* Sieb. et Zucc. ，常绿小乔木或灌木，小枝和芽有垢状鳞毛。叶厚革质，椭圆形。总状花序近伞形。蒴果卵圆形，密生星状毛，室背及室间裂开。树皮可制栲胶，木材可作器具。分布于普陀山、朱家尖、桃花岛。

枫香树 *Liquidambar formosana* Hance（图6－20I），小乔木，小枝有柔毛。叶掌状3裂，边缘有锯齿，掌状脉3～5条，托叶红色。花单性，雌雄同株，雄花成葇荑花序，雌花成头状花序。头状果序圆球形，宿存花柱和萼齿针刺状。树脂能解毒止痛，止血生肌；根、叶、果入药，有祛风除湿、通经活络之效。分布舟山各个岛屿。

檵木 *Loropetalum chinensis*（R. Br.）Oliv.（图6－21A），落叶灌木或小乔木，小枝有褐锈色星状毛。叶革质，卵形。花两性，簇生，花瓣4片，白色条形。蒴果木质，有星状毛。根、叶、果入药，有祛解热止血、通经活络之效。分布于舟山岛、大榭岛、金塘岛、普陀山、朱家尖、桃花岛。

三种植物的区别在于，枫香树为肉质穗状花序，掌状脉；另两种为短穗状花序，羽状脉。蚊母树无花瓣，檵木有花瓣。

39. 蔷薇科 Rosaceae

1 果实为开裂的蓇葖果，稀蒴果，心皮1～5枚，叶无托叶

　2 心皮5枚，无托叶（绣线菊属 *Spiraea*）

　　3 叶片、花序和蓇葖果无毛……………………………麻叶绣线菊 *Spiraea cantoniensis* Lour

3 叶片下面和花序有毛……………………………………………………中华绣线菊 *S. chinensis* Maxim（图 6－21B）

2 心皮 1 枚，托叶早落（野珠兰属 *Stephanandra*）………野珠兰 *Stephanandra chinensis* Hance（图 6－21C）

1 果时不开裂，心皮 2～5 枚或多数，叶有托叶

4 子房下位或半下位，稀上位，心皮 2～5 枚，多与杯状花托联合，梨果或浆果状，稀小核果状

5 叶片常绿或凋落，复伞房花序或圆锥花序，有花多朵

6 心皮一部分离生，子房半下位（石楠属 *Photinia*）

7 叶片大型，长 8～22 cm，宽 3～6.5 cm，侧脉 18～30 对，叶柄粗长，长 2～4 cm，无腺齿……………………………………………………………………………石楠 *Photinia serrulata* Lindl.（图 6－21D）

7 叶片小型，小于 15 cm，侧脉不超过 18 对，叶柄较短，长不超过 1.8 cm，有腺齿……………………………………………………………………光叶石楠 *P. glabra* Maxim.

6 心皮全部合生，子房下位（石斑木属 *Raphiolepis*）………………………厚叶石斑木 f. Makino（图 6－21E）

5 叶凋落，伞形或总状花序，有时为单花（梨属 *Pyrus*）…………豆梨 *Pyrus calleryana* Dcne.（图 6－21F）

4 子房上位，稀下位，心皮 1 至数枚，瘦果或核果

8 瘦果或小核果，着生在扁平或突起的花托上

9 托叶不与叶柄连和，心皮 4～15 枚，着生在扁平或微凹的花托基部（棣棠属 *Kerria*）……………………………………………棣棠花 *Kerria japonica*（L.）DC.（图 6－21G）

9 托叶与叶柄连和，心皮数枚至多数，着生在球形或圆锥形的花托上

10 木质藤本，小坚果相互连和成聚合果，每心皮各含胚珠两颗（悬钩子属 *Rubus*）

11 托叶下部与叶柄合生，较狭窄，全缘宿存，单叶或复叶

12 单叶……………………………………山莓 *Rubus corchorifolius* Linn. f.（图 6－21H）

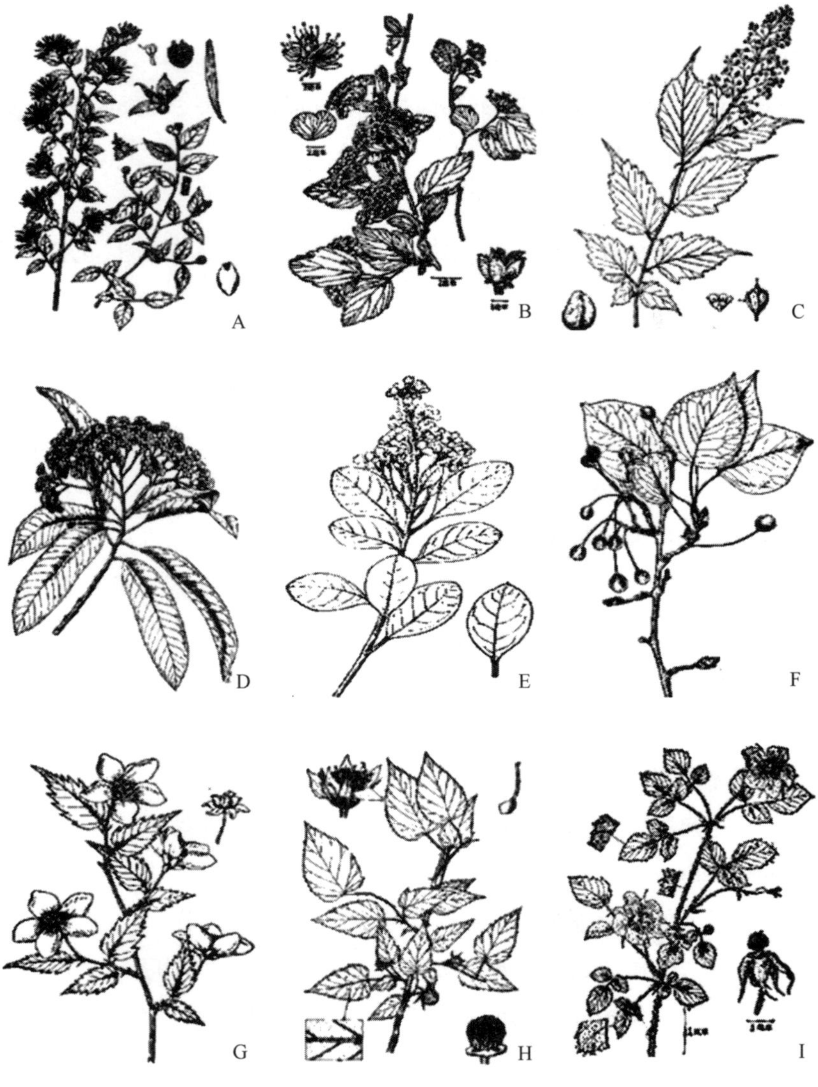

图 6－21

A：檵木；B：中华绣线菊；C：野珠兰；D：石楠；E：厚叶石斑木；F：豆梨；G：棣棠花；H：山莓；I：蓬蘽

12 复叶

13 离生心皮着生于无柄的花托上

14 小叶通常 3 枚，小叶下面被白色柔毛…………蓬蘽 *R. hirsutus* Thunb.（图 6－21I）

14 小叶通常 5～7 枚，稀 3 枚，小叶片下面具柔

毛或无毛

15 茎枝粉绿色，或红褐色，无香气，小叶片卵形、菱状卵形，或宽卵形，花粉红色，散房状圆锥花序，顶生或腋生，花萼外面被灰白色短柔毛，无针状皮刺……………………………………………………插田泡 *R. coreanus* Miq.（图 6－22A）

15 茎枝青绿色，有强烈香气，叶卵状披针形或卵形，花白色，1～4 朵成顶生或腋生散房状花序，花萼外面被疏密不等的针刺或无刺…………………………………香莓 *R. pungens* Camb. var. *oldhamii* Maxim.（图 6－22B）

13 离生心皮着生于有柄的花托上

11 托叶与叶柄离生，较宽大，常分离，宿存或脱落，单叶

16 植株具皮刺或刺毛

17 叶片下面无毛或有柔毛…………………………高粱泡 *R. lambertianus* Ser.

17 叶片下面密被柔毛……………………… 寒莓 *R. buergeri* Miq.

16 植株不具皮刺，常有刺毛、腺毛和柔毛，有时有稀疏针刺…………………………………………………周毛悬钩子 *R. amphidasys* Focke ex Diels

10 草本，瘦果相互分离，每心皮各含胚珠 1 颗

18 花托在成熟时干燥，叶茎生或基生，小叶 3 至多数，花瓣黄色（委陵菜属 *Potentill*）

19 基生叶为羽状复叶…………………………翻白草 *Potentilla discolor* Bunge（图 6－22D）

19 基生叶为掌状 5 小叶………………蛇含委陵菜 *P. sundaica* Kuntze（图 6－22E）

18 花托在成熟时膨大，或变为肉质，叶基生，小叶 3 枚（蛇莓属 *Duchesnea*）…………………………………蛇莓 *Duchesnea indica* Focke（图 6－22C）

8 瘦果着生在杯状或坛状的花托内

20 灌木枝常有刺，羽状复叶极稀单

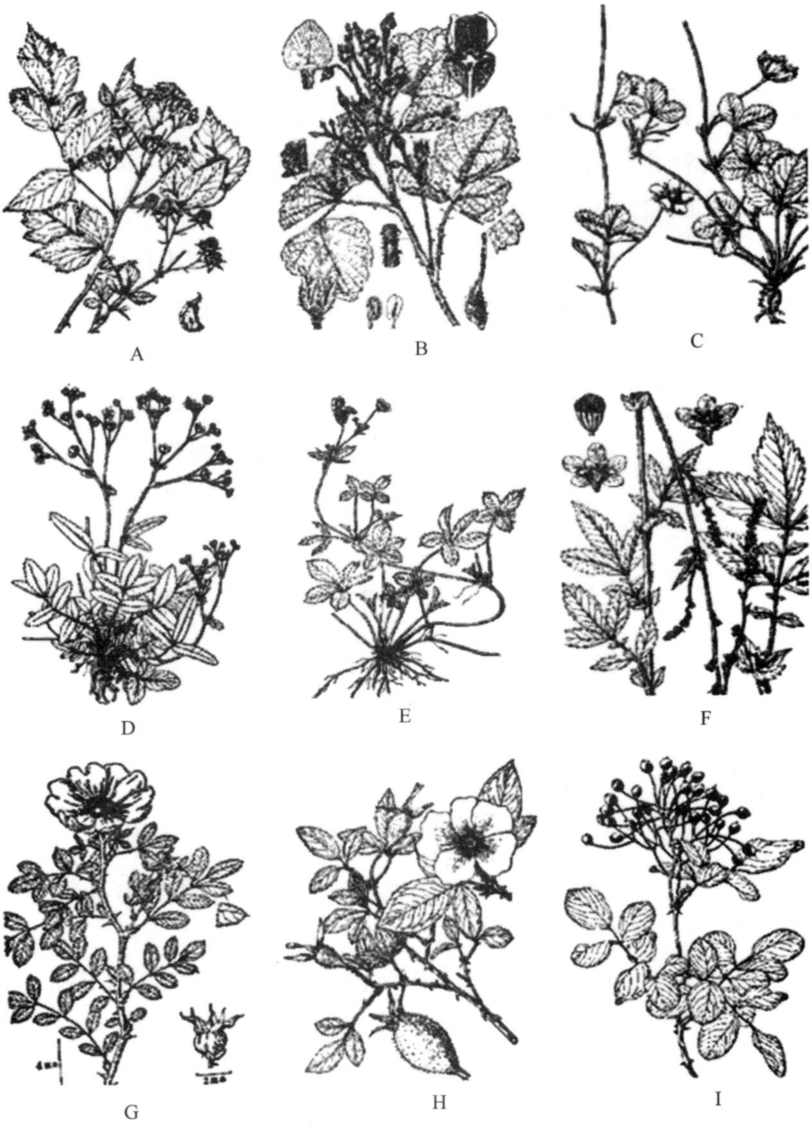

图 6－22

A：插田泡；B：香莓；C：蛇莓；D：翻白草；E：蛇含委陵菜；F：龙牙草；G：硕苞蔷薇；H：金樱子；I：多花蔷薇

叶，心皮多数，花托成熟时肉质而有色泽（蔷薇属 *Rosa*）

21 花托外面有明显的针刺或刺毛

……………金樱子 *Rosa laevigata* Michx.（图 6－22H）

21 花托外面光滑，或有柔毛，绝无针刺或刺毛

22 托叶离生，脱落…………
……硕苞蔷薇 *R. bracteata* Wendl.（图 6 – 22G）

22 托叶与叶柄贴生，宿存……
…………多花蔷薇 *R. multiflora* Thunb.（图 6 – 22I）

20 多年生草本，茎无刺，羽状复叶，心皮 1 ~ 4 枚，花托成熟时干燥坚硬（龙牙草属 *Agrimonia*）……………………
………………龙牙草（仙鹤草）*Agrimonia pilosa* Ledeb.（图 6 – 22F）

40. 豆科 Leguminosae

1 花辐射对称，花瓣呈镊合状排列，通常在基部以上连和，雄蕊多数或有定数（合欢属 *Albizia*）

2 羽片 2 ~ 4 对，小叶长 1.5 ~ 5 cm，中脉偏向内侧边缘，但非紧靠内侧边缘………………………………………山合欢 *Albizia kalkora* Prain

2 羽片 4 ~ 20 对，小叶长通常在 1.5 cm 以下，中脉紧靠内侧边缘…………
…………………………合欢 *A. julibrissin* Durazz.

1 花两侧对称，花瓣呈覆瓦状排列，雄蕊 5 ~ 10 枚

3 花瓣不呈蝶形，最上方一枚花瓣在最内面，其他各花瓣近相似，呈上向覆瓦状排列，花丝通常分离（决明属 *Cassia*）……………………………………豆茶决明 *Cassia nomame* Honda（图 6 – 23G）（朱家尖、金塘岛、大榭岛）

3 花冠蝶形，旗瓣在最外面，翼瓣在内面，龙骨瓣在最内，雄蕊通常合生呈 2 体

4 荚果由数荚节组成，各含 1 种子，成熟时常逐节脱落，有时仅具单荚节

5 掌状复叶，有 2 ~ 4 枚小叶，雄蕊单体，花药异型（丁葵草属 *Zornia*）………………二叶丁葵草 *Zornia cantoniensis* Mohlenb.（普陀山）

5 羽状复叶，有时为单叶，雄蕊 2 体或单体，花药同型

6 小叶多数，雄蕊 2 体（5 + 5），半灌木状草本………………合萌 *Aeschynomene indica* Linn.

6 小叶 3 枚，稀 5 ~ 7 枚，或为单叶，雄蕊 2 体或单体，灌木或草本（山蚂蟥属 *Desmodium*）……………………………………宽卵叶山蚂蟥 *Desmodium podocarpum* DC. ssp. *fallax* Ohashi（舟山临城、朱家尖）

4 荚果非由荚节组成，通常 2 瓣裂，或不开裂

7 乔木或灌木，荚果常扁平，线性或长圆形（黄檀属 *Dalbergia*）

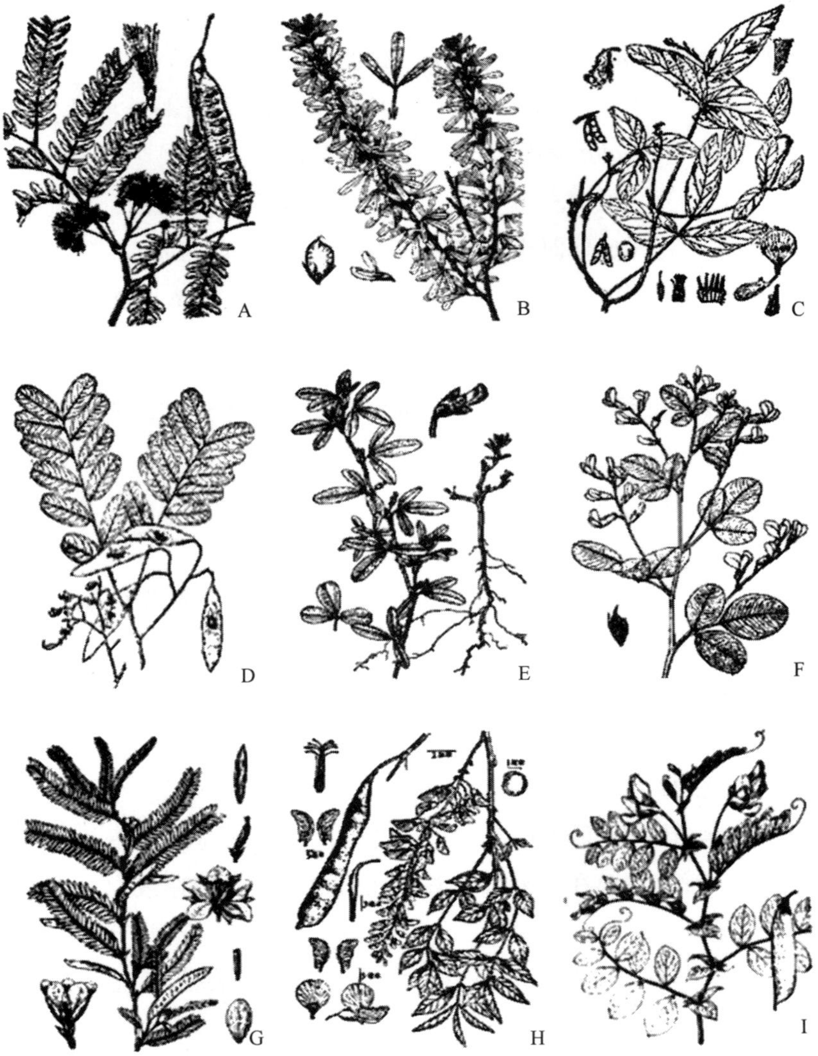

图 6－23

A：野百合；B：截叶铁扫帚；C：野大豆；D：黄檀；E：鸡眼草；F：胡枝子；G：豆茶决明；H：紫藤；I：海滨山黧豆

……………………………………黄檀 *Dalbergia hupeana* Hance（图 6－23D）

7 灌木或草本，如为攀缘状灌木时则小叶对生

8 羽状复叶，小叶 4 枚以上，如为 2 枚时则托叶大而显著呈叶状，叶轴顶端有时有卷须或少数变成刚毛状

9 偶数羽状复叶

10 直立草本，半灌木或灌木

11 复叶有多数小叶，托叶不显著，荚果极纽长，2 瓣裂，有多数种子，种子间有隔膜（田菁属 *Sesbania*）……………………………………………田菁 *Sesbania cannabina* Poir.（6－24A）

11 复叶有 2～6 枚小叶，托叶大而显著或变成托叶刺，宿存，荚果粗短而肿胀（野豌豆属 *Vicia*）

12 花小，长 3.5～6 mm，1～2 朵或 2～6 朵成总状花序，有总花梗，花冠淡紫色或蓝色、稀白色

13 总状花序有花 2～6 朵，花长 3.5 mm，子房无柄，被硬毛……………………………………………小巢菜 *Vicia hirduta*（L.）S. F. Gray

13 总状花序仅有 1～2 朵花，花长可达 6 mm，子房有柄，无毛…………………………………四仔野豌豆 *V. tetrasperma*（L.）Schreber

12 花大，1.2～1.5 cm，1～2 朵腋生，几无总花梗，花冠紫红色…………………………………………………大巢菜 *V. sativa* L.

10 缠绕或攀缘草本（山黧豆属 *Lathyrus*）………海滨山黧豆 *Lathyrus japonicus* Willd.（图 6－23I）

9 奇数羽状复叶（紫藤属 *Wisteria*）………………………………紫藤 *Wisteria sinensis* Sweet（图 6－23H）

8 单叶或三出复叶

14 单叶或掌状三出复叶（猪屎豆属 *Crotalaria*）…………野百合 *Crotalaria sessiliflora* Linn.（图 6－23A）（朱家尖、桃花岛、长峙岛）

14 羽状三出复叶

15 小叶片下面有明显的腺点（鹿藿属 *Rhynchosia*）……………………………………………………鹿藿 *Rhynchosia volubilis* Lour.（图6－24C）

15 小叶下面无腺点

16 灌木或木质藤本

17 直立灌木（胡枝子属 *Lespedeza*）

18 直立灌木，植株较高大，通常高在 1 m 以上，无闭锁花…………………………………………胡枝子 *Lespedeza bicalor* Turcz.（图 6－23F）

18 灌木直立，较矮小，高度小于 1 m，具闭锁花……………………………………………截叶铁扫帚 *L. cuneata* G. Don

（图 6－23B）

17 木质藤本…………………………………野葛 *Pueraria lobata* Ohwi

16 草本或草质藤本

19 小叶边缘有锯齿，托叶与叶柄相连，子房基部无鞘状腺体，荚果不开裂

20 荚果螺旋形或多弯曲，具刺或无刺，花序头状或短总状（苜蓿 *Medicago*）……………………………………天蓝苜蓿 *Medicago lupupina* Linn.

20 荚果形状不如上，无刺草（木樨属 *Melilotus*）…………………………………………草木樨 *Melilotus officinalis* Pall.

19 小叶片全缘或具裂片，托叶不与叶柄相连，子房基部具有鞘状腺体

21 荚果具 1 粒种子，不开裂，一年生铺地草本，托叶大，膜质宿存（鸡眼草属 *Kummerowia*）………………鸡眼草 *Kummerowia striata* Schindl.（图 6－23E）

21 荚果具多数种子，常为缠绕性草本，托叶非膜质

22 总状花序有肿胀而隆起的节瘤，花单生或数朵簇生于节上（葛属 *Pueraria*）……………………………………野葛 *Pueraria lobata* Ohwi（图 6－24B）

22 花单生、簇生或成总状花序，花轴延续不具节瘤（两型豆属 *Amphicarpaea*）…………………………………………………三籽两型豆 *Amphicarpaea trisperma* Baker ex Jacks.

41. 酢浆草科 Oxalidaceae

酢浆草 *Oxalis corniculata* Linn.（图 6－24D），多枝草本，茎平卧，节上生不定根，有疏毛。3 小叶复叶，互生。簇生伞形花序，花黄色。蒴果近圆柱形。茎叶含草酸，可以磨镜或擦铜器，使之光亮；全草入药，有清热解毒、利尿、消肿、散瘀止痛之效。分布于舟山各个岛屿。

42. 牻牛儿苗科 Geraniaceae

野老鹳草 *Geranium carolinianum* Linn.（图 6－24E），一年生草本，茎有倒向下

的密柔毛，分枝。叶圆肾形，5～7深裂，每裂又3～5裂；小裂片条形，两面有柔毛，花成对生于茎端或叶腋，有腺毛。蒴果5裂开，5果瓣向上卷曲。全草入药，有祛风通络、收敛止泻之效。分布于梅山岛、大榭岛、金塘岛。

图6－24

A：田菁；B：野葛；C：鹿藿；D：酢浆草；E：野老鹳草；F：野花椒；G：臭椿；H：楝树；I：香椿

43. 芸香科 Rutaceae

野花椒 *Zanthoxylum simulans* Hance（图6－24F），灌木，枝有皮刺及白色皮孔。

单数羽状复叶，互生，叶轴边缘有狭翅，小叶 5 ~ 9 枚，对生，卵状圆形，有透明腺点，上面密生短刺刚毛。聚伞圆锥花序顶生，花单性，蓇葖果 1 ~ 2 枚，红色至紫色。种子近球形，黑色。果实、叶药用，为散寒健胃药，有止吐泻和利尿作用，又可提取芳香油及脂肪油；叶和果实是食品调味料。分布于朱家尖、中街山。

44. 苦木科 Simaroubaceae

臭椿 *Ailanthus altissima* Swingle（图 6 – 24G），落叶乔木。单数羽状复叶互生，小叶 13 ~ 25 枚，揉搓后臭味，卵状披针形。圆锥花序顶生，花杂性，白色带绿。翅果矩圆形。树皮、根皮、果实均可入药，有清热利湿、收敛止痢等效。分布于舟山岛、梅山岛、大榭岛、金塘岛、朱家尖。

45. 楝科 Meliaceae

楝树 *Melia azedarach* Linn.（图 6 – 24H），落叶乔木，2 ~ 3 回单数羽状复叶互生；小叶卵形，边缘有锯齿。圆锥花序腋生，花紫色，核果短矩圆形，淡黄色。种子油可制油漆、润滑油等；花可蒸芳香油；树皮、叶、果入药，能驱虫、止痛；木材供建筑、枪柄等用材。分布于舟山各个岛屿。

香椿 *Toona sinensis*（A. Juss.）Rocm.（图 6 – 24I），落叶乔木，双数羽状复叶，有特殊气味；小叶 10 ~ 22 枚，对生，纸质，矩圆形，圆锥花序顶生，花芳香，花瓣 5 片，白色。蒴果狭椭圆形，5 瓣裂。种子椭圆形，一端有膜质长翅。嫩芽称香椿头，可作菜食用；种子榨油；根皮及果入药，有收敛止血、去湿止痛之效。分布于舟山岛。

两种植物的区别在于，楝树 2 ~ 3 回羽状复叶，核果；香椿为偶数羽状复叶，蒴果。

46. 大戟科 Euphorbiaceae

1 子房每室有胚珠两颗

  2 子房 5 ~ 8 室，蒴果扁球形，直径 1.5 ~ 2.5 cm（算盘子属 *Glochidion*）………………算盘子 *Glochidion puberum* Hutch.（图 6 – 25A）

  2 子房 3 室，蒴果或浆果状，直径不及 1 cm（叶下珠属 *Phyllanthus*）……………………………………蜜柑草 *Phyllanthus matsumurae* Hayata

1 子房每室有胚珠 1 颗

    3 花序不为杯状聚伞花序

      4 灌木或小乔木

        5 雄花有雄蕊 6 至多数（野梧桐属 *Mallotus*）…………………………………………………野梧桐（日本野桐）*Mallotus japonicus* Muell. – Arg.（图 6 – 25B）

5 雄花有雄蕊 2～3 枚（乌桕属 *Sapium*）……………………………………乌桕 *Sapium sebiferum*（L.）Roxb.

4 一年生或多年生草本（铁苋菜属 *Acalypha*）……………………铁苋菜 *Acalypha australis* Linn（图 6－25C）

3 花序为杯状聚伞花序（大戟属 *Euphorbia*）

6 叶对生，一年生匍匐小草本，枝叶及果实无毛………………………………地锦草 *Euphorbia humifusa* Willd.

6 叶互生，多年生或一年生草本

7 多年生草本，少分枝，种子无明显突起的网纹…………………………………无苞大戟 *E. ebracteolata* Hayata

7 一年生或两年生草本，茎基部多分枝，种子有明显突起的网纹……………………………………泽漆 *E. helioscopia* Linn（图 6－25D）

47. 水马齿科 Callitrichaceae

水马齿 *Callitriche palustris* Linn.，水生一年生草本植物。叶 2 型，沉水叶条状披针形，浮水叶倒卵状匙形。花单性，雌雄同株，苞片白色，膜质，早落；花小，无花被；果实圆形，顶端略凹入，具两个宿存的花柱，果实 4 瓣分明，边缘有窄翅，两瓣相接处凹下成槽。舟山各个岛屿均有分布。

48. 黄杨科 Buxaceae

黄杨 *Buxus sinica*（Rehd. et Wils.）Cheg. ex M. Cheng（图 6－25E），常绿灌木或小乔木；小枝有短柔毛。叶革质，对生，倒卵形。花簇生于叶腋，无花瓣。果球形。沿室背 3 瓣裂。木材坚硬致密，可做美工制品等。分布于桃花岛。

49. 漆树科 Anacardiaceae

黄连木 *Pistacia chinensis* Bunge（图 6－25F），高大落叶乔木；小枝有柔毛。双数羽状复叶互生，小叶 10～12 枚。花单性，雌雄异株，雄花排成密总状花序，雌花为圆锥花序，花小，无花瓣。核果倒卵圆形，端具小尖头。果实、树支及叶可制栲胶；根、枝、叶和皮可作农药；鲜叶可提芳香油；种子油可作润滑油。分布于舟山各个岛屿。

盐肤木 *Rhus chinensis* Mill.（图 6－25G），灌木或小乔木；小枝生褐色柔毛。奇数羽状复叶互生；小叶 7～13 枚。花小，杂性，黄白色；核果近扁圆形，红色，有灰白短柔毛。根有消炎、利尿作用；种子油可制肥皂。分布于舟山各个岛屿。

两种植物的区别在于，黄连木偶数羽状复叶，无花瓣；而盐肤木奇数羽状复叶，有花瓣。

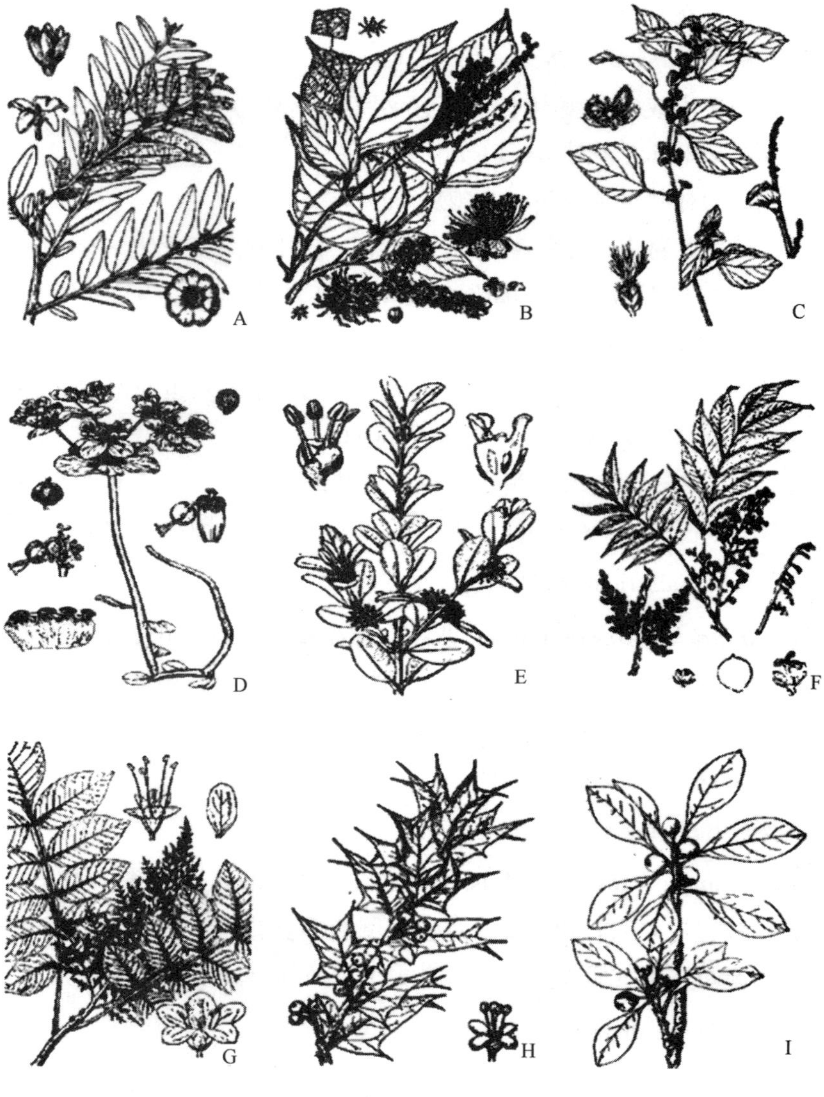

图 6－25

A：算盘子；B：野梧桐；C：铁苋菜；D：泽漆；E：黄杨；F：黄连木；G：盐肤木；H：构骨；I：全缘冬青

50. 冬青科 Aquifoliaceae

构骨 *Ilex cornuta* Lindl.（图 6－25H），常绿灌木或小乔木；叶硬革质，矩圆状四方形，顶端扩大，有硬而尖的刺齿 3 对，两侧为 1～2 对。花黄绿色，4 数，雌雄异株，簇生两年生枝上。果球形鲜红色，分核 4 颗。叶、果实是滋补强壮药；种子油可制肥皂；树皮作染料或熬胶。分布于舟山各个岛屿。

猫儿刺 *I. pernyi* Franch.，常绿灌木或小乔木；叶革质，卵形，顶端急尖，顶刺状，边缘1～3对（常2对）大刺齿。花4数，雌雄异株，簇生两年生小枝叶腋内。果近球形，红色，分核4颗。树皮含小檗碱，可作黄连制剂代用品。

全缘冬青 *I. integra* Thunb.（图6－25I），常绿乔木，小枝有棱。叶厚革质，倒卵形，具小突尖，顶刺状，边缘1～3对（常2对）大刺齿。花4数，花序簇生叶腋内。果球形，红色，分核4颗，近圆形，背部下陷，有不规则皱纹，内果皮骨质。分布于普陀山、朱家尖、桃花岛。

三种植物的区别在于，全缘冬青叶片全缘，另两种叶片具刺状锯齿；猫儿刺叶片边缘具1～3对刺齿，构骨叶片先端具3对刺，而使叶呈四方形。

51. 卫矛科 Celastraceae

南蛇藤 *Celastrus orbiculatus* Thunb.（图6－26A），藤状灌木，小枝具皮孔。叶宽椭圆形，聚伞花序顶生及腋生，花杂性，黄绿色，雄花花瓣5片。蒴果黄色，球形，3裂。种子每室2粒，有红色肉质假种皮。根、茎、叶入药，有活血行气、消肿解毒之效；杀虫农药；树皮制优质纤维；种子含油可供工业用。分布于舟山岛、梅山岛、大榭岛、金塘岛、朱家尖、桃花岛。

大叶黄杨 *Euonymus japonicus* Thunb.（图6－26D），常绿灌木或小乔木。叶光亮革质，倒卵形；聚伞花序腋生，1～2回2歧分枝，每分枝顶端有5～12花的短梗小聚伞花序；花白绿色，4基数，花盘肥大。蒴果淡红色，近球形，有4浅沟，种子每室1～2个，棕色，有橙红色假种皮。树皮含硬橡胶；入药，有利尿、强壮之效。分布于舟山岛、梅山岛、大榭岛、朱家尖、桃花岛、中街山。

白杜 *E. maackii* Rupr.（图6－26B），小乔木。叶宽卵形。聚伞花序1～2次分枝，花3～7朵；花淡绿色，4数，花药紫色，花盘肥大。蒴果粉红色，倒圆锥形，上部4裂。种子淡黄色，有红色假种皮。树皮含硬橡胶；根入药，治腰膝痛；花果充当“合欢”药用。木材供雕刻、细工用材。分布于舟山各个岛屿。

雷公藤 *Tripterygium wilfordii* Hook. f.（图6－26C），藤本灌木，小枝棕红色，有棱，密生瘤状皮孔及锈色短毛。叶椭圆形，聚伞圆锥花序顶生，花杂性，白绿色，5数，花盘5浅裂。蒴果具三片膜质翅，矩圆形，翅上有斜生侧脉。种子1枚，黑色，细柱状。根、茎、叶有毒，做杀虫药或农药；茎皮纤维可造纸。分布于大榭岛。

这四种植物的区别在于，大叶黄杨与白杜叶对生，大叶黄杨叶片革质，蒴果球形无棱翅；白杜叶片非革质，蒴果倒圆锥形而有棱翅。南蛇藤与雷公藤叶互生；雷公藤枝5～6棱，圆锥花序，蒴果3翅不开裂；南蛇藤枝4棱，聚伞花序，蒴果球形开裂。

图 6－26

A：南蛇藤；B：白杜；C：雷公藤；D：大叶黄杨；E：野鸦椿；F：三角枫；G：无患子；H：笔罗子；I：雀梅藤

52. 省沽油科 Staphyleaceae

野鸦椿 *Euscaphis japonica* Kanitz.（图 6－26E），落叶灌木或小乔木；小枝及芽红紫色，揉碎后有恶臭气味。叶对生，奇数羽状复叶，厚纸质，小叶 5～9 枚。圆锥花序顶生，花黄白色，蓇葖果，果皮软革质，紫红色，种子近圆形，假种皮肉质，黑色。种子油可制肥皂；树皮栲胶；根及干果入药，有祛风除湿之效。分布于舟山各个岛屿。

53. 槭树科 Aceraceae

三角枫 *Acer buergerianum* Miq.（图 6－26F），落叶乔木，树皮片状脱落。叶片较小，下面具白粉，上半部 3 裂，裂片等大，翅果较小，两翅张开近于直角。木材性状优良，可供车轮、家具等用，可作造纸原料和园林用树。分布于梅山岛、金塘岛、桃花岛。

54. 无患子科 Sapindaceae

无患子 *Sapindus mukorossi* Gaertn.（图 6－26G），落叶乔木。双数羽状复叶互生；小叶 5～8。圆锥花序顶生，有茸毛；花小，通常两性，核果肉质，球形，有棱，橙黄色；种子球形，黑色，坚硬。根、果入药，能清热解毒，化痰止咳；核仁油为润滑油；果皮含无患子皂素，代肥皂用；木材可制器具。分布于朱家尖、桃花岛。

55. 清风藤科 Sabiaceae

笔罗子 *Meliosma rigida* Sieb. et Zucc.（图 6－26H），常绿小乔木。叶片革质，倒披针形，中部以上疏生有齿。圆锥花序顶生，花小，白色。核果球形，秋季呈黑灰色。木材可制器具，树皮可提栲胶，种子油可制肥皂。分布于朱家尖、桃花岛。

56. 鼠李科 Rhamnaceae

雀梅藤 *Sageretia thea*（Osbeck）Johnst.（图 6－26I），攀援灌木；小枝密生短柔毛，有刺状短枝。叶近对生，革质，卵形。花小，淡白色，排成穗状圆锥花序，密生灰白色短毛；花瓣 5 片，花盘杯状。核果近球形，紫黑色。嫩叶可代茶。果可食。常栽培作绿篱。广泛分布。

马甲子 *Paliurus ramosissimus*（Lour.）Poir.（图 6－27A），灌木。叶片纸质，宽卵形，边缘有钝细锯齿，具基生三出脉。腋生聚伞花序，花瓣匙形，花盘圆形边缘 5 或 10 齿裂。核果杯状，周围具木栓质 3 浅裂窄翅，果枝被棕褐色绒毛，种子紫红色。分布于茶山岛。

两种植物的区别在于，雀梅藤为小藤本，果为小核果；马甲子为灌木状乔木，果实周围具翅。

57. 葡萄科 Vitaceae

1 圆锥花序，花瓣顶端相互黏合，凋谢时整个花冠帽状脱落，木质藤本，枝常无皮孔，髓褐色（葡萄属 *Vitis*）……………………………………蘡薁 *Vitis adstricta* Hance（桃花岛、梅山岛、大榭岛）

1 聚伞花序，花瓣离生，谢时决不呈帽状脱落，枝有皮孔，髓红色或褐色，如枝无皮孔，则为草质藤本

2 花序与叶对生或顶生；花瓣、雄蕊均为 5 数

3 卷须顶端不具吸盘，花盘明显（蛇葡萄属 *Ampelopsis*）

4 叶片不分裂或浅裂……………………………………………………蛇葡萄 *Ampelopsis sinica* W. T. Wang

4 叶片多数深裂………异叶蛇葡萄 *A. humulifolia* Bunge var. *heterophylla* K. Koch（图 6 – 27B）

3 卷须顶端扩大成吸盘，花盘大明显或无（爬山虎属 *Parthenocissus*）……………………………………………爬山虎 *Parthenocissus tricuspidata* Planch.（图 6 – 27D）

2 花序腋生，花瓣、雄蕊均为 4 数（乌蔹莓属 *Cayratia*）…………………………………………乌蔹莓 *Cayratia japonica* Gagnep.（图 6 – 27C）

58. 杜英科 Elaeocarpaceae

杜英 *Elaeocarpus decipiens* Hemsl.（图 6 – 27E），乔木。叶片纸质，长椭圆状披针形，花淡白色。核果椭圆形。材质坚韧，可制作器具，树为优良绿化树种。果实成熟时可食。

59. 椴树科 Tiliaceae

扁担杆 *Grewia biloba* G. Don（图 6 – 27F），落叶灌木或小乔木。小枝有星状毛。叶狭，菱状卵形，边缘密生小牙齿。聚伞花序与叶对生，有多数花；花淡黄绿色，花瓣 5 片。核果橙红色，2 裂，每裂有 2 小核。枝叶入药，可治小儿疳积等症。属广泛分布种。

田麻 *Corchoropsis tomentosa*（Thunb.）Makino，一年生草本植物，被星状短柔毛。叶卵形，边缘有钝牙齿。花有细梗，单生于叶腋，花黄色，花瓣 5 片，倒卵形。蒴果角状圆筒形。茎皮纤维代麻，可作绳索和麻袋用。分布于金塘岛、普陀山、桃花岛。

两种植物的区别在于，扁担杆为木本，核果，而田麻为草本，蒴果。

60. 锦葵科 Malvaceae

苘麻 *Abutilon theophrasti* Medic.（图 6 – 27G），一年生草本，茎有柔毛。叶互生，圆心形，两面密生星状柔毛。花单生叶腋，有节；花黄色，花瓣倒卵形。蒴果半球形，分果 15 ~ 20 枚，有粗毛，顶端有 2 长芒。茎皮纤维供纺织；种子油供肥皂，种子代冬葵子入药，有利尿、通乳之效，根及全草药用，能祛风解毒。分布于舟山岛、金塘岛、普陀山。

海滨木槿 *Hibiscus hamabo* Sieb. et Zucc.（图 6 – 27H），落叶灌木，密被灰白色

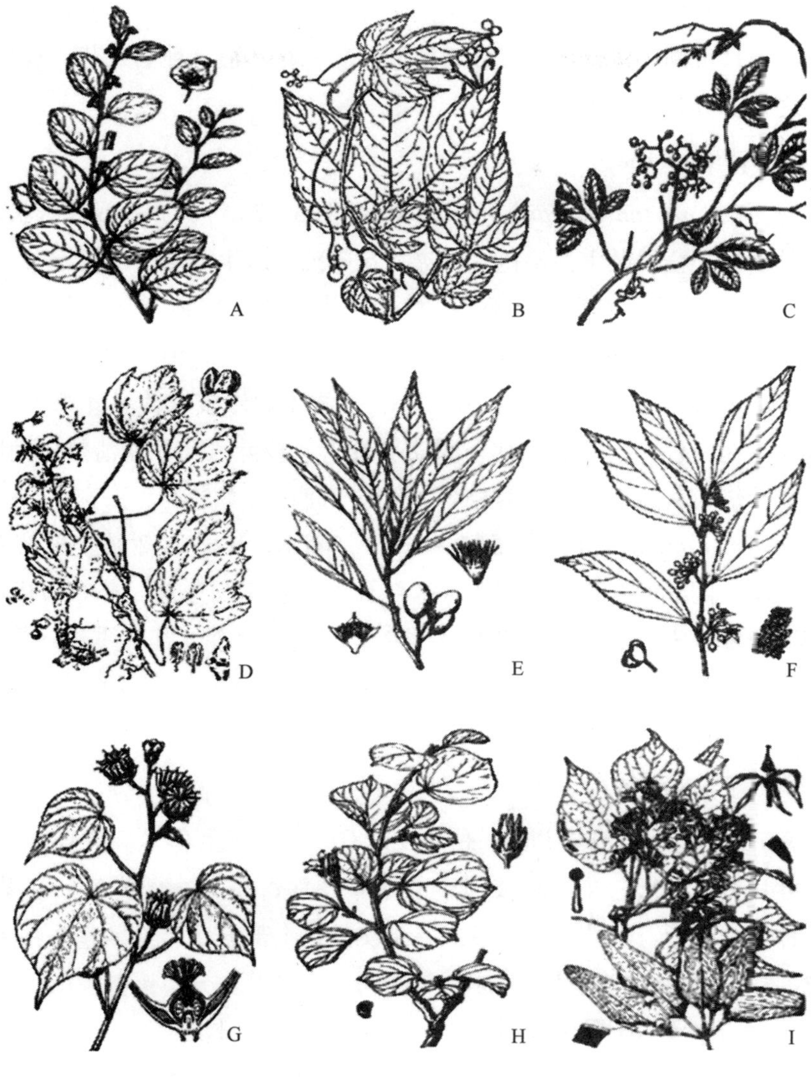

图 6－27

A：马甲子；B：异叶蛇葡萄；C：乌蔹莓；D：爬山虎；E：杜英；F：扁担杆；G：苘麻；H：海滨木槿；I：梧桐

星状绒毛。叶厚纸质，倒卵圆形，具突尖，边缘中上部具细圆齿，花单生于枝端叶腋，花冠钟状，淡黄色，具暗紫色心，花瓣倒卵形，蒴果三角状卵形，密生黄褐色星状绒毛。种子肾形，深棕色，表面具黄褐色腺状乳突。分布于舟山岛、金塘岛。

两种植物的区别在于，苘麻为草本，分果；海滨木槿为木本，蒴果。

61. 梧桐科 Sterculiaceae

梧桐 *Firmiana platanifolia*（Linn. f.） Marsili（图 6－27I），落叶乔木。叶 3～5

浅或深裂，下面有星状短柔毛。圆锥花序；花单性，无花瓣。蓇葖果5枚，纸质。种子球形。木材可制乐器；种子可食或榨油；叶、花、根、种子入药，有清热解毒、去湿健脾之效。分布于舟山岛。

62. 山茶科 Theaceae

浙江红山茶 *Camellia chekiang－oleosa* Hu（图6－28A），乔木或灌木状。叶椭圆形，边缘具锯齿，全面散生淡褐色木栓疣。花单独或对生顶端，红色半开，漏斗形。花瓣5～7。蒴果球形，3裂，果瓣厚，2～3个褐色大型种子。种仁含量50%～65%，供制肥皂及机械润滑油，也是蜜源植物。属广泛分布种。

柃木 *Eurya japonica* Thunb.（图6－28B），灌木。嫩枝有棱。叶革质，椭圆形，边缘具钝齿。花白色，1～2朵腋生。果实圆球形。枝叶入药，能清热、消肿；果实为染料；枝叶烧成灰，灰汁可作染媒剂。分布于舟山各个岛屿。

滨柃 *E. emarginata* Makino（图6－28C），灌木。嫩枝有2棱，被淡黄棕色柔毛。叶厚革质，倒卵形。花瓣倒卵形，基部合生。果实圆球形。分布舟山岛、册子岛、普陀山、朱家尖、桃花岛、中街山。

三个物种的区别在于，滨柃与柃木为单性花雌雄异株，浙江红山茶为两性花。滨柃嫩枝有毛，柃木嫩枝无毛。

63. 藤黄科 Guttiferae

黄海棠 *Hypericum ascyron* Linn.（图6－28D），多年生草本。茎直立，具4棱，淡棕色。叶片宽披针形。花数朵成顶生的聚伞花序；花大，金黄色。蒴果圆锥形，棕褐色。种子圆柱形。全草入药。带成熟果实的地上部分，名红旱莲，有活血调经、止咳止血、祛风湿之效，也是栲胶原料，民间以叶代茶。分布于普陀山。

地耳草 *H. japonicum* Thunb. ex Murray 又名田基黄、七层塔、千重楼，一年生或多年生草本。茎直立或披散，纤细，具4棱，基产近节处生细根。叶小，叶片宽卵形，有微细透明腺点。聚伞花序顶生；花小，黄色。蒴果椭圆形，棕褐色。种子圆柱形。全草入药，能清热解毒、止血消肿。用于肝炎、早期肝硬化、阑尾炎、眼结膜炎、扁桃体炎等症的治疗；外用治疮疖肿毒、带状疱疹、毒蛇咬伤、跌打损伤。分布于舟山各个岛屿。

小连翘 *H. erectum* Thunb. ex Murr.（金石榴、旱莲草、麝香草、黄草），多年生草本。叶片长椭圆形，下面散布黑色腺点。花多而密，组成顶生或腋生的聚伞花序；花黄色。蒴果圆锥形，种子圆柱形。全草入药有收敛止血、散瘀镇痛之效。分布于舟山各个岛屿。

三种植物的区别在于，小连翘茎圆柱，叶片有腺点；黄海棠与地耳草茎4棱叶

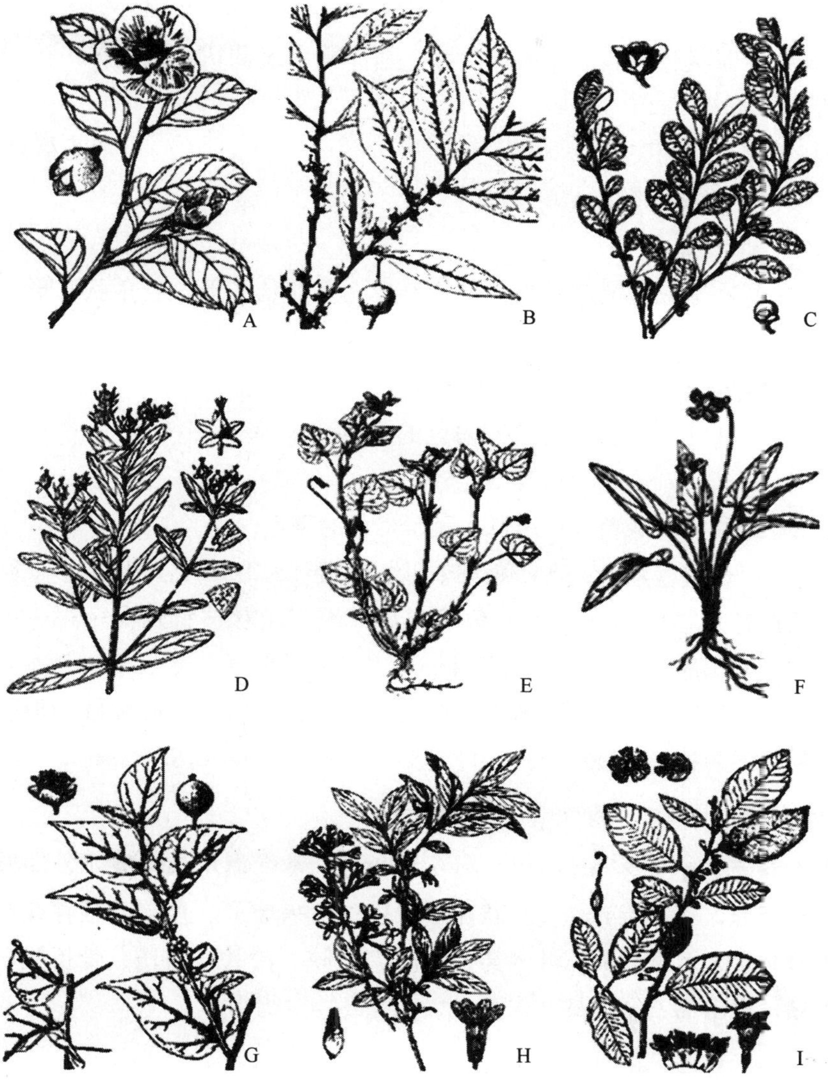

图6－28

A：浙江红山茶；B：柃木；C：滨柃；D：黄海棠；E：紫花堇菜；F：紫花地丁；G：柞木；H：芫花；I：胡颓子

片无腺点。黄海棠相对于地耳草，在于植株高大，花大。

64. 堇菜科 Violaceae

1 植株具地上茎

2 托叶全缘或稍有浅齿

3 叶片肾形、心形或三角状心形，基部心形至箭状心形……………… 堇菜

Vicia verecunda A. Gray.

3 叶片卵状三角形，或狭三角形，基部截形或截状心形………………三角叶堇菜 *V. triangulifolia* W. Beck.

2 托叶栉齿状深裂…………………………………………紫花堇菜 *V. grypoceras* A. Gray（图 6 – 28E）

1 植株无地上茎

4 托叶全部与叶柄离生，叶片心形、宽卵状心形、三角状心形，或肾状心形………………………辽宁堇菜 *V. rossii* Hemsl.

4 托叶至少下部 1/2 与叶柄合生

5 托叶紫褐色，或具紫褐色的斑点………………………………………戟叶堇菜 *V. betonicifolia* Smith

5 托叶淡绿色或苍白色，无紫褐色的斑点

6 花蓝紫色，下瓣距细管状，直径 1 ~ 2 mm，叶片舌形、卵状披针形、长圆状披针形，果期则变为三角状卵形，或三角状披针形…………………………………紫花地丁 *V. yedoensis* Makino（图 6 – 28F）

6 花淡紫色，下瓣距粗筒状，直径 2 ~ 3 mm，叶片圆心形、卵状心形，果期变化不明显………………心叶堇菜 *V. concordifolia* C. J. Wang

65. 大风子科 Flacourtiaceae

柞木 *Xylosma japonica* A. Gray（图 6 – 28G），常绿灌木或小乔木，幼枝有腋生的刺。叶宽卵形，花雌雄异株；总状花序腋生；浆果球形，顶端有宿存花柱，种子黑色。木材坚实，可做农具；叶入药，能散瘀消肿，治跌打扭伤、骨折脱臼等。分布于舟山岛、梅山岛、金塘岛、朱家尖、桃花岛、中街山。

66. 瑞香科 Thymelaeaceae

芫花 *Daphne genkwa* Sieb. et Zucc.（图 6 – 28H），落叶灌木，幼枝密被淡黄色绢状毛。叶对生，纸质，椭圆状矩圆形，花先叶开放，淡紫色，3 ~ 6 朵成簇腋生；花被筒状，裂片 4，卵形，花盘环状；核果白色。茎皮纤维为优质纸和人造棉原料。花蕾为祛痰、利尿药；根有活血消肿、解毒之效。分布于舟山岛、普陀山。

67. 胡颓子科 Elaeagnaceae

胡颓子 *Elaeagnus pungens* Thunb.（图 6 – 28I），常绿直立灌木，具棘刺；被鳞片。叶厚革质，椭圆形，边缘微波状。花银白色，下垂，花被筒圆筒形，上部 4 裂，裂片矩圆状三角形，果实椭圆形，被锈色鳞片，成熟时红色。果食用和酿酒；果及根、叶入药，有收敛止泻，镇咳解毒之效。分布于舟山各个岛屿。

牛奶子 *E. umbellata* Thunb.，落叶灌木，具刺；被银白色鳞片。叶纸质，椭圆形。花先叶开放，黄白色，芳香，2～7 朵丛生新枝基部；核果球形，被银白色鳞片，成熟时红色。果食用、酿酒和药用。分布于舟山岛、梅山岛、大榭岛、普陀山、朱家尖、桃花岛。

两种植物的区别在于胡颓子为常绿灌木，花秋冬开放；牛奶子为落叶灌木，花春夏开放。

68. 千屈菜科 Lythraceae

紫薇 *Lagerstroemia indica* Linn. 又名怕痒树，落叶灌木或小乔木，树皮光滑，片状脱落，灰白色或灰褐色。枝干多扭曲，具 4 棱。叶互生，叶片纸质，椭圆形。花淡红色，花瓣 6 片，皱缩。蒴果椭圆状球形。成熟了干燥时呈紫黑色，室背开裂。种子具翅。可供栽培观赏、用材树种。树皮、叶及花为强泻剂；根和树皮可治咯血、吐血、便血、黄疸及痢疾；叶捣烂外敷可治疳疽肿毒，煎水可治湿疹。分布于金塘岛。

69. 菱科 Trapaceae

野菱 *Trapa incisa* Sieb. et Zucc.（图 6－29A），一年生水生草本，植株较纤细。浮水叶为菱形，中上部边缘有三角形齿。花白色，单生于叶腋，疏毛。果实倒三角形，具 4 刺状角，顶端均有倒与腰角间常有瘤状突起，果冠明显，顶端有喙。果实小，可食。分布于梅山岛。

70. 八角枫科 Alangiaceae

毛八角枫 *Alangium kurzii* Craib（图 6－29B），小乔木或灌木。嫩枝被淡黄色短柔毛，疏生灰白色的圆形皮孔。叶片纸质近圆形。聚伞花序有花 5～7 朵，被短柔毛；花瓣 6～8 片，白色，花盘近球形。核果椭圆形，黑色。种子榨油。分布于舟山岛、梅山岛、大榭岛、普陀山、朱家尖。

71. 柳叶菜科 Onagraceae

丁香蓼 *Ludwigia epilobioides* Maxim.（图 6－29C），一年生草本。茎近直立，多分枝，有纵棱，略带红紫色。叶互生，叶片披针形，花瓣 4 片，黄色，狭匙形，蒴果线状圆柱形，褐色，稍带紫色，成熟后室背果皮呈不规则开裂。全草药用，性凉，味微苦辛。有清热利水、止血作用。分布于舟山各个岛屿。

72. 小二仙草科 Haloragidaceae

穗花狐尾藻 *Myriophyllum spicatum* Linn.（图 6－29D），水生草本。茎多分枝。叶通常 4～6 轮生，羽状深裂。穗状花序顶生或腋生；花两性或单性，雌雄同株，常

4 朵轮生于花序轴上；果球形，有 4 纵裂隙。可作鱼饲料。分布于梅山岛、大榭岛。

73. 五加科 Araliaceae

楤木 *Aralia chinensis* Linn. （图 6－29E），有刺灌木或小乔木，小枝被黄棕色绒毛，疏生短刺。2～3 回羽状复叶；小叶 5～11 片。小叶卵形。边缘有锯齿，伞形花序聚生为顶生大型圆锥花序；花白色；花瓣 5 片。果球形，5 棱，熟时黑色。种子油供制肥皂等；根皮入药，有活血散瘀、健胃、利尿功效。分布于舟山各个岛屿。

刺楸 *Kalopanax septemlobus*（Thunb.）Koidz. （图 6－29F），落叶乔木，叶在长枝上互生，短枝簇生，掌状 5～7 裂，裂片宽三角状卵形，边缘有细锯齿。伞形花序聚生为顶生圆锥花序；花白色或淡黄绿色；花瓣 5 片。果球形，熟时蓝黑色。种子油供制肥皂等；树皮及叶含鞣质；根皮入药，有清热祛痰、收敛镇痛之效。分布于舟山各个岛屿。

两种植物的区别在于，刺楸为单叶，乔木；而楤木为复叶，小乔木。

74. 伞形科 Umbelliferae

1 单伞形花序，植株有匍匐茎

2 总苞片无或不明显，分生果有三条尖锐或平钝的主棱，次棱不明显，也不呈网状，花瓣先端尖（天胡荽属 *Hydrocotyle*）……………………………………天胡荽 *Hydrocotyle sibthorpioides* Lam.

2 总苞片 2，明显；分生果除有 3 条线状主棱外，尚有两条明显呈网状的次棱，花瓣先端钝（积雪草属 *Centella*）…………………………………………………积雪草 *Centella asiatica* Urban

1 复伞形花序

3 子房或果实具刚毛、钩刺或小瘤，但绝非柔毛（胡萝卜属 *Daucus*）……………………………野胡萝卜 *Daucus carota* Linn.

3 子房或果实不具刚毛、刺或小瘤，但可或具柔毛

4 果棱无翅

5 萼齿细小或不存在，果棱突起，非钝圆（旱芹属 *Apium*）……………细叶旱芹 *Apium leptophyllum* F. Muell. （图 6－30A）（舟山岛、梅山岛、大榭岛）

5 萼齿大而显著，果棱肥厚而钝圆，木栓质（水芹属 *Oenanthe*）…………………………………………………水芹 *Oenanthe javanica* DC. （图 6－29H）

4 果棱全部或部分有翅

6 果实的背棱、中棱和侧棱均具狭翅，或背棱、中棱具翅而侧棱无

图 6－29

A：野菱；B：毛八角枫；C：丁香蓼；D：穗花狐尾藻；E：楤木；F：刺楸；G：珊瑚菜；H：水芹；I：滨海前胡

翅（珊瑚菜属 *Glehnia*）……………………………………………………珊瑚菜 *Glehnia littoralis Fr.* Schmidt ex Miq.（图 6－29G）（普陀山、东沙、桃花岛）

6 果实的背棱和中棱线形或不显著，亦不发达成翅，侧棱则发达成或狭或宽的翅（前胡属 *Peucedanum*）……………………………………滨海前胡 *Peucedanum japonicum* Thunb.（图 6－29I）（普陀山、中街山、舟山）

75. 山茱萸科 Cornaceae

梾木 *Cornus macrophylla* Wall.（图 6-30B），落叶乔木或灌木。叶对生，椭圆状卵形。二歧聚伞花序圆锥状，顶生。花小，白色至黄色，花瓣矩圆形；核果球形，蓝黑色。树皮和叶可提栲胶；种子榨油供制肥皂及润滑油；木材是建筑、家具用材。分布于朱家尖、桃花岛。

76. 杜鹃花科 Ericaceae

映山红 *Rhododendron simsii* Planch.，落叶灌木，分枝多，枝有褐色扁平糙状毛，叶纸质，卵形，春叶短，夏叶长。花 2~6 朵簇生枝顶；花冠蔷薇色、红色，宽漏斗状，裂片 5 片，上方 1~3 裂片里面有深红色斑点；蒴果卵圆形，有密糙毛。分布于舟山各个岛屿。

马银花 *Rh. ovatum*（Lindl.）Planch.（图 6-30C），常绿灌木，叶革质，卵形，有明显的凸尖头。花单一，每花芽 1 朵顶叶腋生；花白紫色，有粉红色点；花冠 5 裂，筒部里面有柔毛。蒴果宽卵形，有增大的宿存花萼包围。

乌饭树 *Vaccinium bracteatum* Thunb.（图 6-30D），常绿灌木，分枝多，叶革质，椭圆状卵形，边缘有尖硬细齿。总状花序腋生，有微柔毛。花冠白色，通常下垂，筒状卵形，5 浅裂，有细柔毛。浆果球形，紫黑色，稍被白粉，味甜，可生食。分布于舟山各个岛屿。

三种植物的区别在于，乌饭树花序总状，花白色而下垂，浆果。映山红与马银花花单生或簇生，花红色，直立，蒴果。映山红为落叶灌木，而马银花为常绿灌木。

77. 紫金牛科 Myrsinaceae

朱砂根 *Ardisia crenata* Sims（图 6-30E），灌木，有匍匐根状茎。叶坚纸质，狭椭圆形，边缘皱波状两面有突起腺点。花序伞形或聚伞状，顶生。花冠裂片披针状卵形，有黑腺点；果有稀疏黑腺点。根及全株有活血去痰、清热降火、消肿解毒、祛痰止咳等功效。分布于朱家尖、桃花岛。

紫金牛 *A. japonica*（Thunb.）Bl.，半灌木，有匍匐生根，被褐色微柔毛。叶对生，坚纸质，椭圆形，边缘有锯齿，两面有腺点。花序近伞形或聚伞状，顶生。花冠裂片卵形，果有黑腺点。根、树皮及全株入药，有活血散瘀、解筋活络等功效。分布舟山岛、金塘岛、朱家尖、桃花岛、中街山。

两种植物的区别在于，朱砂根叶为圆齿，而紫金牛叶为锯齿。

78. 报春花科 Primulaceae

1 一年生草本，蒴果盖裂，叶对生或轮生，无基生叶，花冠蓝色（琉璃繁缕

Anagallis）…………………………………………………………………琉璃繁缕 *Anagallis arvensis* Linn.（图 6－30F）

1 二年生或多年生草本，花冠其他颜色（白色或黄色）（珍珠菜属 *Lysimachia*）

2 花白色

3 海滨植物，全株无毛，苞片叶状，蒴果卵形，直径 4～4.5 mm……………………………………………………………滨海珍珠菜 *L. mauritiana* Lam.（图 6－30H）

3 非海滨植物，全株有毛，苞片钻形披针形，蒴果球形，直径 2～3 mm……………………………………………………………………星宿菜 *L. fortunel* Maxim.（图 6－30G）

2 花黄色

4 茎直立或膝曲直立…………………………………………………疏节过路黄 *L. remota* Petitm.（中街山、普陀山）

4 茎匍匐延伸，或分枝稍上升，或成披散状…………………小茄 *L. japonica* Thunb.（桃花岛、金塘岛）

79. 蓝雪科 Plumbaginaceae

中华补血草 *Limonium sinense*（Girard）O. Ktze.（图 6－30I），多年生草本，全株无毛。基生叶矩圆状披针形。花 2～3 朵组成聚伞花序，穗状排列于花序分枝顶端形成圆锥花序。花序轴具显著棱槽，花萼漏斗状，裂片 5 片，白色，花瓣 5 片，黄色，基部连合；全草药用，祛湿、清热、止血。分布于长峙岛、大榭岛。

80. 柿科 Ebenaceae

野柿 *Diospyros kaki* Thunb. var. *sylvestris* Makino（图 6－31A），灌木，枝条有刺。叶纸质，卵状菱形，下面有毛。花单生于叶腋，白色；花萼 4 裂片矩圆形，果卵球形，有长柔毛，红色，有蜡质及光泽；宿存花萼花后增大，裂片革质。果实可提制柿油（柿漆）。分布于舟山岛、梅山岛、大榭岛、金塘岛、普陀山。

81. 山矾科 Symplocaceae

白檀 *Symplocos paniculata* Miq.（图 6－31B），落叶灌木或小乔木，全株被柔毛。叶椭圆形，边缘有细尖锯齿。圆锥花序生于新枝顶端，花具长梗。花冠有芳香，5 深裂，有极短的花冠筒；核果蓝色，卵形稍偏斜，宿存萼裂片直立。木材作细工及建筑用；种子油作油漆及肥皂用；叶药用；根皮与叶作农药用。分布于舟山各个岛屿。

四川山矾 *S. setchuensis* Brand（图 6－31C），常绿小乔木，嫩枝有棱。叶片革质，长椭圆形，边缘疏生锯齿。密伞花序有花多朵，生于叶腋；花冠白色，5 深裂，

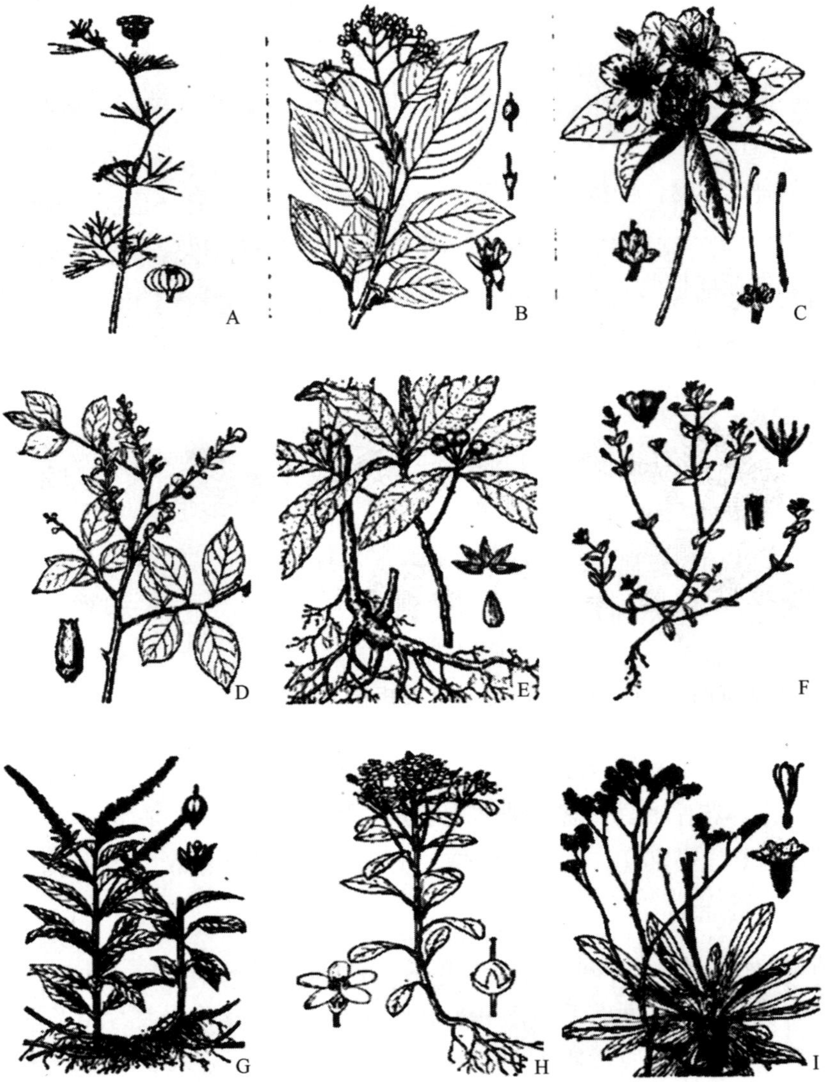

图 6-30

A：细叶旱芹；B：梾木；C：马银花；D：乌饭树；E：朱砂根；F：琉璃繁缕；G：星宿菜；H：滨海珍珠菜；I：中华补血草

裂片倒卵状长圆形。核果卵状椭圆形，黑褐色。被微柔毛，宿存萼裂片直立，核无棱。木材供制器具；种子油可制肥皂；园林绿化树种。分布于金塘岛、册子岛、普陀山、朱家尖、桃花岛。

老鼠矢 *S. stellaris* Brand（图 6-31D），常绿乔木，被红褐色长绒毛，小枝髓中空。叶厚革质，下面灰白色，披针状椭圆形。团伞花序着生于二年生枝的叶痕之上；

花冠白色，5深裂几达基部，裂片先端有睫毛；核果狭卵形，宿存萼裂片直立，核6~8纵棱。木材供制器具；种子油可制肥皂。分布于桃花岛、定海长岗山。

三种植物的主要区别在于，白檀为圆锥花序，且生于枝顶，子房2室，落叶；四川山矾与老鼠矢为总状花序，密集，子房3室，常绿。老鼠矢叶片革质，四川山矾非革质。

82. 木犀科 Oleaceae

女贞 *Ligustrum lucidum* Ait.（图6-31E），乔木，枝具皮孔。叶革质而脆，卵形，圆锥花序；花冠筒和花萼略长；核果矩圆形，紫蓝色。木材供制器具，作细工材料；种子油可制肥皂。果入药，治肝肾阴亏；叶可治口腔炎；树皮研末调茶油涂烫火伤或治痈肿；根或茎基部泡酒，治风湿。分布于舟山岛、梅山岛、大榭岛、普陀山、朱家尖、桃花岛。

83. 马钱科 Loganiaceae

醉鱼草 *Buddleja lindleyana* Fort.（图6-31F），灌木，小枝具4棱而稍有翅。嫩枝叶及花序被细棕黄星状毛。叶对生，卵形。花序穗状，顶生，直立；花冠紫色，稍弯曲，筒内面白紫色，具细柔毛。蒴果矩圆形，被鳞片，种子多数，细小。花、叶和根药用，有小毒。分布于舟山岛、大榭岛、金塘岛、册子岛、普陀山、朱家尖、桃花岛。

84. 龙胆科 Gentianaceae

荇菜 *Nymphoides peltata*（Gmel.）O. Ktze.（图6-31G），多年生水生草本，在水底泥中有匍匐地下茎。茎圆柱形，与分枝均沉没于水底。节上生不定根。叶互生，上部近对生，漂浮于水面上，叶片质厚，心状卵形，有时肾圆形，下面常带紫红色，有腺点。花黄色，簇生于叶腋；蒴果狭长圆形，表面有褐色小斑点。全草入药，主治诸疮肿痛及热淋等。分布于舟山岛。

85. 夹竹桃科 Apocynaceae

络石 *Trachelospermum jasminoides*（Lindl.）Lem.（图6-31H），常绿木质藤本，具乳汁。叶对生，卵状披针形。聚伞花序腋生和顶生。花冠白色，裂片5枚，向右覆盖；花冠杯状。蓇葖果叉生，种子顶端具种毛。根、茎、叶、果实药用，治风寒感冒、关节炎等，茎皮纤维可制人造棉；花提取“络石浸膏”。分布于舟山各个岛屿。

86. 萝藦科 Asclepiadaceae

毛白前 *Cynanchum mooreanum* Hemsl.，缠绕柔弱藤本。茎叶密被黄柔毛。叶对生，卵状心形。伞形聚伞花序腋生。花冠紫红色，副花冠杯状。蓇葖果单生，刺刀形，种子顶端具白绢质种毛。根药用，治疟疾。分布于普陀山、茶山岛。

图6－31

A：野柿；B：白檀；C：四川山矾；D：老鼠矢；E：女贞；F：醉鱼草；G：荇菜；H：络石；I：萝藦

萝藦 *Metaplexis japonica* Makino（图6－31I），多年生草质藤本，具乳汁。叶对生，卵状心形，下面粉绿色。总状式聚伞花序腋生，具长总花梗。花蕾圆锥状，花冠白色，近辐状，裂片向左覆盖。蓇葖果角状叉生，平滑；种子顶端具种毛。果可治劳伤，根可治跌打、蛇咬，茎叶可治小儿疳积等；茎皮纤维可制人造棉。分布于舟山各个岛屿。

两种植物的主要区别在于，毛白前蓇葖果线形，而萝藦蓇葖果卵形。毛白前柱头短不伸出花冠外，而萝藦柱头延伸成长喙，伸出花冠外。

87. 安息香科 Styracaceae

赛山梅 *Styrax confusus* Hemsl.（图6－32A），落叶灌木或小乔木，幼枝有褐色星状毛，后脱落。叶片坚纸质，长椭圆形，边缘具细小不明显的小刺。中脉、侧脉和叶柄常具星状绒毛；总状花序顶生，有花5～6朵，腋生有花1～3朵。花冠5深裂。果实球形。分布于金塘岛、普陀山、岱山。

88. 旋花科 Convolvulaceae

菟丝子 *Cuscuta chinensis* Lam.，一年生寄生草本。茎纤细丝线状，缠绕，橙黄色，借助吸器固着于寄主。无叶。花小，花簇生成球状；花萼杯状，5裂；花冠白色，壶形，顶端5裂，裂片常向外反曲；雄蕊5枚；蒴果球形，成熟时被花冠全部包围；种子淡褐色。花果期7—10月。种子药用，有补肾壮阳、养血安胎等功效。

肾叶打碗花 *Calystegia soldanella*（Linn.）R. Br.（图6－32B），多年生草本，光滑。茎平卧，不缠绕。叶互生，肾形，具长柄。花单生叶腋，花萼5片，卵圆形，花冠钟状漏斗形，粉红色。蒴果卵圆形，种子黑褐色，光滑。分布于舟山各个岛屿沙滩。

两种植物的主要区别在于，菟丝子为寄生性草本植物。

89. 马鞭草科 Verbenacea

1 花无梗，组成穗状花序，或短缩成伞房状或头状花序，直立草本，节上不生根，穗状花序细长，如鞭或短缩成伞房状（马鞭草属 *Verbena*）……………………………………………………马鞭草 *Verbena officinalis* Linn.（图6－32E）

1 花有梗，组成聚伞花序或由聚伞花序再组成各式花序，稀单花腋生

2 4瓣裂的蒴果，半灌木或多年生草本，而茎基部常木质化（莸属 *Caryopteris*）……………………………………………兰香草 *Caryopteris incana* Miq.（朱家尖、桃花岛、中街山、金塘岛）

2 核果或浆果状核果，灌木或小乔木

3 花序全部腋生，花辐射对称，雄蕊近等长（紫珠属 *Callicarpa*）…………………………………………华紫珠 *Callicarpa cathayana* H. T. Chang.（图6－32C）（桃花岛）

3 花序顶生，或有时顶生兼腋生，花冠二唇形，或不等5裂，雄蕊多，少二强

4 花冠5裂，裂片稍不等长，但不呈二唇形，花萼果时明显增大（大青属 *Clerodendrum*）……………………………………………………海州常山 *Clerodendrum trichotomun* Thunb.（图6－32D）

4 花冠4裂或5裂，二唇形，花萼果时仅稍增大（牡荆属 *Vitex*）

5 小乔木或直立灌木，掌状复叶，小叶3～5枚……………………………………牡荆 *Vitex negundo* L. var. *cannabifolia* Hand.－Mazz.（图6－32F）

5 蔓性灌木，单叶全缘……………………………单叶蔓荆 *V. trifolia* L. var. *simplicifolia* Cham.（图6－32G）

90. 唇形科 Labiatae

1 花柱不着子房底，小坚果连和而高于子房1/2以上，花冠单唇（筋骨草属 *Ajuga*）………………………………………金疮小草 *Ajuga decumbens* Thunb.（图6－32H）（桃花岛）

1 花柱着子房底，小坚果个个分离，仅基部的一个点着生于花托上，花冠常为二唇形

2 小坚果及种子多少横生，胚有向上弯曲的位于一片子叶上的胚根，萼筒背部有盾片（黄芩属 *Scutellaria*）………………………………………………印度黄芩 *Scutellaria indica* Linn.

2 小坚果及种子直生，胚有短而向下直伸的胚根，萼筒背部无盾片

3 花药卵形、长卵形或线性，药室平行或叉开，稀平叉开，顶端不贯通或稀近于贯通

4 花冠檐部明显二唇形，具不相似的裂片，上唇外凸，弧状、镰状或盔状

5 花药卵形，雄蕊4

6 萼檐二唇形，果时喉部由于下唇二齿向上斜伸，以致合闭，上唇先端截形，有3短齿，花冠上唇盔状（夏枯草属 *Prunella*）………………夏枯草 *Prunella vulgaris* Linn.（图6－33D）

6 萼檐不呈二唇形，萼齿近相等，喉部在果时张开

7 叶片至少在茎下部3～5掌状分裂或深裂，药室平行，无毛（益母草属 *Leonurus*）…………………………………………………益母草 *Leonurus artemisia* S. Y. Wu（图6－33B）

7 叶片全缘或具锯齿，不作掌状分裂，药室通常叉开，稀平行，有毛或无毛（野芝麻属 *Lamium*）……………………………………………………野芝麻

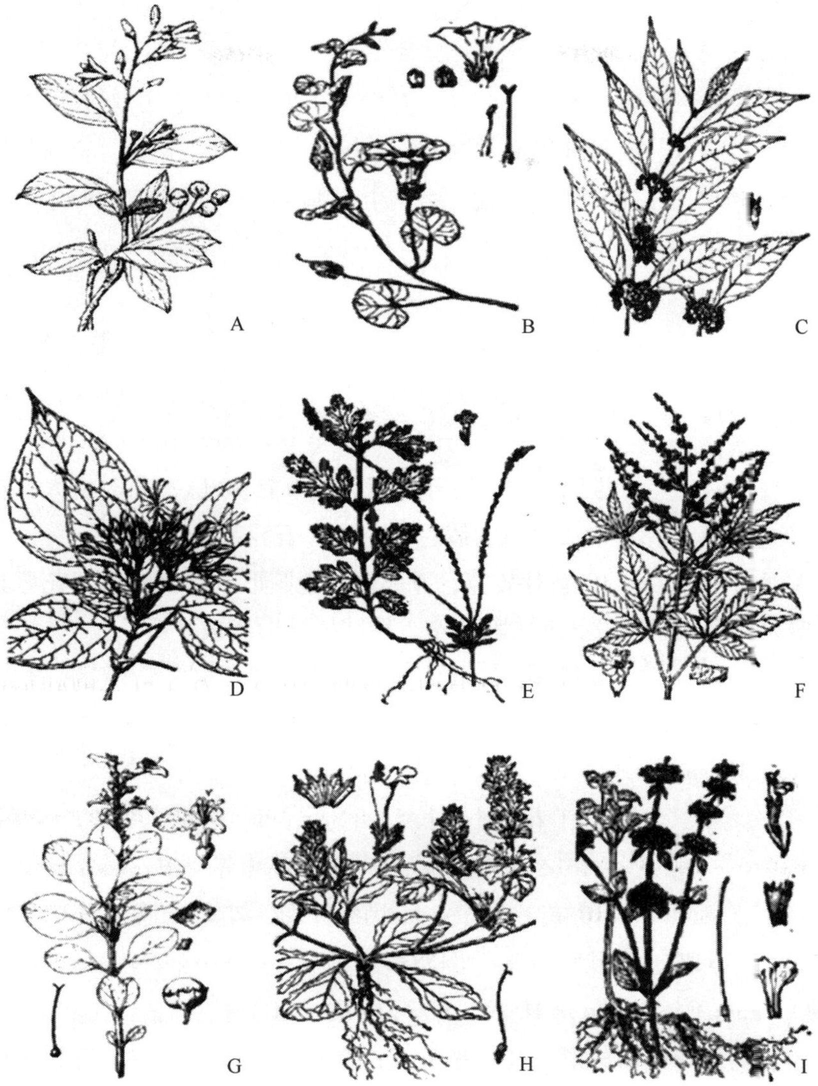

图 6－32

A：赛山梅；B：肾叶打碗花；C：华紫珠；D：海州常山；E：马鞭草；F：牡荆；
G：单叶蔓荆；H：金疮小草；I：风轮菜

Lamium barbatum Sieb. et Zucc.

5 花药线形，雄蕊 2 枚，后对雄蕊极小或缺，药隔延长成线性，与花丝有关节相连，成丁字或否，花萼二唇形，轮状花序排列成总状、圆锥状或穗状，小坚果卵球形（鼠尾草属 *Salvia*）………………………………………………红根草 *Salvia prionitis* Hance

4 花冠檐部近辐射对称，或近二唇形，裂片相似或略分化，上唇如已分化则扁平或外凸，花药卵形

8 雄蕊沿花冠上唇上升，花冠近二唇形，花萼不整齐，花后期显二唇形，萼筒管状，直伸或微弯，基部一边肿胀，具13~18脉，轮伞花序稀疏或密集，顶生或腋生，小苞片长刺毛状，多年生草本，叶片有锯齿（风轮菜 *Clinopodium*）……………………………………………风轮菜 *Clinopodium umbrosum* C. Koch（图6-32I）

8 雄蕊不沿花冠上唇上升，而从基部直伸，花萼具10~15脉

9 雄蕊4枚，近等长，自基部展开伸直（牛至属 *Origanum*）……………………………………………………牛至 *Origanum valgare* Linn.

9 雄蕊2枚，展开伸直，花萼具10脉，果时增大，花冠近二唇形，轮伞花序具2花，形成顶生的假总状花序（石荠苧属 *Mosla*）

10 苞片较宽，宽卵形，近圆形或圆倒卵形，花萼具相等的5齿，小坚果具深穴状雕纹，叶片较狭窄，线状披针形或披针形

11 花大，长约1 cm，聚集成紧密或稍疏离的总状花序，叶片较宽，披针形……………………………………………………杭州荠苧 *Mosla hangchowensis* Matsuda

11 花较小，长5~8 mm，叶片较窄，线形，线状披针形或披针形……………………………………………………苏州荠苧 *M. soochowensis* Matsuda

10 苞片较窄，卵状披针形，花萼二唇形，小坚果具疏网纹，叶片较宽，卵形、卵状披针形、倒卵形或菱形……………………………石荠苧 *M. scabra* C. Y. Wu et H. W. Li.（图6-33C）

3 花药球形或卵球形，药室平叉开，在顶端贯通成一室，花粉散出后则展开（香薷属 *Elsholtzia*）……………………………………………海洲香薷 *Elsholtzia splendens* Nakai（图6-33A）

91. 茄科 Solanaceae

枸杞 *Lycium chinensis* Mill.（图6-33E），多年生灌木，枝细长，有棘刺。叶互生或簇生，卵形，全缘。花萼钟状，花冠漏斗状，浆果长椭圆状卵形，红色。种子肾形，黄色。果为枸杞子，能滋补、明目；根皮（即地骨皮）能清热、凉血。分布于舟山各个岛屿。

毛酸浆 *Physalis pubescens* Linn.，一年生草本，全体密生短柔毛。叶薄，卵形，边缘有不等大的齿。花单生于叶腋。花萼钟状，花冠钟状淡黄色，基部紫色斑纹，

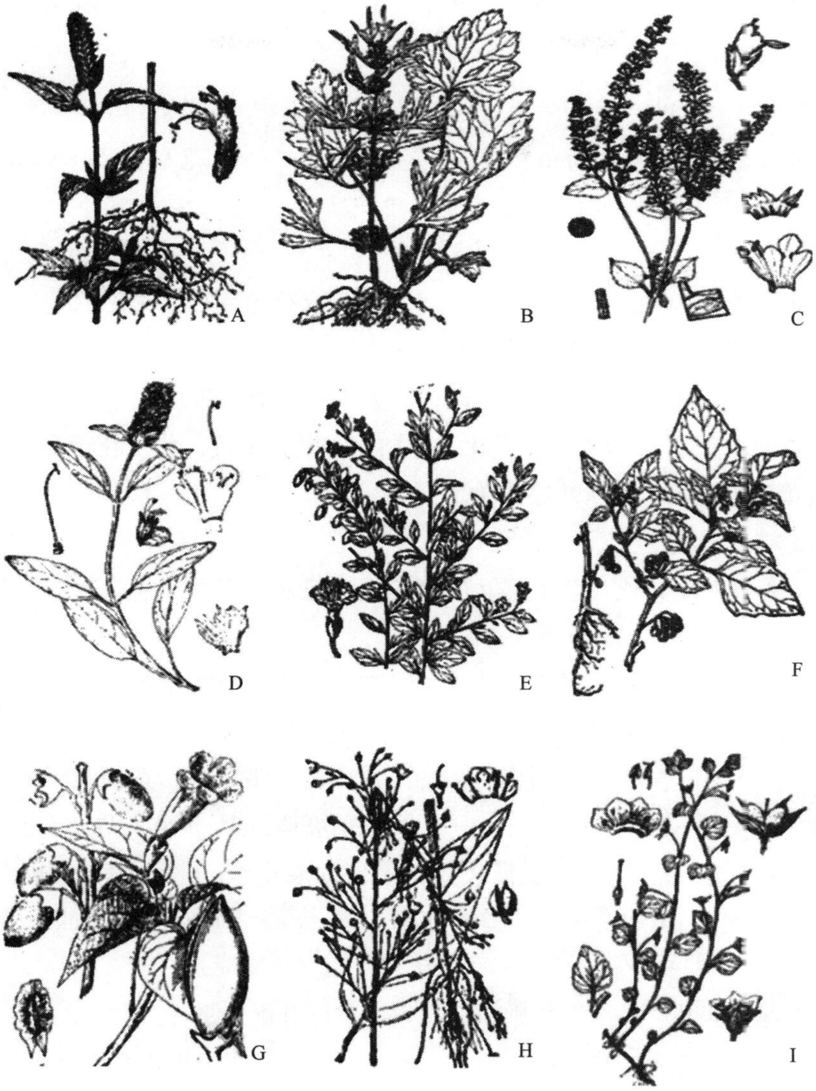

图 6－33

A：海洲香薷；B：益母草；C：石荠苧；D：夏枯草；E：枸杞；F：龙葵；G：彐花泡桐；H：玄参；I：阿拉伯婆婆纳

浆果球形，被膨大的宿萼包围。全草药用，能清热解毒、利水消肿。分布于舟山各个岛屿。

龙葵 *Solanum nigrum* Linn.（图 6－33F），一年生草本，叶卵形，边缘有不规则波状粗齿。花序短蝎尾状，腋外生。花萼杯状，花冠白色，辐状，裂片卵状三角形。浆果球形，黑色。全草药用，能清热解毒、利水消肿。属广泛分布种。

这三种植物的区别在于，枸杞为木本，其余两种为草本。毛酸浆花后花萼增大包被果实。

92. 玄参科 Scrophulariaceae

1 乔木（泡桐属 *Paulownia*）……………………白花泡桐 *Paulownia fortunei* (Seem.) Hemsl.（图 6－33G）（朱家尖、桃花岛）

1 草本

2 能育雄蕊 4 枚，有一个退化雄蕊位于花冠筒的后方，花序的基本单位为聚伞花序，再组成顶生圆锥花序（玄参属 *Scrophularia*）……………玄参 *Scrophularia ningpoensis* Hemsl.（图 6－33H）（普陀山、朱家尖、梅山岛）

2 能育雄蕊 2、4 或 5 枚，退化雄蕊如存在则为 2 枚，位于花冠筒的前方，花序的基本单位为总状、穗状花序或单生

3 雄蕊 2 枚

4 叶对生，或在茎上部互生或轮生，花冠筒很短，蒴果顶端微凹（婆婆纳属 *Veronica*）

5 种子扁平，光滑，花梗短，并远短于叶状的苞片………………………直立婆婆纳 *Veronica arvensis* Linn.

5 种子舟状，一面膨胀，一面具深沟，多皱纹，花梗长于或等长于叶状的苞片……………………………………阿拉伯婆婆纳 *V. persica* Poir.（图 6－33I）

4 叶全部互生，花冠筒较长，蒴果顶端全缘（腹水草属 *Veronicastrum*）……………………………………爬岩红 *Veronicastrum axillare* Yamazaki.（舟山岛、桃花岛）

3 雄蕊 4 枚，若为 2 枚则花冠前方有 2 枚退化雄蕊

6 花冠上唇多少向前方弓曲，呈盔状，或为狭长的倒舟状

7 花萼基部无小苞片（松蒿属 *Phtheirospermum*）………………………松蒿 *Phtheirospermum japonicum* Kanitz（图 6－34A）（桃花岛、金塘岛、梅山岛）

7 花萼基部有 2 小苞片

8 花萼筒状，5 裂，花冠黄色，蒴果线形，叶片羽状分裂，茎基部具寻常叶（阴行草属 *Siphonostegia*）…………阴行草 *Siphonostegia chinensis* Benth.（图 6－34B）（朱家尖、金塘岛）

8 花萼筒状，4 裂，花冠淡红色，蒴果卵圆形，叶片线状披针形，基部具鳞片状叶（鹿茸草属 *Monochasma*）………绵毛鹿茸草 *Monochasma savatieri*

Franch. ex Maxim.（图 6－34C）

6 花冠上唇直伸，或向后翻卷，决不呈盔状或倒舟状

9 花萼 5 深裂而几达基部，如浅裂，则蒴果披针状狭长，花丝常有附属物（母草属 *Lindernia*）

10 植物体通常直立，叶片具 3～5 条基出脉或平行脉……………………………………陌上菜 *Lindernia procumbens* Philcox.（大榭岛、金塘岛、舟山岛）

10 植物体通常铺散，叶脉羽状

11 叶片三角状卵形或卵形，基部截形或近心形，边缘有浅而不明显的锯齿，花单生……………………………………长蒴母草 *L. anagallis*（Burm. f.）Pennell

11 叶片长圆形、长圆状披针形或倒卵状披针形边缘有明显的锯齿，花单生或排成总状花序…………………………………………………………泥花草 *L. antipoda* Alston

9 花萼钟状，裂达一半左右，蒴果短，花丝无附属物（通泉草属 *Mazus*）…………………………………………………通泉草 *Mazus japonicus* O. Kuntze（图 6－34D）

93. 列当科 Orobanchaceae

中国野菰 *Aeginetia sinensis* G. Beck.（图 6－34E），一年生寄生草本。茎中部以下分枝，通常紫褐色。叶鳞片状、卵状披针形。花大，单生于茎端，花萼佛焰苞状，船形。花冠红紫色，近二唇形。蒴果长圆锥状。产于桃花岛、舟山岛，生于草丛禾草类植物的根上。全草供药用，能清热解毒、消肿，也可用于妇科调经。分布于册子岛、桃花岛、定海马岙。

列当 *Orobanche coerulescens* Steph. ex Willd.，一年生寄生草本。根状茎肥厚，全株密被白色长绵毛。茎黄褐色，基部膨大。叶鳞片状、卵状披针形。穗状花序。花冠浅紫色，二唇形。蒴果卵状椭圆形。产于普陀岛、舟山岛、桃花岛。多寄生于菊科的蒿属植物的根上。全草及根供药用，有补骨强筋、补肝肾之效。分布于普陀山。

两种植物的主要区别在于，中国野菰花单生，花萼佛焰苞状，而列当花多数，萼片杯状。

94. 苦苣苔科 Gesneriaceae

吊石苣苔 *Lysionotus pauciflorus* Maxim.，附生小灌木。叶在枝端密集，叶片革

质，狭长，楔形、楔状线形。聚伞花序顶生，花冠白色，稍带紫色，筒细漏斗状，二唇形。蒴果线形。产于普陀岛、桃花岛。全株入药，有益肾强筋、散瘀镇痛、舒筋活络之效。分布普陀山。

苦苣苔 *Conandron ramondioides* Sieb. et Zucc.（图 6－34F），多年生草本。根茎短，叶通常 1～2 片，基生，叶片椭圆状卵形。聚伞花序伞房状，花冠辐状紫色或白色。蒴果狭卵形。全株入药，与秋海棠、夏枯草等合用外敷，治蛇咬伤。产于普陀山、桃花岛。

两种植物的区别在于，吊石苣苔为附生灌木，种子有毛；而苦苣苔为草本，种子无毛。

95. 狸藻科 Lentibulariaceae

挖耳草 *Utricularia bifida* Linn.（图 6－34G），一年生草本。叶器生于匍匐枝上，线状匙形。总状花序，花冠黄色，二唇形。蒴果宽卵圆状球形。产于舟山岛、普陀山、桃花岛。

南方狸藻 *U. australis* R. Br.（图 6－34H），一年生水生草本。假根 2～4，生于花序梗基部上方，具总状分枝。匍匐枝圆柱形，秋季顶端产生淡紫色冬芽。叶器多数，互生，多回二歧状分裂，捕虫囊多数，侧生于叶器裂片上，斜卵球形。总状花序，花冠黄色，二唇形。蒴果球形。种子扁压，具 6 角和细小网状突起。产于舟山岛、普陀山。

两种植物的区别在于，挖耳草具有小苞片，而南方狸藻无小苞片。

96. 爵床科 Acanthaceae

水蓑衣 *Hygrophila salicifolia* Nees，一年生或二年生草本。叶对生，叶片纸质，披针形。

花冠淡红紫色，二唇形。蒴果线形，种子四方状圆形。全草入药，干燥地上部分通称大青草，有活血通络、理气去瘀、解毒之效。

九头狮子草 *Peristrophe japonica*（Thunb.）Bremek.（图 6－34I），多年生草本。叶对生，叶卵状长圆形至披针形。聚伞花序，花冠淡红色，二唇形。蒴果椭圆形，种子近圆形。全草入药，有解表发汗、活血消肿、清热解毒之效。分布于普陀山。

爵床 *Rostellularia procumbens*（Linn.）Nees（图 6－35A），细弱草本。茎基部匍匐。叶椭圆形至椭圆状矩圆形。穗状花序，花冠粉红色，二唇形。蒴果。全草入药，治腰脊痛、创伤等。分布于舟山各个岛屿。

三种植物的主要区别在于，水蓑衣有多数种子，花簇生叶腋。另两种植物有少数种子，且呈聚伞花序。九头狮子草花序下有苞片，而爵床花序下没有。

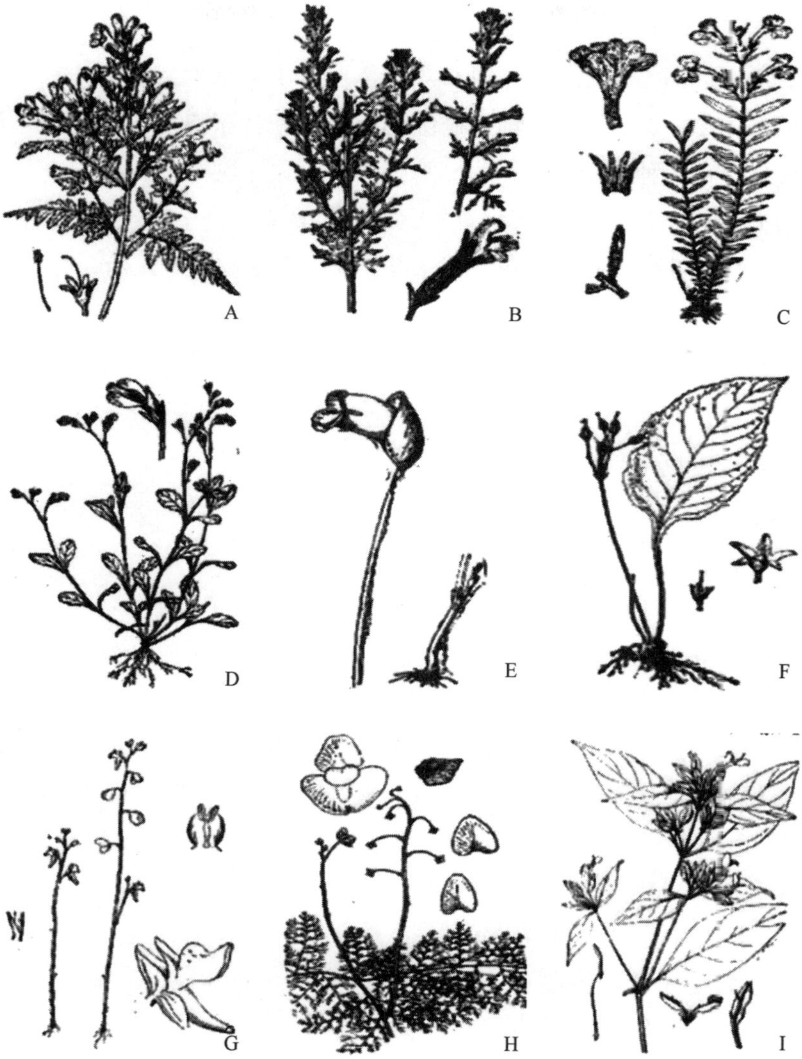

图 6－34

A：松蒿；B：阴行草；C：绵毛鹿茸草；D：通泉草；E：野菰；F：苦苣苔；G：挖耳草；H：南方狸藻；I：九头狮子草

97. 透骨草科 Phrymataceae

透骨草 *Phryma leptostachya* Linn. var. *asiatica* Hara.（图 6－35B），多年生草本。茎方形。叶对生，卵形至卵状披针形。总状花序，花小，花萼筒形，花冠淡紫色或白色，二唇形。瘦果下垂，棒状。全草入药，能催产，外敷疮毒；可杀蛆。

98. 车前科 Plantaginaceae

车前 *Plantago asiatica* Linn. （图 6－35C），多年生草本，基生叶直立，卵形或宽卵形。穗状花序，花绿白色，蒴果椭圆形，全草和种子入药，有利尿、清热、止咳作用。属广泛分布种。

大车前 *P. major* Linn.，多年生草本，基生叶直立，密生。叶片纸质，宽卵形至卵状长圆形。穗状花序，花绿白色，蒴果圆锥状，全草和种子入药，有利尿、清热、止咳作用。

两种植物的区别在于，大车前花无柄，苞片宽三角形；车前花有柄，苞片长卵形。

99. 茜草科 Rubiaceae

1 灌木或藤本

2 直立灌木

3 子房每室具有 2 至多数胚珠（栀子属 *Gardenia*）………………栀子 *Gardenia jasminoides* Ellis（图 6－35D）

3 子房每室具有 1 枚胚珠（虎刺属 *Damnacanthus*）…………………………………………………虎刺 *Damnacanthus indicus*（L.）Gaertn. F.（普陀山、定海）

2 缠绕藤本（鸡矢藤属 *Paederia*）……………鸡矢藤 *Paederia scandens*（Lour.）Merr.（图 6－35E）

1 草本

4 叶对生（耳草属 *Hedyotis*）

5 花序全部腋生………………………………………………………金毛耳草 *Hedyotis chrysotricha*（Palib.）Merr.

5 花序顶生，及着生于分枝上部的叶腋…………厚叶双花耳草 *H. biflora*（L.）Lam. var. *parviflora* Hook. Et Arn.（普陀山、中街山）

4 叶轮生

6 果肉质，花 4～5 基数（茜草属 *Rubia*）…………………………………茜草 *Rubia cordifolia* L.

6 果干燥或近于干燥，花 4 基数（拉拉藤属 *Galium*）……………………………………猪殃殃 *Galium aparine* L. var. *tenerum*（Gren. et Godr.）Rcbb.（图 6－35F）

100. 忍冬科 Caprifoliaceae

1 花柱极短或缺，花冠辐射对称，果实为浆果状核果

2 单叶，花药内向，果实内仅具 1 核（荚蒾 *Viburnum* ）…………荚蒾 *Viburnum sargentii* Koehne

2 奇数羽状复叶，花药外向，果实内具 2 ~ 3 小核（接骨木属 *Sambucus*）

3 草本至半灌木，茎有棱，花间杂有不孕花，变成的黄色杯状腺体……………………………………接骨草 *Sambucus chinensis* Lindl.（普陀山、册子岛、梅山岛、舟山岛）

图 6 – 35

A：爵床；B：透骨草；C：车前；D：栀子；E：鸡矢藤；F：猪殃殃；G：金银忍冬；H：糯米条；I：接骨木

3 小乔木或大型灌木，茎无棱，花间无腺体……………………………接骨木 *Sambucus williamsii* Hance（图 6－35I）（朱家尖）

1 花柱细长，花冠通常两侧对称，果实为蒴果、浆果、瘦果状核果

4 相邻两花的萼筒多少合生并着生于同一花梗上，如偶尔萼筒分离，则花多多集合成头状或轮生花序，下托以合生面贯茎的叶片，果实为浆果（忍冬属 *Lonicera*）

5 直立灌木………………金银忍冬 *Lonicera maackii*（Rupr.）Maxim.（图 6－35G）（普陀山）

5 缠绕木质藤本

6 苞片大，叶状，卵形，长达 3 cm，幼枝密被糙毛，总花梗明显……………………………忍冬 *L. japonica* Thunb.

6 苞片小，非叶状，如为叶状，则总花梗极短或几缺…………………………………………红腺忍冬 *L. hypoglauca* Miq.（朱家尖、桃花岛）

4 相邻两花的萼筒分离；花序不如上述，果实为瘦果状核果（六道木属 *Abelia*）……………………………………………………糯米条 *Abelia chinensis* R. Br.（图 6－35H）

101. 败酱科 Valerianaceae

白花败酱 *Patrinia villosa*（Levl）Koidz.（图 6－36A），多年生草本。茎枝被倒生银白色粗毛，毛渐脱落；地下有细花萼小长走茎，生长新株。基生叶丛生，宽卵形或近圆形，边缘有粗齿，叶柄较叶片稍长；茎生叶对生，卵形，茎状卵形或窄椭圆形，顶端渐尖至窄长渐尖，基部锲形下延，两面疏生长毛，脉上犹密。花序顶生者宽大，成伞房状圆锥聚伞花序；花白色；花冠筒短；子房下位，花柱较雄蕊稍短。瘦果倒卵形，与宿存增大苞片贴生；苞片近圆形，膜质，脉网明显。分布于金塘岛、朱家尖、桃花岛。

败酱 *P. scabiosaefolia* Fisch. ex Trev. 又名黄花龙牙，多年生大草本，茎枝被脱落性白粗毛。地下茎细长，横走。基生叶长大，有长柄，花时枯落；茎生叶对生，叶片披针形或窄卵形；叶柄上部叶渐无柄。聚伞圆锥花序；总花梗方形，苞片小；花较小；花萼不明显，花冠筒短；瘦果长方椭圆形，子房边缘稍扁展成极窄翅状，无膜质增大苞片。分布于舟山岛、梅山岛、大榭岛、桃花岛。

两种植物的区别在于，败酱果无翅状苞片，而白花败酱有。

102. 葫芦科 Cucurbitaceae

盒子草 *Actinostemma tenerum* Griff.（图 6－36B），一年生草本；茎攀援状，有短

柔毛。叶片戟形、披针状三角形或卵状心形。雌雄同株；雄花序总状或有时圆锥状，雄花单生或稀雌雄同序；花萼裂片条状披针形；花冠裂片卵状披针形。果实卵状；种子表面有雕纹状不规则凸起。种子及全草药用，有利尿消肿、清热解毒、祛湿之效；种子亦含油。分布于舟山岛。

栝楼 *Trichosanthes kirilowii* Maxim.，块根圆柱形，灰黄色。茎攀援。叶片轮廓近圆形。雌雄异株；花托筒状，花萼裂片披针形，全缘，花冠白色，裂片倒卵形，顶端流苏状。花药靠合，药室 S 形折曲；雌花单生，子房卵形；果实近球形，黄褐色，光滑，具多数种子，种子压扁状。根（入药又称天花粉）、果皮和种子药用。分布于梅山岛、普陀山、中街山。

王瓜 *T. cucumeroides*（Ser.）Maxim.（图 6－36C），块根肥大，纺锤形。茎较细，疏生短柔毛；叶片宽卵状心形或卵状心形，缘有不规则锯齿。雌雄异株，苞片近钻形；花托细筒状；花萼裂片条形，全缘；花冠白色，裂片钜圆形，边缘流苏状；雌花单生，子房球形或矩圆形；果实球状至钜圆状；种子褐色，中部有增厚的环带。块根药用，能清热解毒、活血散瘀。分布于舟山岛、册子岛。

三种植物的主要区别在于，盒子草花冠裂片全缘，而栝楼与王瓜花冠裂片撕裂状；王瓜种子横长圆形 3 室，栝楼种子卵状椭圆形，1 室。

103. 桔梗科 Campanulaceae

兰花参 *Wahlenbergia marginata*（Thunb.）A. DC.，多年生草本。根细长；茎常自基部分枝，近直立；叶互生，无柄，条形、披针形、狭倒披针形或匙形。花萼无毛，狭三角形；花冠蓝色，宽钟状；子房下位，胚珠多数；蒴果倒圆锥形。根药用，治小儿疳积、痰积、高血压等疾病。分布于舟山岛、岱山岛、桃花岛、金塘岛、中街山。

半边莲 *Lobelia chinensis* Lour.（图 6－36D），多年生草本，有白色乳汁。茎平卧，在节上生根，分枝直立；叶无柄或近无柄，狭披针形或条形；花萼无毛，狭三角形；花冠粉红色，近一唇形；雄蕊花丝上部，花药合生；子房下位。全株药用，治毒蛇咬伤、炎肿麻木等症。分布于舟山岛、大榭岛、朱家尖、桃花岛。

两种植物的主要区别在于，半边莲花为两侧对称，雄蕊合生，而兰花参花为辐射对称，雄蕊分离。

104. 菊科 Compositae

1 植物体无乳汁，头状花序具同型或异型的小花

2 花药基部钝或微尖，花柱分枝大多非钻形

3 花柱分枝圆柱形，上端常具有棒槌状或稍扁的附器，头状花序盘状，具

图 6－36

A：白花败酱；B：盒子草；C：王瓜；D：半边莲；E：胜红蓟；F：泽兰；G：一枝黄花；H：马兰；I：普陀狗娃花

同型的管状花，叶通常对生

4 冠毛膜片状，下部宽，上部渐狭长（藿香蓟属 *Ageraturn*）……………………………胜红蓟 *Ageratum conyzoides* L.（图 6－36E）

4 冠毛粗毛状，或鳞片状，多数，分离（泽兰属 *Eupatorium*）

5 叶无柄，或具 2～4 mm 的短柄，叶片不分裂，卵形宽卵形，或长卵形，基部圆形……………………………………………………华泽兰 *Eupatorium chinense* L.

5 叶柄长 1 ~ 2 cm，叶片不分裂或分裂，基部宽楔形或楔形…………………………………………………泽兰 *E. japonicum* Thunb.（图 6 – 36F）

3 花柱分枝上端非棒槌状，或稍扁而钝，具附器或无，头状花序辐射状，边缘常具舌状花，或花序盘状，而无舌状花

6 花柱分枝通常一面平一面凸形，上端具尖或三角形的附器，有时上端钝，叶互生

7 舌状花黄色，冠毛为多数长糙毛（一枝黄花属 *Solidago*）

8 头状花序排列成蝎尾状，瘦果全部具细柔毛…………………………………………加拿大一枝黄花 *Solidago canadensis* Linn.

8 花序不如上……………………………………………………………一枝黄花 *S. decurrens* Lour.（图 6 – 36G）

7 舌状花白色、红色或紫色，冠毛各式或无冠毛

9 头状花序具显著展开的舌状雌花

10 冠毛短，膜片状或狭环状（马兰属 *Kalimeris*）…………………马兰（鸡儿肠）*Kalimeris indica*（L.）Sch. – Bip.（图 6 – 36H）

10 冠毛长，毛状，有或无外层膜片

11 总苞片多层，覆瓦状排列或 2 层，近等长，舌状花通常 1 层

12 管状花稍两侧对称，其中 1 裂片较长，舌状花冠毛极短，管状花冠毛较长（狗娃花属 *Heteropappus*）

13 茎直立，上部有分枝，基生叶及下部叶在花期枯萎，中部叶片长圆状披针形至线性，头状花序较大，直径 3 ~ 5 cm……………………………………………………………………狗娃花 *Heteropappus hiepidus*（Thunb.）Less.

13 植株不如上………………………普陀狗娃花 *H. arenarius* Kitamura（图 6 – 36I）

12 管状花辐射对称，5 裂片等长，舌状花及管状花的冠毛短，都是糙毛状

14 冠毛 1 ~ 2 层，外层极短或膜片状

15 瘦果椭圆形，两端稍狭，除边肋外，两面各有 2 细肋，冠毛糙毛状（东风菜属 *Doellingeria*）…………………………东风菜 *Doellingeria scanner*（Thunb.）Nees（图 6 – 37A）

15 瘦果长圆形，或倒卵圆形，稍扁

16 瘦果边缘有细肋，两面无肋，被长密毛，冠毛1层（女菀属 *Turczaninovia*）……………女菀 *Turczaninovia fastigiata*（Fisch.）DC.

16 瘦果边缘有肋，两面有肋或无肋，被疏毛，冠毛通常2层，外层短膜片（紫菀属 *Aster*）

17 茎无毛，或仅上部具细短柔毛，中部叶片线状披针形或线形，全缘，无毛……………钻形紫菀 *Aster subtatus* Michx.（图6－37B）

17 茎有毛，或仅基部无毛，中部叶片线状披针形或线形，边缘有锯齿或波状齿，稀全缘，两面有毛

18 总苞片革质，边缘有时狭膜质，叶脉羽状……………琴叶紫菀 *A. panduratus* Nees ex Walp.

18 总苞片干膜质，叶脉离基三出……………三褶脉紫菀 *A. ageratoides* Turcz.

14 冠毛多层，不等长，全部毛状，瘦果狭长圆形，有厚边肋，两面各有一细肋，无毛或有疏毛（碱菀属 *Tripolium*）……………碱菀 *Tripolium vulgare* Nees（图6－37C）

11 总苞片2层，狭窄等长，舌状花2～3层（飞蓬属 *Erigeron*）……………一年蓬 *Erigeron annuus*（L.）Pers.（图6－37D）

9 头状花序有细管状的雌花，无明显的舌状花，或仅外层具有直立的短舌片，冠毛绵毛状（白酒草属 *Conyza*）……………小白酒草 *Conyza canadensis*（L.）Cronq.（图6－37E）

6 花柱分枝顶端通常截形，有时分枝钻形

19 冠毛无，或冠毛为短膜片状、刺状或冠状，叶对生或互生

20 总苞片草质，即绿色似叶

21 头状花序单性，具同形花，雌雄同株，雌头状花序内层总苞片结合成囊状，有喙及钩刺（苍耳属 *Xanthium*）……………苍耳 *Xanthium sibiricum* Patrin ex Widder（图6－37F）

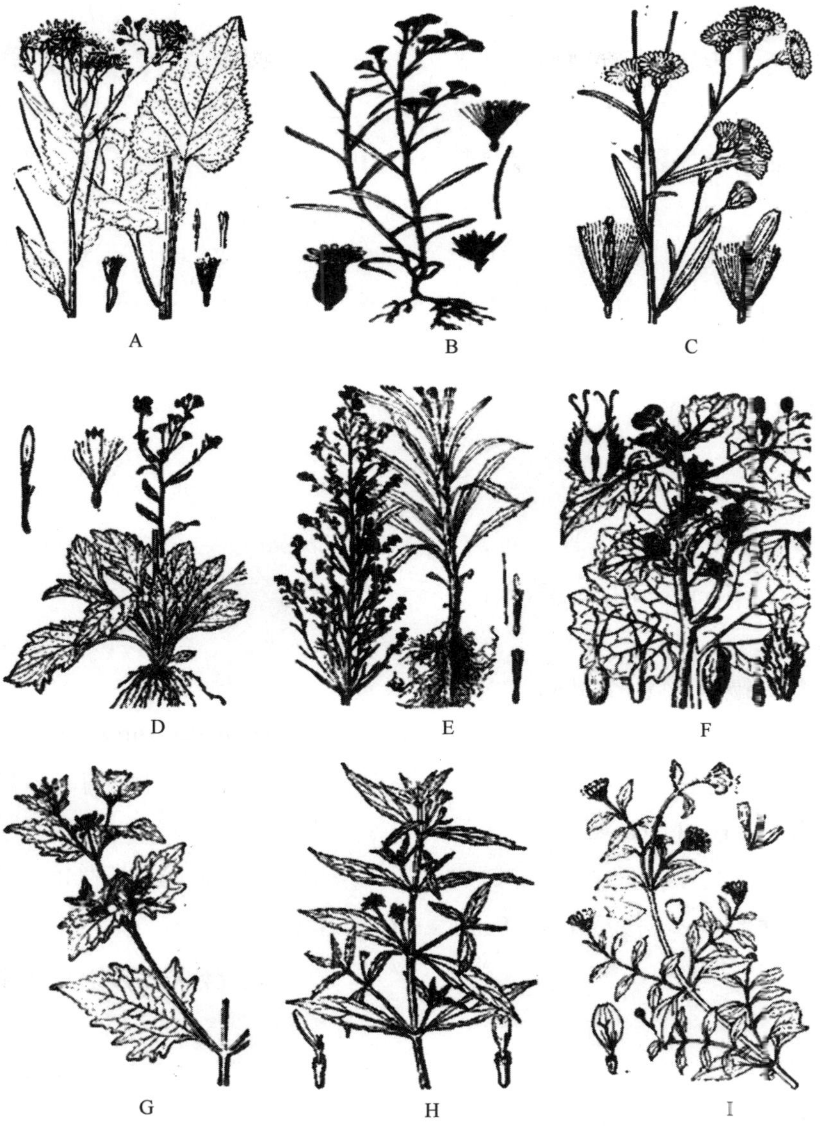

图 6－37

A：东风菜；B：钻形紫菀；C：碱菀；D：一年蓬；E：小白酒草；F：苍耳；G：豨莶；H：醴肠；I：卤地菊

21 头状花序杂性，具异形花，或有时雌花不存在而头状花序具同形花

22 瘦果圆柱形，或舌状花的瘦果具 3 棱，管状花的瘦果两侧压扁

23 总苞片两层，外层 5～6，匙形，有腺毛，舌状花黄色（豨莶属 *Siegesbeckia*）

24 叶片纸质，边缘有大小不规则的钝齿，至深裂，花序二歧分枝……………………………………豨莶 *Siegesbeckia orientalis* Linn.（图 6－37G）

24 叶片质薄，边缘有大小不规则的尖齿，花序不为二歧分枝………………………………………………腺梗豨莶 *S. pubescens* Makino

23 总苞片 1－数层，外层不为匙形，无腺毛

25 托片平，狭长，舌片小，2 层，瘦果无冠毛，或具 2 短芒（醴肠属 *Eclipta*）………………………醴肠 *Eclipta prostrata* Linn.（图 6－37H）

25 托片内凹或对折，多少包裹小花（蟛蜞菊属 *Wedelia*）

26 总苞片长于托片，瘦果顶端圆，具冠毛环……………………………………………………蟛蜞菊 *Wedelia chinensis*（Osbeck）Merr.（图 6－39A）

26 不具以上结构………………卤地菊 *Wedelia prostrata* Hemsl.（图 6－37I）

22 瘦果背腹压扁（鬼针草属 *Bidens*）

27 瘦果楔形或倒卵状楔形，顶端截平，通常有芒刺 2 枚…………………………………………………狼把草 *Bidens tripartita* Linn.（图 6－39C）

27 瘦果线形，顶端渐狭，通常有芒刺 3～4 枚……………………………………………………………鬼针草 *B. pilosa* Linn.（图 6－39B）

20 总苞片全部或边缘干膜质，头状花序盘状，或辐射状

28 头状花序单生，或排列成伞房状，或头状

29 雌花一层或不存在（菊属 *Dendranthema*）………………野菊 *Dendranthema indicum*（L.）Des Moul.（图 6－38A）

29 雌花多层（石胡荽属 *Centipeda*）………………石胡荽 *Centipeda minima*（L.）A. Br. et Aschers.（金塘岛、朱家尖、舟山）

28 头状花序通常排列成总状，或圆锥状

30 头状花序大，直径约 7 mm，直立，瘦果具 5 棱，冠毛鳞片状，顶端撕裂（芙蓉菊属 *Crossostephium*）…………………………芙蓉菊 *Crossostephium chinense* Makino（图 6－38B）（中街山、无人岛）

30 头状花序小，直径 1.5～4 mm，瘦果具 2 棱，冠毛无（蒿属 *Artemisia*）

31 头状花序仅缘花结实，盘花不结实

32 叶片 1～3 回羽状分裂，裂片细，宽约 1 mm………………茵陈蒿 *Artemisia capillaris* Thunb.（图 6－38E）

32 叶片楔形或匙形，无柄，先端有齿，或掌状浅裂……………………………………………………牡蒿 *A. japonica* Thunb.（图 6－38D）

31 头状花序的缘花及盘花均能结实

33 1～2 年生草本，叶片 2～3 回羽状分裂，裂片线形………………滨蒿 *A. fukudo* Makino（图 6－38C）

33 多年生草本或半灌木，叶片 1～2 回羽状深裂，裂片线状披针形…………………………………………野艾蒿 *A. lavanduiaefolia* DC.（图 6－38F）

19 冠毛通常毛状，头状花序辐射状，或盘状，叶互生（千里光族）

34 花柱分枝顶端非截形，头状花序具同型的两性管状花（一点红属 *Emilia*）……………………………………一点红 *Emilia sonchifolia*（L.）DC.（图 6－40I）

34 花柱分枝顶端截形，具画笔状毛或为圆锥形

35 基生叶和茎下部叶的叶柄非鞘状（千里光属 *Senecio*）……………………千里光 *Senecio scandens* Buch.－Ham（图 6－38H）（桃花岛、朱家尖、金塘岛、大榭岛）

35 基生叶和茎下部叶的叶柄鞘状抱茎，头状花序辐射状，具舌状的雌花，或盘花仅具管状花，花柱分枝顶端钝圆形

36 花药基部钝，瘦果无毛，幼叶向外卷叠（橐吾属 *Ligularia*）…………………………………………大头橐吾 *Ligularia japonica*（Thunb.）Less.（图 6－38G）（桃花岛）

36 花药基部 2 裂，或成线状的尾，瘦果被密毛，幼叶向内卷叠（大吴风草属 *Farfugium*）……………………………………………大吴风草 *Farfugium japonicum*（L.）Kitamura（图6－38I）

2 花药基部锐尖、箭形或尾形，若钝则花柱分枝，钻形，叶互生。

37 花柱分枝处下部有毛环，毛环以上分枝或不分枝，头状花序仅具同型的管状花，有时具不结实的舌状花

38 总苞片具钩状刺毛（牛蒡属 *Arctium*）…………………………牛蒡 *Arctium lappa* Linn.（图 6－39D）

38 总状花序无钩状刺毛（蓟属 *Cirsium*）

39 雌雄同株，全部小花两性，果期冠毛等长于或短于花冠………………………………………………大蓟 *Cirsium japonicum* DC.（图 6－39E）（舟山各个岛屿）

39 雌雄异株，叶片两面绿色，果期冠毛通常长于花冠………………………………

…………刺儿菜 *C. segetum*（Bunge）Kitam.（图6－39F）（舟山各个岛屿）

37 花

柱分枝处下部无毛环，分枝上端截形，无附器，或有三角形附器，头状花序具异形花

40 头

状花序盘状，具异形花，雌雄同株，或具同形花，雌花管状或细管状（鼠麹草属 *Gnaphalium*）……………………………………………………………秋鼠麹草 *Gnaphalium hypoleucum* DC.（图6－39G）

40 头

状花序辐射状或盘状，具异形花，或仅具同形的两性花，雌花舌状或管状

41 头

状花序辐射状，雌花舌状，瘦果顶端具毛状冠毛（旋覆花属 *Inula*）

42 叶

片长圆形，长圆状披针形至披针形，基部渐狭或抱茎，边缘平直，头状花序，直径3～4 cm……………………………………………………………旋覆花 *Inula japonica* Thunb.（图6－39H）

42 叶

片线状披针形，基部渐狭，不抱茎，边缘反卷，头状花序，直径1.5～2.5 cm…………………………………………………………………………线叶旋覆花 *I. lineariifolia* Turcz.

41 头

状花序盘状，雌花管状，瘦果顶端无冠毛（天名精属 *Carpesium*）

43 头

状花序单生叶腋，近无梗，穗状排列………………天名精 *Carpesium abrotanoides* Linn.（图6－39I）（舟山各个岛屿）

43 头

状花序生于分枝的顶端，有梗……………………金挖耳 *C. divaricatum* Sieb. Et Zucc.（图6－40A）（普陀山）

1 植物体有乳汁，植物体具有同型的舌状花叶，基生或互生

44 瘦

果无冠毛（稻搓菜属 *Lapsana*）…………………稻搓菜 *Lapsana apogonoides* Maxim.（图6－40B）

44 瘦

果具冠毛

45 叶

基生，头状花序单生于花亭上，瘦果具长喙，有瘤状或短刺状突起（蒲公英属 *Taraxacum*）……………………………………………………蒲公英 *Taraxacum mongolicum* Hand. –Mazz. （图 6 –40C）

45 叶

多为茎生，头状花序多数，生于具叶主茎或分枝的顶端，瘦果无喙或具喙，无有瘤状或短刺状突起

46 头

状花序具多数小花，冠毛具较粗的直毛和极细的柔毛（苦苣菜属 *Sonchus*）

47 多

年生草本，根状茎匍匐；叶片长圆状倒披针形，边缘有稀疏缺刻或浅裂，裂片边缘有小微齿，头状花序 3 ~5 cm，瘦果椭圆形…………匍茎苦菜 *Sonchus arvensis* Linn.（图 6 –40D）

47 一

二年生草本，无匍匐根状茎，叶片长圆状宽披针形或长椭圆形，边缘羽状深裂，裂片边缘具刺状尖齿，头状花序直径约 2 cm，瘦果倒卵形，扁平…………………………………………苦苣菜 *S. oleraceus* Linn. （图 6 –40E）

46 头

状花序具少数小花，冠毛仅具较粗的直毛或糙毛

48 瘦

果极扁或稍扁，有两个较强的侧肋或翅，两面又有细纵肋，顶端具长喙或短喙（翅果菊属 *Pterocypsela*）…………………………………………………翅果菊 *Pterocypsela indica*（Linn.） Shih

48 瘦

果近圆柱形或微扁

49 瘦

果具不等形的纵肋，通常无明显喙部（黄鹌菜属 *Youngia*）……………………………………………………黄鹌菜 *Youngia japonica*（Linn.） DC. （图 6 –40G）

49 瘦

果具等形的锐纵肋

50 半

灌木状，瘦果圆柱形，无喙（假还阳参属 *Crepidiastrum*）………………假还阳参 *Crepidiastrum lanceolatum*（Houtt.）Nakai（图 6－40H）

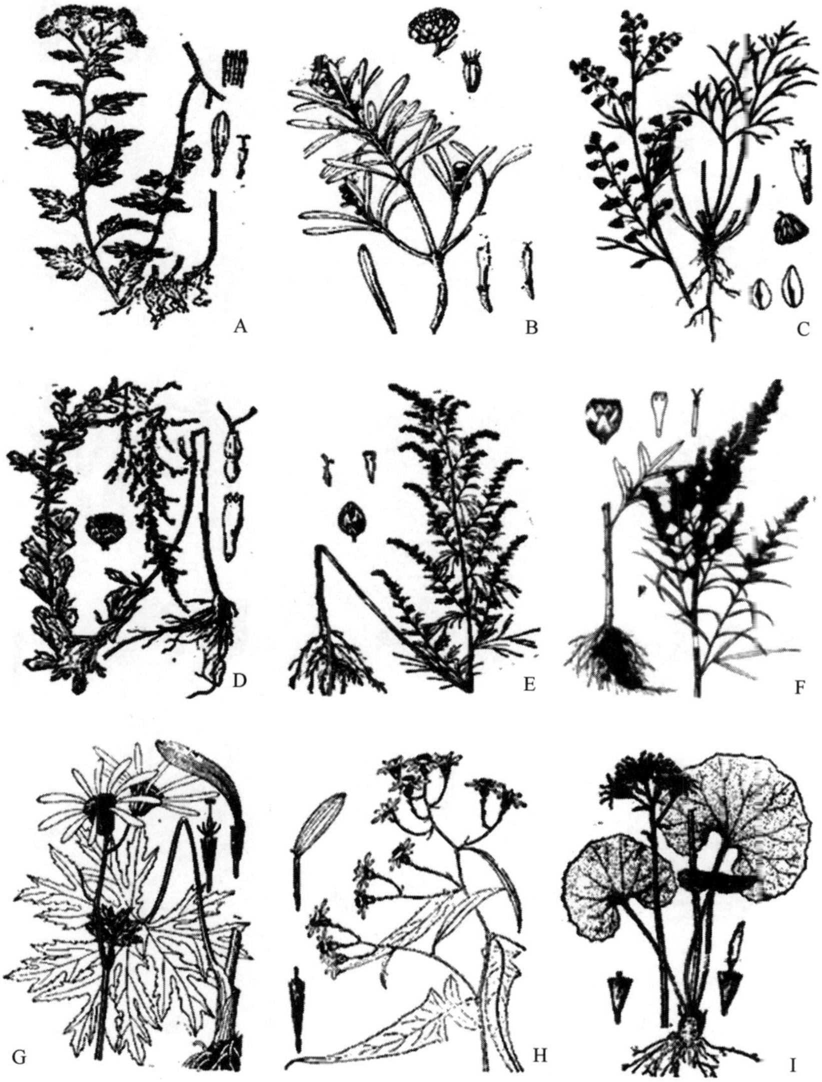

图 6－38

A：野菊；B：芙蓉菊；C：滨蒿；D：牡蒿；E：茵陈蒿；F：野艾蒿；G：大头橐吾；H：千里光；I：大吴风草

50 草

本，瘦果纺锤形，具喙（苦荬菜属 *Ixeris*）

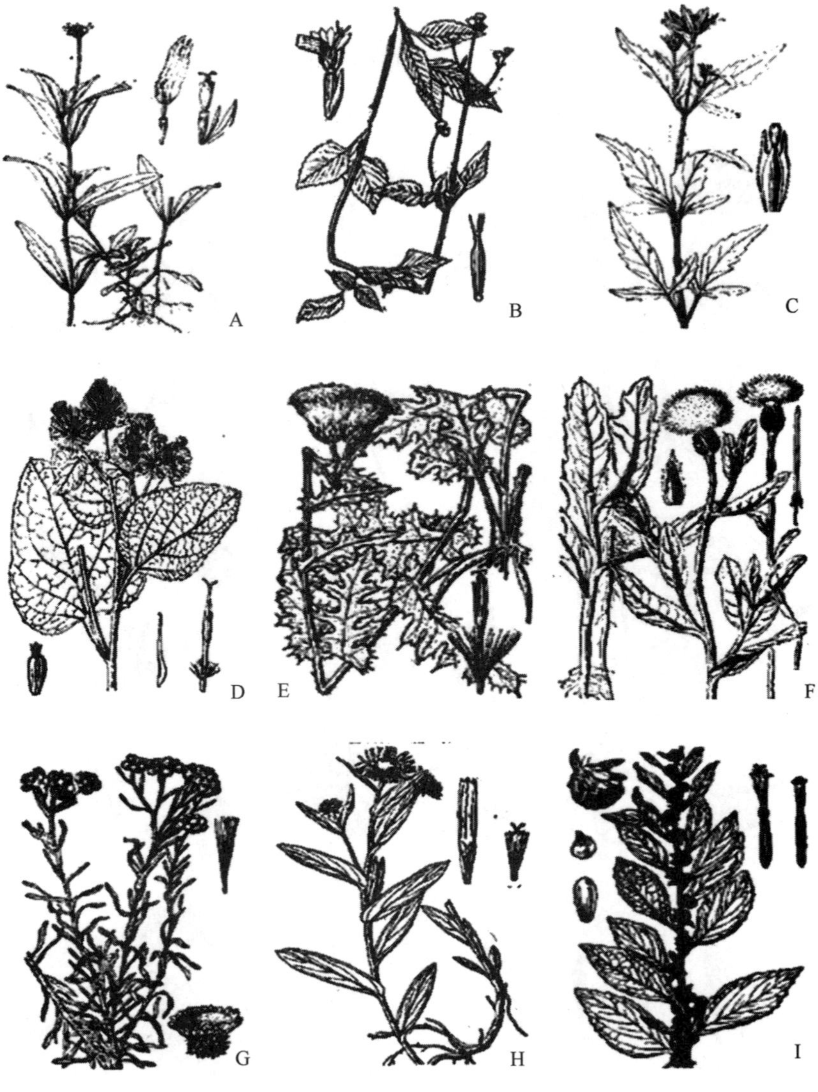

图 6－39

A：蟛蜞菊；B：鬼针草；C：狼把草；D：牛蒡；E：大蓟；F：小蓟；G：秋鼠麴草；H：大花旋覆花；I：天名精

51 茎

匍匐，或具匍茎，头状花序少数，1～6 个……………………………………………………

匍匐苦荬菜 *Ixeris repens* A. Gray（普陀山、桃花岛）

51 茎

直立，不具匍茎，多分枝，头状花序多数或少数………………苦荬菜 *I. denticulata*

图 6－40

A：金挖耳；B：稻搓菜；C：蒲公英；D：匍茎苦菜；E：苦苣菜；F：苦卖菜；G：黄鹌菜；H：假还阳参；I：一点红

Stebb.（图 6－40F）

105. 香蒲科 Typhaceae.

狭叶香蒲 *Typha angustifolia* Linn.（图 6－41A），多年生沼生草本，直立，粗壮，具地下根茎。叶条形，基部稍状，抱茎。穗状花序圆柱形，粗壮，雌花序和雄花序分离，雄花序在上，毛长于花药，花粉粒单生；雌花序在下，雌花的小苞片与柱头近等长，柱头条状矩圆形，小苞片及柱头均比毛长，小坚果无沟。分布于舟山岛、长峙岛、金塘岛、普陀山、朱家尖、桃花岛。

106. 眼子菜科 Potamogetonaceae

眼子菜 *Potamogeton distinctus* A. Benn.（图 6－41B），多年生草本，根状茎匍匐。浮水叶互生，花序下对生，宽披针形至卵状椭圆形；沉水叶互生，披针形或条状披针形，柄比浮水叶的短；托叶薄膜质，早落。穗状花序生于浮水叶的叶腋；穗密生黄绿色小花。小坚果宽卵形，腹面近于直，侧面两条较钝，花柱短。是广泛为害的稻田杂草。分布于舟山岛。

107. 泽泻科 Alismataceae

慈姑 *Sagittaria sagittifolia* L.（图 6－41C），多年生直立水生草本。有纤匍枝，枝端膨大成球茎。叶具长柄；叶形变化极大，通常为戟形，宽或窄，顶端钝或短尖，基部裂片短，与叶片等长或较长，多少向两侧开展。花萼总状花序；花单性，下部为雌花，具短梗，上部为雄花，具细长花梗；苞片披针形，萼片状，卵形，顶端钝；内轮花花瓣状，白色，基部常有紫斑；雌蕊多枚；心皮多数，密集成球形。瘦果斜倒卵形，背腹两面有翅。球茎可食用。分布于舟山岛、梅山岛、大榭岛、金塘岛。

矮慈姑 *S. pygmaea* Miq.（图 6－41D），叶片全部为线形，或线状披针形，无叶柄。

108. 水鳖科 Hydrocharitaceae

水鳖 *Hydrocharis dubia*（Bl.）Backer（图 6－41E），多年生水生漂浮植物，有匍匐茎，具须状根。叶圆状心形，全缘，上面深绿色，下面略带红紫色，有长柄。花单性，外轮花草质，长卵形，内轮花膜质，宽卵形，白色；花丝叉状，花药基部着生；雌花单生于苞片内；子房下位。果实肉质，卵圆形，种子多数。分布于金塘岛。

黑藻 *Hydrilla verticillata*（L. f.）Royle（图 6－41F），沉水草本植物；冬芽繁殖。茎分枝，叶轮生，膜质，条形或条状矩圆形，全缘或具小锯齿，两面均有红褐色小斑点，无柄。花小，雌雄异株，雄花单生于叶腋的圆形无柄呈刺状苞片内，开花时伸出水面；花药肾形；雌花单生；外轮花萼片状、矩圆状椭圆形；内轮花，花瓣状；子房下位，流苏状、果条形。分布于舟山岛、金塘岛。

两种植物的区别在于，水鳖为浮水草本，黑藻为沉水草本。

图 6-41

A：狭叶香蒲；B：眼子菜；C：慈姑；D：矮慈姑；E：水鳖；F：黑藻；G：毛竹；H：紫竹；I：刚竹

109. 禾本科 Gramineae

1）竹亚科 Bambusoideae Ascherson et Graebner

毛竹 *Phyllostachys pubescens* Mazel（图 6-41G），地下茎为单轴型，杆环平节间为圆筒形，节下生有细毛和蜡粉。叶鞘厚革职，背面密生棕紫色小刺毛和斑点，叶窄长形，基部向上凹入，叶片窄披针形，小横脉显著。花枝单生，不具叶，小穗丛形，如穗状花序，外被有覆瓦状佛焰苞2花，一成熟一退化。分布于舟山岛、梅山岛、大榭岛。

紫竹 *Ph. nigra*（Lodd.）Munro.（图6－41H），幼竿绿色，一年生以后的竿逐渐先出现紫斑，最后全部变为紫黑色，无毛；箨鞘淡棕色，密被粗毛，无斑点；箨耳和繸毛紫黑色；箨舌拱形至尖拱形，紫色，边缘具极短须毛；箨片三角形至长披针形，直立或以后稍开展，微皱曲或波状。暗绿色带暗棕色。笋期4月中下旬。紫竹可供观赏、药用及制作小型家具或鱼竿、手杖和乐器等物品。笋供食用。

刚竹 *Ph. viridis*（Young）McClure.（图6－41I），竿幼时无毛，微被白粉，绿色，成长的竿呈绿色或黄绿色，节下具粉环；在较粗大的竿中竿环不明显；捧环微隆起。箨鞘光滑，无毛；大秆上密布褐色略呈圆形的斑点及斑块。箨耳和繸毛无；箨片长披针形或带形，反转，微皱。笋期5月上中旬。生笋味微苦，熟笋无苦味，味淡供食用。制作小型建筑材料及各种柄材。分布于梅山岛、大榭岛。

寒竹 *Chimomobambusa marmoreal* Makino（图6－42A），是一种灌木状竹类，竿基部数节环生刺状气生根；节间圆筒形，绿色并带紫褐色，箨鞘薄纸质，宿存，长于其节间，箨耳无；捧箨舌低矮，截形或略作拱形；箨片呈短锥状，末级小枝具2或3叶；叶鞘近革质，叶片薄纸质至纸质，线状披针形，花枝呈基部宿存，有数片由小到大的苞片，小穗含4～7朵小花，颖1或2片或偶无，膜质，淡褐色，卵状披针形，外稃纸质，绿色或稍带紫色，先端渐尖，平滑无毛，卵状披针形，长6～7 mm，具5～7纵脉和小横脉；内稃薄纸质，稍短于外稃；鳞被卵形，颖果圆柱形；笋期10－11月。可制盆景，栽培供观赏。分布于普陀山。

2）禾亚科 Agrostidoideae Keng et Keng f.

1 小穗通常含多数小花，少数属只含1花，大多数两侧压扁，通常脱节于颖之上，并在各小花间逐节脱落，小穗轴通常延伸到最上小花的内桴之后而呈稀柄状或刚毛状

2 小穗的两颖退化为两半月形的颖片，残留在小穗柄的顶端，成熟花的稃体常以其边缘互相紧扣（菰属 *Zizania*）……………………………………………………菰 *Zizania caduciflora*（Turcz.）Hand.－Mazz.（图6－44B）

2 小穗的两颖发达，少数种类的第一颖微小或缺如，成熟花的稃体并不互相紧扣

3 成熟花的外稃具多脉乃至5脉，或因其质地较硬而脉不明显，叶舌通常

无纤毛（芦竹例外）

4 小穗无柄或几无柄，排成穗状花序（鹅观草属 *Roegneria*）…………………………………………………………鹅观草 *Roegneria kamoji* Ohwi（图 6－43A）

4 小穗具柄，稀可无柄或近于无柄，排列为开展的或紧缩的圆锥花序

5 小穗通常仅含 1 花，外稃有 1～5 脉

6 圆锥花序极紧密，呈圆柱状或长圆状（看麦娘属 *Alopecurus*）……………………………………看麦娘 *Alopecurus aequalis* Sobol.（图 6－44A）

6 圆锥花序开展或紧缩，但不呈圆柱状或长圆状

7 小穗轴延伸至内稃之后，并有长柔毛（野青茅属 *Deyeuxia*）……………………………………疏花野青茅 *Deyeuxia arundibaceae*（L.）Beavu. var. *laxiflora*（Rendle）P. C. Kuo et S. L. Lu（图 6－45H）

7 小穗轴不延伸至内稃之后，或有极端小的痕迹，但决无毛（拂子茅属 *Calamagrostis*）…………………………………………………………拂子茅 *Calamagrostis cplgejos*（L.）Roth（图 6－43H）

5 小穗含 2 至多数小花，如为 1 花时，外稃有 5 条以上的脉

8 第二颖大都等长或长于第一小花，芒若存在时大都膝曲而有扭转的芒柱，通常位于外稃的背部，或由其先端的 2 裂片间伸出

9 外稃无芒，或顶端具小尖头，或短芒，具 3～6 脉，圆锥花序紧密呈穗状，常为圆柱形（落草属 *Koeleria*）…………落草 *Koeleria cristata*（Linn.）Pers.（图 6－43F）（普陀山）

9 外稃显著具芒（燕麦属 *Avena*）…………………………野燕麦 *Avena fatua* Linn.（图 6－43G）

8 第二颖通常短于第一小花，芒如存在时则劲直而不扭转，通常自外稃顶端伸出，有时可在外稃顶端 2 裂齿间或裂隙的下方伸出

10 外稃或其基盘生有长短不等的柔毛，具 3 脉，偶可在基部具 5 脉，叶舌具纤毛，或为一圈柔毛，高大禾草

11 外稃无毛，但其基盘延长而有丝状柔毛（芦苇属 *Phragmites*）…………………………………………………………芦苇 *Phragmites australis* Trin.（图 6－42H）

11 外稃有毛，基盘具有较短的柔毛（芦竹属 *Arundo*）………………芦竹 *Arundo donax* Linn.（图 6－42G）

10 外稃或其基盘无毛或有毛，如有毛时，则其毛大都短于

外稃，具5脉或更多的脉，叶舌通常膜质，无纤毛

12 叶片宽，呈宽披针形，或卵形，有明显小横脉（淡竹叶属 *Lophatherum*）…………淡竹叶 *Lophatherum gracile* Brongn. （图6－42B）（大榭岛、金塘岛）

12 叶片通常狭长，呈带状线形、长披针形或针状，无小横脉

13 外稃通常有7或更多的脉，亦可具5脉，叶鞘全部或下部闭合（雀麦属 *Bromus*）

14 多年生，第一颖具1脉，第二颖具3脉………………………………………………疏花雀麦 *Bromus remotiflorus*（Steud.）Ohwi（图6－43E）（属广布种）

14 一年生或二年生，第一颖具3～9脉，第二颖具7～11脉………………………………………………………雀麦 *B. japonicus* Thunb.（图6－42D）（属广布种）

13 外稃具3～5脉，稀可较多，叶鞘通常不闭合或仅在基部闭合而边缘互相覆盖（早熟禾属 *Poa*）…………………………………………………早熟禾 *Poa annua* L（图6－42C）

3 成熟花的外稃具3脉或1脉，叶舌通常具纤毛或为一圈毛所代替

15 穗状花序圆柱形，穗轴肥厚，小穗嵌生于每一节间的凹穴中（假牛鞭草属 *Parapholis*）…………………………………………………假牛鞭草 *Parapholis incurva*（L）Cehubb.（图6－43B）

15 花序、穗轴及小穗均非如上述

16 小穗含（2～）3至多数结实小花

17 小穗无柄，紧密覆瓦状排列，较宽扁的穗轴的一侧面呈穗状花序，此穗状花序再以数枚或少数呈指状排列于杆顶（䅟属 *Eleusine*）…………牛筋草 *Eleusine indica*（L）Gaertn（图6－42I）（属广布种）

17 小穗具柄，排列为开展或紧缩的圆锥花序，稀可谓总状花序，亦可为无柄或近于无柄而着生于穗轴之一侧，再呈指状或总状排列以致单生于主轴上

18 小穗两侧压扁，背部明显具脊，外稃先端完整而无芒，平滑无毛（画眉草属 *Eragroagtls*）………大画眉草 *Eragrostis ciljanensis*（All.）Vtgnolo－Lntati（图6－42F）（桃花岛）

18 小穗背部呈圆形，或两侧微压扁而具脊，外稃多少生有柔毛，先端大都具芒，或于其二裂齿间生一小尖头

19 小穗背部圆形，有柄，秆有多节，叶片枯老后，自叶鞘顶端处脱落（隐子草属 *Cleistogenes*）……………………………………朝阳青茅 *Cleistogenes hackeli*（Honda）Honda（图 6－42E）（舟山岛、朱家尖）

19 小穗背部圆形或稍两侧压扁，无柄或具短柄，常做 2 行紧密覆瓦状排列于穗轴的一侧（千金子属 *Leptochloa*）………千金子 *Leptochloa chinensis*（L）Nees（图 6－43C）（属广布种）

16 小穗含（1～）2 结实小花

20 小穗无柄，或近于无柄，排列于穗轴的一侧，以形成穗状花序或穗形总状花序，此类花序再以多数至 1 枚沿主轴排列成总状或指状等复合花序（大米草属 *Spartina*）……………………………………大米草 *Spartina anglica* Hubb.（图 6－43D）

20 小穗通常具柄，如无柄或近于无柄时，也不排列于穗轴的一侧

21 穗状花序或穗形总状花序单生第一颖微小或缺如（结缕草属 *Zoysia*）……………………………………中华结缕草 *Zoysia sinica* Hance（图 6－45C）（中街山）

21 圆锥花序开展或收缩（鼠尾粟属 *Sporobolus*）………………盐地鼠尾粟 *Sporobolus virginicus*（图 6－43I）（朱家尖）

1 小穗含 2 小花，下部花通常发育为雌性，甚至退化仅有外稃，则此小穗仅含 1 小花，背腹压扁或为圆筒形，稀可两侧压扁，脱节于颖之下，小穗轴从不延伸，故在成熟花的内稃后无一细柄或一刚毛存在

22 第二小花之外稃及内稃通常质地坚硬，较其颖为厚

23 小穗孪生稀可单生，脱节于颖之上，成熟花的外稃大都具芒，其基盘亦常有毛（野古草属 *Arundinella*）………………野古草 *Arundinella hirta* Tanaka（图 6－44C）（舟山岛、金塘岛）

23 小穗单生、孪生或簇生，脱节于颖之下，成熟花的外稃通常无芒，其基盘无毛

24 花序中有不孕枝所形成

的刚毛，或其穗轴延伸至最上端小穗的后方，而成一尖头或一刚毛

25 小穗脱落时，附于其下的刚毛仍宿存花序上（狗尾草属 *Setaria*）

26 花序主轴上每簇分枝内通常有 3 至数个发育的小穗，与第二颖和第二外稃等长，或长为第二外稃的3/4 ……………………………………………………………狗尾草 *Setaria viridis*（L.）Beauv.（图 6－44I）

26 花序主轴上每簇分枝内通常有 1 个发育的小穗，第二颖与第二外稃是小穗的 1/2 ……………………………………………………………………………金色狗尾草 *S. glauca* Beauv.（图 6－45A）

25 小穗与附在其下的刚毛一起脱落（狼尾草属 *Pennlaetum*）……………………………………狼尾草 *Pennlaetum alopecuroldes*（L.）Spreng（图 6－45B）（舟山岛、朱家尖、桃花岛）

24 花序中无不孕的小枝，其穗轴并不延伸至最上端小穗的后方

27 第二外稃在果实成熟时，为骨质或革质，多少有些坚硬，通常有狭窄面内卷的边缘，故其内稃露出较多

28 颖或第一外稃先端有芒，如无芒则第二外稃与其内稃的顶端多少分离（稗属 *Echlnochloa*）……………………………………………………………………稗 *Echlnochloa crusgalli*（L）Beauv.（图6－44E）

28 颖或第一外稃均无芒（雀稗属 *Paspalum*）…………………………………………………雀稗 *Paspalum thunbergii* Kunth ex Steud.（图 6－44F）（普陀山）

27 第二外稃在果实成熟时为厚纸质或软骨质，有弹性，通常具扁平而质薄的边缘，以覆盖其内稃，使内稃露出较少（马唐属 *Digitaria*）

29 总状花序 4～7 枚…………紫马唐 *Digitaria violascens* Link.（图 6－44G）（舟山岛、中街山）

29 总状花序

2～4枚……………………………止血马唐 *D. ischaemum*（Schreb.）Schreb. Ex Muhl（图6－44H）（广布）

22 第二小花之外稃及内稃均为膜质或透明膜质，较颖为薄

30 孪生小穗均可成熟且同形，否则每对中之有柄小穗可成熟并具长芒，无柄小穗至少在总状花序的基部者为不孕而无芒

31 穗轴延续而无关节，不逐节断落；小穗自柄上脱落

32 圆锥花序紧缩成圆柱状，小穗无芒（白茅属 *Imperata*）………………白茅 *Imperata cylindrica* Beauv. var. *major* C. E. Hubb.（图6－45F）（广布）

32 圆锥花序开展，小穗有芒，稀无芒（芒属 *Miscanthus*）

33 花序主轴延伸达花序的2/3以上，小穗长3～3.5 mm，叶片宽15～30 mm…………………………五节芒 *Miscanthus floridulus*（Labill.）Warb.（图6－45D）（广布种）

33 花序主轴不延伸达花序的中部，小穗长4～4.5 mm，叶片宽5～15 mm……………………………………………芒 *M. sinensis* Anderss.（图6－45E）（广布种）

31 穗轴具关节，易或不易逐节脱落，小穗连同穗轴节间一同脱落

34 总状花序1至数枚呈指状或近簇生于一短缩的主轴上，组成伞状或伞房状的圆锥花序；颖非革质（莠竹属 *Microstegium*）…………………………………………………柔枝莠竹 *Microstegium vimineum*（Trin.）A. Camus（图6－45I）

34 总状花序亦多数散生在延长的主轴上，组成伸长的圆锥花序；颖革质（大油属 *Spodiopogon*）……………………………………………大油芒 *Spodiopogon sibiricus* Trin.（图6－45G）

30 孪生小穗并非均可成熟，其大小、形状和具芒的情况可不相同，其中无柄小穗结实，有柄小

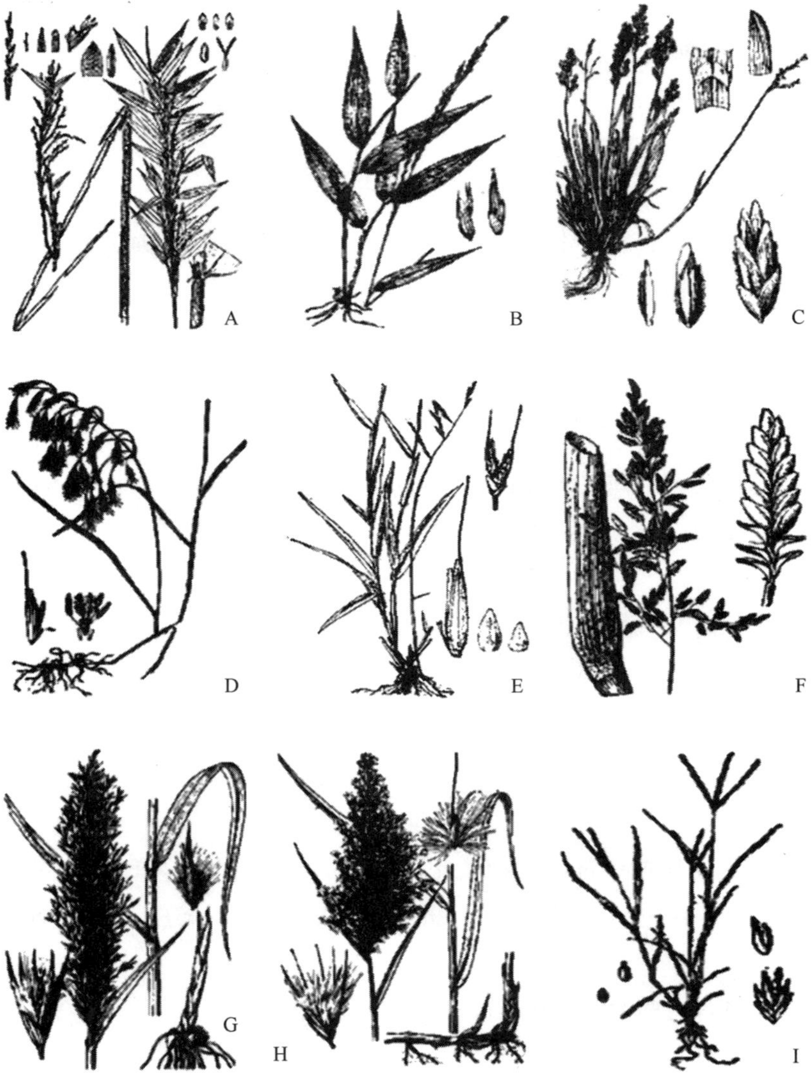

图 6－42

A：寒竹；B：淡竹叶；C：早熟禾；D：雀麦；E：朝阳青茅；F：大画眉草；G：芦竹；H：芦苇；I：牛筋草

穗常退化而不孕

35 穗

轴节间及小穗柄粗短，呈三棱形、圆筒形，或较宽扁而顶端膨大，两者互相紧贴，亦可全部或部分互相愈合以形成纳入无柄小穗之腔穴

36 总

图 6－43

A：鹅观草；B：假牛鞭草；C：千金子；D：大米草；E：疏花雀麦；F：落草；G：野燕麦；H：拂子茅；I：盐地鼠尾粟

状花序通常 2 枚合生，紧贴呈一圆柱状（鸭嘴草属 *Ischaemum*）………………有芒鸭嘴草 *Ischaemum aristatum* Linn.（图 6－46A）（舟山岛、普陀山、桃花岛、朱家尖）

36 总

状花序单生于秆顶，或由数枚总状花序组成指状、伞房状或圆锥花序（束尾草属

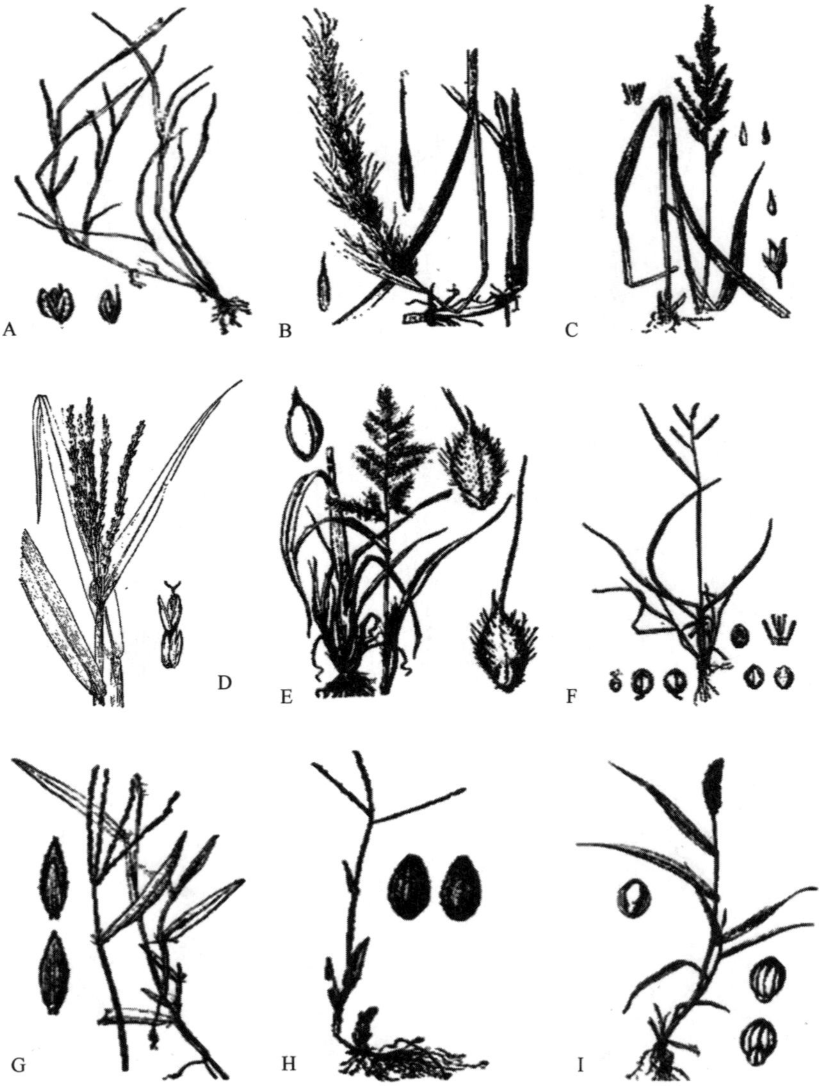

图 6－44

A：看麦娘；B：菰；C：野古草；D：束尾草；E：稗；F：雀稗；G：紫马唐；H：止血马唐；I：狗尾草

Phacelurus）…………束尾草 *Phacelurus latifolius* Ohwi（图 6－44D）（梅山岛、大榭岛、朱家尖、中街山）

35 穗

轴节间及小穗柄细长，有时其上端变粗或肿胀，异性对中的无柄小穗通常仅含 1 小花，且有芒

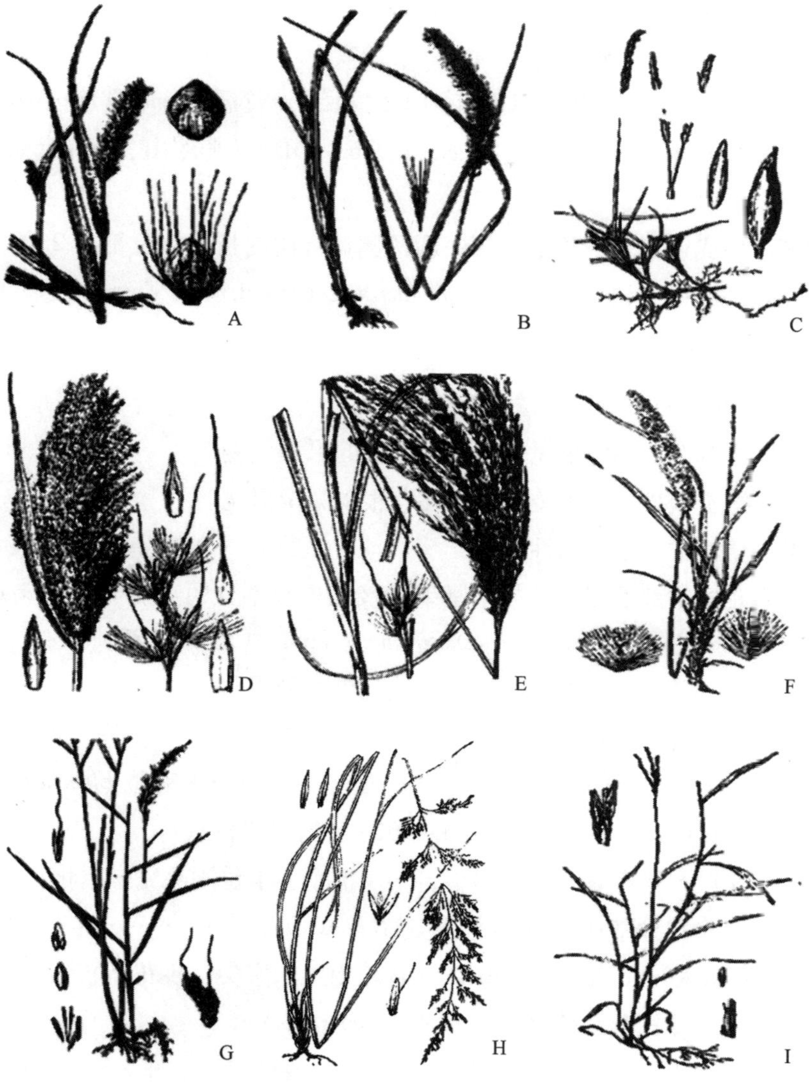

图6－45

A：金色狗尾草；B：狼尾草；C：中华结缕草；D：五节芒；E：芒；F：白茅；G：大油芒；H：疏花野青茅；I：柔枝莠竹

37 总状花序少数至多数，成圆锥状、伞房状或指状排列（荩草属 *Arthraxon*）…………………………………………………………………荩草 *Arthraxon hispidus*（Thunb.）Makino（图6－46B）

37 总

状花序成对或单独 1 枚，稀可成指状排列

38 成熟小穗呈圆筒形，第一颖内卷而具有圆形之边缘（菅属 *Themeda*）…………………………黄背草 *Themeda japonica* C. Tanaka（图 6－46D）（普陀山、桃花岛、朱家尖）

38 成熟小穗背部压扁或近于呈细长形，第一颖两侧通常向内折叠，上部有 2 脊（香茅属 *Cymbopogon*）…………桔草 *Cymbopogon goeringii*（Steud.）A. Camus.（图 6－46C）（长峙岛）

110. 莎草科 Gramineae

1 花两性或单性，小坚果无先出叶所形成的果囊包裹

2 鳞片螺旋状排列，下位刚毛存在，很少完全退化

3 小穗通常有多数两性花

4 花柱基部不膨大，与小坚果连接处界线不分明（藨草属 *Scirpus*）……………………………………………藨草 *Scirpus triqueter* Linn.（图 6－46E）

4 花柱基部膨大，与小坚果连接处界线分明

5 叶片不存在，小穗单生，下位刚毛 4～8 条，很少完全退化（荸荠属 *Eleocharis*）……………………………………………………牛毛毡 *Eleocharis yokoscensis*（Franch et Sav）Tang et wang（图 6－46F）（属广布种）

5 叶片常存在，小穗多数，很少 1 个，下位刚毛完全退化

6 花柱基宿存（球柱草属 *Bulbostylis*）………………………球柱草 *Bulbostylis barbata* Kunth.（图 6－46G）（普陀山、朱家尖、桃花岛）

6 花柱基脱落（飘拂草属 *Fimbristylis*）

7 柱头 3 少有 2，花柱近圆柱状或稍扁，上部无缘毛…………………………………………………………………绢毛飘拂草 *Fimbristylis acricea*（Poir.）R. Br.（图6－46H）

7 柱头 2，花柱扁平，上部有缘毛…………………………………………双穗飘拂草 *F. Subbispicata* Nees et Meyen（图 6－46I）

3 小穗仅中部或上部 1～2 朵两性花，稀单性花（克拉莎属 *Cladium*）……………………………………………………华克拉莎 *Cladium chinensis* Nees（册子岛）

2 鳞片两行排列，下位刚毛完全退化

8 小穗轴基部无关节，小穗不脱落，鳞片从小穗的基部向顶端逐渐脱落（莎草属 *Cyperus*）………香附子 *Cyperus rotundus* Linn.（图 6－47A）（桃

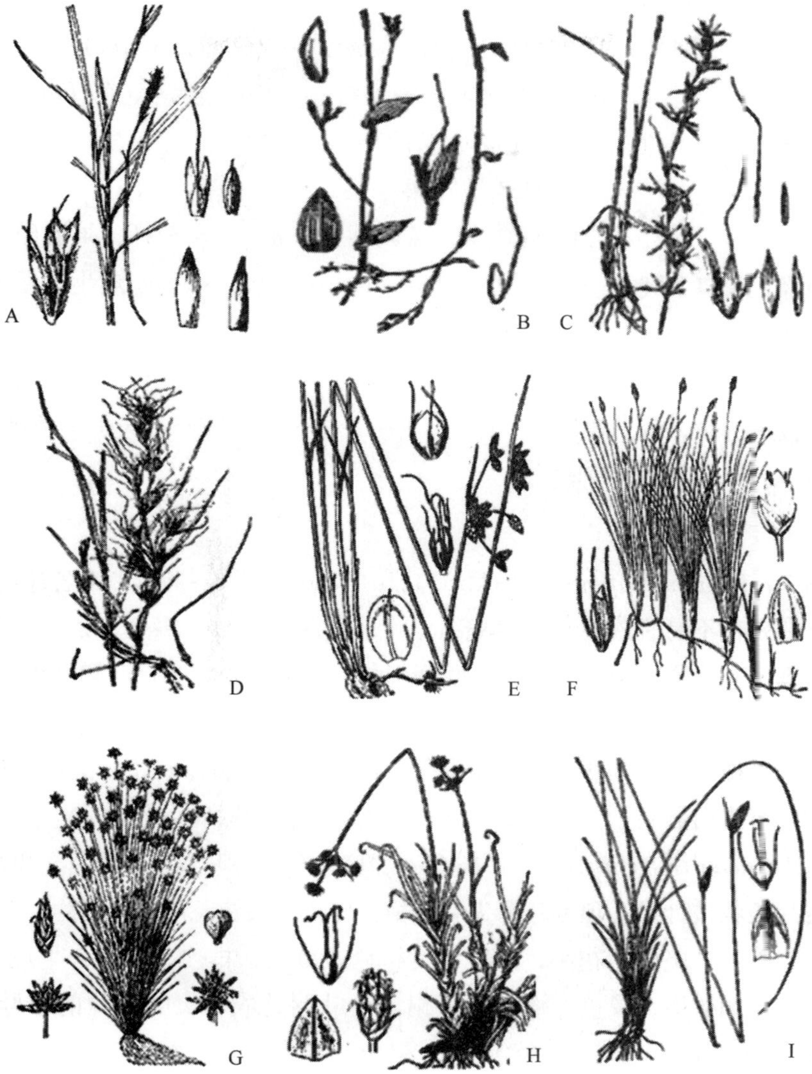

图 6－46

A：有芒鸭嘴草；B：荩草；C：桔草；D：黄背草；E：薰草；F：牛毛毡；G：球柱草；H：绢毛飘拂草；I：双穗飘拂草

花岛、普陀山、舟山岛、金塘岛）

8 小穗轴基部具关节，鳞片常和小穗轴在关节处一起脱落

9 柱头 3 个，小坚果三棱性（砖子苗属 *Mariscus*）…………砖子苗 *Mariscus umbellatus* Vahl（图 6－47F）

9 柱头 2，小坚果双凸状（水蜈蚣属 *Kyllinga*）… ……………

水蜈蚣 *Kyllinga brevifolia* Rottb.（图6－47E）

1 花单性，小坚果为先出叶所形成的果囊所包裹（苔草属 *Carex*）

10 植株雌雄异株……………………砂钻薹草 *Carex kobomugi* Ohwi（图6－47B）（桃花岛、普陀山、东沙）

10 植株雌雄同株

11 秆矮小，高10～20 cm，叶长于秆，果囊卵形或宽卵形，具短喙，喙口2裂…………………………………………………………矮生薹草 *C. pumila* Thunb.（图6－47C）（桃花岛、东沙）

11 秆高大，高20～60 cm，叶短于秆，果囊长圆形，圆柱形，具极短的喙，喙口微凹……………………………………………………糙叶苔草 *C. scabrifolia* Steud.（图6－47D）

111. 棕榈科 Palmae

棕榈 *Trachycarpus fortunei*（Hook. f.）H. Wendl（图6－47G）又名棕树、山棕，乔木，茎有残存不易脱落的老叶柄基部。叶掌状深裂，裂片多数，条形，坚硬，钝头，不下垂，有多数纤细的纵脉纹，叶柄细长，顶端有小戟突，叶鞘纤维质，网状，暗棕色。肉穗花序排成圆锥花序，腋生，总包多数，革质，被锈色绒毛；花小，黄白色，雌雄异株。核果肾状球形，蓝黑色。棕皮纤维可制绳索、床榻等；杆可作扇子骨，嫩叶可漂白制扇子、草帽等。分布于梅山岛、大榭岛、金塘岛。

蒲葵 *Livistona chinensis* R. Br.（图6－47H），乔木，叶阔肾状扇形，掌状深裂至中部，裂片条状披针形，顶端长渐尖。肉穗花序排成圆锥花序式，腋生，分枝疏散；总苞棕色，管状，坚硬；花小，两性，黄绿色，覆瓦状排列。花丝合生成一环。核果椭圆形，状如橄榄，黑色。嫩叶制葵扇，老叶制蓑衣等；叶裂片的中脉制牙签；果实药用，治癌肿、白血病，根治哮喘，叶治功能性子宫出血。

两种植物的区别在于棕榈的叶柄无刺，蒲葵叶柄有刺。

112. 天南星科 Araceae

异叶天南星 *Arisaema heterophyllum* Bl.（图6－47I），块茎扁球形，鸟足状排列，倒卵状矩圆形、矩圆状倒披针形至披针形。雌雄同株或异株，总花梗等长或稍长于叶柄，佛焰苞绿色，附属体紧接具花部分之上，向上渐细呈尾状，合生花丝短柄状，花药以椭圆形孔裂。分布于长峙岛、普陀山、中街山。

普陀南星 *A. ringens*（Thunb.）Schott（图6－48A），块茎扁球形，周围生根，常具有侧生小块茎。叶常2片，稀1片；叶柄下部1/3处具鞘；叶片3全裂。总花梗短于叶柄，佛焰苞管部绿色，喉部常具宽耳，耳内面深紫色。肉穗花序单性；雄花序无

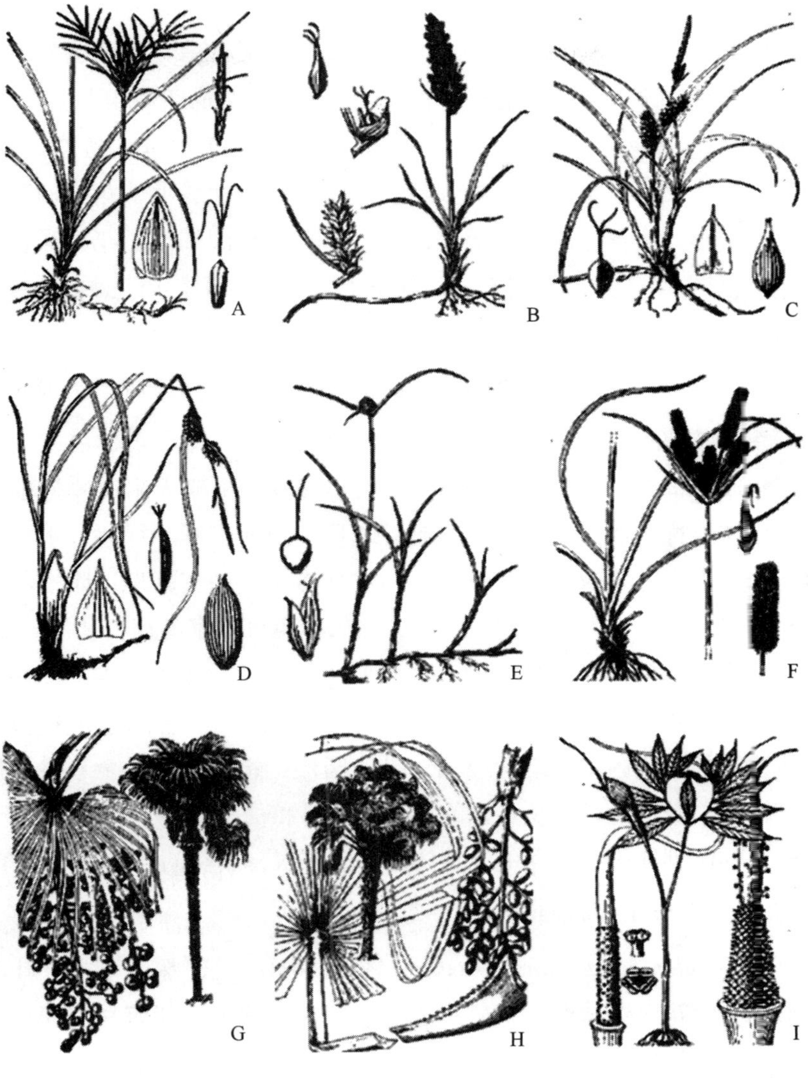

图 6－47

A：香附子；B：砂钻薹草；C：矮生苔草；D：糙叶苔草；E：水蜈蚣；F：砖子苗；G：棕榈；H：蒲葵；I：异叶天南星

柄，圆柱形，雌花序近球形。附属物棒状或长圆锥状。花期 4－5 月，产普陀山。

全缘灯台莲 *A. sikokianum* Franch. et Sav.（图 6－48B），块茎扁球形，鳞叶 2 片，内面披针形，膜质。叶 2，叶片鸟足状 5 裂，裂片卵形、卵状长圆形或长圆形。佛焰苞淡绿色至暗紫色，具淡紫色条纹，管部漏斗状。肉穗花序单性，雄花序圆柱形，雌花序近圆锥形，浆果黄色，长圆锥状，种子 1～2 或 3 枚，卵圆形，光滑，具柄。花期 5 月，果 8－9 月成熟。分布于桃花岛、中街山。

半夏 *Pinellia ternata*（Thunb.）Brcit.（图 6－48C），块茎球形，单叶心状箭形至椭圆形，小叶卵状椭圆形至倒卵状矩圆形，稀披针形，子房具短而明显的花柱，药室直缝开裂。浆果卵形。中药半夏，有化痰止咳等效。分布于舟山各个岛屿。

菖蒲 *Acorus calamus* Linn.（图 6－48D），菖蒲是多年生草本植物。根茎横走，芳香，肉质根多数。叶基生，基部两侧膜质叶鞘叶片剑状线形，花序柄三棱形；叶状佛焰苞剑状线形；肉穗花序斜向上或近直立，狭锥状圆柱形。花黄绿色，浆果长圆形，红色。花期 6－7 月，果期 8 月。分布于册子岛、普陀山、舟山岛。

五种植物的区别在于，普陀南星叶片 3 全裂，而异叶天南星叶片放射状或鸟趾状，裂片多于 7 枚，全缘灯台莲裂片 5，半夏叶片不分裂。菖蒲的叶片狭长剑形。

113. 浮萍科 Lemnaceae

浮萍 *Lemna minor* L.（图 6－48E），浮水小草本。根鞘无附属物，根冠钝圆或截切状。叶状体对称，倒卵形、椭圆形或近圆形，两面平滑，绿色，不透明。花单性，雌雄同株，生于叶状体边缘开裂处，佛焰苞囊状。果实圆形近陀螺状，无翅或具窄翅。全草供药用，有发汗、利水、消肿之效，也可作家禽饲料和稻田绿肥。

紫萍 *Spirodela polyrhiza*（L.）Schleid.（图 6－48F），细小草本，漂浮水面。叶状体扁平，倒卵状圆形，上面稍向内凹，深绿色，下面呈紫色。花单性，雌雄同株，生于叶状体边缘的缺刻内，佛焰苞袋状，果实圆形，边缘有翅。全草供药用，为发汗、行水、祛风、散湿药，也是良好的猪、鸭饲料和稻田肥料。

两种植物的区别在于，浮萍的叶状体具有 1 条根，紫萍的叶状体具数条根。

114. 谷精草科 Eriocaulaceae

谷精草 *Eriocaulon buergerianum* Koern（图 6－48G），密丛生草本。叶基生，长披针状条形。头状花序近球形，总苞片宽倒卵形或近圆形，花苞片倒卵形，顶端骤尖。花托有柔毛，雄花外轮花被片合生成倒卵形苞状，内轮花被片合生成倒圆锥状筒形；雌花外轮花被片合生成椭圆形苞状，内轮花被片离生，匙形，顶端有一黑色腺体，有细毛长。种子长椭圆形，有毛茸。全草入药，有明目退翳等效。分布于舟山岛。

长苞谷精草 *E. decemflorum* Maxim.，叶基生，条形或细线形，基部有横脉。花葶较少，头状花序倒圆锥形，总苞片矩圆形，麦秆黄色，光滑，顶端急尖，花苞片倒披针形，顶端尖，背面生白短毛，花药黑色，雌花外轮花被片与雄花相似。

两种植物的区别在于，长苞谷精草花 2 数，谷精草 3 数。

115. 鸭跖草科 Commelinaceae

疣草 *Murdannia keisak*（Hassk.）Hand.－Mazz.，一年生草本，全体无毛。茎长

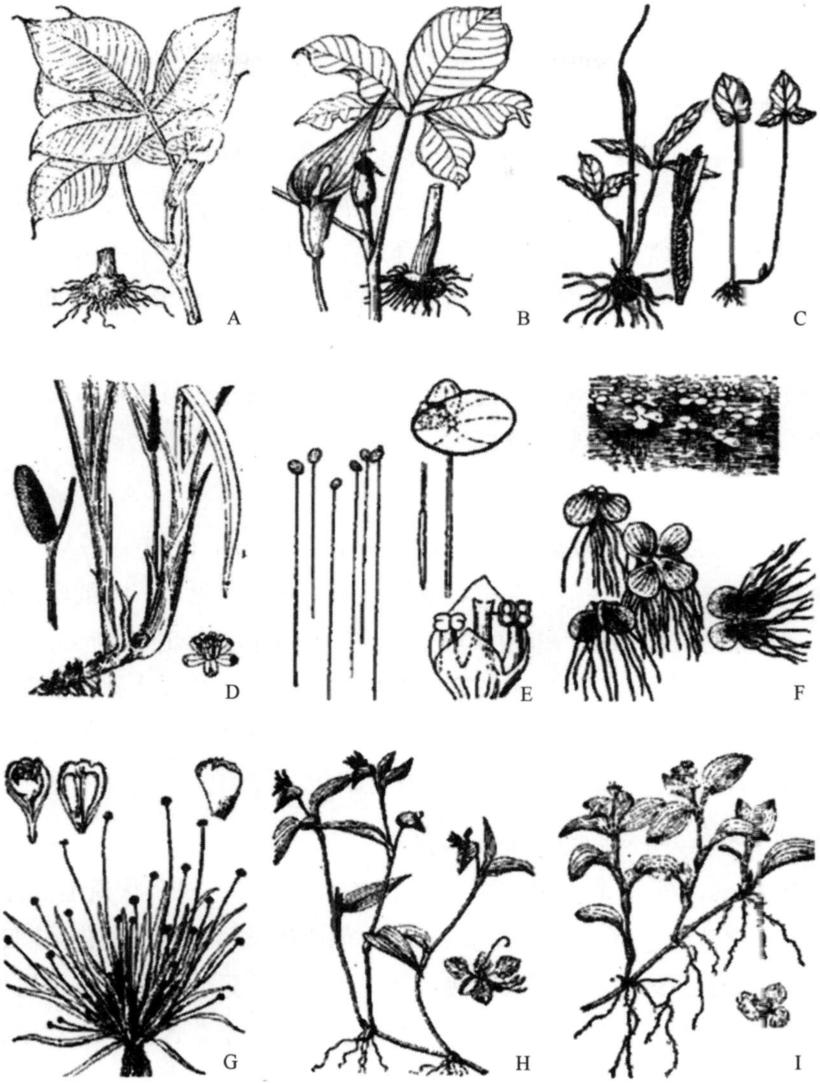

图 6－48

A：普陀南星；B：全缘灯台莲；C：半夏；D：菖蒲；E：浮萍；F：紫萍；G：谷精草；H：鸭跖草；I：饭包草

而多分枝，匍匐生根，分枝常上升。叶无柄，狭披针形。聚伞花序腋生或顶生，苞片披针形，花瓣蓝紫色或粉红色，倒卵圆形，比萼长。花丝生长须毛。蒴果长椭圆形，两端急尖，种子稍扁，平滑。分布于桃花岛。

鸭跖草 *Commelina communis* Linn.（图 6－48H），一年生披散草本，仅叶鞘及茎上部被毛，茎下部匍匐生根。叶披针形至卵状披针形。总苞片佛焰苞状，与叶对生，心形，稍镰刀状弯曲，顶端短急尖，边缘常有硬毛。聚伞花序有花数朵，略伸出佛焰苞，萼片膜质，花瓣深蓝色，有长爪。蒴果椭圆形，种子具不规则窝孔。供药用。分布于各个舟山岛屿。

饭包草 *C. bengalensis* Linn.（图6－48I），多年生匍匐草本，茎披散，多分枝，被疏柔毛。叶稍有疏而长的睫毛，叶有明显的叶柄，叶片卵形。总苞片佛焰苞状，柄极短，与叶对生，常数个集于枝顶，下部边缘合生而成扁的漏斗状。聚伞花序有花数朵，几不伸出，花萼膜质，花瓣蓝色，具长爪，蒴果椭圆形。分布于舟山岛、大榭岛、金塘岛、普陀山、岱山。

三种植物的区别在于，疣草总苞片叶状，不包裹花序；鸭跖草和饭包草总苞片佛焰苞状，包裹花序。饭包草全株被毛。

116. 雨久花科 Pontederiaceae

鸭舌草 *Monochoria vaginalis*（Burm. f.）Presl. ex Kunth（图6－49A），水生，草本，根状茎极短，下生纤维根，茎直立或斜上，全株光滑无毛。叶纸质，形状和大小多变异，有条形、披针形、矩圆状卵形、卵形至宽卵形，顶端渐尖，基部圆形、截形或心形，基部裂片如存在时宽圆形，不扩展，全缘，具弧状脉。基部成鞘，总状花序腋生，花梗裂片，蒴果卵形。全草供药用，有止痛、离骨作用，嫩茎叶可作蔬菜。分布于舟山岛、大榭岛、金塘岛、桃花岛。

117. 灯心草科 Juncaceae

灯心草 *Juncus effusus* L.（图6－49B），多年生草本，根茎状横走，密生须根。茎簇生，内充满乳白色髓。低出叶鞘状，红褐色或淡黄色，叶片退化呈刺芒状。花序假侧生，聚伞状，多花，密集或疏散。总苞片似茎的延伸或直立，外轮稍长，边缘膜质。蒴果矩圆状，顶端钝或微凹。可作编织原料；全草入药，有利尿、清凉镇静之效。

翅茎灯心草 *J. alatus* Franch. et Sav.（图6－49C），多年生草本，簇生，根状茎短，茎扁压。叶耳不显著，叶片扁平，条形，边缘膜质。总苞片叶状，先出叶卵形、披针形，顶端尖，淡绿色或黄褐色。蒴果三棱状圆柱形，淡红褐色，种子倒卵形。分布于梅山岛、大榭岛、册子岛、桃花岛、中街山。

野灯心草 *J. setchuensis* Buch.，多年生草本，根状茎横走或短缩。茎簇生，有纵条纹。芽包叶鞘状或鳞片状，围生于茎基部，下部常红褐色或暗褐色，叶片退化呈刺芒状。花序假侧生，聚伞状，多花或仅具几朵花。总苞片似茎的延伸，直或稍弓曲，先出叶卵状三角形，花药较花丝短。蒴果长于花被，卵状或近球状，种子偏斜倒卵形。分布于舟山各个岛屿。

三种植物的主要区别在于，灯芯草与野灯芯草叶片退化，翅茎灯芯草叶片正常。灯芯草比野灯芯草直径稍粗。

118. 百合科 Liliaceae

1 小枝特化成刚毛状，近圆柱状、宽线状或镰刀状的叶状枝，簇生叶退化成鳞片状（天门冬属 *Asparagus*）………天门冬 *Asparagus cochinchinensis*（Lour.）Merr.（图 6－49D）（广布种）

1 枝叶发育正常，均非上述情况

2 植株具或长或短的根状茎或地下走茎，如根状茎不明显，则至少不具外皮为膜质或黑褐色纤维状或网状的圆柱状鳞茎，花序各式或花单生，如为伞形花序则花为单性而雌雄异株，果为浆果。

3 叶基生，近基生，或茎生叶不发达

4 花葶上具无花的苞片，果实在未成熟时，绝不开裂，成熟种子也不为小核果状，叶鞘非膜质（粉条儿菜属 *Aletris*）………………粉条儿菜 *Aletris spicata*（Thunb.）Franch.（图 6－49E）

4 花葶上不具无花的苞片，果实在未成熟时即不整齐开裂，露出肉质种子，成熟种子为小核果状，叶鞘膜质或边缘膜质

5 花葶通常近浑圆，花梗劲直，花药椭圆形至长圆形，顶端钝，花丝等长或长于花药，子房上位（山麦冬属 *Liriope*）…………禾叶土麦冬 *Liriope graminifolia*（L.）Baker（图 6－49F）（广布种）

5 花葶通常扁平而两侧多少具狭翼，花梗弯垂，花药圆锥形，顶端尖，花丝不明显，或长不及花药之半，子房半下位（沿阶草属 *Ophiopogon*）……………麦冬 *Ophiopogon japonica*（L. f.）Ker－Gawl.（图 6－49G）（广布种）

3 叶茎生，稀因叶鞘套叠成假茎以致叶成茎生状

6 叶 3 至多数轮生于茎顶，花单朵顶生，外轮花被片叶状，绿色，以致植株貌似具两轮叶（重楼属 *Paris*）……………………………………华重楼 *Paris polyphylla* Sm. var. *chinensis* Hara（图 6－50G）（桃花岛、金塘岛）

6 叶的排列方式不如上述，花通常排列成各式花序 有时单生于叶腋

7 叶片狭长，线状披针形或剑形，常绿

8 茎多少木质化，常能增粗，其上有近环状的叶痕，叶片剑形，无明显中脉，近莲座状排列于茎之近顶部，花大型，白色至淡黄色（丝兰属 *Yucca*）………………………………………………凤尾丝兰 *Yucca gloriosa* L.（图 6－49I）

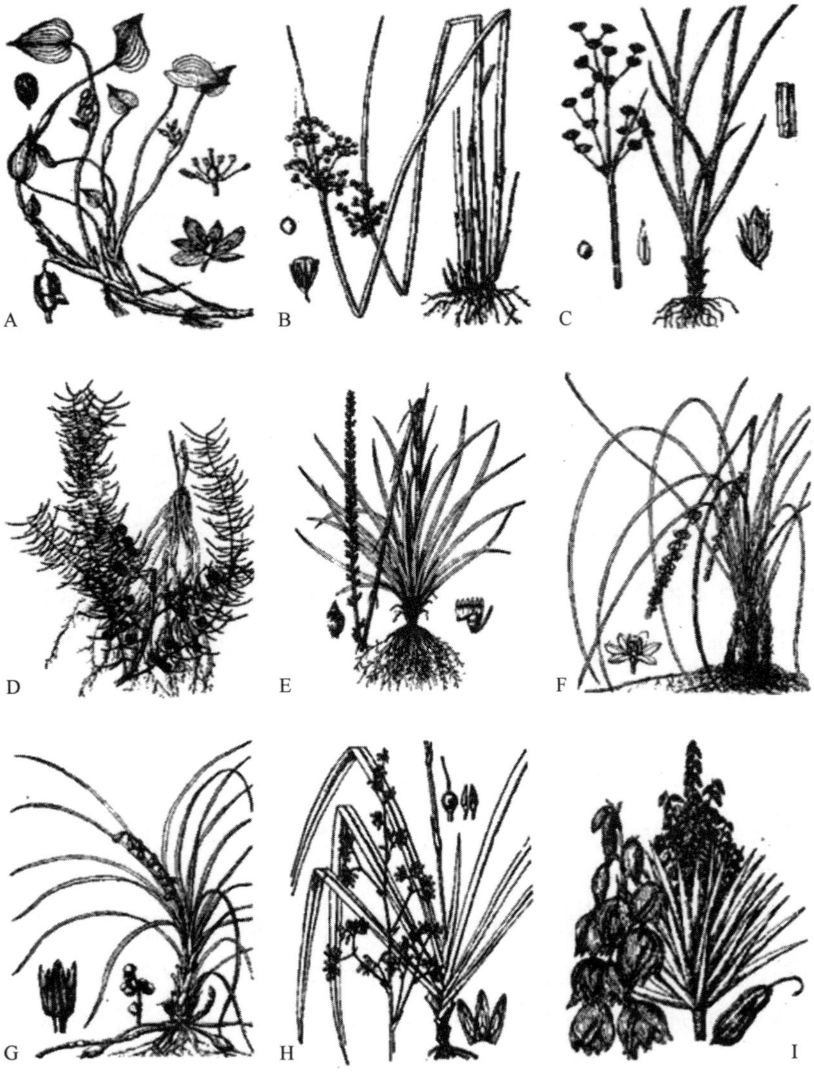

图6-49

A：鸭舌草；B：灯心草；C：翅茎灯心草；D：天门冬；E：粉条儿菜；F：禾叶土麦冬；G：麦冬；H：山菅；I：凤尾丝兰

（广布种）

8 茎草质，叶片线状披针形，具明显的中脉，在茎上排列成2列，叶鞘侧扁，套叠状抱茎，花小，绿白色、淡黄色至淡紫色（山菅属 *Dianella*）……………………………………………………………山菅 *Dianella ensifolia*（L.）DC.（图6-49H）（广布种）

7 叶片卵形、椭圆形或披针形，多年生草本直立或攀缘灌木

9 多分枝的直立或攀缘灌木或草本，叶片具网状支脉，花单性，雌雄异株（菝葜属 *Smilax*）

10 叶之脱落点位于卷须着生点处或翅状鞘与叶柄合生部分的顶端，故宿存于小枝的叶柄在其上方不带一段残留的部分……………………菝葜 *Smilax china* Linn.（图 6-50C）（广布种）

10 叶之脱落点位于叶柄的顶端至卷须着生点的稍上方，故宿存于小枝上的叶柄在其上方带一段残留的部分

11 叶片长圆状披针形至披针形，革质或薄革质……………………………………………光叶菝葜 *S. glabra* Roxb.（图 6-50B）（广布种）

11 叶片卵状心形、卵形、椭圆形、长圆形或卵状披针形，革质或厚纸质，如为薄革质，则干后变为古铜色

12 叶片草质，卵形或卵状心形，总花梗短于叶柄，稍稍长于叶柄………………………………………华东菝葜 *S. sieboldii* Miq.（广布种）

12 叶片厚纸质或薄革质，椭圆形或长圆形至卵状披针形，总花梗明显产于叶柄……………………………………………………粉菝葜 *S. glauco-china* Warb.（图 6-50A）（广布种）

9 多年生直立草本，叶片不具网状支脉，花两性（黄精属 *Polygonatum*）……………………………………………玉竹 *Polygonatum odoratum* Druce（图6-50D）（普陀山）

2 植株具圆球状、卵状或近圆柱状的鳞茎，花序各式，如为伞形花序，则花为两性，果为蒴果

13 花序为伞形花序，未开放前为非绿色的膜质总苞所包，植株绝大多数有葱蒜气味（葱属 *Allium*）……………………………………………薤白 *Allium macrostemon* Bunge（图 6-50E）（广布种）

13 花序不如上，植株无葱蒜气味

14 鳞茎无膜质外皮，鳞片裸露，花被片内面基部有蜜腺（百合属 *Lilium*）

15 花橘红色、红色或淡红色，花被片中部以上反卷……………………………卷丹 *Lilium lancifolium* Thunb.（普陀山）

15 花白色或乳白色………………………………………野百合 *L. brownii* F. E. Brown ex Miellez var. *viridulum* Baker（图 6-50F）（中街山、桃花岛）

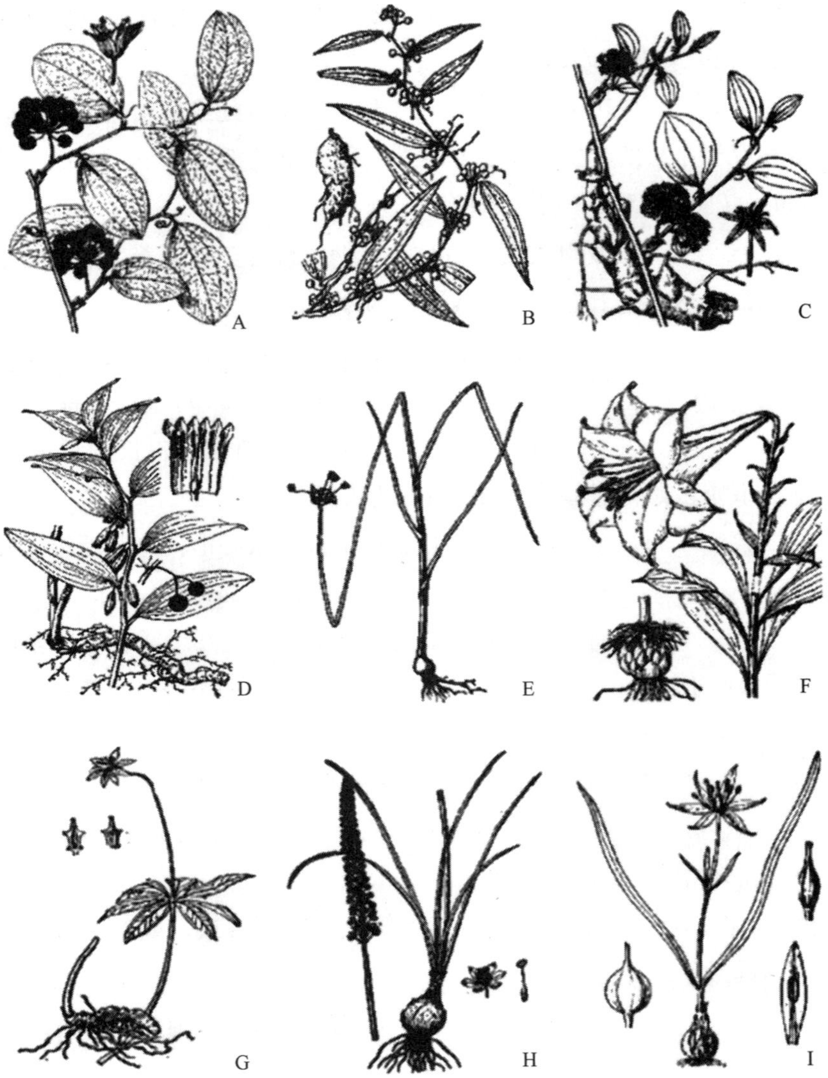

图 6－50

A：粉菝葜；B：光叶菝葜；C：菝葜；D：玉竹；E：薤白；F：野百合；G：华重楼；H：绵枣儿；I：老鸦瓣

14 鳞茎有数层外皮，鳞片内藏，花被片内面基部无蜜腺

16 叶全部基生，总状花序生于无叶花葶的顶端，花极多数，较小，花被片长 2.5～3 mm（绵枣儿属 *Scilla*）……………………………………绵枣儿 *Scilla scilloides*（Lindl.）Druce（图 6－50H）（长峙岛）

16 叶基生兼茎生，花单生茎顶（郁金香属 *Tulipa*）………老鸦瓣 *Tulipa edulis*（Miq.）Baker（图 6－50I）（普陀山、中街山、临城）

119. 石蒜科 Amaryllidaceae

石蒜 *Lycoris radiata* Herb.（图 6－51A），多年生草本，鳞茎椭圆形或近球形，外有紫褐色鳞茎皮。叶基生，条形或者带形，苞片干膜质棕褐色，披针形，花鲜红或具白色边缘，子房下位 3 室，每室有胚珠数枚，花柱纤弱，很长，柱头状，极小。蒴果常不成熟。鳞茎入药，能催吐祛痰，消肿止痛，治瘤疥疮，有毒，慎用。分布于册子岛、桃花岛。

换锦花 *L. sprengeri* Comes ex Baker（图 6－51B），多年生草本，鳞茎椭圆形或近球形。裂片先端带蓝色，长圆状倒披针形。雄蕊与花被几近等长，花柱略伸出于花被外。鳞茎可提取加蓝他敏。分布于茶山岛、中街山等各个岛屿。

水仙 *Narcissus tazetta* L. var. Chineasis Roem.（图 6－51C），多年生草本，鳞茎卵圆形，叶直立而扁平。花葶中空，扁平，约与叶等长，总苞片佛焰苞状，膜质。伞形花序通常有花 4～10 朵。花平展或下倾，芳香，花被管圆柱状或漏斗状，基部三棱形，花被裂片白色，副花冠鲜黄色，浅杯状。花期 11 月至次年 2 月。生于沿海岛屿。鳞茎多汁液，有毒，民间药用，捣烂可敷治痈肿。分布于定海长岗山、桃花岛。

三种植物的区别在于，水仙花有副花冠，而石蒜属无副花冠；换锦花为喇叭状，辐射对称，而石蒜花不为喇叭状，左右对称。

120. 薯蓣科 Dioscoreaceae

1 地下茎横走，为根状茎，含甾体皂甙，味苦

2 根状茎表面散生短圆锥状或疣状突起的根基，鲜时质脆或坚，断而无粘丝，干后硬，断后多少粉性，叶片质地多样……………………………………………绵萆薢 *Dioscorea spongiosa* J. Q. Xi.，Mizuno et W. L. Zhao（图 6－51D）（中街山）

2 根状茎表面密布白点状的根基，鲜时质脆嫩，断面黄色，有粘丝，干后坚硬，断面白色至灰黄色，多少呈角质，叶片膜质或厚纸质……山萆薢（粉萆薢）*D. tokoro* Makino（中街山）

1 地下茎横生，为块茎，稀兼具明显的根状茎，不含甾体皂甙，味种种

3 块茎多样，味淡至微甜或苦，地下茎草质，叶片纸质，长三角形至心形，基部凹入，稀平截，主脉 7 条，叶柄为叶片的 2/5～4/5

4 块茎陀螺形，味苦，地上茎左旋，叶片宽卵状心形至圆心形…………………………………………黄独 *D. bulbifera* Linn.（图 6－51E）（桃花岛）

4 块茎不为陀螺形，味多淡而微甜，个别种苦，地上茎右旋，叶片长，三角形至宽卵状心形…………………………………………………………薯蓣 *D. opposita* Thunb.（图 6－51F）（广布种）

3 根状茎短圆柱形至葫芦形，味极涩，地上茎木质，叶片革质，长卵形至披针形，基部钝圆至宽楔形，主脉 3 条，叶柄长为叶片的 1/7～1/4…………薯莨 *D. cirrhosa* Lour.（图 6－51G）（桃花岛）

121. 鸢尾科 Iridaceae

射干 *Belamcanda chinensis* DC.（图 6－51H），多年生草本。根状茎为不规则的结节状，鲜黄色或黄褐色。叶互生，嵌迭状排列，剑形。二歧状伞房花序顶生；花梗及花序的分枝处均包有膜质的苞片，苞片披针形或卵圆形。花橙红色，散生紫褐色的斑点，花被裂片 6 片，2 轮排列，外轮花被裂片倒卵形或长椭圆形，内轮花较外轮花被裂片略短而狭。蒴果倒卵形或长椭圆形，黄绿色，成熟时室背开裂，果瓣外翻，中央有直立的果轴。种子圆球形，黑紫色，有光泽。花期 6－8 月，果期 7－9 月。分布于舟山岛、大榭岛、普陀山、桃花岛、中街山。

122. 兰科 Orchidaceae

1 地生植物

2 花在花序轴上呈螺旋状排列，茎基部簇生数条指状肉质的根（绶草属 *Spiranthes*）………………绶草 *Spiranthes sinensis* Ames（图 6－51I）（中街山）

2 花在花序轴上不呈螺旋状排列，或仅生一朵花，茎基部非上述

3 植株具长或短的直立茎，无假鳞茎，或无明显可见，常隐藏于叶丛之中的假鳞茎

4 植株具块茎或具肉质、肥厚、指状、平展的根状茎

5 花紫红色或粉红色，植株具块茎（无柱兰属 *Amitostigma*）…………大花无柱兰 *Amitostigma pinguiculum*（Rchb. f. et S. Moore）Schltr（图 6－52A）（舟山岛、桃花岛）

5 花黄绿色、淡绿色或白色，植株具块茎或具肉质、肥厚、指状、平展的根状茎

6 叶 1 枚，圆柱状，中萼片兜状，花粉块 4 枚，无柄，植株具块茎（葱叶兰属 *Microtis*）…………………………………………………葱叶兰 *Microtis unifolia*（Forst.）Rchb. F.（图 6－52B）（朱家尖）

6 叶 1 至数枚，扁平，中萼片非兜状，花粉块 2 枚，具或长或短的柄，植株具块茎或具肉质、肥厚、指状、平展的根状茎（角盘兰属 *Herminium*）

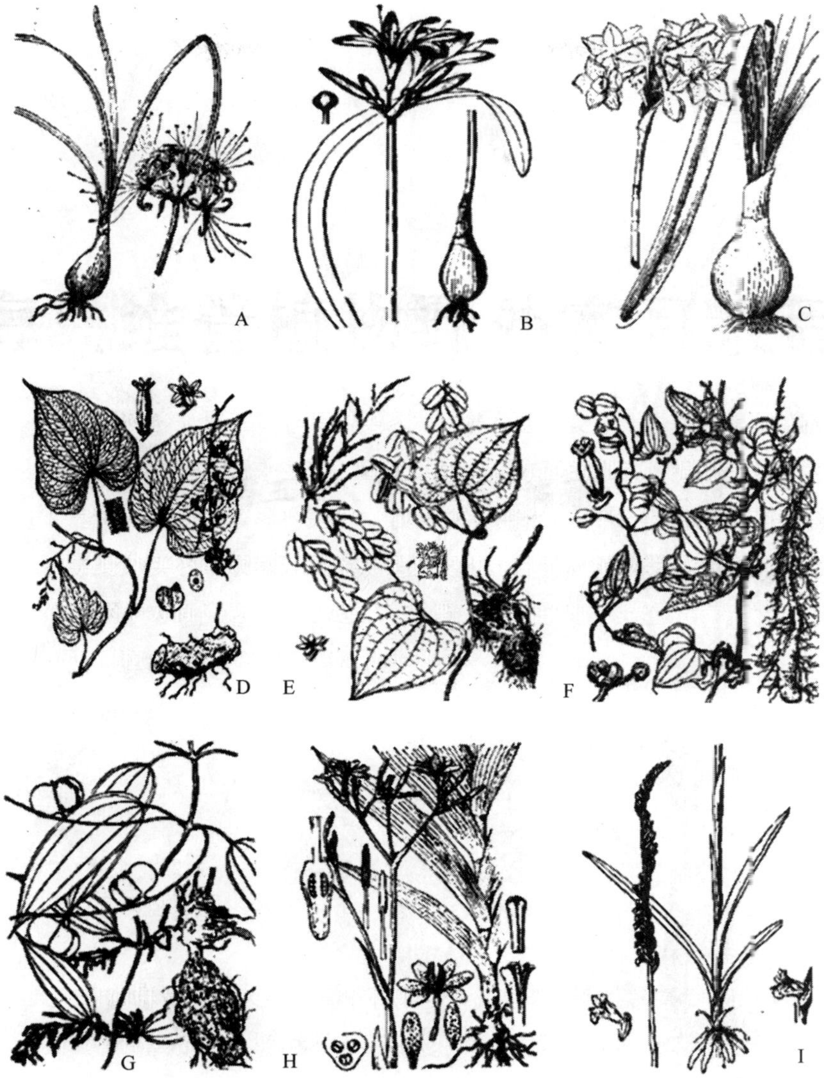

图 6－51

A：石蒜；B：换锦花；C：水仙；D：绵萆薢；E：黄独；F：薯蓣；G：薯莨；H：射干；I：绶草

…………叉唇角盘兰 *Herminium lanceum*（Thunb.）Vuijk（图 6－52D）（桃花岛）

4 植株无块茎或具肉质、肥厚、指状、平展的根状茎，根状茎短只具或多或少稍肉质的纤维根

7 叶片革质，长带形或剑形，少数为长圆形，干后不变成靛蓝色，通常无柄，少数具柄，蕊柱长，花粉块 3 枚（兰属 *Cymbidium*）

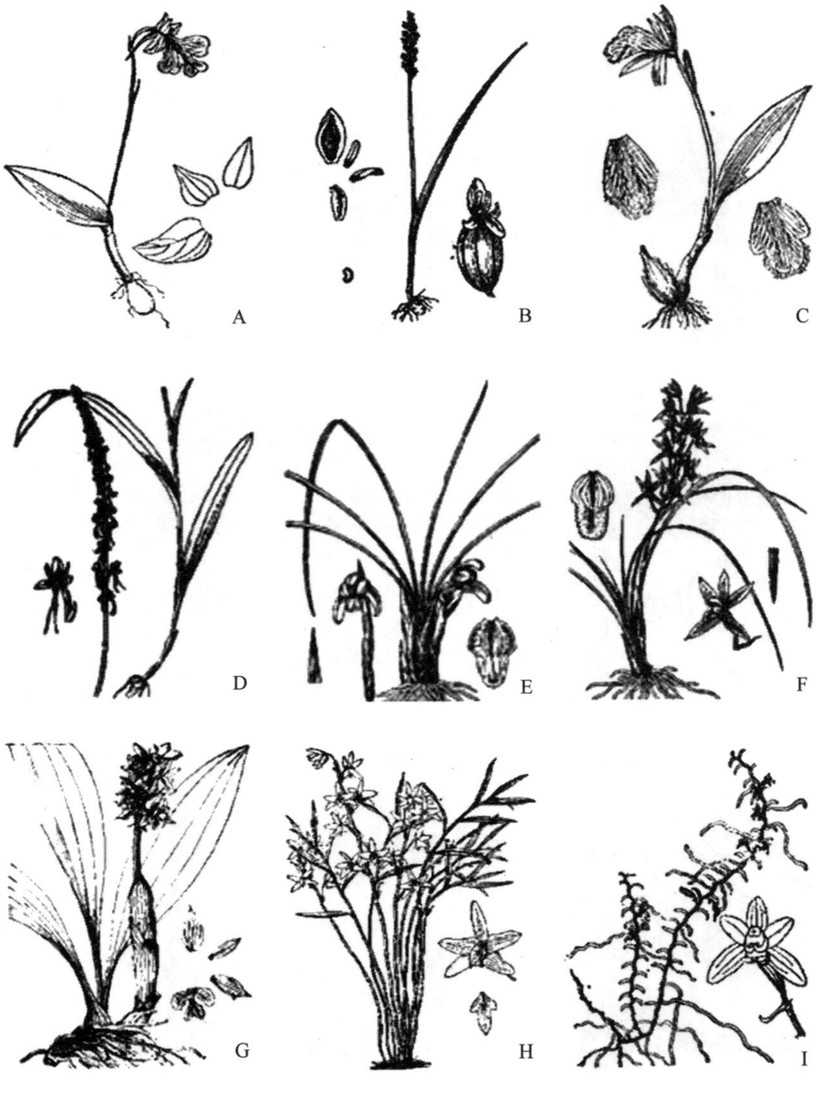

图 6－52

A：大花无柱兰；B：葱叶兰；C：独蒜兰；D：叉唇角盘兰；E：春兰；F：蕙兰；G：虾脊兰；H：细茎石斛；I：蜈蚣兰

8 花葶上具花 1 朵，稀 2 朵，花苞片长于子房连花梗长…………………………………………………………………………春兰 *Cymbidium goeringii*（Rehb. f.）Rehb. f.（图 6－52E）

8 花葶上具花 3 朵以上，花苞片短于子房连花梗长……………蕙兰 *Cymbidium faberi* Rolfe（图 6－52F）

7 叶片宽而薄，卵状椭圆形、长椭圆形或椭圆形，干后变为靛蓝色，具叶柄，蕊柱短，花粉块 2 枚（虾脊兰属 *Calanthe*）……………………………虾脊兰 *Calanthe discolor* Lindl.（图 6－52G）（朱家尖、桃花岛）

3 植株具明显可见的假鳞茎（独蒜兰属 *Pleione*）…………………………………………独蒜兰 *Pleione bulbocodioides*（Franch.）Rolfe（图 6－52C）（舟山岛）

1 附生植物

9 植株具假鳞茎（石斛属 *Dendrobium*）………………………………………………细茎石斛 *Dendrobium moniliforme*（Linn.）Sw.（图 6－52H）

9 植株无假鳞茎（隔距兰属 *Cleisostoma*）……………………………………………蜈蚣兰 *Cleisostoma scolopendrifolium*（Makino）Garay（图 6－52I）（普陀山、朱家尖）

本章小结

舟山群岛的蕨类植物主要分布于海岛的森林林下，其中贯众却是海岛典型的崖壁植物。蕨类植物是低等维管植物，但是一群进化水平最高的孢子植物，不产生种子。多为草本，通常无地上茎。舟山群岛常见的蕨类植物主要介绍了 28 个科 53 种。

舟山群岛的裸子植物主要是以栽培品种为主，其中以黑松被广泛各个岛屿上。裸子植物是介于蕨类植物和裸子植物之间的一类维管植物，种子裸露，没有被果皮包被。叶多为针形、线形或鳞形。其中松杉纲种类最多，分布最广泛，并构成了许多现代的植被类型。舟山群岛常见的裸子植物主要介绍了 5 科约 12 种。

舟山群岛的被子植物具有典型的海岛特色，盐土植物种类丰富。各科在形态上都有自己独特的基本特征，掌握了科的基本特征，就容易判定一个植物的分类所在位置。舟山群岛常见的被子植物主要介绍了 122 科约 468 种。

参考文献

[1] 中国科学院植物研究所．中国高等植物图鉴（1－5 册）．北京：科学出版社，1972－1976.

[2] 中国科学院植物研究所．中国高等植物图鉴补编（1－5 册）．北京：科学出版社，1982－1983.

[3] 中国科学院中国植物志编辑委员会．中国植物志（共 80 卷）．北京：科学出版社，1959－2003.

[4] 浙江植物志编辑委员会．浙江植物志（共 8 卷）．北京：科学出版社，1982－1983.

[5] 冯志坚，等．植物学野外实习手册．上海：上海教育出版社，1993.

[6] 彭友林．植物学野外实习教程．长沙：湖南科学技术出版社，2008.

[7] 刘小阳，等．植物学野外实习手册．北京：中国大地出版社，1997.

[8] 丁炳扬．天目山植物学实习手册．杭州：浙江大学出版社，2003.

[9] 樊守金，等．植物学实习教程．北京：高等教育出版社，2010.

[10] 周云龙，等．植物生物学（第 3 版）．北京：高等教育出版社，2011.

[11] 古尔恰兰·辛格．植物系统分类学——综合理论及方法．刘全儒译．北京：化学工业出版社，2008.

[12] 刘心源．植物标本的采集、制作与管理．北京：科学出版社，1981.

[13] 赵可夫，冯立田．中国盐生植物资源．北京：科学出版社，2001.

附录 1：植物学野外实习简明通讯录

______ 大学（学院）____ 级植物学野外实习简明通讯录

带队老师	姓名			Tel			职责			
	姓名			Tel			职责			
	姓名			Tel			职责			
队长	姓名		班级			Tel				
副队长	姓名			姓名			姓名			
	班级			班级			班级			
	Tel			Tel			Tel			
班级	组别	组长	副组长				队员			
	第一组									
	联系方式									
	第二组									
	联系方式									
	第三组									
	联系方式									
	第四组									
	联系方式									

附录 2：学生外出安全告知书

______大学（学院）学生外出安全告知书

为提高学生的安全意识、法律意识和责任意识，保障学生人身和财物的安全，促进学生身心健康发展，根据相关法律法规和学校有关精神，特制定本文本，以利履行。

1. 注意潮汐和风浪

学校绝大部分同学都不是在海边长大的，对海洋气候、水文环境不是很熟悉，海中风浪不同江河，海水冲击堤岸易产生较大的风浪，浪高可达几米甚至近十米，一旦遭遇，极易被卷入水中，比较危险。尤其是每个月农历十八左右的大潮日，海边潮差较大，容易对周围的人产生卷吸作用。海域潮汐属非正规半日潮，有时潮差较大，且邻近港区，潮流顺港岸、水道流动，流向复杂多变，流速较大。因此，海边观景，即便是晴好天气，也请一定要注意安全。

2. 注意不熟悉的沙滩和滩涂

海边很多沙滩和滩涂表面看似安全，水浅滩平，但实则由于海浪和潮汐影响，沙滩和滩涂之下绝大多数都不牢固，尤其是施工地带。近年来，临近海域的航道和海堤进行过不同层次的疏通和加固，很容易留下很多流沙和泥潭隐患，一旦陷入，危机重重。

3. 严禁下水游泳

海水温度总体而言普遍比淡水低，比如岙山附近多年平均水温各季度为 8.4℃、17.5℃、25.9℃、17.7℃。在低温海水中，人体散热极快，如果体温低于 35℃，身体就会出现麻痹和昏迷的症状，容易发生事故。另外，在海水中游泳时，比较容易发生腿脚抽筋，遭遇漩涡水流、暗流、潮汐、离岸流等不安全情况，危险系数大增。外出实习，未经指导老师许可，学生不得下水，否则，由此造成的一切后果由学生本人承担。

4. 注意防范中毒和过敏

海水中有很多寄生虫和微生物，饮用海水极易引发腹泻和呕吐。另外，海水中还有一些有毒生物，它们容易对人体产生过敏刺激。因此一旦遇到过敏、中毒等不良反应时，应及时就医，不可忽视。

5. 注意海边不安全玩耍

舟山群岛正处于建设之中，部分海景道、海堤防护栏和路灯等配套设施还未完善或者刚投入使用，有可能存在安全隐患，学生应避开这些不安全的场所。

6. 注意大风天气

舟山地处我国东海前沿，大风天气较多，且风力均比同纬度的内陆地区大。大风天气对骑车过桥行人来说，不但自行车或电瓶车阻力大，而且容易打横，对人身安全造成极大威胁。因此，应注意大风天气，尤其是冬季季风时节，尽量减少外出，不要骑车或行走过桥，可选乘公共汽车。

7. 注意爬山安全

学校周边山上荆棘遍布，还有蜈蚣、马蜂、蛇等有毒生物。另外山上交通设施不齐全，日常行走人员较少，极有可能窝藏不法分子。因此希望广大师生不要私自上山，尤其避免夜间爬山，防止遭遇不测。

8. 注意离校备假制度

舟山是海岛旅游城市，景点多在海边，去景区游览时，务必告知指导老师，务必遵从管理人员和标识提示，不到非正规的海浴场所游泳嬉水，以防不测。同时，由于长峙岛离定海、新城、沈家门比较远，离岛需要经过大桥，大桥目前车流量大，容易引起交通拥堵、撞车等事故。尤其是晚上，桥头几乎没有路灯，且路人稀少，恐遇不法分子。另外，长峙岛正在开发建设，施工地点多，工地附近往往是事故多发地带。因此，在有施工的地方，请尽量回避、提高警惕、加强戒备。希望广大学生无事不要擅自骑车离开校园，确有办事需要，必须遵守请假制度，时刻保持通信畅通。

我已知晓学生外出须知内容，将谨遵规定，自觉履行。

外出学生本人签字（请签名）：

年　　月

附录3：野外实习安全承诺书

野外实习安全承诺书

按照植物学教学大纲的要求，从____年____月____日到____月____日，进行《野外实习1（植物学野外实习）》，学生需要在规定时间完成实习任务，安全健康尤为重要，特提醒注意以下事项。

学生承诺自觉按照学院的相关规定，做到定期与学院辅导员老师、责任教师沟通、汇报实习情况。同时承诺：

1. 严格遵守实习纪律，不单独行动。
2. 专心听带队老师讲解，认真记录笔记并进行整理。
3. 每次出发或回程，听从组织安排，遵守乘车秩序。
4. 注意获取第一手图文或影像资料。
5. 野外实习路线必须听从带队教师的安排，不得随意活动。
6. 如有特殊情况不能按照要求实施的，必须向带队教师请假。
7. 按照各组的实习题目和预定方案认真实施，遇到困难要及时与指导教师沟通，积极想办法克服困难完成预定的工作任务。
8. 规定时间内认真完成实习要求及各项作业。
9. 遇突发情况及时向带队老师反映，争取第一时间协调妥善解决。
10. 野外调查期间，认真采集标本的同时，注意躲避其他生物危害，遇事沉着冷静，小组与小组间互帮互助。
11. 各个班生活委员备置应急药品（防晒、中暑、机械损伤应急处理药品等）。

本人承诺并保证遵守以上要求。

学生签名：____________

20____年____月____日

附录4：植物学知识拓展

一、与植物学有关的视频

1. BBC 出品

（1）The Private Life of Plants（植物私生活）

（2）Kingdom of Plants（植物王国）

（3）Life（生命）

（4）How To Grow A Planet（种出个地球）

（5）The Blue Planet（蓝色星球）

（6）Planet Earth（地球脉动）

（7）The Wonder of Weeds（野草奇妙物语）

（8）Natural World：The Himalayas（自然世界：喜马拉雅山脉）

（9）Madagascar（马达加斯加）

（10）Frozen Planet（冰冻星球）

（11）The Garden that Changed the World（改变世界的花园）

（12）Around The World In 80 Gardens（世界八十园林）

（13）Monty Don's Italian Gardens（意大利花园）

（14）Monty Don's French Gardens（法国花园）

（15）Life in a Cottage Garden with Carol Klein Carol Kllein（村舍花园）

（16）The Edible Garden（食材花园）

（17）Wild Indonesia（野性印尼）

（18）Ray Mears Bushcraft Survival（丛林生存技能系列）

（19）Attenborough：60 Years in the Wild（爱丁保罗夫：自然探索60年）

（20）Grow Your Own Drugs（私房药）

（21）Gardeners' World（园艺世界）

（22）The Great Rift：Africa's Wild Heart（大裂谷：美丽的非洲心脏）

（23） The Living Planet（生命行星）

（24） The Nature of Britain（英国自然写真）

（25） Journey of Life（生命之旅）

（26） Wonders of Life（生命的奇迹）

2. 欧美其他作品

（1） National Geographic Channel：Sex，Drugs And Plants（植物的奥妙）

（2） NATURE：What Plants Talk About（植物间的对话）

（3） The Queen of Trees（树之女皇）

（4） Science Channel：Revenge Of The Plants（科学频道：植物的报复）

（5） Coral Reef Adventure（珊瑚礁）

（6） Living Edens Madagascar：A World A Part（马达加斯加：一个与世隔绝的世界）

（7） Africa's Desert Garden（非洲沙漠花园）

（8） Mythos Wald（神奇的森林）

（9） The Botany of Desire（植物的欲望）

（10） Living Landscapes Olympic Rainforest（奥林匹克热带雨林）

（11） Living Landscapes California Redwood Forest（加州红树林）

（12） Il était une Forêt（从前有座森林）

（13） Tajga：Forest of Frost And Fjr（走进针叶林）

（14） Life After People Season 1（人类消失后第一季）

（15） Guerre et Paix dans le Potager（菜园里的战争与和平）

（16） Das grüne Wunder – Unser Wald（大自然之舞）

（17） Amazon（亚马逊）

（18） Expeditionen ins Tierreich：Die Wiese（动物王国探险：草原）

3. 亚洲纪录片

（1） 里山——日本神秘的水上花园

（2） 亚马逊的眼泪

（3） 樱花前线大追迹

（4） 乡愁：浪漫樱花

4. 国产自然纪录片

（1） 森林之歌

（2） 美丽中国

（3）森林守望者

（4）草木战役

（5）中国国家森林公园

（6）茶，一片树叶的故事

二、与植物学有关的网络资源

1. 物种名录

（1）中国生物物种名录（Catalogue of Life China，CoLChina）

（2）全球生物物种名录（Catalogue of Life，CoL），http：//www. catalogue of life. org

（3）全球植物名录（The Plant List，TPL）

（4）全球植物名称索引（International Plant Name Index，IPNI），http：//www. ipni. org/

（5）Tropicos ，http：//www. tropicos. org/

2. 标本资源

（1）中国国家标本资源共享平台（National Specimens Information Infrastructure，ASII），http：//www. nsii. org. cn/

（2）全球生物多样性信息平台（The Global Biodiversity Information Facility，GBIF），http：//www. gbif. org

3. 图像资源

（1）中国自然标本馆（Chinese Field Herbarium ，CFH），http：//www. cfh. ac. cn/

（2）ARKIVE http：//www. plantsystematics. org

4. 文献资源

（1）生物多样性遗产图书馆（Biodiversity Heritage Library，BHL），http：//www. biodiversitylibrary. org/

（2）中国生物多样性遗产图书馆（China Node of Biodiversity Heritage Library，BHL－China），http：//www. bhl－china. org/bhl/

5. 百科知识

全球生物大百科（Encyclopedia of Life，EOL），http：//www. eol. org/

中国 2024

时间利用调查年鉴

国家统计局社会科技和文化产业统计司 编

中国统计出版社
China Statistics Press

图书在版编目（CIP）数据

中国时间利用调查年鉴. 2024 / 国家统计局社会科技和文化产业统计司编. -- 北京 ：中国统计出版社, 2025. 6. -- ISBN 978-7-5230-0732-7

Ⅰ. C935-54

中国国家版本馆 CIP 数据核字第 2025L4V626 号

中国时间利用调查年鉴 2024

作　　者/国家统计局社会科技和文化产业统计司
责任编辑/李　冲
执行编辑/刘　晨
封面设计/李雪燕
出版发行/中国统计出版社有限公司
办公地址/北京市丰台区西三环南路甲 6 号　邮政编码/100073
发行电话/邮购（010）63376909　书店（010）68783171
网　　址/http://www.zgtjcbs.com
印　　刷/鑫艺佳利（天津）印刷有限公司
经　　销/新华书店
开　　本/880×1230 毫米　1/16
字　　数/360 千字
印　　张/15.00
版　　别/2025 年 6 月第 1 版
版　　次/2025 年 6 月第 1 次印刷
定　　价/380.00 元

《中国时间利用调查年鉴 2024》
编委会和编辑人员

编者说明

时间的分配和利用是衡量一个国家社会发展和居民生活质量的重要指标。时间利用调查可以反映居民个人生理必需活动、有酬劳动、无酬劳动、个人自由支配活动等各项活动的时间投入，被世界各国广泛应用于评估居民生活质量、测量无酬劳动对经济发展的贡献以及分析民生福祉政策影响等。

我国先后于2008年和2018年组织实施了第一次和第二次全国时间利用调查。为全面、真实、准确了解我国居民时间利用情况，客观反映居民生活模式、生活质量状况，国家统计局于2024年5月组织开展了第三次全国时间利用调查。调查覆盖全国31个省（自治区、直辖市）和新疆生产建设兵团，调查对象为抽中调查户中6周岁及以上家庭常住人口，样本总量约为3.85万户，10.7万人。本年鉴中新疆生产建设兵团数据未单独列出，包含在新疆数据内。

根据《第三次全国时间利用调查方案》，调查对象需连续记录调查日0点至次日0点24小时内所进行的各项活动，并以15分钟为最小时间单位进行填报。对于持续时间不足15分钟的活动，若不足7分钟则不予记录，超过7分钟的活动按15分钟记入日志表。2024年5月11日至31日的现场调查期间，每位调查对象需分别填写日志表1（对应周一至周五其中一天）和日志表2（对应周六或周日其中一天），全面反映两天的活动安排情况。在数据整理与指标计算过程中，采用工作日和休息日加权平均的方法，即将日志表1和日志表2的数据分别按5/7与2/7加权汇总，最终得出居民每日平均时间、参与者每日平均时间、活动参与率等核心指标。

为系统展示第三次全国时间利用调查成果，国家统计局社会科技和文化产业统计司编纂了《中国时间利用调查年鉴2024》。本年鉴围绕调查核心指标，分为四个章节，重点反映我国居民的时间利用分布与行为特征:

第一章 调查人口基本特征

介绍调查样本的性别、年龄、受教育程度、健康状况、婚姻状况等人口背景信息，为理解不同人群的时间利用差异提供基本支撑。

第二章 主要活动领域时间利用情况

反映居民在个人生理必需活动领域、有酬劳动领域、无酬劳动领域、个人自由支配活动领域、学习培训领域、交通活动领域等6个领域时间利用情况。

第三章 主要活动大类时间利用情况

反映居民在睡觉休息活动、个人卫生护理活动、用餐或其他饮食活动、交通出行活动、劳动就业活动、学习培训活动、家务劳动活动、陪伴照料家人活动、购买商品或服务活动、看病就医活动、运动健身活动、文化休闲娱乐活动、社会交往活动等 13 个活动大类时间利用情况。

第四章 互联网使用情况

聚焦居民在日常活动中使用手机、电脑等终端进行上网的行为特征，从使用方式、使用频率与参与群体差异等方面反映居民互联网使用情况。

目　　录

第一章　调查人口基本特征

第二章　主要活动领域时间利用情况

第三章　主要活动大类时间利用情况

第四章 互联网使用情况

附　录

第一章

调查人口基本特征

1-1 调查家庭户和调查人口

地区	调查户(户)	调查人口(人)	城镇	农村	男	女	6-17周岁	18-59周岁	60周岁及以上
全国	**38107**	**106664**	**63992**	**42672**	**52709**	**53955**	**19380**	**64437**	**22847**
北京	1225	2945	2102	843	1423	1522	359	1730	856
天津	1193	3028	2067	961	1492	1536	429	1745	854
河北	1415	4262	2402	1860	2120	2142	873	2608	781
山西	1114	2895	1743	1152	1433	1462	455	1837	602
内蒙古	1128	2917	2103	814	1447	1470	417	1899	601
辽宁	1230	2925	1887	1038	1408	1517	347	1772	806
吉林	1122	2724	1805	919	1324	1400	363	1734	627
黑龙江	1128	2629	1728	901	1274	1355	295	1663	671
上海	1232	2865	2254	611	1433	1432	261	1687	917
江苏	1548	4230	3031	1199	2077	2153	641	2414	1175
浙江	1509	4012	2678	1334	2060	1952	542	2457	1013
安徽	1379	3850	2122	1728	1860	1990	815	2230	804
福建	1186	3318	2029	1289	1632	1686	679	1912	727
江西	1144	3555	2085	1470	1759	1796	823	2007	720
山东	1583	4270	2332	1938	2165	2105	744	2525	1001
河南	1596	4775	2384	2391	2339	2436	1145	2836	793
湖北	1388	3800	2447	1353	1877	1923	673	2085	1042
湖南	1450	4147	2370	1777	2017	2130	883	2272	992
广东	1927	5661	4156	1505	2855	2806	1109	3699	853
广西	1200	3831	2017	1814	1904	1927	955	2140	736
海南	768	2432	1200	1232	1269	1163	510	1440	482
重庆	1211	3321	2083	1238	1606	1715	546	1997	778
四川	1511	4157	2524	1633	1972	2185	702	2527	928
贵州	1227	3802	1957	1845	1882	1920	914	2279	609
云南	1129	3662	1561	2101	1788	1874	677	2340	645
西藏	730	2396	987	1409	1175	1221	466	1577	353
陕西	1160	3233	2108	1125	1589	1644	625	1959	649
甘肃	999	3092	1533	1559	1567	1525	553	1953	586
青海	756	2461	1164	1297	1244	1217	455	1584	422
宁夏	745	2148	1406	742	1064	1084	401	1367	380
新疆	1174	3321	1727	1594	1654	1667	715	2162	444

1-2 按年龄划分的调查人口

单位：人

地 区	合计	6-9周岁	10-14周岁	15-19周岁	20-24周岁	25-29周岁	30-34周岁
全 国	**106664**	**6636**	**8231**	**7023**	**4224**	**4308**	**7302**
北 京	2945	150	134	117	69	90	186
天 津	3028	142	185	172	88	114	181
河 北	4262	259	379	357	172	119	281
山 西	2895	136	193	192	131	145	230
内蒙古	2917	124	200	156	125	98	197
辽 宁	2925	110	149	139	87	78	195
吉 林	2724	99	180	145	97	88	192
黑龙江	2629	85	122	158	79	59	149
上 海	2865	100	116	71	94	97	205
江 苏	4230	242	262	200	104	163	345
浙 江	4012	220	212	168	144	202	313
安 徽	3850	303	341	250	129	156	288
福 建	3318	237	283	245	104	109	200
江 西	3555	256	363	351	157	119	161
山 东	4270	287	278	299	174	142	197
河 南	4775	363	486	427	257	171	380
湖 北	3800	218	306	216	102	85	239
湖 南	4147	312	387	282	135	111	246
广 东	5661	422	457	334	237	347	530
广 西	3831	312	428	325	151	114	210
海 南	2432	162	200	200	99	99	181
重 庆	3321	171	229	236	137	134	199
四 川	4157	250	285	249	137	170	244
贵 州	3802	325	390	299	214	212	223
云 南	3662	252	278	238	177	196	285
西 藏	2396	168	189	186	157	180	228
陕 西	3233	221	276	191	104	126	253
甘 肃	3092	204	229	208	154	157	193
青 海	2461	142	194	194	137	161	177
宁 夏	2148	127	174	169	115	98	142
新 疆	3321	237	326	249	157	168	252

1-2 续表

单位：人

地 区	35-39周岁	40-44周岁	45-49周岁	50-54周岁	55-59周岁	60-64周岁	65周岁及以上
全 国	**8776**	**8241**	**8281**	**10506**	**10289**	**7480**	**15367**
北 京	288	308	224	262	261	304	552
天 津	303	250	224	253	262	287	567
河 北	415	365	310	423	401	286	495
山 西	221	204	225	310	306	210	392
内蒙古	275	288	284	313	256	215	386
辽 宁	231	277	241	322	290	259	547
吉 林	233	259	240	310	254	240	387
黑龙江	190	252	238	326	300	222	449
上 海	294	251	244	239	237	287	630
江 苏	325	288	292	389	445	317	858
浙 江	381	291	281	383	404	353	660
安 徽	302	234	259	382	402	237	567
福 建	277	268	266	300	302	218	509
江 西	237	236	309	330	316	237	483
山 东	355	335	357	429	416	321	680
河 南	375	298	311	445	469	281	512
湖 北	300	304	241	345	402	341	701
湖 南	304	268	279	401	430	347	645
广 东	572	488	412	520	489	317	536
广 西	278	272	317	316	372	224	512
海 南	194	211	189	219	196	144	338
重 庆	216	234	245	373	369	188	590
四 川	287	252	365	522	468	234	694
贵 州	230	251	289	373	387	182	427
云 南	282	285	326	331	367	229	416
西 藏	222	195	171	172	175	160	193
陕 西	327	271	237	308	270	211	438
甘 肃	211	202	208	400	340	193	393
青 海	176	185	207	243	223	154	268
宁 夏	174	177	190	206	196	118	262
新 疆	301	242	300	361	284	164	280

1-3 按受教育程度划分的调查人口

单位：人

地区	合计	未上过学	小学	初中	高中	大学专科	大学本科	研究生
全国	**106664**	**4257**	**27665**	**34335**	**17475**	**11543**	**10382**	**1007**
北京	2945	42	379	745	632	486	541	120
天津	3028	54	547	1011	600	342	440	34
河北	4262	90	921	1667	747	475	339	23
山西	2895	62	589	1089	522	325	283	25
内蒙古	2917	101	606	908	507	388	378	29
辽宁	2925	30	492	1211	461	347	347	37
吉林	2724	46	638	966	447	253	335	39
黑龙江	2629	53	632	947	470	264	237	26
上海	2865	53	423	925	572	386	454	52
江苏	4230	149	974	1354	723	499	480	51
浙江	4012	150	1056	1182	629	495	452	48
安徽	3850	246	1164	1234	493	362	305	46
福建	3318	183	988	948	513	338	328	20
江西	3555	112	1111	1129	614	328	237	24
山东	4270	86	918	1662	753	475	336	40
河南	4775	104	1145	1764	853	526	338	45
湖北	3800	140	968	1247	699	367	341	38
湖南	4147	101	1123	1420	766	399	307	31
广东	5661	131	1299	1633	1136	775	627	60
广西	3831	137	1223	1340	610	306	207	8
海南	2432	57	626	888	460	196	197	8
重庆	3321	48	984	1032	571	377	279	30
四川	4157	152	1326	1304	590	447	308	30
贵州	3802	262	1301	1160	438	281	334	26
云南	3662	199	1329	1119	441	294	266	14
西藏	2396	579	867	316	193	188	250	3
陕西	3233	103	732	1089	547	389	333	40
甘肃	3092	234	994	840	385	313	305	21
青海	2461	268	866	560	296	252	208	11
宁夏	2148	196	586	607	301	234	213	11
新疆	3321	89	858	1038	506	436	377	17

1-4 按健康状况划分的调查人口

单位：人

地区	合计	健康	基本健康	不健康，但生活能自理
全国	**106664**	**98705**	**5814**	**2145**
北京	2945	2635	230	80
天津	3028	2745	210	73
河北	4262	3947	248	67
山西	2895	2720	127	48
内蒙古	2917	2645	179	93
辽宁	2925	2688	163	74
吉林	2724	2518	142	64
黑龙江	2629	2383	169	77
上海	2865	2589	237	39
江苏	4230	3802	324	104
浙江	4012	3726	204	82
安徽	3850	3530	255	65
福建	3318	3142	124	52
江西	3555	3276	209	70
山东	4270	3998	210	62
河南	4775	4558	153	64
湖北	3800	3486	215	99
湖南	4147	3806	245	96
广东	5661	5433	180	48
广西	3831	3590	178	63
海南	2432	2261	130	41
重庆	3321	3041	222	58
四川	4157	3765	286	106
贵州	3802	3648	97	57
云南	3662	3404	179	79
西藏	2396	2154	176	66
陕西	3233	3040	136	57
甘肃	3092	2840	164	88
青海	2461	2320	95	46
宁夏	2148	2009	90	49
新疆	3321	3006	237	78

1-5 按婚姻状况划分的调查人口

单位：人

地区	合计	未婚	有配偶	离婚	丧偶
全国	**106664**	**29700**	**70060**	**2223**	**4681**
北京	2945	602	2125	84	134
天津	3028	689	2142	58	139
河北	4262	1261	2814	51	136
山西	2895	784	1941	50	120
内蒙古	2917	698	2051	50	118
辽宁	2925	573	2119	94	139
吉林	2724	629	1839	113	143
黑龙江	2629	499	1857	119	154
上海	2865	515	2151	78	121
江苏	4230	937	3000	67	226
浙江	4012	937	2840	78	157
安徽	3850	1113	2515	71	151
福建	3318	992	2112	57	157
江西	3555	1200	2141	48	166
山东	4270	1134	2924	45	167
河南	4775	1622	2968	57	128
湖北	3800	944	2607	74	175
湖南	4147	1211	2639	91	206
广东	5661	1795	3568	106	192
广西	3831	1333	2237	67	194
海南	2432	786	1493	33	120
重庆	3321	855	2222	87	157
四川	4157	1040	2815	116	186
贵州	3802	1324	2222	90	166
云南	3662	1070	2337	72	183
西藏	2396	878	1344	44	130
陕西	3233	897	2125	63	148
甘肃	3092	888	2008	50	146
青海	2461	775	1504	70	112
宁夏	2148	635	1371	58	84
新疆	3321	1084	2029	82	126

第二章

主要活动领域时间利用情况

2-1-1-1 个人生理必需活动领域居民每日平均时间(合计)

单位：分

地区	合计	分城乡		分性别		分年龄组		
		城镇	农村	男	女	6-17周岁	18-59周岁	60周岁及以上
全国	**747**	**746**	**749**	**743**	**751**	**764**	**732**	**776**
北京	763	764	755	758	769	749	748	812
天津	756	759	738	748	764	768	735	798
河北	756	754	759	753	758	780	735	786
山西	746	745	747	735	757	750	734	774
内蒙古	746	749	739	742	750	748	736	773
辽宁	737	733	746	735	738	730	721	769
吉林	735	729	747	732	738	734	721	768
黑龙江	735	732	740	735	734	732	721	765
上海	745	747	729	736	755	734	727	791
江苏	733	732	735	727	739	745	717	764
浙江	730	731	729	726	735	757	714	761
安徽	748	743	755	744	751	758	734	776
福建	734	733	736	735	733	746	719	771
江西	736	727	752	736	736	752	720	767
山东	749	752	743	746	751	771	732	772
河南	778	775	784	775	781	790	766	799
湖北	746	745	749	741	751	756	734	768
湖南	733	736	728	726	740	752	721	748
广东	756	756	754	753	759	780	739	801
广西	752	754	749	747	758	781	732	776
海南	756	754	759	759	753	765	738	807
重庆	745	747	742	739	752	757	734	766
四川	740	747	730	737	744	767	729	752
贵州	741	737	745	738	743	763	725	764
云南	737	732	742	734	740	760	721	772
西藏	802	817	792	803	800	825	792	820
陕西	756	755	759	752	761	759	740	799
甘肃	750	752	747	745	754	744	736	795
青海	738	743	728	736	740	747	725	780
宁夏	726	723	733	722	731	727	714	776
新疆	761	756	767	758	764	782	742	815

2-1-1-2 个人生理必需活动领域居民每日平均时间(工作日)

单位：分

地 区	合计	分城乡		分性别		分年龄组		
		城镇	农村	男	女	6-17周岁	18-59周岁	60周岁及以上
全 国	**734**	**731**	**740**	**730**	**737**	**739**	**718**	**773**
北 京	741	741	739	735	747	711	721	809
天 津	740	741	729	731	748	738	716	796
河 北	745	741	753	744	747	762	724	783
山 西	732	729	738	721	743	721	721	771
内蒙古	735	735	735	732	739	719	724	772
辽 宁	725	719	741	724	726	702	708	767
吉 林	724	716	739	722	727	707	709	766
黑龙江	725	719	736	725	724	705	712	762
上 海	724	726	713	715	735	696	701	788
江 苏	719	716	728	713	725	713	702	763
浙 江	718	717	720	714	722	730	701	759
安 徽	736	730	746	733	739	729	723	775
福 建	716	713	725	717	715	716	700	769
江 西	726	715	745	726	726	733	710	764
山 东	734	734	734	732	736	745	715	770
河 南	764	759	771	761	766	764	752	794
湖 北	737	734	742	732	742	738	725	765
湖 南	723	724	722	716	730	733	710	747
广 东	738	737	743	736	741	752	722	796
广 西	741	740	742	735	747	763	720	775
海 南	742	739	749	745	740	736	726	806
重 庆	734	733	735	727	740	735	721	764
四 川	730	735	723	728	733	747	718	748
贵 州	729	725	735	727	731	740	716	759
云 南	725	718	733	722	728	738	710	767
西 藏	790	799	784	791	788	801	782	818
陕 西	740	737	746	735	745	726	723	795
甘 肃	734	733	735	729	738	703	723	793
青 海	724	728	718	724	725	713	715	776
宁 夏	708	702	721	705	711	690	697	773
新 疆	747	742	755	744	751	757	730	814

2-1-1-3 个人生理必需活动领域居民每日平均时间(休息日)

单位：分

地区	合计	分城乡		分性别		分年龄组		
		城镇	农村	男	女	6-17周岁	18-59周岁	60周岁及以上
全国	**780**	**785**	**771**	**776**	**785**	**828**	**766**	**782**
北京	818	822	794	815	822	843	814	819
天津	797	803	762	790	804	843	784	804
河北	782	786	775	777	786	824	763	794
山西	780	785	771	769	792	821	769	781
内蒙古	773	785	747	769	778	820	763	775
辽宁	766	768	761	764	768	802	755	774
吉林	763	760	767	759	767	799	751	773
黑龙江	760	764	750	760	759	801	746	774
上海	797	800	770	789	805	827	791	798
江苏	768	773	752	761	775	823	755	766
浙江	762	766	750	757	767	826	747	768
安徽	777	777	777	772	782	832	760	778
福建	778	785	762	778	779	822	765	777
江西	763	759	770	762	763	798	746	772
山东	785	796	764	782	788	837	772	778
河南	815	814	816	810	819	855	800	811
湖北	769	772	764	766	772	803	757	774
湖南	758	767	745	752	765	800	748	748
广东	799	804	783	795	803	851	783	812
广西	780	790	767	775	786	828	761	781
海南	790	794	783	794	785	836	769	810
重庆	774	780	761	769	780	813	765	773
四川	766	777	749	760	771	817	754	760
贵州	769	769	769	764	775	820	749	776
云南	766	767	765	762	771	817	748	783
西藏	832	863	811	833	830	885	816	825
陕西	797	801	790	793	801	841	780	809
甘肃	789	798	778	784	795	847	770	800
青海	772	782	753	768	776	832	750	788
宁夏	772	777	762	765	780	821	755	784
新疆	794	793	796	792	796	847	771	818

2-1-2-1 个人生理必需活动领域参与者每日平均时间(合计)

单位：分

地区	合计	分城乡		分性别		分年龄组		
		城镇	农村	男	女	6-17周岁	18-59周岁	60周岁及以上
全　国	**747**	**746**	**749**	**743**	**751**	**764**	**732**	**776**
北　京	763	764	755	758	769	749	748	812
天　津	756	759	738	748	764	768	735	798
河　北	756	754	759	753	758	780	735	786
山　西	746	745	747	735	757	750	734	774
内蒙古	746	749	739	742	750	748	736	773
辽　宁	737	733	746	735	739	730	722	769
吉　林	735	729	747	732	738	734	721	768
黑龙江	735	732	740	735	734	732	721	765
上　海	745	747	729	736	755	734	727	791
江　苏	733	732	735	727	739	745	717	764
浙　江	730	731	729	726	735	757	714	761
安　徽	748	743	755	744	751	758	734	776
福　建	734	733	736	735	733	746	719	771
江　西	736	727	752	736	736	752	720	767
山　东	749	752	743	746	751	771	732	772
河　南	778	775	784	775	781	790	766	799
湖　北	746	745	749	741	751	756	734	768
湖　南	733	736	728	726	740	752	721	748
广　东	756	756	754	753	759	780	739	801
广　西	752	754	749	747	758	781	732	776
海　南	756	754	759	759	753	765	738	807
重　庆	745	747	742	739	752	757	734	766
四　川	740	747	730	737	744	767	729	752
贵　州	741	737	745	738	743	763	725	764
云　南	737	732	742	734	740	760	721	772
西　藏	802	817	792	803	800	825	792	820
陕　西	756	755	759	752	761	759	740	799
甘　肃	750	752	747	745	754	744	736	795
青　海	738	743	728	736	740	747	725	780
宁　夏	726	723	733	722	731	727	714	776
新　疆	761	756	767	758	764	782	742	815

2-1-2-2 个人生理必需活动领域参与者每日平均时间(工作日)

单位：分

地 区	合计	分城乡		分性别		分年龄组		
		城镇	农村	男	女	6-17周岁	18-59周岁	60周岁及以上
全 国	**734**	**731**	**740**	**730**	**737**	**739**	**718**	**773**
北 京	741	741	739	735	747	711	721	809
天 津	740	741	729	731	748	738	716	796
河 北	745	741	753	744	747	762	724	783
山 西	732	729	738	721	743	721	721	771
内蒙古	735	735	735	732	739	719	725	772
辽 宁	725	720	741	724	727	702	708	767
吉 林	724	716	739	722	727	707	709	766
黑龙江	725	719	736	725	724	705	712	762
上 海	724	726	713	715	735	696	701	788
江 苏	719	716	728	713	725	713	702	763
浙 江	718	717	720	714	722	730	701	759
安 徽	736	730	746	733	739	729	723	775
福 建	716	713	725	717	715	716	700	769
江 西	726	715	745	726	726	733	710	764
山 东	734	734	734	732	736	745	715	770
河 南	764	759	771	761	766	764	752	794
湖 北	737	734	742	732	742	738	725	765
湖 南	723	724	722	716	730	733	710	747
广 东	738	737	743	736	741	752	722	796
广 西	741	740	742	735	747	763	720	775
海 南	742	739	749	745	740	735	726	806
重 庆	734	733	735	727	740	735	721	764
四 川	730	735	723	728	733	747	718	748
贵 州	729	725	735	727	731	740	716	759
云 南	725	718	733	722	728	738	710	767
西 藏	790	799	784	791	788	801	782	818
陕 西	740	737	746	735	745	726	723	795
甘 肃	734	733	735	729	738	703	723	793
青 海	724	728	718	724	725	713	715	776
宁 夏	708	702	721	705	711	690	697	773
新 疆	747	742	755	744	751	757	730	814

2-1-2-3 个人生理必需活动领域参与者每日平均时间(休息日)

单位：分

地区	合计	分城乡		分性别		分年龄组		
		城镇	农村	男	女	6-17周岁	18-59周岁	60周岁及以上
全国	**780**	**785**	**771**	**776**	**785**	**828**	**766**	**782**
北京	818	822	794	815	822	843	814	819
天津	797	803	762	790	804	843	784	804
河北	782	786	775	777	786	824	763	794
山西	780	785	771	769	792	821	769	781
内蒙古	773	785	747	769	778	820	763	775
辽宁	766	768	761	764	769	802	756	774
吉林	763	760	767	759	767	799	751	773
黑龙江	760	764	750	760	759	801	746	774
上海	797	800	770	789	805	827	791	798
江苏	768	773	752	761	775	823	755	766
浙江	762	766	750	757	767	826	747	768
安徽	777	777	777	772	782	832	760	778
福建	778	785	762	778	779	822	765	777
江西	763	759	770	762	763	798	746	772
山东	785	796	764	782	788	837	772	778
河南	815	814	816	810	819	855	800	811
湖北	769	772	764	766	772	803	757	774
湖南	758	767	745	752	765	800	748	748
广东	799	804	783	795	803	851	783	812
广西	780	790	767	775	786	828	761	781
海南	790	794	783	794	785	836	769	810
重庆	774	780	761	769	780	813	765	773
四川	766	777	749	760	771	817	754	760
贵州	769	769	769	764	775	820	749	776
云南	766	767	765	762	771	817	748	783
西藏	832	863	811	833	830	885	816	825
陕西	797	801	790	793	801	841	780	809
甘肃	789	798	778	784	795	847	770	800
青海	772	782	753	768	776	832	750	788
宁夏	772	777	762	765	780	821	755	784
新疆	794	793	796	792	796	847	771	818

2-1-3-1 个人生理必需活动领域活动参与率(合计)

单位：%

地区	合计	分城乡		分性别		分年龄组		
		城镇	农村	男	女	6-17周岁	18-59周岁	60周岁及以上
全国	**100.0**	**100.0**	**100.0**	**100.0**	**100.0**	**100.0**	**100.0**	**100.0**
北京	100.0	100.0	100.0	100.0	100.0	100.0	100.0	100.0
天津	100.0	100.0	100.0	100.0	100.0	100.0	100.0	100.0
河北	100.0	100.0	100.0	100.0	100.0	100.0	100.0	100.0
山西	100.0	100.0	100.0	100.0	100.0	100.0	100.0	100.0
内蒙古	100.0	100.0	100.0	100.0	100.0	100.0	100.0	100.0
辽宁	100.0	100.0	100.0	100.0	99.9	100.0	99.9	100.0
吉林	100.0	100.0	100.0	100.0	100.0	100.0	100.0	100.0
黑龙江	100.0	100.0	100.0	100.0	100.0	100.0	100.0	100.0
上海	100.0	100.0	100.0	100.0	100.0	100.0	100.0	100.0
江苏	100.0	100.0	100.0	100.0	100.0	100.0	100.0	100.0
浙江	100.0	100.0	100.0	100.0	100.0	100.0	100.0	100.0
安徽	100.0	100.0	100.0	100.0	100.0	100.0	100.0	100.0
福建	100.0	100.0	100.0	100.0	100.0	100.0	100.0	100.0
江西	100.0	100.0	100.0	100.0	100.0	100.0	100.0	100.0
山东	100.0	100.0	100.0	100.0	100.0	100.0	100.0	100.0
河南	100.0	100.0	100.0	100.0	100.0	100.0	100.0	100.0
湖北	100.0	100.0	100.0	100.0	100.0	100.0	100.0	100.0
湖南	100.0	100.0	100.0	100.0	100.0	100.0	100.0	100.0
广东	100.0	100.0	100.0	100.0	100.0	100.0	100.0	100.0
广西	100.0	100.0	100.0	100.0	100.0	100.0	100.0	100.0
海南	100.0	100.0	100.0	100.0	100.0	100.0	100.0	100.0
重庆	100.0	100.0	100.0	100.0	100.0	100.0	100.0	100.0
四川	100.0	100.0	100.0	100.0	100.0	100.0	100.0	100.0
贵州	100.0	100.0	100.0	100.0	100.0	100.0	100.0	100.0
云南	100.0	100.0	100.0	100.0	100.0	100.0	100.0	100.0
西藏	100.0	100.0	100.0	100.0	100.0	100.0	100.0	100.0
陕西	100.0	100.0	100.0	100.0	100.0	100.0	100.0	100.0
甘肃	100.0	100.0	100.0	100.0	100.0	100.0	100.0	100.0
青海	100.0	100.0	100.0	100.0	100.0	100.0	100.0	100.0
宁夏	100.0	100.0	100.0	100.0	100.0	100.0	100.0	100.0
新疆	100.0	100.0	100.0	100.0	100.0	100.0	100.0	100.0

2-1-3-2 个人生理必需活动领域活动参与率(工作日)

单位：%

地区	合计	分城乡		分性别		分年龄组		
		城镇	农村	男	女	6-17周岁	18-59周岁	60周岁及以上
全国	**100.0**	**100.0**	**100.0**	**100.0**	**100.0**	**100.0**	**100.0**	**100.0**
北京	100.0	100.0	100.0	100.0	100.0	100.0	100.0	100.0
天津	100.0	100.0	100.0	100.0	100.0	100.0	100.0	100.0
河北	100.0	100.0	100.0	100.0	100.0	100.0	100.0	100.0
山西	100.0	100.0	100.0	100.0	100.0	100.0	100.0	100.0
内蒙古	100.0	100.0	100.0	100.0	100.0	100.0	100.0	100.0
辽宁	100.0	100.0	100.0	100.0	99.9	100.0	99.9	100.0
吉林	100.0	100.0	100.0	100.0	100.0	100.0	100.0	100.0
黑龙江	100.0	100.0	100.0	100.0	100.0	100.0	100.0	100.0
上海	100.0	100.0	100.0	100.0	100.0	100.0	100.0	100.0
江苏	100.0	100.0	100.0	100.0	100.0	100.0	100.0	100.0
浙江	100.0	100.0	100.0	100.0	100.0	100.0	100.0	100.0
安徽	100.0	100.0	100.0	100.0	100.0	100.0	100.0	100.0
福建	100.0	100.0	100.0	100.0	100.0	100.0	100.0	100.0
江西	100.0	100.0	100.0	100.0	100.0	100.0	100.0	100.0
山东	100.0	100.0	100.0	100.0	100.0	100.0	100.0	100.0
河南	100.0	100.0	100.0	100.0	100.0	100.0	100.0	100.0
湖北	100.0	100.0	100.0	100.0	100.0	100.0	100.0	100.0
湖南	100.0	100.0	100.0	100.0	100.0	100.0	100.0	100.0
广东	100.0	100.0	100.0	100.0	100.0	100.0	100.0	100.0
广西	100.0	100.0	100.0	100.0	100.0	100.0	100.0	100.0
海南	100.0	100.0	100.0	100.0	100.0	100.0	100.0	100.0
重庆	100.0	100.0	100.0	100.0	100.0	100.0	100.0	100.0
四川	100.0	100.0	100.0	100.0	100.0	100.0	100.0	100.0
贵州	100.0	100.0	100.0	100.0	100.0	100.0	100.0	100.0
云南	100.0	100.0	100.0	100.0	100.0	100.0	100.0	100.0
西藏	100.0	100.0	100.0	100.0	100.0	100.0	100.0	100.0
陕西	100.0	100.0	100.0	100.0	100.0	100.0	100.0	100.0
甘肃	100.0	100.0	100.0	100.0	100.0	100.0	100.0	100.0
青海	100.0	100.0	100.0	100.0	100.0	100.0	100.0	100.0
宁夏	100.0	100.0	100.0	100.0	100.0	100.0	100.0	100.0
新疆	100.0	100.0	100.0	100.0	100.0	100.0	100.0	100.0

2-1-3-3 个人生理必需活动领域活动参与率(休息日)

单位：%

地 区	合计	分城乡		分性别		分年龄组		
		城镇	农村	男	女	6-17周岁	18-59周岁	60周岁及以上
全 国	**100.0**	**100.0**	**100.0**	**100.0**	**100.0**	**100.0**	**100.0**	**100.0**
北 京	100.0	100.0	100.0	100.0	100.0	100.0	100.0	100.0
天 津	100.0	100.0	100.0	100.0	100.0	100.0	100.0	100.0
河 北	100.0	100.0	100.0	100.0	100.0	100.0	100.0	100.0
山 西	100.0	100.0	100.0	100.0	100.0	100.0	100.0	100.0
内蒙古	100.0	100.0	100.0	100.0	100.0	100.0	100.0	100.0
辽 宁	100.0	100.0	100.0	100.0	99.9	100.0	99.9	100.0
吉 林	100.0	100.0	100.0	100.0	100.0	100.0	100.0	100.0
黑龙江	100.0	100.0	100.0	100.0	100.0	100.0	100.0	100.0
上 海	100.0	100.0	100.0	100.0	100.0	100.0	100.0	100.0
江 苏	100.0	100.0	100.0	100.0	100.0	100.0	100.0	100.0
浙 江	100.0	100.0	100.0	100.0	100.0	100.0	100.0	100.0
安 徽	100.0	100.0	100.0	100.0	100.0	100.0	100.0	100.0
福 建	100.0	100.0	100.0	100.0	100.0	100.0	100.0	100.0
江 西	100.0	100.0	100.0	100.0	100.0	100.0	100.0	100.0
山 东	100.0	100.0	100.0	100.0	100.0	100.0	100.0	100.0
河 南	100.0	100.0	100.0	100.0	100.0	100.0	100.0	100.0
湖 北	100.0	100.0	100.0	100.0	100.0	100.0	100.0	100.0
湖 南	100.0	100.0	100.0	100.0	100.0	100.0	100.0	100.0
广 东	100.0	100.0	100.0	100.0	100.0	100.0	100.0	100.0
广 西	100.0	100.0	100.0	100.0	100.0	100.0	100.0	100.0
海 南	100.0	100.0	100.0	100.0	100.0	100.0	100.0	100.0
重 庆	100.0	100.0	100.0	100.0	100.0	100.0	100.0	100.0
四 川	100.0	100.0	100.0	100.0	100.0	100.0	100.0	100.0
贵 州	100.0	100.0	100.0	100.0	100.0	100.0	100.0	100.0
云 南	100.0	100.0	100.0	100.0	100.0	100.0	100.0	100.0
西 藏	100.0	100.0	100.0	100.0	100.0	100.0	100.0	100.0
陕 西	100.0	100.0	100.0	100.0	100.0	100.0	100.0	100.0
甘 肃	100.0	100.0	100.0	100.0	100.0	100.0	100.0	100.0
青 海	100.0	100.0	100.0	100.0	100.0	100.0	100.0	100.0
宁 夏	100.0	100.0	100.0	100.0	100.0	100.0	100.0	100.0
新 疆	100.0	100.0	100.0	100.0	100.0	100.0	100.0	100.0

2-2-1-1 有酬劳动领域居民每日平均时间(合计)

单位：分

地 区	合计	分城乡		分性别		分年龄组		
		城镇	农村	男	女	6-17周岁	18-59周岁	60周岁及以上
全 国	**207**	**200**	**221**	**243**	**169**	**3**	**297**	**120**
北 京	175	172	196	207	142		265	19
天 津	178	175	197	213	142	0	277	36
河 北	209	201	222	249	169	3	313	123
山 西	193	181	215	257	126		275	107
内蒙古	204	189	239	251	155	1	284	99
辽 宁	191	176	233	234	150	3	283	80
吉 林	213	196	245	263	164	2	303	96
黑龙江	187	177	207	235	139	5	276	62
上 海	183	178	227	213	151	2	280	20
江 苏	210	208	216	250	169	4	304	103
浙 江	253	238	294	295	207	4	338	143
安 徽	210	207	215	250	167	7	299	144
福 建	205	207	202	240	169	2	296	117
江 西	188	187	189	208	166	7	277	128
山 东	210	196	238	249	171	0	310	129
河 南	188	193	182	224	152	1	281	141
湖 北	217	208	232	255	176	1	299	165
湖 南	200	192	212	238	160	6	283	156
广 东	220	223	210	246	190	1	307	85
广 西	192	190	194	207	176	7	287	129
海 南	193	196	189	216	168	3	281	102
重 庆	200	191	222	232	167		282	124
四 川	213	184	257	243	183	3	288	171
贵 州	199	188	213	226	170	7	276	177
云 南	228	214	243	253	201	5	316	123
西 藏	196	171	213	230	158	10	274	84
陕 西	195	188	210	247	141	3	278	116
甘 肃	210	187	239	249	170	1	293	135
青 海	201	181	236	238	163	4	284	92
宁 夏	214	200	241	255	170	2	303	101
新 疆	223	219	228	267	175	2	323	83

2-2-1-2 有酬劳动领域居民每日平均时间(工作日)

单位：分

地区	合计	分城乡		分性别		分年龄组		
		城镇	农村	男	女	6-17周岁	18-59周岁	60周岁及以上
全国	**234**	**233**	**235**	**272**	**194**	**3**	**338**	**126**
北京	228	226	238	267	187		346	22
天津	213	213	210	250	173	0	332	39
河北	233	231	234	273	192	3	351	129
山西	217	212	226	284	147		311	114
内蒙古	224	216	244	272	175	1	314	102
辽宁	221	210	252	269	176	3	330	87
吉林	236	225	256	286	186	2	338	98
黑龙江	207	204	214	257	158	2	308	64
上海	233	229	268	268	195	2	356	23
江苏	244	248	233	287	201	4	358	111
浙江	286	274	320	328	239	4	385	152
安徽	232	235	226	274	188	7	335	148
福建	237	244	219	275	196	2	345	123
江西	209	212	205	230	187	6	312	135
山东	239	231	253	279	197	0	356	138
河南	212	224	196	248	177	1	321	150
湖北	240	236	247	280	197	1	336	172
湖南	223	221	226	261	183	6	319	162
广东	254	263	228	283	223	1	358	90
广西	210	214	205	225	194	7	316	135
海南	210	217	200	235	183	4	307	107
重庆	230	227	238	265	194		331	128
四川	236	214	268	267	205	3	325	174
贵州	216	209	224	243	187	7	301	188
云南	249	244	254	274	222	4	348	127
西藏	218	211	222	254	177	10	305	91
陕西	225	224	226	280	167	2	324	124
甘肃	230	217	246	270	189	1	324	136
青海	223	209	248	262	183	4	317	96
宁夏	235	229	246	278	190	1	335	104
新疆	244	248	238	288	197	0	355	88

2-2-1-3 有酬劳动领域居民每日平均时间(休息日)

单位：分

地区	合计	分城乡		分性别		分年龄组		
		城镇	农村	男	女	6-17周岁	18-59周岁	60周岁及以上
全 国	**140**	**117**	**186**	**173**	**106**	**3**	**192**	**105**
北 京	44	37	92	58	29		63	13
天 津	92	80	165	120	64	0	139	29
河 北	149	124	191	188	111	3	216	107
山 西	134	106	187	191	75		185	91
内蒙古	155	123	226	200	107	2	209	92
辽 宁	116	90	186	147	85	3	163	62
吉 林	158	124	218	207	109	2	214	91
黑龙江	137	110	191	181	93	11	196	56
上 海	60	52	122	76	42	3	88	12
江 苏	124	108	174	157	91	4	171	83
浙 江	171	150	231	210	128	3	220	121
安 徽	154	134	185	191	115	7	208	134
福 建	127	114	157	152	99	2	174	99
江 西	133	124	150	152	114	9	190	108
山 东	139	107	199	172	105	0	195	108
河 南	128	116	145	165	91	1	182	118
湖 北	159	140	196	193	124	1	209	148
湖 南	143	120	179	180	104	4	190	139
广 东	133	123	164	155	109	2	181	74
广 西	146	132	166	163	129	7	213	114
海 南	150	144	159	167	130	2	215	91
重 庆	125	103	181	150	99		162	113
四 川	157	107	231	185	129	3	196	162
贵 州	157	134	186	184	128	7	214	150
云 南	175	138	217	199	149	6	237	113
西 藏	142	73	188	169	110	10	196	67
陕 西	121	96	169	163	78	4	164	95
甘 肃	161	113	221	197	124	1	215	131
青 海	146	111	208	177	115	4	203	82
宁 夏	160	127	230	200	120	4	222	94
新 疆	170	148	202	217	120	6	244	71

2-2-2-1 有酬劳动领域参与者每日平均时间(合计)

单位：分

地 区	合计	分城乡		分性别		分年龄组		
		城镇	农村	男	女	6-17周岁	18-59周岁	60周岁及以上
全 国	**383**	**383**	**382**	**404**	**355**	**261**	**392**	**330**
北 京	355	353	363	365	339		354	364
天 津	375	370	400	392	351	129	377	336
河 北	391	388	396	421	355	340	403	330
山 西	397	389	410	431	339		406	346
内蒙古	389	384	398	418	348	184	394	357
辽 宁	378	380	375	397	352	330	385	337
吉 林	406	399	418	436	366	476	410	380
黑龙江	400	405	392	426	363	155	410	336
上 海	351	348	375	361	336	179	356	244
江 苏	381	382	376	400	355	518	390	326
浙 江	418	412	432	430	400	609	423	388
安 徽	386	388	381	413	350	508	400	319
福 建	380	382	376	402	351	399	386	338
江 西	367	368	364	379	351	285	380	304
山 东	394	390	402	418	363	134	408	332
河 南	368	381	351	399	331	183	379	321
湖 北	382	384	377	409	346	213	392	345
湖 南	365	363	366	391	330	444	378	312
广 东	377	380	370	389	362	166	383	317
广 西	359	372	343	365	350	355	374	283
海 南	361	379	333	369	350	356	374	271
重 庆	363	368	353	389	333		374	315
四 川	375	369	382	394	353	185	390	330
贵 州	369	372	366	384	350	299	376	342
云 南	392	384	401	405	377	193	400	347
西 藏	369	328	396	387	344	316	376	277
陕 西	371	379	359	403	324	224	387	298
甘 肃	394	383	406	424	356	238	400	361
青 海	418	407	433	432	399	384	421	383
宁 夏	417	406	437	443	382	175	425	346
新 疆	423	427	417	447	389	50	433	358

2-2-2-2 有酬劳动领域参与者每日平均时间(工作日)

单位：分

地区	合计	分城乡		分性别		分年龄组		
		城镇	农村	男	女	6-17周岁	18-59周岁	60周岁及以上
全国	**440**	**454**	**415**	**458**	**416**	**429**	**455**	**355**
北京	464	466	449	473	451		465	424
天津	453	455	443	465	435	240	457	384
河北	441	451	426	467	409	446	458	356
山西	451	460	437	480	402		465	368
内蒙古	435	447	412	460	399	318	444	374
辽宁	443	459	412	463	417	600	454	374
吉林	456	466	441	480	423	480	466	390
黑龙江	455	474	421	477	422	510	466	361
上海	462	461	467	470	450	435	468	309
江苏	454	466	420	469	433	522	468	366
浙江	477	479	472	485	466	660	486	420
安徽	438	456	411	460	407	603	455	353
福建	442	454	414	465	413	445	453	366
江西	417	426	401	429	402	368	434	330
山东	451	463	432	473	423	194	473	355
河南	418	445	382	443	388	368	436	342
湖北	434	447	412	458	402	270	448	378
湖南	415	428	396	437	386	524	436	335
广东	443	453	409	452	431	328	451	337
广西	401	428	370	407	395	409	421	303
海南	403	433	359	411	393	481	421	285
重庆	426	444	389	449	398		446	337
四川	425	440	408	441	405	398	448	344
贵州	413	428	397	427	395	446	421	377
云南	439	449	428	450	425	391	448	365
西藏	418	406	427	433	398	412	425	311
陕西	436	462	394	465	393	221	458	329
甘肃	437	448	425	467	399	286	449	369
青海	472	477	466	484	457	571	478	405
宁夏	470	474	463	491	441	600	481	364
新疆	481	496	461	498	457	123	487	393

2-2-2-3 有酬劳动领域参与者每日平均时间(休息日)

单位：分

地 区	合计	分城乡		分性别		分年龄组		
		城镇	农村	男	女	6-17周岁	18-59周岁	60周岁及以上
全 国	**428**	**446**	**408**	**447**	**401**	**337**	**446**	**358**
北 京	433	430	440	438	423		435	401
天 津	452	459	434	469	422	30	463	360
河 北	440	446	434	458	414	394	458	371
山 西	460	469	450	486	401		475	390
内蒙古	432	452	409	458	388	317	446	364
辽 宁	430	458	397	440	414	344	446	365
吉 林	465	491	440	493	419	465	479	402
黑龙江	455	489	421	478	416	360	474	355
上 海	420	422	414	436	393	250	437	267
江 苏	437	455	407	454	410	509	462	346
浙 江	477	479	473	484	466	480	490	418
安 徽	434	452	415	450	410	521	455	364
福 建	427	442	404	441	406	360	441	366
江 西	404	417	386	416	388	413	427	315
山 东	448	450	445	469	417	82	471	373
河 南	408	437	381	430	374	366	424	357
湖 北	430	452	402	452	398	382	448	378
湖 南	399	416	381	427	356	436	424	332
广 东	430	447	394	444	408	365	440	346
广 西	385	414	359	392	377	411	404	307
海 南	382	413	344	388	374	360	398	289
重 庆	407	441	366	431	374		431	341
四 川	414	437	399	431	390	218	437	360
贵 州	394	419	373	407	375	326	411	331
云 南	425	440	415	437	409	264	438	355
西 藏	427	422	429	444	401	434	436	308
陕 西	414	439	391	441	366	307	440	329
甘 肃	433	443	426	459	396	423	443	389
青 海	473	482	465	482	460	528	481	403
宁 夏	453	450	456	471	425	321	467	353
新 疆	451	465	438	467	423	164	461	408

2-2-3-1 有酬劳动领域活动参与率(合计)

单位：%

地 区	合计	分城乡		分性别		分年龄组		
		城镇	农村	男	女	6-17周岁	18-59周岁	60周岁及以上
全 国	**54.1**	**52.1**	**57.9**	**60.2**	**47.7**	**1.2**	**75.6**	**36.3**
北 京	49.4	48.8	54.0	56.7	41.8		74.8	5.3
天 津	47.6	47.3	49.3	54.3	40.5	0.2	73.5	10.7
河 北	53.4	51.8	56.1	59.2	47.6	1.0	77.5	37.1
山 西	48.6	46.6	52.5	59.7	37.2		67.8	31.0
内蒙古	52.6	49.3	60.0	60.0	44.7	0.8	72.1	27.7
辽 宁	50.6	46.3	62.3	58.8	42.6	0.9	73.4	23.7
吉 林	52.5	49.2	58.7	60.4	44.8	0.4	73.8	25.3
黑龙江	46.7	43.7	52.8	55.2	38.3	3.2	67.3	18.5
上 海	52.3	51.3	60.4	59.0	45.0	1.3	78.5	8.1
江 苏	55.2	54.4	57.4	62.5	47.6	0.8	78.1	31.6
浙 江	60.5	57.8	68.1	68.4	51.8	0.6	80.0	36.9
安 徽	54.3	53.2	56.3	60.7	47.8	1.4	74.6	45.2
福 建	54.0	54.1	53.6	59.6	48.0	0.6	76.8	34.5
江 西	51.2	50.7	51.9	54.8	47.3	2.4	73.0	41.9
山 东	53.3	50.2	59.2	59.4	47.1	0.3	76.0	39.0
河 南	51.1	50.7	51.8	56.2	46.1	0.7	74.1	43.8
湖 北	56.8	54.2	61.6	62.4	50.9	0.4	76.4	47.7
湖 南	54.9	52.9	58.0	60.8	48.6	1.2	74.7	49.9
广 东	58.2	58.7	56.7	63.2	52.6	0.7	80.3	26.9
广 西	53.5	51.2	56.6	56.7	50.1	2.0	76.6	45.7
海 南	53.5	51.7	56.6	58.5	48.0	0.9	75.0	37.8
重 庆	55.0	51.9	62.8	59.8	50.2		75.6	39.3
四 川	56.9	49.8	67.3	61.7	51.9	1.4	74.0	51.7
贵 州	53.8	50.4	58.3	58.9	48.6	2.2	73.4	51.7
云 南	58.0	55.7	60.7	62.4	53.3	2.4	79.1	35.6
西 藏	53.0	52.1	53.6	59.4	45.9	3.3	72.7	30.2
陕 西	52.6	49.5	58.3	61.2	43.6	1.2	71.9	38.8
甘 肃	53.3	48.9	58.8	58.7	47.8	0.5	73.3	37.4
青 海	48.1	44.4	54.6	55.1	41.0	1.0	67.5	24.1
宁 夏	51.2	49.3	55.3	57.6	44.6	1.2	71.2	29.2
新 疆	52.7	51.3	54.6	59.9	44.9	3.7	74.6	23.3

2-2-3-2 有酬劳动领域活动参与率(工作日)

单位：%

地区	合计	分城乡		分性别		分年龄组		
		城镇	农村	男	女	6-17周岁	18-59周岁	60周岁及以上
全国	**53.1**	**51.3**	**56.7**	**59.2**	**46.7**	**0.7**	**74.5**	**35.5**
北京	49.1	48.6	53.0	56.4	41.5		74.4	5.2
天津	46.9	46.8	47.5	53.8	39.8	0.1	72.7	10.2
河北	52.7	51.3	55.0	58.5	47.0	0.7	76.8	36.3
山西	48.0	46.0	51.8	59.1	36.5		66.8	30.8
内蒙古	51.6	48.2	59.2	59.1	43.7	0.4	70.9	27.1
辽宁	49.9	45.8	61.3	58.0	42.2	0.5	72.7	23.2
吉林	51.7	48.2	58.1	59.5	43.9	0.4	72.5	25.2
黑龙江	45.6	43.0	50.8	53.7	37.4	0.5	66.2	17.8
上海	50.4	49.6	57.4	57.1	43.3	0.4	76.1	7.4
江苏	53.8	53.3	55.4	61.2	46.3	0.8	76.4	30.4
浙江	59.9	57.1	67.7	67.7	51.3	0.6	79.3	36.2
安徽	53.0	51.7	55.1	59.5	46.2	1.1	73.6	42.0
福建	53.5	53.7	53.0	59.1	47.5	0.6	76.2	33.8
江西	50.2	49.7	51.0	53.7	46.5	1.7	71.9	41.0
山东	52.9	49.9	58.6	59.0	46.7	0.3	75.4	38.9
河南	50.8	50.3	51.5	55.9	45.6	0.3	73.7	43.7
湖北	55.2	52.8	59.9	61.1	49.1	0.2	74.9	45.4
湖南	53.7	51.7	57.0	59.7	47.5	1.2	73.3	48.5
广东	57.4	58.0	55.7	62.5	51.7	0.3	79.3	26.7
广西	52.4	50.0	55.5	55.3	49.2	1.3	75.1	44.7
海南	52.2	50.0	55.8	57.2	46.5	0.3	73.0	37.4
重庆	53.9	51.0	61.2	59.0	48.7		74.2	38.0
四川	55.6	48.7	65.7	60.5	50.6	0.7	72.5	50.5
贵州	52.2	48.9	56.5	56.9	47.3	1.5	71.6	49.7
云南	56.7	54.4	59.3	61.0	52.2	1.1	77.6	34.8
西藏	52.0	51.8	52.1	58.8	44.5	2.5	71.6	29.1
陕西	51.6	48.5	57.3	60.3	42.5	1.0	70.7	37.7
甘肃	52.6	48.4	57.9	57.8	47.2	0.4	72.3	37.0
青海	47.2	43.7	53.2	54.3	40.0	0.7	66.3	23.8
宁夏	49.9	48.4	53.1	56.5	43.2	0.2	69.7	28.5
新疆	50.7	50.0	51.7	57.8	43.1	0.2	72.8	22.4

2-2-3-3 有酬劳动领域活动参与率(休息日)

单位：%

地 区	合计	分城乡		分性别		分年龄组		
		城镇	农村	男	女	6-17周岁	18-59周岁	60周岁及以上
全 国	**32.7**	**26.1**	**45.7**	**38.7**	**26.6**	**1.0**	**43.1**	**29.2**
北 京	10.1	8.6	21.0	13.4	6.8		14.6	3.2
天 津	20.4	17.4	38.0	25.5	15.1	0.0	30.1	7.9
河 北	33.9	27.9	44.1	41.2	26.8	0.9	47.1	28.8
山 西	29.2	22.6	41.5	39.4	18.6		38.9	23.4
内蒙古	35.9	27.3	55.2	43.7	27.7	0.5	46.8	25.4
辽 宁	26.9	19.6	46.9	33.4	20.6	0.9	36.6	17.1
吉 林	33.9	25.3	49.5	41.9	26.0	0.4	44.8	22.6
黑龙江	30.1	22.6	45.4	37.9	22.3	3.2	41.3	15.9
上 海	14.2	12.4	29.5	17.4	10.7	1.3	20.2	4.6
江 苏	28.5	23.7	42.6	34.6	22.2	0.8	37.0	24.0
浙 江	35.8	31.3	48.8	43.4	27.5	0.6	44.9	28.9
安 徽	35.4	29.6	44.7	42.5	28.1	1.4	45.7	36.8
福 建	29.6	25.8	38.9	34.5	24.5	0.4	39.6	27.1
江 西	33.0	29.7	38.9	36.5	29.4	2.1	44.4	34.4
山 东	31.0	23.8	44.7	36.7	25.2	0.2	41.5	29.0
河 南	31.3	26.5	38.1	38.3	24.3	0.4	43.1	33.1
湖 北	37.1	31.0	48.7	42.8	31.1	0.4	46.6	39.0
湖 南	35.8	28.9	46.9	42.3	29.1	1.0	44.9	41.9
广 东	31.0	27.6	41.6	34.8	26.7	0.5	41.1	21.3
广 西	38.0	31.8	46.2	41.6	34.1	1.7	52.7	37.0
海 南	39.2	35.0	46.3	43.1	34.8	0.6	53.9	31.4
重 庆	30.7	23.3	49.5	34.8	26.6		37.5	33.1
四 川	37.9	24.5	57.7	42.8	33.0	1.1	44.9	45.1
贵 州	39.8	32.0	49.9	45.2	34.2	2.1	52.0	45.3
云 南	41.2	31.4	52.2	45.5	36.6	2.3	54.1	31.9
西 藏	33.1	17.2	43.9	38.1	27.5	2.3	44.9	21.7
陕 西	29.3	21.8	43.4	37.0	21.3	1.2	37.2	28.8
甘 肃	37.2	25.6	51.8	42.9	31.3	0.2	48.7	33.8
青 海	30.9	23.0	44.8	36.8	24.9	0.8	42.2	20.3
宁 夏	35.4	28.2	50.5	42.4	28.2	1.2	47.5	26.7
新 疆	37.7	31.9	46.1	46.4	28.4	3.6	52.9	17.5

2-3-1-1 无酬劳动领域居民每日平均时间(合计)

单位：分

地区	合计	分城乡		分性别		分年龄组		
		城镇	农村	男	女	6-17周岁	18-59周岁	60周岁及以上
全　国	**125**	**125**	**124**	**76**	**175**	**12**	**134**	**188**
北　京	139	138	142	96	183	10	137	208
天　津	150	153	128	104	197	12	150	219
河　北	126	129	119	71	179	12	136	194
山　西	129	127	134	67	194	8	141	182
内蒙古	147	145	151	93	205	12	154	199
辽　宁	152	158	135	98	204	10	154	198
吉　林	142	143	140	83	200	6	144	189
黑龙江	154	151	160	93	215	14	155	205
上　海	138	137	151	101	179	11	126	211
江　苏	144	139	159	90	198	10	144	217
浙　江	115	117	111	62	174	8	113	182
安　徽	132	134	130	75	193	10	143	206
福　建	118	115	125	61	179	8	132	186
江　西	112	107	122	63	164	16	123	188
山　东	126	126	127	75	178	11	133	192
河　南	116	112	121	64	168	9	133	184
湖　北	125	125	126	74	178	8	134	183
湖　南	112	112	112	67	159	11	124	164
广　东	114	112	119	71	161	12	123	191
广　西	107	106	109	78	139	16	124	164
海　南	110	109	112	72	153	11	129	157
重　庆	131	127	140	88	174	15	138	184
四　川	120	117	124	77	163	14	130	164
贵　州	112	116	107	73	153	21	134	148
云　南	114	122	104	77	152	15	127	161
西　藏	121	123	119	86	159	17	145	180
陕　西	134	133	134	78	191	12	149	182
甘　肃	131	131	130	76	187	11	147	182
青　海	130	135	123	78	183	17	149	191
宁　夏	118	124	107	64	175	11	139	159
新　疆	115	120	108	72	162	21	127	203

2-3-1-2 无酬劳动领域居民每日平均时间(工作日)

单位：分

地 区	合计	分城乡		分性别		分年龄组		
		城镇	农村	男	女	6-17周岁	18-59周岁	60周岁及以上
全 国	**114**	**112**	**117**	**65**	**164**	**5**	**118**	**186**
北 京	120	119	124	75	166	2	108	212
天 津	135	137	123	89	184	5	128	219
河 北	114	116	111	61	166	5	119	192
山 西	119	114	129	59	182	5	126	181
内蒙古	138	134	147	86	193	5	141	200
辽 宁	138	142	127	83	192	3	133	195
吉 林	134	133	136	76	192	1	132	190
黑龙江	144	139	153	83	205	6	142	203
上 海	123	121	139	84	164	4	103	212
江 苏	130	123	151	77	185	4	125	214
浙 江	104	105	103	52	161	3	97	180
安 徽	123	122	123	65	182	5	129	207
福 建	110	106	120	54	169	3	120	185
江 西	102	96	113	55	152	12	108	186
山 东	114	112	118	64	165	3	116	189
河 南	105	99	114	54	155	3	116	184
湖 北	115	113	118	65	168	3	119	181
湖 南	102	100	105	59	147	5	110	161
广 东	103	101	111	61	150	5	109	194
广 西	99	98	101	70	130	9	114	160
海 南	104	103	104	65	147	7	120	155
重 庆	119	113	133	77	161	7	119	186
四 川	109	104	116	68	151	6	115	163
贵 州	104	106	100	65	144	11	124	147
云 南	104	110	97	70	140	3	115	159
西 藏	109	106	111	75	146	7	131	178
陕 西	120	117	125	64	178	3	130	179
甘 肃	122	118	126	66	178	6	134	183
青 海	120	123	115	67	173	7	136	190
宁 夏	108	110	102	54	163	4	125	158
新 疆	104	108	98	63	148	7	115	202

2-3-1-3 无酬劳动领域居民每日平均时间(休息日)

单位：分

地 区	合计	分城乡		分性别		分年龄组		
		城镇	农村	男	女	6-17周岁	18-59周岁	60周岁及以上
全 国	**152**	**157**	**143**	**101**	**205**	**30**	**172**	**191**
北 京	186	186	185	148	225	32	210	199
天 津	185	193	140	142	231	32	204	220
河 北	154	164	138	96	212	30	178	199
山 西	154	159	145	88	224	18	178	186
内蒙古	170	174	162	109	234	31	188	197
辽 宁	187	199	156	137	235	28	206	206
吉 林	162	168	150	103	221	19	175	187
黑龙江	179	179	178	118	239	33	190	209
上 海	176	176	182	141	214	28	185	208
江 苏	178	178	178	125	232	24	194	226
浙 江	143	147	132	86	205	23	152	185
安 徽	157	163	146	99	218	24	181	205
福 建	138	138	139	79	202	22	160	187
江 西	138	134	144	83	196	28	161	194
山 东	156	161	148	104	210	31	176	200
河 南	143	145	140	87	199	25	175	185
湖 北	150	152	146	98	205	21	170	189
湖 南	137	142	128	87	189	25	160	173
广 东	140	140	139	96	188	31	158	185
广 西	128	127	130	97	162	36	149	173
海 南	127	125	130	89	169	23	150	164
重 庆	162	163	158	118	206	37	186	180
四 川	146	148	142	100	193	35	168	165
贵 州	132	138	124	93	173	46	158	150
云 南	138	151	123	96	182	44	155	166
西 藏	150	166	139	114	190	43	179	186
陕 西	168	173	157	112	226	33	197	188
甘 肃	153	163	140	99	208	24	181	179
青 海	157	164	143	105	209	42	182	192
宁 夏	145	158	118	87	204	29	175	159
新 疆	144	151	134	96	195	58	158	206

2-3-2-1 无酬劳动领域参与者每日平均时间(合计)

单位：分

地区	合计	分城乡		分性别		分年龄组		
		城镇	农村	男	女	6-17周岁	18-59周岁	60周岁及以上
全国	**165**	**164**	**166**	**112**	**209**	**36**	**162**	**211**
北京	174	176	165	130	214	33	163	226
天津	182	184	167	133	228	34	170	238
河北	169	170	167	109	215	36	164	220
山西	176	175	179	105	233	38	177	199
内蒙古	191	188	197	135	238	40	187	228
辽宁	190	194	178	135	235	34	184	219
吉林	183	179	190	121	233	31	174	215
黑龙江	196	190	208	136	242	46	186	236
上海	169	168	179	129	207	38	149	225
江苏	181	175	201	125	230	33	168	238
浙江	158	161	149	99	204	30	147	207
安徽	177	176	178	112	230	37	171	229
福建	160	156	171	95	214	29	158	213
江西	156	154	161	100	203	49	151	218
山东	169	169	168	112	217	37	163	213
河南	166	159	177	106	212	35	164	214
湖北	166	168	163	113	209	29	161	206
湖南	155	155	155	106	195	37	156	186
广东	149	144	165	103	192	32	147	213
广西	137	139	135	106	167	37	143	178
海南	148	147	150	105	189	36	154	172
重庆	163	162	168	117	204	40	159	204
四川	153	152	153	109	189	34	154	185
贵州	140	147	132	99	178	40	155	167
云南	152	159	145	117	182	34	159	189
西藏	170	157	181	134	204	53	178	220
陕西	179	177	183	118	228	35	180	217
甘肃	182	181	183	122	229	42	184	214
青海	176	176	177	117	225	45	183	218
宁夏	163	164	160	102	210	34	173	185
新疆	153	156	148	109	190	43	157	227

2-3-2-2 无酬劳动领域参与者每日平均时间(工作日)

单位：分

地区	合计	分城乡		分性别		分年龄组		
		城镇	农村	男	女	6-17周岁	18-59周岁	60周岁及以上
全　国	**185**	**183**	**189**	**131**	**223**	**57**	**173**	**223**
北　京	194	196	181	146	229	47	173	238
天　津	192	193	192	141	236	45	169	248
河　北	190	188	193	132	226	62	174	233
山　西	202	199	207	131	246	126	199	210
内蒙古	214	212	217	159	254	71	205	238
辽　宁	203	205	199	148	241	63	189	228
吉　林	199	195	206	137	241	36	183	231
黑龙江	213	204	233	152	255	107	197	247
上　海	189	187	203	149	222	60	162	238
江　苏	195	187	218	137	239	47	173	247
浙　江	178	180	172	116	218	44	161	220
安　徽	197	196	198	129	245	54	183	239
福　建	180	173	197	114	223	39	170	221
江　西	177	173	185	121	217	102	162	226
山　东	191	193	188	131	232	87	175	223
河　南	191	182	204	129	230	75	178	225
湖　北	184	185	183	131	219	39	170	221
湖　南	174	172	176	126	206	61	167	197
广　东	167	161	188	117	207	39	155	231
广　西	151	153	149	120	177	43	150	181
海　南	166	167	165	122	202	67	165	182
重　庆	182	178	190	138	215	68	168	218
四　川	169	166	172	125	202	49	162	194
贵　州	162	170	153	118	197	54	168	179
云　南	176	180	172	144	200	52	173	196
西　藏	206	189	219	166	239	73	206	241
陕　西	211	211	210	146	253	80	202	236
甘　肃	212	207	218	148	253	78	209	229
青　海	210	210	211	144	257	88	209	231
宁　夏	191	188	199	129	230	70	194	193
新　疆	178	175	181	127	217	48	170	240

2-3-2-3 无酬劳动领域参与者每日平均时间(休息日)

单位：分

地 区	合计	分城乡		分性别		分年龄组		
		城镇	农村	男	女	6-17周岁	18-59周岁	60周岁及以上
全 国	**215**	**220**	**205**	**166**	**253**	**99**	**223**	**228**
北 京	247	250	227	215	274	109	265	225
天 津	239	245	198	199	275	100	245	251
河 北	221	227	210	162	264	98	229	242
山 西	223	231	209	153	274	88	237	213
内蒙古	237	244	222	180	281	114	245	240
辽 宁	245	254	220	204	277	105	257	239
吉 林	222	223	219	167	262	96	225	226
黑龙江	239	236	245	187	277	118	239	253
上 海	228	228	228	195	259	111	232	233
江 苏	237	237	238	187	278	98	238	258
浙 江	208	215	188	152	251	88	211	223
安 徽	224	229	215	164	270	94	230	242
福 建	199	198	202	136	247	81	203	227
江 西	207	209	204	150	250	98	211	238
山 东	222	229	209	169	264	107	231	232
河 南	221	223	219	165	260	99	234	231
湖 北	217	224	205	171	252	89	225	224
湖 南	205	214	192	156	242	93	217	210
广 东	195	193	203	153	232	90	203	215
广 西	177	180	173	146	205	93	185	198
海 南	182	180	184	144	215	82	191	190
重 庆	216	223	201	173	253	104	230	212
四 川	201	210	189	158	235	90	216	202
贵 州	180	190	168	141	214	97	197	184
云 南	200	211	186	164	228	108	210	210
西 藏	232	232	232	200	260	150	239	252
陕 西	239	244	228	188	278	105	252	242
甘 肃	228	241	211	179	263	92	240	229
青 海	227	230	223	179	264	120	241	232
宁 夏	214	224	190	156	255	96	231	199
新 疆	208	213	201	166	240	130	214	247

2-3-3-1 无酬劳动领域活动参与率(合计)

单位：%

地区	合计	分城乡		分性别		分年龄组		
		城镇	农村	男	女	6-17周岁	18-59周岁	60周岁及以上
全 国	**75.6**	**76.0**	**74.8**	**67.5**	**83.9**	**33.7**	**82.7**	**88.9**
北 京	79.5	78.7	85.7	74.1	85.2	30.8	84.0	92.1
天 津	82.3	83.3	76.6	78.4	86.4	36.3	88.1	92.0
河 北	74.4	76.3	71.1	65.5	83.1	33.1	82.7	88.1
山 西	73.3	72.4	74.9	63.7	83.3	22.3	79.7	91.6
内蒙古	77.1	77.1	77.0	68.6	86.0	29.8	82.6	87.3
辽 宁	80.1	81.7	75.7	72.8	87.1	28.7	83.8	90.8
吉 林	77.6	79.6	74.0	69.2	86.0	20.3	82.9	88.0
黑龙江	78.7	79.5	77.2	68.8	88.7	30.0	83.7	86.7
上 海	81.8	81.5	84.3	77.8	86.2	28.7	84.5	93.7
江 苏	79.1	79.2	78.9	72.1	86.3	28.8	86.0	91.3
浙 江	73.2	72.7	74.5	62.3	85.1	28.4	76.7	87.8
安 徽	75.0	76.2	73.0	66.7	83.6	28.3	84.1	90.2
福 建	73.5	73.6	73.1	64.0	83.5	29.3	83.2	87.2
江 西	71.8	69.6	75.7	63.0	81.2	32.8	81.7	86.5
山 东	74.7	74.3	75.3	67.4	82.1	29.9	81.9	90.2
河 南	69.7	70.5	68.6	60.3	79.2	26.9	80.7	86.2
湖 北	75.1	74.1	77.1	65.3	85.4	26.6	83.1	88.8
湖 南	72.3	72.6	71.8	63.2	81.7	29.4	80.0	88.3
广 东	76.2	77.5	72.3	69.3	83.9	37.6	83.2	89.8
广 西	78.2	76.4	80.6	73.5	83.1	44.4	86.9	91.7
海 南	74.4	74.5	74.3	68.6	81.1	31.1	83.6	91.3
重 庆	80.2	78.9	83.5	75.3	85.1	38.6	86.6	90.2
四 川	78.5	76.9	80.8	70.7	86.4	41.7	84.3	88.5
贵 州	79.7	78.6	81.0	73.8	85.8	53.5	86.5	88.5
云 南	74.6	76.8	72.0	65.8	83.8	43.4	79.8	85.4
西 藏	70.8	78.2	65.8	64.5	77.9	33.2	81.3	81.9
陕 西	74.7	75.4	73.5	65.9	83.9	33.3	82.8	83.7
甘 肃	71.7	72.3	71.1	62.3	81.5	26.9	80.0	84.8
青 海	74.0	76.5	69.8	66.5	81.6	38.1	81.2	87.5
宁 夏	72.5	75.3	66.5	62.4	82.9	33.7	80.5	85.7
新 疆	75.3	76.7	73.4	66.4	85.0	48.8	81.0	89.4

2-3-3-2 无酬劳动领域活动参与率(工作日)

单位：%

地 区	合计	分城乡		分性别		分年龄组		
		城镇	农村	男	女	6-17周岁	18-59周岁	60周岁及以上
全 国	**61.5**	**61.3**	**61.7**	**50.1**	**73.2**	**8.9**	**68.3**	**83.8**
北 京	61.8	60.9	68.6	51.7	72.2	3.8	62.6	88.9
天 津	70.3	71.4	63.9	63.2	77.7	10.2	75.6	88.3
河 北	60.1	61.5	57.7	46.6	73.3	7.9	68.4	82.4
山 西	59.1	57.2	62.6	44.8	73.9	3.7	63.3	86.3
内蒙古	64.7	63.2	68.0	53.9	76.0	6.5	68.9	84.3
辽 宁	67.9	69.4	63.7	55.7	79.6	4.4	70.2	85.7
吉 林	67.4	68.1	66.2	55.2	79.6	3.4	72.1	81.9
黑龙江	67.6	68.4	66.0	54.9	80.3	5.9	71.8	82.3
上 海	65.0	64.6	68.5	56.7	74.0	6.9	63.3	89.0
江 苏	66.5	65.6	69.2	56.0	77.3	8.0	72.1	86.3
浙 江	58.7	58.2	59.8	44.7	73.9	5.9	60.7	81.9
安 徽	62.4	62.6	62.1	50.7	74.5	9.3	70.2	86.4
福 建	61.0	61.0	60.9	47.1	75.8	7.8	70.8	83.8
江 西	57.4	55.5	60.8	45.6	70.0	11.3	66.6	82.4
山 东	59.8	58.1	63.0	48.6	71.2	3.5	66.5	84.6
河 南	54.8	54.1	55.8	42.1	67.6	4.4	64.9	81.8
湖 北	62.5	61.4	64.5	49.1	76.5	7.0	69.9	82.1
湖 南	58.8	58.4	59.4	46.6	71.6	8.6	66.1	81.9
广 东	61.9	62.7	59.3	52.3	72.5	11.9	69.9	84.0
广 西	65.7	64.1	67.8	58.5	73.3	20.4	75.7	88.4
海 南	62.4	61.8	63.4	53.3	72.8	10.1	72.8	84.9
重 庆	65.2	63.4	69.8	55.6	74.9	10.1	70.9	85.0
四 川	64.7	62.7	67.5	54.6	74.9	11.4	71.1	84.1
贵 州	63.8	62.6	65.4	54.9	73.1	21.4	73.8	81.8
云 南	58.9	61.2	56.4	48.4	70.0	6.5	66.7	81.3
西 藏	52.8	55.7	50.8	45.3	61.1	9.6	63.4	73.8
陕 西	56.9	55.5	59.5	44.1	70.1	4.2	64.2	76.0
甘 肃	57.5	56.9	58.2	44.8	70.5	8.1	64.1	79.7
青 海	57.0	58.4	54.7	46.7	67.5	8.2	65.0	82.6
宁 夏	56.3	58.7	51.2	42.2	70.8	6.0	64.5	81.9
新 疆	58.5	61.4	54.2	49.2	68.4	13.6	67.6	84.3

2-3-3-3 无酬劳动领域活动参与率(休息日)

单位：%

地区	合计	分城乡		分性别		分年龄组		
		城镇	农村	男	女	6-17周岁	18-59周岁	60周岁及以上
全国	**70.6**	**71.1**	**69.7**	**60.8**	**80.8**	**30.6**	**77.2**	**83.8**
北京	75.3	74.5	81.6	68.9	82.0	29.1	79.2	88.4
天津	77.6	78.8	71.1	71.5	84.1	32.0	83.2	87.7
河北	69.9	72.4	65.7	59.4	80.1	30.7	77.9	82.5
山西	69.3	69.1	69.6	57.2	81.8	20.1	75.4	87.1
内蒙古	71.6	71.1	72.9	60.8	83.0	26.7	76.6	82.2
辽宁	76.3	78.2	70.8	67.3	85.0	26.4	80.2	86.1
吉林	72.9	75.3	68.6	61.7	84.1	19.6	77.7	82.9
黑龙江	74.8	75.9	72.6	63.1	86.4	27.7	79.5	82.7
上海	77.2	77.0	79.6	72.2	82.7	25.4	79.7	89.3
江苏	74.9	75.0	74.5	66.6	83.4	24.5	81.5	87.5
浙江	68.7	68.4	69.8	56.6	82.0	26.3	72.0	82.7
安徽	70.0	71.2	68.0	59.9	80.5	25.4	78.6	84.9
福建	69.5	69.8	68.9	58.0	81.8	27.2	78.8	82.5
江西	66.8	64.4	70.8	55.6	78.6	28.2	76.4	81.9
山东	70.3	70.1	70.7	61.3	79.5	28.6	76.3	86.5
河南	64.7	65.2	64.0	52.9	76.5	24.7	74.9	80.2
湖北	69.1	68.1	71.0	57.4	81.3	23.1	75.6	84.3
湖南	66.8	66.7	66.9	55.9	78.2	27.0	73.8	82.2
广东	71.4	72.2	68.8	62.8	81.0	34.2	77.9	85.8
广西	72.4	70.6	74.7	66.2	78.9	38.4	80.6	87.4
海南	69.9	69.5	70.5	62.0	78.7	27.7	78.7	86.5
重庆	74.9	73.3	78.9	68.2	81.7	35.4	80.7	84.8
四川	72.4	70.6	75.1	63.0	81.9	38.9	77.6	81.7
贵州	73.4	72.7	74.2	66.1	81.0	47.1	80.5	81.5
云南	68.9	71.5	66.0	58.6	79.8	40.5	73.7	79.0
西藏	64.5	71.6	59.7	56.9	73.1	28.9	74.6	73.8
陕西	70.2	70.9	68.8	59.6	81.2	31.3	78.2	77.5
甘肃	67.1	67.7	66.3	55.4	79.1	25.5	75.2	78.0
青海	68.9	71.6	64.2	58.7	79.2	35.1	75.4	82.6
宁夏	67.9	70.5	62.3	56.1	80.0	30.5	75.7	79.9
新疆	68.9	70.7	66.3	57.5	81.2	44.3	73.8	83.6

2-4-1-1 个人自由支配活动领域居民每日平均时间(合计)

单位：分

地区	合计	分城乡		分性别		分年龄组		
		城镇	农村	男	女	6-17周岁	18-59周岁	60周岁及以上
全 国	**204**	**208**	**196**	**212**	**196**	**134**	**183**	**318**
北 京	221	220	230	232	211	129	188	358
天 津	214	209	240	225	202	142	175	340
河 北	181	182	180	186	176	123	155	293
山 西	204	208	197	204	203	92	187	326
内蒙古	199	197	204	206	192	113	168	330
辽 宁	236	240	226	242	231	125	195	356
吉 林	227	239	204	232	222	122	188	355
黑龙江	234	243	214	238	230	120	196	360
上 海	245	247	232	257	233	110	208	379
江 苏	211	211	210	222	199	116	188	319
浙 江	215	220	203	226	203	120	197	322
安 徽	173	178	165	180	165	115	160	256
福 建	212	209	221	231	193	130	202	333
江 西	221	227	210	235	205	173	203	325
山 东	190	192	187	194	186	116	162	309
河 南	177	177	177	181	174	118	163	278
湖 北	203	206	196	206	199	131	186	290
湖 南	237	234	242	239	235	144	226	341
广 东	195	193	201	208	180	142	180	322
广 西	219	219	219	233	204	179	197	329
海 南	221	221	221	230	210	171	203	339
重 庆	217	221	206	223	210	136	190	330
四 川	222	243	192	232	213	140	203	324
贵 州	219	225	212	228	210	211	198	298
云 南	210	224	193	220	198	158	187	339
西 藏	162	183	147	162	162	115	151	325
陕 西	193	193	192	199	186	122	172	299
甘 肃	182	196	163	192	171	129	160	292
青 海	197	205	184	213	181	128	182	341
宁 夏	192	194	189	201	183	116	173	360
新 疆	160	175	138	162	158	125	143	295

2-4-1-2 个人自由支配活动领域居民每日平均时间(工作日)

单位：分

地区	合计	分城乡		分性别		分年龄组		
		城镇	农村	男	女	6-17周岁	18-59周岁	60周岁及以上
全国	**182**	**184**	**178**	**186**	**178**	**81**	**162**	**315**
北京	190	188	207	195	184	73	151	356
天津	193	188	223	202	184	96	152	338
河北	161	159	164	162	159	76	136	290
山西	186	187	184	180	191	48	171	323
内蒙古	183	178	194	186	180	65	153	327
辽宁	220	224	209	221	220	81	176	355
吉林	210	220	193	213	208	74	170	352
黑龙江	220	226	206	221	218	78	179	363
上海	217	218	209	223	210	57	172	377
江苏	186	185	192	194	179	61	162	315
浙江	191	194	181	198	182	60	172	316
安徽	152	156	147	156	149	64	143	252
福建	183	178	198	195	171	71	174	328
江西	197	202	187	206	187	120	183	321
山东	166	165	169	166	167	61	139	305
河南	153	151	156	153	154	67	142	275
湖北	182	184	177	182	183	78	167	287
湖南	214	210	221	212	217	87	207	337
广东	167	164	177	176	158	82	155	320
广西	197	195	199	209	183	123	181	326
海南	200	199	202	206	193	110	189	338
重庆	193	195	189	194	192	83	165	326
四川	202	217	179	208	196	86	182	325
贵州	200	204	195	207	192	164	184	291
云南	192	202	180	199	184	106	173	341
西藏	139	158	126	136	143	63	135	323
陕西	171	168	176	173	168	67	152	297
甘肃	163	175	149	171	155	78	145	291
青海	176	181	168	189	163	82	164	340
宁夏	173	172	176	177	169	58	160	361
新疆	140	156	118	141	139	72	130	294

2-4-1-3 个人自由支配活动领域居民每日平均时间(休息日)

单位：分

地区	合计	分城乡		分性别		分年龄组		
		城镇	农村	男	女	6-17周岁	18-59周岁	60周岁及以上
全 国	**260**	**270**	**241**	**278**	**242**	**267**	**235**	**324**
北 京	300	301	287	322	276	268	282	363
天 津	265	262	282	284	246	257	233	346
河 北	232	239	220	248	217	241	203	298
山 西	249	259	230	264	234	203	230	334
内蒙古	240	244	230	256	222	233	205	337
辽 宁	276	279	269	294	259	237	242	356
吉 林	268	287	234	281	255	243	232	360
黑龙江	269	285	236	279	258	226	237	354
上 海	317	320	290	341	292	243	299	384
江 苏	272	278	254	293	251	252	253	329
浙 江	277	284	256	297	254	268	258	336
安 徽	224	234	209	241	206	240	203	268
福 建	285	288	279	319	249	278	269	345
江 西	281	289	267	309	251	305	253	335
山 东	249	259	232	265	234	253	219	317
河 南	236	242	228	249	223	245	214	287
湖 北	254	260	241	266	241	263	233	297
湖 南	296	296	294	308	283	288	276	351
广 东	264	265	261	290	235	294	242	329
广 西	276	280	270	293	257	319	238	337
海 南	273	276	268	290	254	322	237	341
重 庆	276	286	251	296	256	271	252	339
四 川	274	305	227	292	255	273	254	321
贵 州	268	279	255	280	256	326	233	314
云 南	254	280	226	273	235	288	223	335
西 藏	218	246	199	226	210	245	192	331
陕 西	248	255	233	262	232	260	222	306
甘 肃	228	250	201	244	211	254	199	294
青 海	249	263	224	271	226	243	228	342
宁 夏	239	249	219	259	219	262	204	358
新 疆	209	223	188	214	203	256	175	298

2-4-2-1 个人自由支配活动领域参与者每日平均时间(合计)

单位：分

地 区	合计	分城乡		分性别		分年龄组		
		城镇	农村	男	女	6-17周岁	18-59周岁	60周岁及以上
全 国	**210**	**214**	**200**	**217**	**202**	**139**	**188**	**322**
北 京	227	226	233	235	219	136	194	359
天 津	217	213	242	228	206	144	179	342
河 北	185	187	183	189	182	127	159	296
山 西	209	213	202	210	208	98	192	331
内蒙古	207	204	213	214	199	119	175	334
辽 宁	243	247	230	247	239	133	202	357
吉 林	237	248	217	242	233	129	198	363
黑龙江	238	248	219	242	234	126	200	362
上 海	250	251	236	260	239	115	212	381
江 苏	216	217	216	227	205	121	193	321
浙 江	223	228	208	234	210	124	205	324
安 徽	177	182	169	183	170	118	164	259
福 建	216	213	224	233	198	133	206	336
江 西	225	232	212	238	211	176	207	331
山 东	197	200	192	201	192	123	168	314
河 南	183	184	182	187	180	124	168	284
湖 北	209	214	200	211	206	141	190	296
湖 南	245	243	248	248	241	151	233	347
广 东	200	198	204	213	185	145	185	325
广 西	223	223	222	237	208	180	202	330
海 南	226	227	224	237	213	173	209	342
重 庆	220	224	209	227	213	139	193	331
四 川	227	246	198	236	217	143	206	330
贵 州	223	229	214	230	215	211	202	304
云 南	213	227	197	224	202	161	190	343
西 藏	175	194	162	173	177	125	165	332
陕 西	196	197	195	201	191	124	176	303
甘 肃	187	203	167	195	179	130	166	301
青 海	203	212	188	218	188	132	188	349
宁 夏	198	201	192	206	190	121	178	363
新 疆	169	187	143	171	166	130	153	300

2-4-2-2 个人自由支配活动领域参与者每日平均时间(工作日)

单位：分

地区	合计	分城乡		分性别		分年龄组		
		城镇	农村	男	女	6-17周岁	18-59周岁	60周岁及以上
全国	**203**	**207**	**194**	**206**	**200**	**105**	**179**	**325**
北京	216	216	221	219	214	100	174	363
天津	210	207	232	215	205	109	170	343
河北	180	181	178	180	179	98	151	299
山西	207	209	203	203	211	72	184	331
内蒙古	208	205	215	209	207	91	173	341
辽宁	243	251	222	243	243	109	195	363
吉林	235	245	217	234	237	101	191	367
黑龙江	236	243	223	235	238	104	192	368
上海	240	242	227	244	236	86	191	381
江苏	212	211	214	217	207	96	180	326
浙江	215	220	203	221	209	93	191	324
安徽	173	179	164	175	171	90	159	261
福建	202	197	213	211	191	91	187	337
江西	210	219	195	216	202	134	194	330
山东	190	193	186	190	191	84	157	316
河南	176	176	178	175	178	92	158	291
湖北	203	209	192	203	204	104	183	302
湖南	234	231	240	232	237	112	221	347
广东	185	183	191	192	177	101	170	328
广西	210	211	209	222	198	136	195	331
海南	217	220	212	223	211	132	204	342
重庆	210	214	200	210	209	102	180	332
四川	219	237	194	223	216	109	195	338
贵州	210	217	201	215	205	170	196	303
云南	207	220	193	214	200	126	185	350
西藏	181	202	167	178	185	106	170	342
陕西	194	195	193	195	193	93	171	306
甘肃	186	205	164	192	180	104	164	306
青海	204	215	185	216	191	113	185	358
宁夏	201	203	196	203	198	95	177	365
新疆	168	188	140	168	169	97	156	308

2-4-2-3 个人自由支配活动领域参与者每日平均时间(休息日)

单位：分

地区	合计	分城乡		分性别		分年龄组		
		城镇	农村	男	女	6-17周岁	18-59周岁	60周岁及以上
全 国	**275**	**285**	**254**	**292**	**257**	**281**	**251**	**334**
北 京	318	321	293	339	295	291	304	367
天 津	277	275	291	296	258	268	246	352
河 北	247	256	232	260	234	256	218	309
山 西	262	273	242	278	245	220	242	341
内蒙古	257	262	246	274	239	254	221	350
辽 宁	292	297	277	309	275	257	260	360
吉 林	289	306	256	302	276	261	254	371
黑龙江	279	295	247	289	270	241	249	357
上 海	328	332	300	353	302	256	313	387
江 苏	285	290	268	305	264	270	267	333
浙 江	292	301	269	313	270	282	276	343
安 徽	237	246	221	253	220	252	216	279
福 建	296	299	288	328	260	285	282	350
江 西	291	301	274	317	263	315	263	344
山 东	266	277	244	280	251	272	236	327
河 南	251	257	242	265	237	262	228	299
湖 北	270	279	255	281	259	289	247	312
湖 南	311	314	307	325	297	307	292	360
广 东	278	281	271	303	251	303	258	335
广 西	289	293	283	306	271	328	252	346
海 南	285	289	280	305	264	330	251	352
重 庆	287	297	261	307	267	28[illegible]	264	344
四 川	288	317	243	303	272	281	270	335
贵 州	281	294	264	291	270	330	247	326
云 南	266	289	239	283	248	301	234	345
西 藏	251	275	235	256	246	270	227	354
陕 西	262	271	245	276	248	267	239	317
甘 肃	243	268	211	256	228	262	214	310
青 海	265	282	235	285	244	256	244	358
宁 夏	255	269	229	273	237	274	222	363
新 疆	234	252	209	240	228	276	202	315

2-4-3-1 个人自由支配活动领域活动参与率(合计)

单位：%

地区	合计	分城乡		分性别		分年龄组		
		城镇	农村	男	女	6-17周岁	18-59周岁	60周岁及以上
全国	**97.4**	**97.2**	**97.7**	**97.6**	**97.1**	**96.6**	**97.1**	**98.7**
北京	97.4	97.2	98.7	98.4	96.3	94.4	97.1	99.7
天津	98.5	98.4	99.2	98.9	98.1	98.3	98.1	99.6
河北	97.7	97.3	98.3	98.5	96.8	96.5	97.6	98.8
山西	97.5	97.5	97.4	97.1	97.8	94.4	97.9	98.6
内蒙古	96.3	96.4	96.1	96.1	96.5	94.8	95.7	98.8
辽宁	97.3	96.9	98.5	97.9	96.7	94.5	96.6	99.6
吉林	95.7	96.5	94.2	96.2	95.2	95.1	94.9	97.6
黑龙江	98.1	98.1	97.9	98.0	98.1	95.4	97.8	99.6
上海	98.3	98.3	98.4	98.8	97.9	95.6	98.2	99.5
江苏	97.5	97.5	97.3	97.9	97.0	95.5	97.1	99.4
浙江	96.7	96.5	97.2	96.8	96.5	96.3	95.9	99.1
安徽	97.8	97.8	97.8	98.2	97.4	97.1	97.6	99.0
福建	98.2	98.1	98.5	98.8	97.5	98.2	98.0	99.0
江西	98.0	97.7	98.6	98.6	97.4	97.9	98.0	98.3
山东	96.6	96.2	97.3	96.6	96.5	94.5	96.4	98.3
河南	96.7	96.6	96.9	96.8	96.7	94.7	97.0	98.1
湖北	96.9	96.3	98.0	97.3	96.5	93.2	97.6	97.9
湖南	97.1	96.6	97.8	96.5	97.6	95.9	97.0	98.1
广东	97.6	97.3	98.5	98.0	97.2	98.4	97.0	99.2
广西	98.4	98.2	98.6	98.5	98.3	99.4	97.6	99.6
海南	97.8	97.5	98.4	97.1	98.7	98.6	97.3	98.9
重庆	98.6	98.4	99.0	98.5	98.6	97.9	98.3	99.5
四川	98.1	98.8	97.0	98.3	97.8	97.4	98.3	98.0
贵州	98.5	98.2	98.9	99.1	97.8	100.0	98.1	97.9
云南	98.4	99.0	97.8	98.5	98.4	98.0	98.4	98.9
西藏	92.3	94.3	90.9	93.3	91.2	92.1	91.5	97.9
陕西	98.1	97.8	98.6	98.7	97.4	98.6	97.7	98.6
甘肃	97.0	96.4	97.7	98.3	95.7	98.7	96.6	97.0
青海	97.0	96.5	97.8	97.5	96.4	96.8	96.9	97.5
宁夏	97.0	96.5	98.1	97.6	96.3	96.1	96.7	99.2
新疆	94.8	93.9	96.1	94.7	94.9	96.0	93.7	98.4

2-4-3-2 个人自由支配活动领域活动参与率(工作日)

单位：%

地区	合计	分城乡		分性别		分年龄组		
		城镇	农村	男	女	6-17周岁	18-59周岁	60周岁及以上
全国	**89.6**	**88.7**	**91.4**	**90.5**	**88.8**	**76.7**	**90.7**	**96.8**
北京	87.9	87.1	93.6	89.3	86.3	72.7	86.8	98.3
天津	91.8	91.1	96.1	93.6	89.9	88.0	89.8	98.5
河北	89.3	87.8	91.9	89.8	88.9	77.4	90.1	97.1
山西	89.8	89.5	90.3	88.9	90.7	66.8	92.8	97.6
内蒙古	88.0	87.1	90.1	88.9	87.1	71.2	88.4	95.9
辽宁	90.8	89.4	94.5	91.0	90.5	74.2	90.1	97.8
吉林	89.4	89.8	88.7	91.0	87.8	73.3	89.2	96.0
黑龙江	92.9	93.3	92.1	93.9	91.8	74.6	93.5	98.6
上海	90.2	90.0	91.9	91.2	89.0	66.3	89.9	99.0
江苏	87.9	87.3	89.6	89.4	86.3	63.7	89.9	96.7
浙江	88.5	88.2	89.4	89.7	87.1	64.6	90.0	97.4
安徽	88.1	86.9	90.0	89.0	87.2	71.6	90.2	96.5
福建	90.9	90.1	92.9	92.6	89.2	78.1	93.0	97.3
江西	93.8	92.5	96.0	95.0	92.5	89.2	94.3	97.4
山东	87.4	85.6	90.8	87.7	87.1	72.5	88.1	96.5
河南	86.9	86.3	87.9	87.4	86.5	72.1	90.1	94.4
湖北	89.6	88.1	92.4	89.6	89.5	75.5	91.1	95.3
湖南	91.3	90.7	92.4	91.4	91.2	77.8	93.5	97.0
广东	90.4	89.7	92.6	91.6	89.0	81.2	91.1	97.6
广西	93.6	92.4	95.2	94.4	92.8	90.8	93.0	98.4
海南	92.0	90.3	94.8	92.3	91.6	83.4	92.8	98.7
重庆	91.8	90.9	94.2	92.2	91.5	81.3	91.8	98.3
四川	92.0	91.9	92.1	93.2	90.7	79.5	93.7	96.0
贵州	95.0	93.7	96.8	96.4	93.7	96.6	94.1	96.3
云南	92.5	92.1	93.0	93.1	91.8	84.0	93.3	97.6
西藏	76.8	78.4	75.8	76.6	77.1	59.3	79.7	94.6
陕西	87.8	85.9	91.3	88.7	86.8	72.2	88.6	97.1
甘肃	87.5	85.2	90.4	89.1	85.8	75.4	88.4	95.1
青海	86.5	84.1	90.6	87.6	85.4	72.2	88.5	95.1
宁夏	86.3	84.5	90.1	87.3	85.3	61.1	90.6	98.9
新疆	83.5	83.0	84.1	84.2	82.7	74.9	83.7	95.6

2-4-3-3 个人自由支配活动领域活动参与率(休息日)

单位：%

地区	合计	分城乡		分性别		分年龄组		
		城镇	农村	男	女	6-17周岁	18-59周岁	60周岁及以上
全国	**94.6**	**94.5**	**94.8**	**95.2**	**94.1**	**94.9**	**93.7**	**97.2**
北京	94.3	93.8	97.9	94.9	93.7	92.0	93.0	99.0
天津	95.6	95.4	96.8	95.9	95.3	95.9	94.4	98.3
河北	94.1	93.7	94.8	95.2	93.0	93.9	93.2	96.5
山西	95.1	95.1	95.1	94.9	95.3	92.5	94.8	97.9
内蒙古	93.3	93.1	93.7	93.5	93.1	91.8	92.5	96.4
辽宁	94.7	93.9	96.8	95.3	94.1	91.9	93.1	98.8
吉林	92.9	93.8	91.3	93.2	92.6	93.2	91.0	97.0
黑龙江	96.1	96.4	95.6	96.6	95.6	94.0	95.1	99.1
上海	96.5	96.5	96.6	96.5	96.5	94.9	95.6	99.2
江苏	95.6	95.8	95.1	96.0	95.2	93.4	94.8	98.8
浙江	94.6	94.3	95.2	94.8	94.3	95.1	93.3	98.0
安徽	94.6	94.8	94.4	95.4	93.8	95.5	93.9	96.0
福建	96.5	96.4	96.9	97.2	95.8	97.6	95.6	98.6
江西	96.6	96.2	97.2	97.5	95.5	96.6	96.3	97.3
山东	93.9	93.4	94.9	94.4	93.5	93.1	92.9	96.8
河南	94.2	94.2	94.2	94.1	94.3	93.4	93.8	96.0
湖北	93.8	93.4	94.8	94.6	93.1	90.9	94.1	95.2
湖南	95.0	94.4	95.9	94.7	95.2	93.9	94.3	97.5
广东	94.8	94.3	96.4	95.7	93.8	97.0	93.5	98.1
广西	95.5	95.5	95.4	95.9	95.0	97.1	94.1	97.5
海南	95.7	95.6	95.8	95.1	96.3	97.7	94.6	97.1
重庆	96.4	96.4	96.3	96.6	96.1	96.3	95.5	98.4
四川	95.1	96.3	93.2	96.2	93.9	97.1	94.2	95.8
贵州	95.6	95.0	96.3	96.4	94.7	98.7	94.3	96.1
云南	95.7	96.8	94.3	96.5	94.8	95.7	95.3	96.9
西藏	86.9	89.6	85.0	88.3	85.2	91.0	84.5	93.4
陕西	94.4	94.2	94.8	95.1	93.8	97.4	92.8	96.6
甘肃	93.9	93.1	95.0	95.3	92.6	96.9	92.8	94.8
青海	93.9	93.2	95.1	95.0	92.8	95.0	93.1	95.6
宁夏	93.7	92.6	96.0	95.1	92.2	95.7	91.9	98.6
新疆	89.2	88.5	90.1	89.4	88.9	92.6	86.9	94.7

2-5-1-1 学习培训领域居民每日平均时间(合计)

单位：分

地区	合计	分城乡		分性别		分年龄组		
		城镇	农村	男	女	6-17周岁	18-59周岁	60周岁及以上
全国	**107**	**107**	**108**	**113**	**101**	**484**	**39**	**1**
北京	80	82	63	82	78	507	29	2
天津	84	82	92	88	79	468	35	2
河北	118	118	118	127	110	486	43	1
山西	115	125	96	121	108	546	45	1
内蒙古	90	100	69	93	87	509	40	2
辽宁	73	77	64	79	69	525	29	2
吉林	77	81	69	81	72	530	32	1
黑龙江	77	76	77	83	71	512	34	1
上海	69	71	48	71	67	531	29	4
江苏	92	97	76	98	86	524	27	1
浙江	82	88	66	84	81	514	28	1
安徽	118	117	121	130	107	502	41	1
福建	121	123	116	124	119	507	37	0
江西	135	141	125	146	124	449	61	0
山东	117	124	104	126	108	501	49	1
河南	137	135	141	151	123	488	48	1
湖北	107	109	102	119	94	510	38	1
湖南	118	120	114	128	107	491	40	2
广东	100	97	112	104	97	457	29	1
广西	119	118	121	122	116	414	43	0
海南	109	106	115	112	107	443	33	
重庆	99	100	94	107	90	489	41	0
四川	102	102	101	107	96	480	41	0
贵州	110	113	107	113	107	388	42	1
云南	100	90	112	102	98	469	30	
西藏	126	96	146	124	128	453	40	1
陕西	109	116	97	110	108	497	43	1
甘肃	118	122	113	127	109	502	49	0
青海	126	124	128	124	127	497	48	1
宁夏	136	140	128	142	130	530	55	2
新疆	125	106	152	123	126	457	43	2

2-5-1-2 学习培训领域居民每日平均时间(工作日)

单位：分

地区	合计	分城乡		分性别		分年龄组		
		城镇	农村	男	女	6-17周岁	18-59周岁	60周岁及以上
全国	**125**	**125**	**127**	**133**	**118**	**567**	**45**	**1**
北京	96	98	75	98	93	608	34	2
天津	97	95	108	102	92	548	40	3
河北	135	136	135	146	125	555	49	1
山西	131	142	111	139	123	619	53	1
内蒙古	104	115	81	109	100	586	47	2
辽宁	85	89	75	92	79	607	33	2
吉林	88	93	80	94	82	608	37	1
黑龙江	89	89	89	96	82	589	41	1
上海	79	82	55	81	78	626	32	4
江苏	107	113	89	114	100	614	31	1
浙江	96	103	77	99	93	605	32	1
安徽	136	134	140	150	123	583	45	1
福建	143	146	136	147	138	598	43	0
江西	157	162	147	170	143	522	70	0
山东	137	145	122	148	126	587	56	1
河南	160	157	165	176	144	568	57	1
湖北	122	124	120	137	107	585	43	1
湖南	136	139	133	148	124	570	47	2
广东	119	114	135	125	113	551	33	1
广西	141	139	144	146	136	493	50	1
海南	131	126	138	134	127	532	39	
重庆	115	117	110	126	104	574	47	0
四川	119	120	117	125	112	560	48	0
贵州	130	133	127	134	127	462	49	1
云南	118	106	131	120	115	554	34	
西藏	150	115	173	147	152	540	47	0
陕西	130	136	117	131	129	590	51	1
甘肃	139	142	135	150	128	588	58	0
青海	146	145	149	145	147	581	55	1
宁夏	160	164	152	167	153	627	64	2
新疆	148	123	184	147	149	548	49	2

2-5-1-3 学习培训领域居民每日平均时间(休息日)

单位：分

地 区	合计	分城乡		分性别		分年龄组		
		城镇	农村	男	女	6-17周岁	18-59周岁	60周岁及以上
全 国	**62**	**63**	**61**	**65**	**60**	**277**	**24**	**1**
北 京	42	43	33	43	40	254	17	2
天 津	50	50	51	52	47	267	23	2
河 北	75	75	76	79	71	313	26	1
山 西	73	81	59	77	70	362	25	1
内蒙古	55	61	40	55	55	316	23	1
辽 宁	44	47	36	45	43	319	16	2
吉 林	48	52	41	48	48	334	20	0
黑龙江	46	46	47	49	43	321	19	0
上 海	42	43	29	44	39	294	21	2
江 苏	54	57	43	57	50	299	18	1
浙 江	48	52	38	47	49	287	19	0
安 徽	74	74	73	79	68	300	29	0
福 建	67	68	65	65	69	279	21	0
江 西	82	89	70	87	76	269	39	0
山 东	68	72	59	72	63	285	30	0
河 南	81	81	80	89	72	290	26	1
湖 北	68	73	59	75	60	322	25	1
湖 南	70	73	67	75	65	296	23	1
广 东	53	52	54	51	54	225	19	1
广 西	65	65	65	63	66	217	26	0
海 南	56	54	59	56	56	222	18	
重 庆	57	58	55	60	54	278	25	0
四 川	59	59	59	62	56	281	23	0
贵 州	60	63	58	61	59	204	26	0
云 南	56	50	64	57	56	254	19	
西 藏	67	49	79	65	69	236	23	2
陕 西	59	64	49	59	58	264	23	1
甘 肃	66	72	59	69	63	287	26	0
青 海	74	73	76	71	77	287	30	2
宁 夏	76	79	70	78	73	287	32	3
新 疆	67	63	73	66	68	229	28	2

2-5-2-1 学习培训领域参与者每日平均时间(合计)

单位：分

地区	合计	分城乡		分性别		分年龄组		
		城镇	农村	男	女	6-17周岁	18-59周岁	60周岁及以上
全国	**429**	**424**	**438**	**435**	**422**	**492**	**302**	**87**
北京	385	386	369	386	383	507	226	95
天津	387	382	418	396	377	472	275	82
河北	429	421	443	435	422	496	293	73
山西	471	474	464	484	458	546	341	72
内蒙古	415	409	436	419	412	511	289	136
辽宁	421	418	432	425	416	529	262	140
吉林	443	440	451	458	428	536	309	56
黑龙江	454	445	473	453	455	530	340	76
上海	374	375	359	391	357	535	222	111
江苏	462	457	483	470	453	534	296	108
浙江	428	422	453	438	416	518	279	69
安徽	466	453	489	475	456	514	354	79
福建	454	453	458	444	465	514	303	69
江西	423	431	409	424	421	469	336	21
山东	439	435	449	447	430	504	318	78
河南	450	441	464	459	440	497	332	107
湖北	439	436	444	462	411	514	289	117
湖南	442	437	449	445	437	499	305	192
广东	397	390	419	411	382	459	261	83
广西	398	401	394	394	403	430	316	52
海南	428	425	433	433	422	468	312	
重庆	432	429	438	429	434	496	314	50
四川	427	433	420	417	439	485	316	44
贵州	374	384	362	373	375	402	309	85
云南	424	406	442	427	421	478	288	
西藏	404	366	424	405	404	465	281	22
陕西	435	425	458	442	427	504	310	90
甘肃	443	434	456	443	443	507	328	56
青海	456	455	457	466	447	505	358	123
宁夏	461	451	486	467	454	538	341	77
新疆	390	367	418	397	384	460	270	45

2-5-2-2 学习培训领域参与者每日平均时间(工作日)

单位：分

地区	合计	分城乡		分性别		分年龄组		
		城镇	农村	男	女	6-17周岁	18-59周岁	60周岁及以上
全　国	**527**	**526**	**528**	**531**	**522**	**577**	**410**	**128**
北　京	520	522	501	524	515	608	366	138
天　津	482	479	499	488	476	553	369	131
河　北	521	522	519	524	517	566	413	113
山　西	558	563	547	569	547	619	440	108
内蒙古	511	510	514	514	507	589	394	186
辽　宁	530	531	525	536	523	612	385	180
吉　林	528	525	533	542	512	617	384	107
黑龙江	537	531	551	538	536	610	426	99
上　海	495	496	484	505	484	635	334	133
江　苏	575	574	578	579	570	626	429	149
浙　江	544	541	555	548	539	610	412	103
安　徽	562	554	574	563	560	597	470	102
福　建	554	553	554	547	561	609	400	83
江　西	509	517	493	508	509	546	427	47
山　东	545	543	548	547	542	591	442	122
河　南	538	530	550	545	530	578	425	202
湖　北	529	526	536	546	508	590	386	188
湖　南	532	532	531	536	527	579	406	247
广　东	505	500	518	520	488	553	373	95
广　西	487	497	476	488	487	511	419	75
海　南	528	528	527	530	525	561	417	
重　庆	526	527	525	528	525	582	412	73
四　川	523	523	521	512	535	566	426	82
贵　州	453	467	436	455	451	478	391	108
云　南	514	504	524	521	507	566	367	
西　藏	513	508	515	516	510	554	403	60
陕　西	543	538	554	551	535	599	430	106
甘　肃	541	535	549	543	539	594	434	150
青　海	549	554	541	559	540	594	450	201
宁　夏	587	588	585	588	585	637	487	143
新　疆	496	476	518	501	492	552	373	88

2-5-2-3 学习培训领域参与者每日平均时间(休息日)

单位：分

地区	合计	分城乡		分性别		分年龄组		
		城镇	农村	男	女	6-17周岁	18-59周岁	60周岁及以上
全国	**292**	**295**	**285**	**293**	**291**	**304**	**262**	**130**
北京	261	264	234	250	273	291	207	135
天津	279	280	272	284	273	291	265	130
河北	316	314	321	316	317	340	252	87
山西	355	364	334	358	351	370	320	104
内蒙古	296	301	281	293	300	338	224	162
辽宁	310	313	302	293	330	351	231	136
吉林	335	331	344	333	336	363	277	90
黑龙江	334	327	347	339	328	353	289	75
上海	276	276	283	293	259	311	235	137
江苏	307	303	320	306	307	324	255	157
浙江	295	295	295	301	288	316	251	81
安徽	319	314	327	320	318	321	315	140
福建	289	291	283	277	301	303	243	88
江西	291	311	254	290	293	300	272	60
山东	302	299	309	309	293	312	278	118
河南	303	303	302	308	296	310	278	167
湖北	329	343	302	346	310	351	273	189
湖南	313	319	304	319	307	326	269	282
广东	247	250	240	241	255	251	236	205
广西	265	276	251	259	272	258	290	120
海南	249	243	259	245	253	262	208	
重庆	292	291	295	287	298	298	278	76
四川	292	298	284	289	296	302	267	90
贵州	238	249	224	234	242	234	252	75
云南	280	271	288	282	278	286	259	
西藏	274	242	289	269	279	286	246	69
陕西	268	275	253	274	262	278	244	188
甘肃	285	296	270	278	293	298	253	44
青海	303	305	298	304	301	310	287	180
宁夏	286	284	291	286	286	308	248	143
新疆	257	273	240	256	258	266	248	74

2-5-3-1 学习培训领域活动参与率(合计)

单位：%

地 区	合计	分城乡		分性别		分年龄组		
		城镇	农村	男	女	6-17周岁	18-59周岁	60周岁及以上
全 国	**25.1**	**25.3**	**24.6**	**26.1**	**23.9**	**98.4**	**12.8**	**1.2**
北 京	20.8	21.3	17.1	21.3	20.3	100.0	12.9	2.1
天 津	21.6	21.6	21.9	22.2	21.0	99.0	12.8	3.0
河 北	27.6	28.2	26.6	29.1	26.1	98.1	14.6	1.5
山 西	24.3	26.3	20.7	25.0	23.6	100.0	13.2	1.4
内蒙古	21.7	24.3	15.9	22.2	21.2	99.5	13.9	1.4
辽 宁	17.5	18.4	14.8	18.5	16.5	99.2	10.9	1.5
吉 林	17.3	18.5	15.2	17.7	16.9	98.8	10.4	1.1
黑龙江	16.9	17.2	16.3	18.2	15.6	96.6	10.1	0.9
上 海	18.4	19.0	13.3	18.1	18.7	99.3	12.9	3.4
江 苏	19.9	21.2	15.8	20.8	18.9	98.1	9.2	1.0
浙 江	19.3	20.9	14.5	19.1	19.4	99.3	10.2	1.6
安 徽	25.4	25.9	24.7	27.3	23.4	97.7	11.5	1.3
福 建	26.7	27.3	25.3	27.9	25.5	98.5	12.2	0.4
江 西	32.0	32.8	30.7	34.5	29.3	95.8	18.2	0.9
山 东	26.7	28.6	23.1	28.3	25.1	99.3	15.3	0.9
河 南	30.5	30.7	30.3	33.0	28.0	98.3	14.4	0.9
湖 北	24.4	25.1	23.1	25.8	22.9	99.3	13.1	1.0
湖 南	26.6	27.4	25.3	28.6	24.5	98.4	13.2	0.8
广 东	25.2	24.7	26.7	25.2	25.3	99.6	11.2	1.0
广 西	29.9	29.4	30.7	31.0	28.8	96.5	13.7	0.8
海 南	25.5	24.9	26.6	25.8	25.2	94.7	10.6	
重 庆	22.9	23.4	21.6	25.0	20.7	98.6	13.1	0.5
四 川	23.8	23.6	24.0	25.6	21.9	99.0	13.0	0.6
贵 州	29.5	29.4	29.5	30.2	28.6	96.6	13.7	0.8
云 南	23.6	22.2	25.3	23.8	23.4	98.0	10.3	
西 藏	31.2	26.3	34.5	30.6	31.8	97.5	14.2	2.4
陕 西	25.2	27.2	21.3	24.9	25.4	98.6	13.9	1.3
甘 肃	26.7	28.1	24.9	28.6	24.7	98.9	15.0	0.6
青 海	27.5	27.3	28.0	26.6	28.4	98.3	13.4	1.1
宁 夏	29.5	31.0	26.4	30.3	28.6	98.5	16.1	2.7
新 疆	31.9	28.9	36.4	31.1	32.8	99.3	15.9	4.3

2-5-3-2 学习培训领域活动参与率(工作日)

单位：%

地 区	合计	分城乡		分性别		分年龄组		
		城镇	农村	男	女	6-17周岁	18-59周岁	60周岁及以上
全 国	**23.8**	**23.7**	**24.0**	**25.0**	**22.5**	**98.4**	**10.9**	**0.8**
北 京	18.4	18.9	15.0	18.7	18.1	100.0	9.4	1.5
天 津	20.1	19.9	21.7	21.0	19.3	99.0	10.8	2.0
河 北	26.0	26.0	25.9	27.8	24.2	98.1	12.0	1.2
山 西	23.5	25.2	20.3	24.4	22.6	100.0	12.1	0.8
内蒙古	20.5	22.6	15.7	21.1	19.8	99.5	12.0	1.1
辽 宁	16.1	16.7	14.3	17.1	15.0	99.2	8.7	1.2
吉 林	16.7	17.7	14.9	17.4	16.0	98.5	9.7	0.7
黑龙江	16.5	16.7	16.2	17.8	15.3	96.6	9.5	0.9
上 海	16.1	16.6	11.4	16.1	16.0	98.6	9.5	3.2
江 苏	18.6	19.7	15.4	19.7	17.5	98.0	7.2	0.8
浙 江	17.7	19.0	13.8	18.0	17.3	99.3	7.8	1.4
安 徽	24.3	24.3	24.3	26.6	21.9	97.6	9.6	1.3
福 建	25.8	26.3	24.5	26.9	24.7	98.2	10.9	0.3
江 西	30.8	31.3	29.9	33.4	28.0	95.5	16.5	0.2
山 东	25.2	26.7	22.2	27.0	23.2	99.3	12.8	0.7
河 南	29.7	29.6	30.0	32.4	27.1	98.2	13.3	0.5
湖 北	23.1	23.6	22.3	25.0	21.2	99.1	11.2	0.7
湖 南	25.7	26.1	25.0	27.7	23.5	98.4	11.6	0.7
广 东	23.6	22.9	26.0	24.0	23.2	99.6	8.9	0.7
广 西	28.9	28.0	30.1	29.9	27.9	96.5	11.9	0.7
海 南	24.8	24.0	26.2	25.4	24.1	94.7	9.4	
重 庆	21.9	22.3	21.0	23.9	19.9	98.6	11.5	0.4
四 川	22.7	22.8	22.5	24.4	21.0	99.0	11.3	0.3
贵 州	28.7	28.4	29.0	29.3	28.0	96.6	12.5	0.8
云 南	22.9	21.0	25.0	23.0	22.8	98.0	9.2	
西 藏	29.2	22.7	33.6	28.6	29.9	97.5	11.6	0.2
陕 西	23.9	25.3	21.1	23.7	24.0	98.6	11.9	1.0
甘 肃	25.7	26.5	24.6	27.6	23.8	98.9	13.5	0.3
青 海	26.6	26.1	27.5	26.0	27.2	97.7	12.3	0.6
宁 夏	27.3	27.9	26.0	28.4	26.1	98.5	13.1	1.1
新 疆	29.8	25.9	35.4	29.3	30.3	99.3	13.1	2.0

2-5-3-3 学习培训领域活动参与率(休息日)

单位：%

地 区	合计	分城乡		分性别		分年龄组		
		城镇	农村	男	女	6-17周岁	18-59周岁	60周岁及以上
全 国	**21.4**	**21.4**	**21.3**	**22.2**	**20.5**	**91.1**	**9.0**	**0.6**
北 京	16.0	16.2	14.2	17.1	14.7	87.1	8.1	1.2
天 津	17.9	17.7	18.8	18.4	17.3	92.0	8.8	1.6
河 北	23.8	23.9	23.7	25.1	22.5	91.9	10.4	0.7
山 西	20.7	22.4	17.5	21.4	19.9	97.9	7.9	1.2
内蒙古	18.5	20.3	14.3	18.6	18.3	93.5	10.2	0.8
辽 宁	14.3	15.1	11.8	15.5	13.1	90.9	7.1	1.2
吉 林	14.3	15.6	12.0	14.2	14.4	91.8	7.1	0.4
黑龙江	13.9	14.1	13.5	14.6	13.2	91.0	6.5	0.2
上 海	15.1	15.6	10.4	15.1	15.1	94.6	9.1	1.8
江 苏	17.5	18.8	13.5	18.7	16.3	92.1	6.9	0.5
浙 江	16.3	17.6	12.8	15.7	17.1	90.8	7.7	0.4
安 徽	23.1	23.5	22.3	24.8	21.3	93.5	9.3	0.2
福 建	23.2	23.3	23.1	23.5	22.9	92.1	8.6	0.4
江 西	28.2	28.6	27.5	30.2	26.1	89.6	14.2	0.7
山 东	22.4	24.1	19.2	23.4	21.5	91.3	10.6	0.4
河 南	26.6	26.6	26.5	28.9	24.3	93.7	9.5	0.6
湖 北	20.7	21.2	19.7	21.8	19.4	91.8	9.1	0.6
湖 南	22.4	22.7	21.9	23.7	21.1	90.8	8.6	0.4
广 东	21.3	20.8	22.5	21.1	21.4	89.3	8.1	0.6
广 西	24.4	23.4	25.7	24.5	24.2	84.1	9.1	0.1
海 南	22.4	22.3	22.6	22.7	22.1	84.9	8.6	
重 庆	19.6	20.0	18.6	21.1	18.1	93.2	9.1	0.3
四 川	20.3	19.9	20.9	21.5	19.0	93.2	8.8	0.3
贵 州	25.4	25.1	25.7	26.1	24.5	87.3	10.5	0.3
云 南	20.2	18.5	22.1	20.2	20.1	88.8	7.5	
西 藏	24.5	20.1	27.4	24.3	24.6	82.6	9.2	2.2
陕 西	21.8	23.2	19.3	21.7	22.0	95.2	9.6	0.7
甘 肃	23.2	24.3	21.7	24.8	21.5	96.2	10.1	0.3
青 海	24.4	23.8	25.4	23.3	25.4	92.5	10.3	0.9
宁 夏	26.5	27.7	24.0	27.3	25.6	93.3	13.1	2.2
新 疆	26.0	23.0	30.3	25.6	26.5	86.1	11.4	3.3

2-6-1-1 交通活动领域居民每日平均时间(合计)

单位：分

地区	合计	分城乡		分性别		分年龄组		
		城镇	农村	男	女	6-17周岁	18-59周岁	60周岁及以上
全　国	**50**	**54**	**42**	**52**	**48**	**42**	**56**	**38**
北　京	62	63	54	65	58	46	72	41
天　津	59	61	45	62	55	50	67	44
河　北	51	56	42	53	48	36	58	44
山　西	54	55	51	56	51	44	57	50
内蒙古	53	60	37	55	51	57	58	37
辽　宁	50	56	35	52	49	46	59	35
吉　林	46	52	34	47	44	46	52	32
黑龙江	54	61	41	56	52	57	57	47
上　海	59	60	54	63	55	52	70	36
江　苏	51	53	45	53	48	43	59	36
浙　江	44	46	38	47	40	37	50	31
安　徽	59	61	56	61	57	48	64	56
福　建	49	52	41	50	48	46	55	33
江　西	48	51	43	51	44	43	55	32
山　东	48	50	42	49	46	41	54	37
河　南	43	48	36	45	41	33	49	37
湖　北	43	47	35	44	41	34	49	33
湖　南	40	45	32	42	38	36	46	30
广　东	56	60	44	58	54	47	62	40
广　西	50	52	48	53	47	42	57	41
海　南	50	54	45	52	49	47	56	35
重　庆	48	53	36	49	47	42	55	36
四　川	42	47	36	44	41	36	49	30
贵　州	59	61	56	62	56	51	64	53
云　南	52	58	46	54	50	33	59	45
西　藏	34	49	23	35	33	19	39	30
陕　西	53	56	48	55	52	47	58	43
甘　肃	50	52	47	52	48	53	54	36
青　海	48	53	40	51	46	47	52	35
宁　夏	54	59	42	56	51	53	57	43
新　疆	57	63	47	57	56	53	62	41

2-6-1-2 交通活动领域居民每日平均时间(工作日)

单位：分

地 区	合计	分城乡		分性别		分年龄组		
		城镇	农村	男	女	6-17周岁	18-59周岁	60周岁及以上
全 国	**52**	**56**	**44**	**54**	**50**	**45**	**58**	**39**
北 京	66	67	57	70	62	46	80	39
天 津	62	65	48	66	58	54	71	45
河 北	52	57	43	54	50	39	60	44
山 西	55	57	52	57	54	48	59	51
内蒙古	55	62	39	57	53	64	60	37
辽 宁	50	55	36	52	48	44	60	33
吉 林	47	53	36	49	45	48	53	33
黑龙江	56	63	41	58	53	61	59	47
上 海	64	64	57	68	58	55	76	36
江 苏	53	55	47	56	51	44	63	36
浙 江	46	48	39	49	42	39	52	32
安 徽	61	62	58	63	59	52	65	57
福 建	51	55	42	52	50	49	57	34
江 西	50	53	44	53	46	48	56	33
山 东	50	52	44	51	48	44	57	37
河 南	45	50	38	47	44	37	52	37
湖 北	44	49	35	45	43	36	51	34
湖 南	42	47	34	44	40	40	47	31
广 东	58	61	46	59	56	50	64	39
广 西	52	54	50	55	50	45	58	44
海 南	53	56	47	55	51	51	58	35
重 庆	50	55	36	50	49	42	57	36
四 川	44	49	37	45	43	39	51	30
贵 州	62	63	59	64	59	56	66	54
云 南	53	59	46	55	51	34	60	45
西 藏	35	52	23	35	34	18	40	31
陕 西	55	58	50	56	54	51	61	44
甘 肃	53	56	49	54	52	63	55	36
青 海	50	55	42	52	49	54	53	35
宁 夏	57	63	43	59	54	59	59	43
新 疆	57	64	47	58	56	56	61	40

2-6-1-3 交通活动领域居民每日平均时间(休息日)

单位：分

地区	合计	分城乡		分性别		分年龄组		
		城镇	农村	男	女	6-17周岁	18-59周岁	60周岁及以上
全 国	**45**	**49**	**38**	**48**	**43**	**34**	**51**	**37**
北 京	51	51	48	53	48	44	54	45
天 津	50	52	39	52	48	41	57	40
河 北	47	51	39	51	43	29	55	42
山 西	49	49	49	52	46	36	53	47
内蒙古	47	53	35	51	44	39	53	37
辽 宁	51	58	34	53	50	51	57	40
吉 林	42	49	29	43	41	44	48	28
黑龙江	50	56	38	52	48	47	52	46
上 海	49	49	46	50	48	45	55	35
江 苏	44	46	39	47	42	38	50	36
浙 江	40	42	34	43	36	33	44	30
安 徽	54	58	49	58	51	38	59	55
福 建	44	47	37	46	42	37	50	31
江 西	43	45	39	47	39	32	51	30
山 东	43	45	37	45	40	34	48	37
河 南	37	42	31	39	35	23	43	37
湖 北	40	43	34	41	38	30	46	31
湖 南	36	42	27	37	35	27	43	27
广 东	52	56	38	53	50	39	58	40
广 西	45	47	42	48	41	34	53	34
海 南	45	47	41	45	45	35	51	34
重 庆	45	50	34	46	44	42	50	36
四 川	39	42	33	41	36	31	44	31
贵 州	53	56	48	57	49	37	59	50
云 南	50	54	46	53	47	31	57	43
西 藏	31	43	24	32	31	20	35	29
陕 西	48	51	42	51	45	38	53	41
甘 肃	43	44	42	47	39	29	49	36
青 海	43	47	35	48	37	31	48	35
宁 夏	47	50	41	51	44	37	52	41
新 疆	57	63	48	56	57	45	63	44

2-6-2-1 交通活动领域参与者每日平均时间(合计)

单位：分

地区	合计	分城乡		分性别		分年龄组		
		城镇	农村	男	女	6-17周岁	18-59周岁	60周岁及以上
全国	**62**	**64**	**57**	**63**	**60**	**50**	**66**	**59**
北京	76	77	68	79	73	52	82	68
天津	69	70	59	72	66	54	74	65
河北	63	67	55	65	60	49	67	59
山西	62	64	59	64	61	53	64	63
内蒙古	68	71	60	69	67	63	71	62
辽宁	66	68	58	68	64	52	72	57
吉林	60	62	55	61	59	51	63	55
黑龙江	66	68	60	68	64	62	66	67
上海	73	74	68	77	70	55	79	64
江苏	61	62	59	63	60	46	66	58
浙江	57	58	56	59	55	43	62	52
安徽	63	64	62	65	62	51	68	62
福建	58	60	53	59	57	51	62	49
江西	60	61	58	62	58	51	65	54
山东	60	62	58	61	59	49	65	58
河南	58	60	54	60	56	44	63	59
湖北	57	59	54	58	56	43	62	55
湖南	56	60	49	58	55	47	60	54
广东	65	67	57	66	64	52	69	59
广西	59	60	58	61	57	47	64	56
海南	64	66	61	64	63	55	69	55
重庆	61	64	52	61	61	48	66	56
四川	56	58	52	57	54	45	60	51
贵州	67	69	64	69	65	55	71	67
云南	63	66	59	65	60	41	68	64
西藏	64	72	56	66	63	45	69	65
陕西	64	67	59	65	63	55	67	62
甘肃	63	64	63	66	61	58	66	59
青海	64	65	60	65	62	55	67	62
宁夏	66	69	60	69	64	57	69	70
新疆	69	74	61	67	71	60	73	64

2-6-2-2 交通活动领域参与者每日平均时间(工作日)

单位：分

地区	合计	分城乡		分性别		分年龄组		
		城镇	农村	男	女	6-17周岁	18-59周岁	60周岁及以上
全国	**71**	**73**	**67**	**72**	**70**	**61**	**74**	**68**
北京	90	91	78	92	87	59	97	79
天津	79	81	68	81	77	60	84	79
河北	71	74	63	72	69	62	74	66
山西	72	74	67	73	70	66	73	70
内蒙古	78	80	71	78	78	76	80	71
辽宁	72	74	66	75	70	53	79	66
吉林	68	68	66	68	67	55	71	66
黑龙江	74	75	71	75	73	68	74	77
上海	85	86	77	88	82	61	91	79
江苏	70	70	68	70	69	51	74	70
浙江	65	65	63	66	63	48	68	63
安徽	69	69	70	70	68	60	73	67
福建	66	68	62	66	67	64	69	57
江西	69	69	68	70	67	61	73	64
山东	68	70	66	68	69	55	73	68
河南	69	70	68	70	68	60	73	68
湖北	67	68	66	69	66	52	72	66
湖南	66	69	60	67	65	57	69	67
广东	73	75	66	73	72	64	75	70
广西	69	70	68	71	67	62	71	67
海南	76	78	73	76	76	74	79	67
重庆	69	71	63	69	70	54	74	65
四川	67	69	63	68	66	58	70	63
贵州	76	78	73	78	74	68	79	76
云南	71	73	68	72	69	59	73	69
西藏	82	89	75	85	80	66	86	80
陕西	75	77	70	75	75	68	77	72
甘肃	75	76	73	75	74	73	76	70
青海	74	75	71	74	74	70	75	76
宁夏	78	79	74	79	76	73	79	81
新疆	77	82	70	76	79	71	79	78

2-6-2-3 交通活动领域参与者每日平均时间(休息日)

单位：分

地区	合计	分城乡		分性别		分年龄组		
		城镇	农村	男	女	6-17周岁	18-59周岁	60周岁及以上
全　国	**71**	**73**	**67**	**73**	**69**	**63**	**73**	**69**
北　京	88	89	78	91	85	83	87	94
天　津	77	78	66	78	75	68	78	77
河　北	71	73	68	75	68	64	73	69
山　西	67	67	66	70	64	58	69	67
内蒙古	76	78	70	79	73	65	79	73
辽　宁	81	83	73	82	80	78	82	78
吉　林	68	70	63	67	69	67	70	61
黑龙江	71	72	68	72	69	66	70	76
上　海	84	84	80	84	83	76	86	80
江　苏	72	73	68	73	70	63	73	73
浙　江	66	67	65	68	64	62	68	63
安　徽	68	68	66	70	65	56	71	67
福　建	64	66	58	66	61	58	67	54
江　西	68	67	70	71	65	63	72	59
山　东	69	71	65	72	66	65	69	70
河　南	66	68	62	67	64	53	68	69
湖　北	68	69	67	69	67	62	71	64
湖　南	68	72	60	69	67	62	71	62
广　东	75	78	64	76	74	69	78	68
广　西	65	66	65	68	62	57	70	59
海　南	69	70	67	67	71	65	71	61
重　庆	73	75	67	74	72	68	75	70
四　川	67	69	62	69	64	62	69	63
贵　州	73	74	70	74	71	65	74	73
云　南	70	71	68	74	66	54	73	69
西　藏	84	95	74	86	82	79	85	88
陕　西	73	77	66	75	71	65	76	71
甘　肃	68	67	70	73	64	54	71	69
青　海	73	74	70	77	68	61	76	74
宁　夏	70	70	70	73	67	57	73	75
新　疆	83	83	81	79	87	80	84	78

2-6-3-1 交通活动领域活动参与率(合计)

单位：%

地 区	合计	分城乡		分性别		分年龄组		
		城镇	农村	男	女	6-17周岁	18-59周岁	60周岁及以上
全 国	**80.5**	**84.0**	**73.7**	**81.9**	**79.1**	**84.9**	**84.9**	**65.2**
北 京	81.2	81.4	79.7	82.6	79.7	87.8	87.9	59.5
天 津	85.4	86.8	76.9	86.7	83.9	93.2	91.4	67.1
河 北	80.8	83.6	76.0	81.4	80.2	72.7	86.5	73.4
山 西	86.0	85.1	87.4	87.2	84.7	83.7	89.4	78.3
内蒙古	77.4	84.2	61.9	79.5	75.2	90.8	81.3	59.7
辽 宁	76.6	82.5	60.2	77.7	75.5	88.7	82.1	61.5
吉 林	76.1	84.0	61.7	78.4	73.8	91.7	81.7	57.5
黑龙江	81.9	89.0	67.5	82.8	81.0	92.3	85.6	69.6
上 海	81.0	81.2	78.9	82.5	79.3	94.6	89.4	56.5
江 苏	82.6	84.8	76.2	84.5	80.7	92.1	89.0	62.4
浙 江	76.7	79.8	67.7	79.7	73.4	86.8	80.7	59.5
安 徽	92.9	95.3	89.0	94.0	91.7	93.0	94.0	89.9
福 建	84.5	87.6	76.9	85.4	83.5	89.6	88.3	66.9
江 西	79.4	83.2	72.8	82.4	76.3	84.6	84.4	59.1
山 东	78.7	81.8	72.8	79.9	77.4	84.2	83.7	63.3
河 南	74.2	79.5	66.9	74.6	73.9	75.1	78.3	62.6
湖 北	74.9	80.3	64.6	75.9	73.9	79.0	79.7	60.6
湖 南	71.0	75.4	64.1	72.6	69.4	76.7	75.6	55.1
广 东	86.1	88.8	77.6	87.3	84.7	90.0	89.3	67.0
广 西	85.4	87.3	82.9	87.3	83.4	88.7	88.3	73.3
海 南	79.2	81.9	74.6	80.1	78.1	84.4	82.0	63.3
重 庆	79.6	84.1	68.2	80.9	78.2	88.1	83.6	64.8
四 川	76.2	81.2	68.7	77.0	75.3	81.3	81.9	58.9
贵 州	88.4	89.0	87.6	90.1	86.5	91.7	89.9	79.6
云 南	83.6	88.0	78.6	84.0	83.2	82.0	87.9	69.6
西 藏	52.4	68.4	41.5	52.6	52.1	41.5	56.7	46.9
陕 西	82.5	83.4	80.8	83.5	81.5	84.3	86.7	70.0
甘 肃	78.8	82.2	74.5	79.0	78.6	92.1	81.1	60.5
青 海	75.9	80.9	67.1	77.9	73.9	86.9	77.3	56.8
宁 夏	81.0	86.2	70.2	81.5	80.6	92.5	82.6	61.4
新 疆	82.2	85.2	77.9	85.1	79.1	88.8	84.0	63.7

2-6-3-2 交通活动领域活动参与率(工作日)

单位：%

地区	合计	分城乡		分性别		分年龄组		
		城镇	农村	男	女	6-17周岁	18-59周岁	60周岁及以上
全国	**72.9**	**76.9**	**65.3**	**74.7**	**71.1**	**74.8**	**78.5**	**56.3**
北京	73.7	73.8	72.8	75.7	71.7	78.5	81.9	49.0
天津	78.6	80.1	70.0	81.0	76.2	89.1	85.3	57.5
河北	73.7	77.0	68.1	74.7	72.8	61.9	80.5	66.9
山西	77.4	77.2	77.8	78.4	76.4	71.8	80.5	73.0
内蒙古	70.7	78.1	54.1	73.0	68.3	85.2	74.8	52.1
辽宁	69.3	74.9	53.7	70.1	68.5	84.1	76.2	50.6
吉林	69.6	77.6	55.2	72.3	66.9	86.8	75.5	49.8
黑龙江	75.1	83.4	58.2	76.9	73.2	89.2	79.2	60.6
上海	74.4	74.6	73.0	77.5	71.0	90.0	84.1	46.2
江苏	76.8	79.1	69.6	79.4	74.0	87.2	84.9	51.7
浙江	70.7	73.7	62.4	74.2	66.9	79.5	76.1	50.4
安徽	87.7	90.3	83.5	89.6	85.8	86.4	89.5	84.1
福建	76.8	80.3	68.2	78.0	75.5	77.0	82.2	58.8
江西	72.4	76.9	64.5	75.5	69.1	78.3	77.3	51.2
山东	72.3	75.2	66.9	74.6	70.1	78.7	78.2	54.4
河南	65.6	71.9	56.9	66.6	64.7	62.6	71.3	53.9
湖北	65.4	71.7	53.4	66.3	64.4	68.4	70.4	51.5
湖南	63.1	67.2	56.4	64.9	61.2	69.7	67.8	46.0
广东	79.0	81.8	70.0	80.8	76.9	78.1	84.2	56.5
广西	76.1	77.7	74.0	77.2	74.9	71.8	81.6	65.2
海南	69.4	72.5	64.2	71.3	67.2	69.2	74.2	53.0
重庆	71.5	77.1	57.4	72.9	70.1	76.9	76.9	55.3
四川	65.6	70.8	58.0	66.7	64.6	66.4	72.8	47.8
贵州	81.1	81.7	80.4	82.6	79.6	83.1	83.3	71.8
云南	75.3	81.8	67.9	75.9	74.7	58.2	82.6	65.6
西藏	41.8	58.1	30.8	41.8	41.9	27.5	47.0	38.4
陕西	74.0	75.2	71.6	75.1	72.8	74.4	78.7	61.1
甘肃	70.8	73.4	67.5	71.6	70.0	86.6	72.7	51.3
青海	68.1	73.3	59.0	70.0	66.2	77.5	70.6	46.6
宁夏	72.6	79.3	58.7	73.8	71.4	81.1	74.8	53.6
新疆	73.7	78.3	67.1	76.7	70.5	78.4	76.8	51.2

2-6-3-3 交通活动领域活动参与率(休息日)

单位：%

地区	合计	分城乡		分性别		分年龄组		
		城镇	农村	男	女	6-17周岁	18-59周岁	60周岁及以上
全国	**64.1**	**67.5**	**57.4**	**65.9**	**62.2**	**54.6**	**70.2**	**54.7**
北京	57.8	57.4	60.9	58.9	56.6	53.6	62.1	48.1
天津	65.8	66.9	59.2	66.8	64.8	60.7	73.1	51.1
河北	66.0	70.5	58.3	68.5	63.6	46.1	74.7	61.1
山西	73.0	72.4	74.1	74.3	71.6	62.4	77.1	69.3
内蒙古	62.1	67.8	49.2	64.3	59.8	59.3	66.8	50.9
辽宁	63.3	69.7	45.8	64.2	62.5	65.4	69.1	51.4
吉林	61.6	70.1	46.1	64.3	58.9	65.3	68.0	45.8
黑龙江	70.6	77.5	56.5	72.4	68.8	71.4	74.7	61.2
上海	58.3	58.3	57.8	59.3	57.2	58.4	64.3	44.1
江苏	62.0	63.5	57.4	64.2	59.7	61.0	67.9	48.5
浙江	59.7	62.5	51.8	62.8	56.3	54.0	64.9	47.7
安徽	80.5	84.4	74.3	82.5	78.4	67.3	84.2	81.9
福建	69.4	71.5	64.0	70.9	67.7	63.8	74.6	58.0
江西	62.9	67.2	55.6	66.1	59.5	51.4	71.3	51.5
山东	61.6	63.9	57.1	63.1	60.0	52.3	68.7	51.9
河南	56.4	61.8	48.9	58.0	54.9	43.7	62.5	53.9
湖北	58.1	62.3	50.2	59.2	57.0	48.0	64.9	48.9
湖南	53.1	58.4	44.6	54.4	51.7	42.9	60.1	44.2
广东	69.1	72.0	60.0	70.1	68.0	56.3	74.7	59.4
广西	68.5	71.4	64.7	71.1	65.7	59.4	75.5	58.8
海南	65.1	67.3	61.4	66.2	63.8	53.6	71.7	55.1
重庆	62.1	66.5	50.8	62.9	61.2	61.8	66.6	51.3
四川	58.0	61.4	53.0	59.9	56.1	49.7	64.0	49.0
贵州	73.0	75.9	69.2	76.7	69.1	57.7	79.8	68.8
云南	71.5	75.1	67.4	71.9	71.1	57.7	78.0	61.4
西藏	37.3	45.4	31.8	37.5	37.1	25.7	41.7	33.3
陕西	65.6	66.2	64.5	67.6	63.5	58.8	70.1	58.6
甘肃	62.9	64.8	60.4	64.6	61.1	52.6	69.3	52.1
青海	58.5	63.1	50.5	62.3	54.8	51.7	63.3	46.9
宁夏	67.2	71.5	58.1	69.0	65.3	64.7	70.9	55.1
新疆	68.6	75.1	59.1	70.6	66.3	56.6	75.0	56.0

第三章

主要活动大类
时间利用情况

3-1-1-1 睡觉休息活动居民每日平均时间(合计)

单位：分

地区	合计	分城乡		分性别		分年龄组		
		城镇	农村	男	女	6-17周岁	18-59周岁	60周岁及以上
全国	**586**	**583**	**591**	**583**	**588**	**608**	**572**	**607**
北京	580	580	584	578	582	576	570	611
天津	571	570	575	565	578	593	556	596
河北	591	588	598	590	593	619	573	614
山西	590	588	594	581	600	603	581	605
内蒙古	583	583	584	581	585	597	572	607
辽宁	563	559	576	561	565	562	551	588
吉林	576	571	584	573	578	583	564	600
黑龙江	569	566	576	569	569	579	557	593
上海	566	567	559	560	572	567	551	600
江苏	575	573	580	569	581	598	560	598
浙江	577	576	580	575	580	611	562	604
安徽	584	580	592	583	586	603	571	605
福建	581	579	585	583	579	603	566	607
江西	584	578	594	585	583	601	568	611
山东	586	587	585	583	589	617	569	603
河南	614	608	622	610	617	627	603	626
湖北	590	587	594	586	593	605	579	604
湖南	582	583	581	578	587	603	571	593
广东	583	580	593	583	583	616	569	610
广西	596	593	600	592	600	626	576	619
海南	592	591	593	591	594	614	575	629
重庆	586	585	588	581	591	601	576	601
四川	589	594	583	588	591	614	578	601
贵州	584	581	587	583	584	606	569	602
云南	583	583	583	580	585	600	569	614
西藏	599	608	594	602	596	626	588	618
陕西	591	585	601	587	595	598	576	624
甘肃	590	589	592	587	593	598	576	625
青海	575	578	569	574	576	587	565	602
宁夏	584	580	593	583	586	597	572	618
新疆	597	591	607	597	598	620	583	634

3-1-1-2 睡觉休息活动居民每日平均时间(工作日)

单位：分

地区	合计	分城乡		分性别		分年龄组		
		城镇	农村	男	女	6-17周岁	18-59周岁	60周岁及以上
全国	**575**	**571**	**584**	**573**	**578**	**587**	**561**	**605**
北京	561	560	570	559	564	544	547	610
天津	558	557	567	551	565	568	541	595
河北	583	577	592	582	584	604	564	612
山西	579	575	586	569	589	579	570	603
内蒙古	575	572	581	574	576	573	563	607
辽宁	555	549	570	552	557	540	540	588
吉林	568	562	578	566	569	561	555	599
黑龙江	562	557	573	562	563	555	550	592
上海	550	550	547	544	556	538	531	598
江苏	564	560	574	558	570	573	548	597
浙江	567	565	573	565	569	589	551	603
安徽	574	568	585	573	576	578	562	604
福建	567	564	576	569	565	578	552	606
江西	575	568	587	576	574	585	560	608
山东	576	575	578	573	579	596	558	602
河南	601	595	610	598	605	603	593	623
湖北	582	579	589	578	587	589	573	601
湖南	574	573	574	569	578	586	562	592
广东	571	567	584	571	572	595	557	608
广西	586	581	593	582	590	607	566	619
海南	581	579	586	579	584	589	565	628
重庆	577	575	581	572	582	581	566	599
四川	581	585	577	581	581	595	570	599
贵州	572	568	577	573	572	583	560	598
云南	572	571	574	571	574	578	560	612
西藏	589	593	587	592	586	607	580	615
陕西	577	571	589	573	582	569	563	622
甘肃	577	575	581	575	580	563	566	624
青海	563	565	561	564	563	558	556	599
宁夏	570	563	583	569	570	564	560	616
新疆	587	579	598	586	587	595	574	633

3-1-1-3 睡觉休息活动居民每日平均时间(休息日)

单位：分

地 区	合计	分城乡		分性别		分年龄组		
		城镇	农村	男	女	6-17周岁	18-59周岁	60周岁及以上
全 国	**612**	**613**	**611**	**609**	**615**	**663**	**598**	**611**
北 京	627	628	620	627	627	656	626	616
天 津	603	604	597	597	609	654	594	598
河 北	613	613	612	609	616	656	595	620
山 西	618	622	612	609	628	665	610	610
内蒙古	604	610	592	600	608	656	593	608
辽 宁	585	583	591	584	586	618	577	589
吉 林	596	594	601	592	600	637	586	602
黑龙江	586	588	583	587	586	638	574	595
上 海	606	608	589	600	612	640	601	603
江 苏	603	606	594	598	608	661	590	601
浙 江	602	604	597	600	605	667	589	606
安 徽	610	610	611	608	612	666	593	607
福 建	615	619	607	617	614	665	601	611
江 西	606	603	610	606	606	643	588	617
山 东	613	618	603	609	616	668	598	607
河 南	644	639	651	639	649	686	631	634
湖 北	607	608	606	606	608	645	596	609
湖 南	603	606	597	598	607	645	592	595
广 东	613	613	616	614	613	668	599	615
广 西	620	622	617	616	624	672	600	620
海 南	620	624	613	620	619	678	598	629
重 庆	609	610	606	605	613	651	599	606
四 川	610	617	599	606	614	661	598	606
贵 州	612	611	613	609	615	665	592	613
云 南	608	612	603	605	611	657	592	620
西 藏	625	645	611	629	621	673	609	624
陕 西	624	621	630	621	628	670	610	630
甘 肃	621	623	619	617	625	685	601	626
青 海	604	612	590	600	608	660	587	608
宁 夏	621	623	618	618	625	679	604	623
新 疆	625	621	630	625	625	680	605	636

3-1-2-1 睡觉休息活动参与者每日平均时间(合计)

单位：分

地区	合计	分城乡		分性别		分年龄组		
		城镇	农村	男	女	6-17周岁	18-59周岁	60周岁及以上
全国	**586**	**583**	**591**	**583**	**588**	**608**	**572**	**607**
北京	580	580	584	578	582	576	570	611
天津	571	570	575	565	578	593	556	596
河北	591	588	598	590	593	619	573	614
山西	590	588	594	581	600	603	581	605
内蒙古	583	583	584	582	585	597	572	607
辽宁	564	559	576	562	566	562	551	588
吉林	576	571	584	573	578	583	564	600
黑龙江	569	566	576	569	569	579	557	593
上海	566	567	559	560	572	567	551	600
江苏	575	573	580	569	581	598	560	598
浙江	577	576	580	575	580	611	562	604
安徽	585	580	592	583	586	603	571	605
福建	581	579	585	583	579	603	566	607
江西	584	578	594	585	583	601	568	611
山东	586	587	585	583	589	617	569	603
河南	614	608	622	610	617	627	603	626
湖北	590	587	594	586	593	605	579	604
湖南	582	583	581	578	587	603	571	593
广东	583	580	593	583	583	616	569	610
广西	596	593	600	592	600	626	576	619
海南	592	591	593	591	594	614	575	629
重庆	586	585	588	581	591	601	576	601
四川	589	594	583	588	591	614	578	601
贵州	584	581	587	583	584	606	569	602
云南	583	583	583	580	585	600	569	614
西藏	599	608	594	602	596	626	588	618
陕西	591	585	601	587	595	598	576	624
甘肃	590	589	592	587	593	598	576	625
青海	575	578	569	574	576	587	565	602
宁夏	584	580	593	583	586	597	572	618
新疆	597	591	607	597	598	620	583	634

3-1-2-2 睡觉休息活动参与者每日平均时间(工作日)

单位：分

地区	合计	分城乡		分性别		分年龄组		
		城镇	农村	男	女	6-17周岁	18-59周岁	60周岁及以上
全 国	**575**	**571**	**584**	**573**	**578**	**587**	**561**	**605**
北 京	561	560	570	559	564	544	547	610
天 津	558	557	567	551	565	568	541	595
河 北	583	577	592	582	584	604	564	612
山 西	579	575	586	569	589	579	570	603
内蒙古	575	572	581	574	576	573	563	607
辽 宁	555	550	570	552	557	540	541	588
吉 林	568	562	578	566	569	561	555	599
黑龙江	562	557	573	562	563	555	550	592
上 海	550	550	547	544	556	538	531	598
江 苏	564	560	574	558	570	573	548	597
浙 江	567	565	573	565	569	589	551	603
安 徽	574	568	585	573	576	578	562	604
福 建	567	564	576	569	565	578	552	606
江 西	575	568	587	576	574	585	560	608
山 东	576	575	578	573	579	596	558	602
河 南	601	595	610	598	605	603	593	623
湖 北	582	579	589	578	587	589	573	601
湖 南	574	573	574	569	578	586	562	592
广 东	571	567	584	571	572	595	557	608
广 西	586	581	593	582	590	607	566	619
海 南	581	579	586	579	584	589	565	628
重 庆	577	575	581	572	582	58[illegible]	566	599
四 川	581	585	577	581	581	593	570	599
贵 州	573	569	577	573	572	583	561	598
云 南	572	571	574	571	574	573	560	612
西 藏	589	593	587	592	586	607	580	615
陕 西	577	571	589	573	582	569	563	622
甘 肃	577	575	581	575	580	563	566	624
青 海	563	565	561	564	563	558	556	599
宁 夏	570	563	583	569	570	564	560	616
新 疆	587	579	598	586	587	595	574	633

3-1-2-3 睡觉休息活动参与者每日平均时间(休息日)

单位：分

地区	合计	分城乡		分性别		分年龄组		
		城镇	农村	男	女	6-17周岁	18-59周岁	60周岁及以上
全国	**612**	**613**	**611**	**609**	**615**	**663**	**598**	**611**
北京	627	628	620	627	627	656	626	616
天津	603	604	597	597	609	654	594	598
河北	613	613	612	609	616	656	595	620
山西	618	622	612	609	628	665	610	610
内蒙古	604	610	592	601	608	656	593	608
辽宁	585	584	591	585	586	618	578	589
吉林	596	594	601	592	600	637	586	602
黑龙江	586	588	583	587	586	638	574	595
上海	606	608	589	600	612	640	601	603
江苏	603	606	594	598	608	661	590	601
浙江	602	604	597	600	605	667	589	606
安徽	610	610	611	608	612	666	594	607
福建	615	619	607	617	614	665	601	611
江西	606	603	610	606	606	643	588	617
山东	613	618	603	609	616	668	598	607
河南	644	639	651	639	649	686	631	634
湖北	607	608	606	606	608	645	596	609
湖南	603	606	597	598	607	645	592	595
广东	613	613	616	614	613	668	599	615
广西	620	622	617	616	624	672	600	620
海南	620	624	613	620	619	678	598	629
重庆	609	611	606	605	613	651	600	606
四川	610	617	599	606	614	661	598	606
贵州	612	611	613	609	615	665	592	613
云南	608	612	603	605	611	657	592	620
西藏	625	645	611	629	621	673	609	624
陕西	625	621	630	621	628	670	610	631
甘肃	621	623	619	617	625	686	601	626
青海	604	612	590	600	608	660	587	608
宁夏	621	623	618	618	625	679	604	623
新疆	625	621	630	625	625	680	605	636

3-1-3-1 睡觉休息活动参与率(合计)

单位：%

地区	合计	分城乡		分性别		分年龄组		
		城镇	农村	男	女	6-17周岁	18-59周岁	60周岁及以上
全国	**100.0**	**100.0**	**100.0**	**100.0**	**100.0**	**100.0**	**100.0**	**100.0**
北京	100.0	100.0	100.0	100.0	100.0	100.0	100.0	100.0
天津	100.0	100.0	100.0	100.0	100.0	100.0	100.0	100.0
河北	100.0	100.0	100.0	100.0	100.0	100.0	100.0	100.0
山西	100.0	100.0	100.0	100.0	100.0	100.0	100.0	100.0
内蒙古	100.0	100.0	100.0	100.0	100.0	100.0	100.0	100.0
辽宁	99.9	99.9	100.0	99.9	99.9	100.0	99.9	100.0
吉林	100.0	100.0	100.0	100.0	100.0	100.0	100.0	100.0
黑龙江	100.0	100.0	100.0	100.0	100.0	100.0	100.0	100.0
上海	100.0	100.0	100.0	100.0	100.0	100.0	100.0	100.0
江苏	100.0	100.0	100.0	100.0	100.0	100.0	100.0	100.0
浙江	100.0	100.0	100.0	100.0	100.0	100.0	100.0	100.0
安徽	100.0	100.0	100.0	99.9	100.0	100.0	100.0	100.0
福建	100.0	100.0	100.0	100.0	100.0	100.0	100.0	100.0
江西	100.0	100.0	100.0	100.0	100.0	100.0	100.0	100.0
山东	100.0	100.0	100.0	100.0	100.0	100.0	100.0	100.0
河南	100.0	100.0	100.0	100.0	100.0	100.0	100.0	100.0
湖北	100.0	100.0	100.0	100.0	100.0	100.0	100.0	100.0
湖南	100.0	100.0	100.0	100.0	100.0	100.0	100.0	100.0
广东	100.0	100.0	100.0	100.0	100.0	100.0	100.0	100.0
广西	100.0	100.0	100.0	100.0	100.0	100.0	100.0	100.0
海南	100.0	100.0	100.0	100.0	100.0	100.0	100.0	100.0
重庆	100.0	100.0	100.0	100.0	100.0	100.0	100.0	100.0
四川	100.0	100.0	100.0	100.0	100.0	100.0	100.0	100.0
贵州	100.0	100.0	100.0	100.0	100.0	100.0	100.0	100.0
云南	100.0	100.0	100.0	100.0	100.0	100.0	100.0	100.0
西藏	100.0	100.0	100.0	100.0	100.0	100.0	100.0	100.0
陕西	100.0	100.0	100.0	100.0	100.0	100.0	100.0	100.0
甘肃	100.0	100.0	100.0	100.0	100.0	100.0	100.0	100.0
青海	100.0	100.0	100.0	100.0	100.0	100.0	100.0	100.0
宁夏	100.0	100.0	100.0	100.0	100.0	100.0	100.0	100.0
新疆	100.0	100.0	100.0	100.0	100.0	100.0	100.0	100.0

3-1-3-2　睡觉休息活动参与率(工作日)

单位：%

地　区	合计	分城乡		分性别		分年龄组		
		城镇	农村	男	女	6-17周岁	18-59周岁	60周岁及以上
全　国	**100.0**	**100.0**	**100.0**	**100.0**	**100.0**	**100.0**	**100.0**	**100.0**
北　京	100.0	100.0	100.0	100.0	100.0	100.0	100.0	100.0
天　津	100.0	100.0	100.0	100.0	100.0	100.0	100.0	100.0
河　北	100.0	100.0	100.0	100.0	100.0	100.0	100.0	100.0
山　西	100.0	100.0	100.0	100.0	100.0	100.0	100.0	100.0
内蒙古	100.0	100.0	100.0	100.0	100.0	100.0	100.0	100.0
辽　宁	99.9	99.9	100.0	99.9	99.9	100.0	99.9	100.0
吉　林	100.0	100.0	100.0	100.0	100.0	100.0	100.0	100.0
黑龙江	100.0	100.0	100.0	100.0	100.0	100.0	100.0	100.0
上　海	100.0	100.0	100.0	100.0	100.0	100.0	100.0	100.0
江　苏	100.0	100.0	100.0	100.0	100.0	100.0	100.0	100.0
浙　江	100.0	100.0	100.0	100.0	100.0	100.0	100.0	100.0
安　徽	100.0	100.0	100.0	99.9	100.0	100.0	100.0	100.0
福　建	100.0	100.0	100.0	100.0	100.0	100.0	100.0	100.0
江　西	100.0	100.0	100.0	100.0	100.0	100.0	100.0	100.0
山　东	100.0	100.0	100.0	100.0	100.0	100.0	100.0	100.0
河　南	100.0	100.0	100.0	100.0	100.0	100.0	100.0	100.0
湖　北	100.0	100.0	100.0	100.0	100.0	100.0	100.0	100.0
湖　南	100.0	100.0	100.0	100.0	100.0	100.0	100.0	100.0
广　东	100.0	100.0	100.0	100.0	100.0	100.0	100.0	100.0
广　西	100.0	100.0	100.0	100.0	100.0	100.0	100.0	100.0
海　南	100.0	100.0	100.0	100.0	100.0	100.0	100.0	100.0
重　庆	100.0	100.0	100.0	100.0	100.0	100.0	100.0	100.0
四　川	100.0	100.0	100.0	100.0	100.0	100.0	100.0	100.0
贵　州	99.9	99.9	100.0	100.0	99.9	100.0	99.9	100.0
云　南	100.0	100.0	100.0	100.0	100.0	100.0	100.0	100.0
西　藏	100.0	100.0	100.0	100.0	100.0	100.0	100.0	100.0
陕　西	100.0	100.0	100.0	100.0	100.0	100.0	100.0	100.0
甘　肃	100.0	100.0	100.0	100.0	100.0	100.0	100.0	100.0
青　海	100.0	100.0	100.0	100.0	100.0	100.0	100.0	100.0
宁　夏	100.0	100.0	100.0	100.0	100.0	100.0	100.0	100.0
新　疆	100.0	100.0	100.0	100.0	100.0	100.0	100.0	100.0

3-1-3-3 睡觉休息活动参与率(休息日)

单位：%

地 区	合计	分城乡		分性别		分年龄组		
		城镇	农村	男	女	6-17周岁	18-59周岁	60周岁及以上
全 国	**100.0**	**100.0**	**100.0**	**100.0**	**100.0**	**100.0**	**100.0**	**100.0**
北 京	100.0	100.0	100.0	100.0	100.0	100.0	100.0	100.0
天 津	100.0	100.0	100.0	100.0	100.0	100.0	100.0	100.0
河 北	100.0	100.0	100.0	100.0	100.0	100.0	100.0	100.0
山 西	100.0	100.0	100.0	100.0	100.0	100.0	100.0	100.0
内蒙古	100.0	100.0	100.0	100.0	100.0	100.0	100.0	100.0
辽 宁	99.9	99.9	100.0	99.9	99.9	100.0	99.9	100.0
吉 林	100.0	100.0	100.0	100.0	100.0	100.0	100.0	100.0
黑龙江	100.0	100.0	100.0	100.0	100.0	100.0	100.0	100.0
上 海	100.0	100.0	100.0	100.0	100.0	100.0	100.0	100.0
江 苏	100.0	100.0	100.0	100.0	100.0	100.0	100.0	100.0
浙 江	100.0	100.0	100.0	100.0	100.0	100.0	100.0	100.0
安 徽	100.0	100.0	100.0	99.9	100.0	100.0	100.0	100.0
福 建	100.0	100.0	100.0	100.0	100.0	100.0	100.0	100.0
江 西	100.0	100.0	100.0	100.0	100.0	100.0	100.0	100.0
山 东	100.0	100.0	100.0	100.0	100.0	100.0	100.0	100.0
河 南	100.0	100.0	100.0	100.0	100.0	100.0	100.0	100.0
湖 北	100.0	100.0	100.0	100.0	100.0	100.0	100.0	100.0
湖 南	100.0	100.0	100.0	100.0	100.0	100.0	100.0	100.0
广 东	100.0	100.0	100.0	100.0	100.0	100.0	100.0	100.0
广 西	100.0	100.0	100.0	100.0	100.0	100.0	100.0	100.0
海 南	100.0	100.0	100.0	100.0	100.0	100.0	100.0	100.0
重 庆	100.0	99.9	100.0	100.0	99.9	100.0	99.9	100.0
四 川	100.0	100.0	100.0	100.0	100.0	100.0	100.0	100.0
贵 州	100.0	100.0	100.0	100.0	100.0	100.0	100.0	100.0
云 南	100.0	100.0	100.0	100.0	100.0	100.0	100.0	100.0
西 藏	100.0	100.0	100.0	100.0	100.0	100.0	100.0	100.0
陕 西	100.0	100.0	100.0	100.0	100.0	100.0	100.0	99.9
甘 肃	100.0	100.0	100.0	100.0	100.0	100.0	100.0	100.0
青 海	100.0	100.0	100.0	100.0	100.0	100.0	100.0	100.0
宁 夏	100.0	100.0	100.0	100.0	100.0	100.0	100.0	100.0
新 疆	100.0	100.0	100.0	100.0	100.0	100.0	100.0	100.0

3-2-1-1　个人卫生护理活动居民每日平均时间(合计)

单位：分

地区	合计	分城乡		分性别		分年龄组		
		城镇	农村	男	女	6-17周岁	18-59周岁	60周岁及以上
全　国	**56**	**56**	**55**	**54**	**58**	**56**	**56**	**56**
北　京	58	57	60	55	60	52	58	60
天　津	69	70	66	68	70	68	69	70
河　北	56	57	55	55	57	57	56	54
山　西	53	54	51	51	55	51	54	53
内蒙古	53	53	52	51	55	54	54	49
辽　宁	59	58	59	57	60	56	58	61
吉　林	56	54	58	55	57	54	55	57
黑龙江	57	56	58	56	58	56	57	58
上　海	60	60	60	57	63	52	59	64
江　苏	54	55	51	52	55	50	54	55
浙　江	50	51	50	48	53	49	51	49
安　徽	56	57	55	54	58	54	57	56
福　建	51	53	49	50	53	49	52	53
江　西	59	56	64	58	60	60	59	57
山　东	53	54	52	52	54	51	53	54
河　南	54	56	52	53	55	55	55	53
湖　北	54	55	54	52	57	52	55	55
湖　南	54	54	53	52	56	53	54	55
广　东	60	62	57	58	63	59	61	61
广　西	60	61	59	58	62	63	59	59
海　南	58	56	62	57	60	57	58	58
重　庆	58	58	56	56	59	56	58	57
四　川	51	51	52	49	54	54	52	49
贵　州	68	66	69	65	70	70	67	67
云　南	56	53	58	54	58	61	55	55
西　藏	58	58	59	56	61	61	59	53
陕　西	60	61	58	58	62	61	60	60
甘　肃	50	53	45	48	52	49	52	45
青　海	47	50	41	44	49	45	47	46
宁　夏	46	47	44	44	49	42	47	46
新　疆	58	59	56	55	61	61	57	59

3-2-1-2 个人卫生护理活动居民每日平均时间(工作日)

单位：分

地 区	合计	分城乡		分性别		分年龄组		
		城镇	农村	男	女	6-17周岁	18-59周岁	60周岁及以上
全 国	**56**	**56**	**55**	**54**	**57**	**55**	**56**	**55**
北 京	57	57	59	55	60	52	57	60
天 津	69	70	67	68	71	68	69	70
河 北	56	56	55	55	56	58	56	53
山 西	52	54	50	50	54	50	53	53
内蒙古	53	53	52	51	55	53	54	49
辽 宁	58	58	59	56	60	55	57	61
吉 林	55	54	57	54	56	53	54	57
黑龙江	57	56	57	56	57	56	56	57
上 海	59	59	59	56	62	49	58	64
江 苏	53	54	51	52	55	48	54	55
浙 江	50	50	50	48	53	48	51	49
安 徽	56	56	55	54	58	53	56	56
福 建	51	52	48	49	53	48	51	53
江 西	59	57	64	58	61	60	60	57
山 东	52	53	52	51	53	50	53	53
河 南	54	56	52	53	55	55	55	53
湖 北	54	54	53	52	56	51	55	54
湖 南	54	54	53	51	56	52	53	55
广 东	60	61	57	59	62	59	60	62
广 西	60	61	59	59	62	65	59	59
海 南	58	56	62	57	60	57	59	58
重 庆	57	58	56	56	59	56	58	58
四 川	51	51	52	49	53	54	52	48
贵 州	68	67	70	65	71	72	67	67
云 南	56	53	58	54	58	61	55	55
西 藏	58	56	59	56	60	60	58	52
陕 西	60	60	58	58	61	61	59	60
甘 肃	49	52	45	47	51	48	51	45
青 海	46	49	40	44	48	44	47	44
宁 夏	45	46	43	42	48	39	46	46
新 疆	57	59	55	54	61	61	56	58

3-2-1-3 个人卫生护理活动居民每日平均时间(休息日)

单位：分

地区	合计	分城乡		分性别		分年龄组		
		城镇	农村	男	女	6-17周岁	18-59周岁	60周岁及以上
全国	**57**	**57**	**55**	**55**	**59**	**56**	**57**	**56**
北京	59	58	60	57	60	54	59	62
天津	69	70	65	68	70	67	69	71
河北	56	57	54	54	58	57	56	55
山西	55	56	53	53	56	53	55	54
内蒙古	53	55	50	52	55	56	54	49
辽宁	60	60	60	58	62	58	60	61
吉林	57	56	60	57	57	57	57	57
黑龙江	58	57	59	57	59	56	58	59
上海	62	62	61	59	65	57	61	65
江苏	55	56	52	53	57	53	55	55
浙江	52	52	51	49	54	51	53	49
安徽	57	57	56	55	59	57	57	57
福建	53	54	49	51	55	52	53	53
江西	58	55	62	57	60	57	59	57
山东	55	56	53	53	57	53	55	56
河南	55	56	53	54	56	55	55	54
湖北	56	56	54	53	58	54	56	56
湖南	55	56	53	53	57	55	55	56
广东	61	62	56	58	63	58	61	61
广西	59	61	58	57	62	61	59	59
海南	58	55	62	57	59	57	58	59
重庆	58	59	55	56	60	58	58	57
四川	52	52	52	50	54	53	52	50
贵州	66	66	67	64	69	67	66	67
云南	56	54	58	54	58	60	55	56
西藏	59	61	58	56	63	62	59	55
陕西	61	63	58	59	64	63	61	60
甘肃	52	57	47	50	54	53	54	47
青海	49	52	43	46	52	49	48	50
宁夏	49	51	47	47	52	49	50	47
新疆	59	60	59	57	62	62	58	63

3-2-2-1 个人卫生护理活动参与者每日平均时间(合计)

单位：分

地 区	合计	分城乡		分性别		分年龄组		
		城镇	农村	男	女	6-17周岁	18-59周岁	60周岁及以上
全 国	**56**	**57**	**55**	**55**	**58**	**56**	**57**	**56**
北 京	59	58	60	56	61	54	58	61
天 津	69	70	66	68	71	68	69	70
河 北	56	57	55	55	57	58	57	54
山 西	53	55	51	52	55	51	54	54
内蒙古	54	54	52	52	55	55	55	50
辽 宁	60	59	61	58	62	56	59	62
吉 林	56	55	58	55	57	55	56	58
黑龙江	58	57	59	57	59	56	57	59
上 海	60	60	60	58	63	52	60	64
江 苏	54	55	52	52	56	50	54	55
浙 江	51	51	51	49	54	49	52	50
安 徽	57	57	56	54	59	55	57	57
福 建	52	53	49	50	54	49	52	53
江 西	59	56	64	58	61	60	60	57
山 东	54	55	53	53	55	53	54	55
河 南	56	57	53	54	57	56	56	54
湖 北	55	55	54	52	57	52	55	55
湖 南	54	55	54	53	57	53	54	56
广 东	61	62	57	59	63	59	61	61
广 西	60	61	59	58	62	63	59	59
海 南	58	56	62	57	60	57	58	59
重 庆	58	58	56	56	59	56	58	58
四 川	52	52	52	50	54	54	52	49
贵 州	68	66	69	65	70	70	67	67
云 南	56	53	58	54	58	61	55	55
西 藏	61	60	61	58	63	62	61	57
陕 西	61	61	59	59	62	62	60	60
甘 肃	50	54	46	48	53	50	52	46
青 海	47	50	42	45	50	46	48	47
宁 夏	46	47	44	44	49	42	48	46
新 疆	59	59	59	56	63	63	58	60

3-2-2-2 个人卫生护理活动参与者每日平均时间(工作日)

单位：分

地区	合计	分城乡		分性别		分年龄组		
		城镇	农村	男	女	6-17周岁	18-59周岁	60周岁及以上
全国	**57**	**57**	**56**	**55**	**59**	**56**	**57**	**57**
北京	59	59	60	56	62	54	59	61
天津	70	71	67	69	71	69	70	70
河北	57	58	56	56	58	59	57	55
山西	53	55	51	51	55	50	54	54
内蒙古	54	55	53	53	56	54	55	51
辽宁	60	59	61	58	62	56	59	63
吉林	56	55	59	55	58	54	56	59
黑龙江	59	57	62	58	60	58	58	61
上海	60	60	60	57	63	51	60	64
江苏	54	55	52	53	56	49	55	56
浙江	51	51	51	49	54	48	52	50
安徽	57	57	56	55	59	54	58	57
福建	51	52	49	50	53	48	52	54
江西	60	57	64	58	61	61	60	57
山东	54	55	53	53	55	53	55	55
河南	56	58	54	55	58	57	57	55
湖北	55	55	53	53	57	52	55	55
湖南	55	55	54	53	57	53	55	56
广东	61	62	57	59	63	59	61	62
广西	61	61	60	59	62	65	60	59
海南	58	56	62	57	60	57	59	59
重庆	58	58	57	56	59	56	58	58
四川	52	52	52	50	54	55	53	49
贵州	68	67	70	65	71	72	67	67
云南	56	53	59	54	58	61	55	55
西藏	62	62	63	61	64	63	63	58
陕西	61	62	60	60	62	62	61	61
甘肃	50	53	46	48	53	48	52	46
青海	48	51	43	46	50	46	49	47
宁夏	45	47	43	43	48	40	47	46
新疆	60	60	59	56	63	64	58	60

3-2-2-3 个人卫生护理活动参与者每日平均时间(休息日)

单位：分

地区	合计	分城乡		分性别		分年龄组		
		城镇	农村	男	女	6-17周岁	18-59周岁	60周岁及以上
全国	**58**	**59**	**57**	**56**	**60**	**58**	**58**	**57**
北京	61	61	61	59	62	57	60	64
天津	70	71	65	69	71	68	70	71
河北	58	59	56	56	59	59	58	56
山西	56	57	54	54	58	54	57	55
内蒙古	55	56	52	54	56	58	56	51
辽宁	62	62	62	60	64	60	62	63
吉林	59	58	61	58	60	59	59	59
黑龙江	59	59	61	58	61	58	59	61
上海	64	64	62	61	66	61	63	65
江苏	56	57	52	54	57	54	56	55
浙江	53	54	52	51	56	53	54	51
安徽	58	58	58	56	60	58	58	58
福建	53	55	49	51	55	53	53	53
江西	58	56	63	57	60	57	59	57
山东	57	58	55	56	59	56	57	58
河南	57	59	55	56	59	57	58	56
湖北	56	57	55	54	59	55	57	56
湖南	56	57	55	54	58	56	56	56
广东	61	63	57	59	64	59	62	61
广西	60	61	58	58	62	61	59	60
海南	58	56	62	57	60	57	58	60
重庆	59	59	56	57	60	58	59	58
四川	53	53	52	51	55	54	54	50
贵州	67	66	67	64	69	67	66	67
云南	56	55	58	54	59	60	55	56
西藏	64	67	63	61	68	66	64	62
陕西	63	64	61	61	65	64	63	62
甘肃	54	58	48	52	56	54	55	48
青海	51	53	45	47	54	51	50	52
宁夏	50	51	47	47	52	50	50	48
新疆	61	61	62	58	64	64	60	64

3-2-3-1 个人卫生护理活动参与率(合计)

单位：%

地区	合计	分城乡		分性别		分年龄组		
		城镇	农村	男	女	6-17周岁	18-59周岁	60周岁及以上
全国	**99.1**	**99.1**	**99.0**	**99.0**	**99.1**	**99.1**	**99.1**	**99.0**
北京	98.5	98.4	99.7	98.5	98.5	97.5	98.9	98.1
天津	99.7	99.7	99.8	99.8	99.6	99.8	99.6	99.8
河北	99.0	99.1	98.8	98.9	99.1	99.2	98.9	99.2
山西	99.6	99.7	99.3	99.5	99.7	99.8	99.6	99.3
内蒙古	98.8	98.7	99.2	98.7	98.9	99.4	98.9	98.3
辽宁	98.3	98.4	98.0	98.3	98.2	99.5	98.2	98.0
吉林	98.7	98.4	99.1	98.9	98.5	98.5	98.7	98.6
黑龙江	98.8	98.8	98.8	99.0	98.5	99.6	99.1	97.7
上海	99.1	99.1	99.2	98.9	99.3	98.5	98.8	100.0
江苏	99.6	99.6	99.4	99.6	99.5	99.3	99.6	99.5
浙江	98.6	98.4	99.3	98.6	98.7	99.0	98.7	98.2
安徽	99.1	99.3	98.7	99.1	99.0	98.9	99.2	98.8
福建	99.7	99.8	99.6	100.0	99.4	99.8	99.7	99.8
江西	99.7	99.7	99.8	99.6	99.8	99.8	99.6	100.0
山东	98.0	97.7	98.6	97.8	98.2	97.4	98.0	98.4
河南	97.8	98.0	97.6	98.0	97.7	97.8	97.9	97.7
湖北	99.6	99.4	100.0	99.5	99.7	99.9	99.7	99.3
湖南	99.0	99.1	98.8	98.5	99.5	99.4	98.6	99.5
广东	99.7	99.7	99.5	99.5	99.9	99.5	99.7	99.8
广西	99.7	99.8	99.6	99.6	99.9	99.9	99.7	99.9
海南	99.8	99.7	100.0	99.9	99.7	99.6	99.8	99.8
重庆	99.7	99.8	99.5	99.7	99.7	99.8	99.7	99.7
四川	99.4	99.2	99.7	99.4	99.5	99.5	99.4	99.4
贵州	100.0	100.0	100.0	100.0	100.0	100.0	100.0	100.0
云南	99.9	99.9	99.9	99.9	99.9	99.9	99.9	100.0
西藏	96.3	96.1	96.5	95.9	96.8	98.2	96.4	91.6
陕西	99.1	99.4	98.6	98.6	99.6	99.6	98.9	99.2
甘肃	98.8	99.4	98.1	98.7	99.0	99.8	98.9	97.9
青海	98.1	98.7	96.9	97.8	98.3	98.1	98.2	97.6
宁夏	99.8	99.7	100.0	99.8	99.8	99.8	99.8	99.7
新疆	98.1	99.4	96.2	98.5	97.7	97.5	98.2	98.5

3-2-3-2 个人卫生护理活动参与率(工作日)

单位：%

地区	合计	分城乡		分性别		分年龄组		
		城镇	农村	男	女	6-17周岁	18-59周岁	60周岁及以上
全　国	**98.0**	**98.1**	**97.8**	**97.9**	**98.0**	**98.0**	**98.0**	**97.8**
北　京	97.3	97.0	99.1	97.2	97.3	95.4	97.5	97.7
天　津	98.8	98.7	99.3	98.5	99.2	98.7	98.7	99.1
河　北	97.6	97.8	97.3	97.7	97.5	97.9	97.4	97.8
山　西	98.6	98.8	98.2	98.3	98.9	99.0	98.7	97.9
内蒙古	97.4	96.9	98.6	97.3	97.5	98.0	97.5	96.9
辽　宁	97.1	97.2	96.9	97.5	96.9	98.4	96.9	97.2
吉　林	97.4	97.4	97.3	97.6	97.2	97.3	97.8	96.4
黑龙江	96.1	97.5	93.4	96.4	95.9	97.4	96.7	94.5
上　海	97.9	97.9	97.8	97.6	98.3	97.3	97.2	99.7
江　苏	98.6	98.4	99.1	98.4	98.8	98.1	98.5	99.1
浙　江	97.6	97.3	98.4	97.6	97.6	98.0	97.8	96.8
安　徽	97.8	98.2	97.1	98.0	97.6	97.9	97.8	97.5
福　建	99.1	99.0	99.4	99.4	98.9	99.6	99.0	99.2
江　西	99.6	99.6	99.7	99.6	99.7	99.7	99.5	99.9
山　东	96.2	95.8	97.0	96.0	96.4	95.1	96.4	96.5
河　南	96.2	96.6	95.7	96.6	95.9	96.4	96.5	95.3
湖　北	99.0	98.7	99.6	98.9	99.1	99.2	99.3	98.1
湖　南	97.9	98.0	97.8	97.5	98.4	98.4	97.4	98.9
广　东	99.1	99.0	99.1	98.9	99.2	98.7	99.2	99.0
广　西	99.3	99.6	98.9	99.1	99.6	99.6	99.2	99.3
海　南	99.5	99.4	99.8	99.8	99.2	99.6	99.6	99.0
重　庆	99.2	99.4	98.8	99.3	99.2	99.4	99.4	98.9
四　川	98.3	97.8	99.0	98.2	98.3	98.7	98.4	97.6
贵　州	99.8	99.8	99.8	99.9	99.8	99.8	99.8	100.0
云　南	99.4	99.4	99.4	99.2	99.6	99.6	99.5	99.0
西　藏	93.0	91.3	94.1	92.4	93.6	94.6	93.0	89.5
陕　西	97.5	97.9	96.7	97.0	98.0	98.2	97.3	97.5
甘　肃	97.5	98.2	96.6	97.2	97.9	99.2	97.6	95.9
青　海	95.6	96.2	94.4	95.6	95.6	96.5	95.9	93.1
宁　夏	99.1	98.9	99.5	99.0	99.2	98.0	99.3	99.5
新　疆	96.3	98.3	93.5	96.2	96.5	95.4	96.6	96.5

3-2-3-3 个人卫生护理活动参与率(休息日)

单位：%

地 区	合计	分城乡		分性别		分年龄组		
		城镇	农村	男	女	6-17周岁	18-59周岁	60周岁及以上
全 国	**97.8**	**97.8**	**97.7**	**97.7**	**97.8**	**97.7**	**97.7**	**97.9**
北 京	96.6	96.2	99.6	96.2	97.0	93.6	97.1	96.7
天 津	98.5	98.4	99.1	98.6	98.4	97.8	98.4	99.1
河 北	97.1	97.6	96.1	96.7	97.4	96.4	97.3	97.1
山 西	98.3	98.3	98.1	98.7	97.8	99.5	98.0	98.1
内蒙古	96.9	96.6	97.6	96.5	97.2	97.1	97.1	96.3
辽 宁	97.1	97.1	97.0	97.2	96.9	96.6	97.2	97.0
吉 林	96.7	95.7	98.3	97.3	96.1	97.7	96.9	95.7
黑龙江	97.3	97.6	96.8	98.0	96.7	97.7	97.6	96.6
上 海	97.8	97.7	98.2	97.6	98.0	94.7	97.4	99.7
江 苏	98.6	98.6	98.6	98.5	98.8	98.5	98.7	98.6
浙 江	97.0	96.5	98.6	97.3	96.8	96.5	97.3	96.4
安 徽	97.5	98.0	96.6	97.5	97.5	97.5	97.4	97.5
福 建	99.2	99.2	99.2	99.2	99.2	98.7	99.2	99.6
江 西	99.4	99.4	99.6	99.4	99.5	99.8	99.2	99.9
山 东	96.1	95.6	97.0	95.6	96.5	94.6	95.9	97.4
河 南	95.5	95.8	95.2	96.0	95.1	96.0	95.4	95.4
湖 北	98.6	98.3	99.2	98.4	98.9	98.7	98.6	98.7
湖 南	97.7	97.9	97.4	97.6	97.9	98.1	97.3	98.7
广 东	98.8	98.8	98.8	98.5	99.3	98.6	98.9	99.0
广 西	99.0	99.1	98.7	98.7	99.2	99.5	98.7	99.0
海 南	99.3	99.1	99.7	99.3	99.3	99.3	99.3	99.3
重 庆	98.9	98.9	98.6	98.6	99.1	99.0	98.7	99.2
四 川	98.1	97.5	99.1	98.1	98.2	98.3	98.0	98.3
贵 州	99.9	99.8	99.9	100.0	99.8	100.0	99.8	100.0
云 南	99.4	99.2	99.7	99.5	99.3	99.5	99.4	99.5
西 藏	92.4	91.1	93.2	92.1	92.7	93.9	92.5	88.2
陕 西	97.5	98.4	95.7	97.3	97.7	98.7	97.3	96.9
甘 肃	97.1	97.5	96.6	96.8	97.4	98.4	96.9	96.6
青 海	96.4	97.6	94.3	96.3	96.4	96.6	96.5	95.7
宁 夏	99.0	99.1	99.0	99.0	99.1	99.0	99.1	98.9
新 疆	96.9	98.5	94.6	97.1	96.7	97.2	96.5	98.5

3-3-1-1 用餐或其他饮食活动居民每日平均时间(合计)

单位：分

地 区	合计	分城乡		分性别		分年龄组		
		城镇	农村	男	女	6-17周岁	18-59周岁	60周岁及以上
全 国	**103**	**105**	**100**	**104**	**102**	**100**	**102**	**108**
北 京	122	124	109	122	123	119	119	133
天 津	112	115	95	112	112	107	108	125
河 北	106	108	104	107	106	103	105	113
山 西	101	101	101	102	101	95	98	114
内蒙古	106	109	100	107	106	96	106	112
辽 宁	112	113	108	114	110	112	110	115
吉 林	102	101	104	103	101	97	100	108
黑龙江	107	108	105	109	105	97	106	112
上 海	116	117	108	117	116	112	115	122
江 苏	102	103	100	103	101	97	102	106
浙 江	100	102	96	101	100	97	99	105
安 徽	104	105	104	105	104	100	104	109
福 建	100	101	99	100	100	94	99	109
江 西	92	92	92	92	91	90	92	94
山 东	107	109	104	110	105	103	107	111
河 南	108	108	108	110	106	108	106	114
湖 北	99	99	99	99	99	99	98	102
湖 南	94	96	92	95	93	95	94	94
广 东	111	113	104	110	111	106	109	127
广 西	95	99	89	95	94	92	95	96
海 南	104	105	103	110	98	94	104	118
重 庆	100	102	96	101	100	99	99	104
四 川	97	100	94	98	97	99	96	99
贵 州	86	87	85	87	86	85	86	89
云 南	95	94	96	97	94	99	94	97
西 藏	142	150	138	143	142	139	144	144
陕 西	103	106	96	103	102	99	101	109
甘 肃	106	106	105	106	105	96	105	117
青 海	113	112	114	115	111	113	110	123
宁 夏	93	92	93	94	92	88	92	103
新 疆	101	102	99	101	100	100	99	109

3-3-1-2 用餐或其他饮食活动居民每日平均时间(工作日)

单位：分

地　区	合计	分城乡		分性别		分年龄组		
		城镇	农村	男	女	6-17周岁	18-59周岁	60周岁及以上
全　国	**101**	**102**	**99**	**101**	**100**	**97**	**99**	**107**
北　京	120	121	107	120	120	115	116	132
天　津	109	111	94	108	109	101	104	123
河　北	105	106	103	105	105	100	103	113
山　西	100	99	100	101	98	92	96	113
内蒙古	104	106	99	104	103	92	103	111
辽　宁	109	109	109	112	106	106	108	113
吉　林	100	98	103	101	99	94	98	106
黑龙江	104	104	105	106	102	94	103	110
上　海	112	113	103	113	111	106	110	119
江　苏	100	100	99	101	98	92	99	105
浙　江	98	99	95	99	98	93	97	104
安　徽	103	103	104	104	103	98	103	109
福　建	97	97	97	97	96	90	95	107
江　西	90	89	91	90	89	87	90	94
山　东	104	105	103	106	102	98	104	110
河　南	106	105	108	108	104	106	104	112
湖　北	97	97	98	97	97	97	95	101
湖　南	93	93	91	94	91	93	92	93
广　东	106	107	101	106	106	98	104	124
广　西	93	96	88	93	92	91	93	94
海　南	102	102	101	108	95	91	101	118
重　庆	98	99	95	99	98	98	96	103
四　川	95	97	92	95	95	98	94	98
贵　州	86	86	85	86	85	84	85	89
云　南	94	92	95	95	92	99	92	95
西　藏	141	147	137	142	140	134	143	144
陕　西	101	104	96	101	101	96	99	108
甘　肃	103	103	104	104	103	91	103	116
青　海	112	111	114	114	110	110	109	124
宁　夏	91	89	93	92	90	87	89	102
新　疆	99	100	97	99	98	98	97	109

3-3-1-3 用餐或其他饮食活动居民每日平均时间(休息日)

单位：分

地 区	合计	分城乡		分性别		分年龄组		
		城镇	农村	男	女	6-17周岁	18-59周岁	60周岁及以上
全 国	**109**	**113**	**102**	**110**	**108**	**108**	**109**	**111**
北 京	129	132	112	128	131	131	126	137
天 津	121	125	99	121	120	121	117	129
河 北	111	114	105	112	110	110	109	114
山 西	106	106	104	105	106	103	103	115
内蒙古	113	118	103	114	112	107	113	116
辽 宁	118	122	107	118	118	126	115	121
吉 林	107	108	106	109	106	105	106	112
黑龙江	113	117	107	115	112	107	113	117
上 海	127	128	119	128	126	127	127	127
江 苏	108	109	103	108	107	108	108	107
浙 江	105	107	99	105	105	107	104	108
安 徽	107	108	106	107	108	107	106	110
福 建	108	110	103	109	108	104	109	112
江 西	97	99	94	97	97	96	99	94
山 东	115	120	107	117	113	115	116	112
河 南	114	117	110	116	112	114	112	118
湖 北	104	105	102	104	103	104	104	103
湖 南	98	102	93	99	98	99	100	95
广 东	124	128	111	122	125	124	121	134
广 西	99	105	91	100	98	94	101	101
海 南	110	112	107	115	105	101	111	119
重 庆	105	109	97	106	105	104	106	106
四 川	103	107	96	103	102	103	102	103
贵 州	88	90	86	88	88	86	88	91
云 南	99	100	98	100	97	100	98	101
西 藏	146	155	140	147	146	149	146	144
陕 西	108	113	98	109	107	107	107	111
甘 肃	112	114	109	113	111	107	111	119
青 海	115	115	115	117	113	120	112	122
宁 夏	98	100	94	98	98	92	97	107
新 疆	106	107	104	106	105	104	106	109

3-3-2-1 用餐或其他饮食活动参与者每日平均时间(合计)

单位：分

地区	合计	分城乡		分性别		分年龄组		
		城镇	农村	男	女	6-17周岁	18-59周岁	60周岁及以上
全国	**103**	**105**	**100**	**104**	**102**	**100**	**102**	**109**
北京	123	125	109	122	124	119	120	134
天津	112	115	95	112	112	107	108	125
河北	106	108	104	107	106	103	105	113
山西	101	101	101	102	101	95	98	114
内蒙古	107	109	100	107	106	97	106	113
辽宁	112	113	109	114	110	112	110	115
吉林	102	101	104	103	102	97	101	108
黑龙江	107	108	105	109	105	97	106	112
上海	117	118	108	117	116	112	115	122
江苏	102	103	100	103	101	97	102	106
浙江	100	102	96	101	100	97	99	105
安徽	105	105	104	105	104	100	104	109
福建	100	101	99	100	100	94	99	109
江西	92	92	92	93	91	90	92	94
山东	108	110	105	110	106	103	108	113
河南	109	109	109	111	107	108	107	115
湖北	99	99	99	99	99	99	98	102
湖南	94	96	92	95	94	95	94	94
广东	111	113	104	110	111	106	109	127
广西	95	99	89	95	94	92	95	96
海南	104	105	103	110	98	94	104	118
重庆	100	102	96	101	100	99	99	104
四川	98	100	94	98	97	99	96	99
贵州	86	87	85	87	86	85	86	89
云南	95	94	96	97	94	99	94	97
西藏	143	150	138	144	142	139	144	144
陕西	103	106	97	104	103	100	102	109
甘肃	106	106	106	106	105	96	105	117
青海	113	113	115	115	112	113	111	125
宁夏	93	92	93	94	92	88	92	103
新疆	101	102	99	101	100	100	99	111

3-3-2-2 用餐或其他饮食活动参与者每日平均时间(工作日)

单位：分

地区	合计	分城乡		分性别		分年龄组		
		城镇	农村	男	女	6-17周岁	18-59周岁	60周岁及以上
全国	**101**	**102**	**99**	**102**	**100**	**97**	**100**	**108**
北京	121	123	108	120	121	115	117	133
天津	109	111	94	108	109	101	104	123
河北	105	106	103	105	105	100	103	113
山西	100	99	100	101	98	92	96	113
内蒙古	104	106	99	105	104	93	104	111
辽宁	110	110	109	112	107	106	109	113
吉林	100	99	103	101	100	94	98	107
黑龙江	104	104	105	106	102	94	104	110
上海	112	113	103	113	112	107	110	120
江苏	100	100	99	101	98	92	99	105
浙江	99	100	96	99	98	94	98	104
安徽	103	103	104	104	103	98	103	109
福建	97	97	97	97	96	90	95	107
江西	90	89	91	91	89	87	90	94
山东	105	105	105	107	103	98	104	113
河南	107	106	109	109	105	106	105	114
湖北	97	97	98	98	97	97	96	102
湖南	93	94	91	94	92	93	93	94
广东	106	107	101	106	106	99	104	124
广西	93	96	89	93	92	91	93	94
海南	102	103	102	108	96	91	102	118
重庆	98	99	96	99	98	98	96	103
四川	96	98	93	96	96	98	94	98
贵州	86	86	85	86	85	84	86	89
云南	94	93	95	95	93	99	92	96
西藏	141	148	137	142	141	135	143	144
陕西	102	104	97	102	101	97	100	109
甘肃	104	103	104	104	103	92	103	116
青海	113	112	114	114	111	110	110	126
宁夏	91	89	93	92	90	87	89	102
新疆	99	100	98	99	98	98	97	111

3-3-2-3 用餐或其他饮食活动参与者每日平均时间(休息日)

单位：分

地 区	合计	分城乡		分性别		分年龄组		
		城镇	农村	男	女	6-17周岁	18-59周岁	60周岁及以上
全 国	**110**	**113**	**103**	**110**	**109**	**108**	**109**	**112**
北 京	131	134	112	129	133	131	128	140
天 津	121	125	99	121	121	121	118	129
河 北	111	115	105	112	110	110	110	115
山 西	106	106	104	105	106	103	103	115
内蒙古	114	118	103	115	113	108	114	116
辽 宁	119	123	108	119	119	126	116	121
吉 林	108	109	106	109	107	105	106	112
黑龙江	114	117	107	115	113	107	113	117
上 海	127	128	119	128	127	127	128	127
江 苏	108	110	103	109	107	108	108	108
浙 江	106	108	99	106	106	107	104	109
安 徽	108	109	106	107	108	107	107	110
福 建	109	111	103	109	108	104	109	112
江 西	97	99	94	97	97	96	99	94
山 东	116	121	108	118	115	115	118	115
河 南	115	118	111	117	113	114	114	120
湖 北	104	105	102	104	103	104	104	104
湖 南	99	103	93	100	98	99	100	96
广 东	124	128	111	122	125	124	122	134
广 西	99	106	91	100	99	94	101	101
海 南	110	113	107	115	105	101	111	119
重 庆	106	109	98	106	105	104	106	106
四 川	103	107	96	103	102	103	103	103
贵 州	88	90	86	89	88	86	88	91
云 南	99	100	98	100	98	100	99	101
西 藏	147	156	141	148	146	150	147	144
陕 西	109	114	99	110	108	107	108	112
甘 肃	112	114	109	113	111	107	111	120
青 海	118	119	116	119	117	120	115	127
宁 夏	98	100	94	98	98	92	97	107
新 疆	106	108	104	107	106	104	106	111

3-3-3-1 用餐或其他饮食活动参与率(合计)

单位：%

地区	合计	分城乡		分性别		分年龄组		
		城镇	农村	男	女	6-17周岁	18-59周岁	60周岁及以上
全国	**99.8**	**99.8**	**99.8**	**99.9**	**99.8**	**100.0**	**99.9**	**99.7**
北京	99.5	99.4	100.0	99.6	99.3	100.0	99.4	99.2
天津	100.0	100.0	100.0	100.0	100.0	100.0	100.0	100.0
河北	100.0	100.0	100.0	100.0	100.0	100.0	100.0	100.0
山西	100.0	100.0	100.0	100.0	100.0	100.0	100.0	100.0
内蒙古	99.8	99.8	100.0	99.8	99.9	99.7	99.9	99.7
辽宁	99.6	99.6	99.7	99.8	99.4	100.0	99.5	99.8
吉林	99.8	99.8	99.8	99.9	99.7	100.0	99.8	99.7
黑龙江	100.0	100.0	100.0	99.9	100.0	100.0	99.9	100.0
上海	99.9	99.9	100.0	100.0	99.9	100.0	99.9	99.9
江苏	99.9	99.9	100.0	99.9	99.9	100.0	99.8	100.0
浙江	99.9	99.9	99.8	99.9	99.8	100.0	99.9	99.6
安徽	99.9	99.9	100.0	100.0	99.9	100.0	99.9	100.0
福建	99.9	99.9	100.0	99.9	99.9	99.9	100.0	100.0
江西	99.9	99.9	100.0	99.9	100.0	100.0	99.9	100.0
山东	99.5	99.6	99.3	99.6	99.4	100.0	99.7	98.6
河南	99.5	99.6	99.3	99.8	99.3	99.9	99.6	98.9
湖北	100.0	99.9	100.0	99.9	100.0	100.0	99.9	100.0
湖南	99.8	99.7	100.0	100.0	99.5	99.9	99.8	99.7
广东	100.0	100.0	100.0	100.0	100.0	100.0	100.0	100.0
广西	100.0	100.0	100.0	100.0	100.0	100.0	100.0	99.9
海南	99.9	99.9	99.7	99.7	100.0	100.0	99.8	100.0
重庆	99.9	100.0	99.9	99.9	100.0	100.0	100.0	99.9
四川	99.9	99.9	100.0	99.9	99.9	99.9	100.0	99.8
贵州	99.9	99.9	99.9	100.0	99.9	100.0	99.9	100.0
云南	99.9	99.9	99.9	100.0	99.8	100.0	99.9	99.6
西藏	99.9	99.9	99.9	99.9	99.9	100.0	99.8	100.0
陕西	99.7	99.8	99.5	99.7	99.7	99.8	99.6	100.0
甘肃	99.9	100.0	99.9	99.9	99.9	100.0	99.9	99.8
青海	99.4	99.2	99.9	99.8	99.0	100.0	99.4	98.9
宁夏	100.0	100.0	100.0	100.0	100.0	100.0	100.0	100.0
新疆	99.7	99.7	99.7	100.0	99.4	100.0	99.9	98.6

3-3-3-2 用餐或其他饮食活动参与率(工作日)

单位：%

地区	合计	分城乡		分性别		分年龄组		
		城镇	农村	男	女	6-17周岁	18-59周岁	60周岁及以上
全国	**99.6**	**99.6**	**99.7**	**99.7**	**99.5**	**99.9**	**99.6**	**99.5**
北京	98.9	98.9	99.5	99.3	98.6	99.8	98.8	98.9
天津	99.9	99.9	100.0	100.0	99.9	100.0	99.9	100.0
河北	99.8	99.8	100.0	99.9	99.7	100.0	99.7	100.0
山西	100.0	100.0	100.0	100.0	100.0	100.0	100.0	100.0
内蒙古	99.6	99.5	99.8	99.6	99.6	99.4	99.6	99.6
辽宁	99.5	99.5	99.6	99.8	99.3	99.9	99.3	99.8
吉林	99.6	99.6	99.5	99.4	99.7	99.6	99.6	99.4
黑龙江	99.9	100.0	99.9	99.9	99.9	100.0	99.9	100.0
上海	99.8	99.8	100.0	99.8	99.8	99.4	99.9	99.8
江苏	99.7	99.7	99.8	99.8	99.6	100.0	99.6	99.9
浙江	99.6	99.5	99.7	99.8	99.3	99.6	99.6	99.4
安徽	99.8	99.7	99.9	99.9	99.7	99.9	99.8	99.8
福建	99.9	99.9	100.0	99.9	99.9	99.9	99.9	100.0
江西	99.9	99.9	100.0	99.9	100.0	100.0	99.9	100.0
山东	99.2	99.4	98.7	99.3	99.0	100.0	99.3	98.1
河南	99.1	99.2	98.8	99.4	98.7	99.9	99.1	98.0
湖北	99.8	99.8	99.8	99.8	99.8	99.9	99.8	99.8
湖南	99.6	99.4	99.9	99.7	99.4	99.9	99.4	99.6
广东	99.9	99.9	99.9	99.9	99.9	99.8	99.9	99.9
广西	99.7	99.6	99.9	99.7	99.7	99.8	99.7	99.6
海南	99.6	99.7	99.6	99.6	99.6	100.0	99.4	100.0
重庆	99.9	99.9	99.8	99.8	100.0	100.0	99.9	99.9
四川	99.8	99.6	99.9	99.8	99.7	99.7	99.8	99.7
贵州	99.9	99.9	99.8	100.0	99.8	100.0	99.9	99.9
云南	99.7	99.5	99.9	99.6	99.7	99.9	99.7	99.5
西藏	99.6	99.6	99.7	99.7	99.5	99.7	99.6	100.0
陕西	99.2	99.3	99.0	99.0	99.4	99.6	99.0	99.4
甘肃	99.7	99.6	99.8	99.7	99.7	99.4	99.7	99.7
青海	99.2	98.9	99.7	99.7	98.7	100.0	99.3	98.1
宁夏	99.9	100.0	99.8	99.9	100.0	99.7	100.0	100.0
新疆	99.6	99.6	99.6	99.8	99.4	100.0	99.7	98.5

3-3-3-3 用餐或其他饮食活动参与率(休息日)

单位：%

地区	合计	分城乡		分性别		分年龄组		
		城镇	农村	男	女	6-17周岁	18-59周岁	60周岁及以上
全　国	**99.6**	**99.5**	**99.6**	**99.7**	**99.5**	**99.9**	**99.5**	**99.4**
北　京	98.6	98.5	99.9	98.9	98.4	99.6	98.6	98.2
天　津	99.8	99.8	99.9	99.9	99.7	100.0	99.7	100.0
河　北	99.6	99.5	99.9	99.7	99.6	100.0	99.5	99.6
山　西	100.0	100.0	100.0	100.0	100.0	100.0	100.0	100.0
内蒙古	99.7	99.6	99.8	99.7	99.7	99.4	99.7	99.7
辽　宁	99.1	99.1	99.2	99.3	99.0	99.6	98.9	99.5
吉　林	99.6	99.5	99.6	99.8	99.4	100.0	99.5	99.6
黑龙江	99.8	99.8	99.9	99.9	99.8	100.0	99.7	100.0
上　海	99.7	99.6	100.0	99.7	99.6	100.0	99.6	99.8
江　苏	99.8	99.8	99.9	99.8	99.8	100.0	99.8	99.7
浙　江	99.5	99.5	99.5	99.7	99.3	100.0	99.5	99.0
安　徽	99.8	99.8	99.8	99.9	99.7	100.0	99.8	99.6
福　建	99.9	99.9	100.0	99.9	99.8	99.9	99.9	100.0
江　西	99.9	99.8	100.0	99.8	100.0	100.0	99.8	100.0
山　东	98.9	99.0	98.8	99.3	98.5	99.8	99.1	97.7
河　南	99.1	99.2	99.0	99.4	98.8	99.8	99.0	98.5
湖　北	99.8	99.8	99.8	99.8	99.8	99.9	99.7	99.7
湖　南	99.4	99.2	99.7	99.6	99.2	99.9	99.3	99.4
广　东	99.9	99.9	99.9	99.9	99.8	99.9	99.8	100.0
广　西	99.8	99.8	99.8	99.9	99.8	99.8	99.8	99.8
海　南	99.8	99.8	99.7	99.6	100.0	100.0	99.6	100.0
重　庆	99.7	99.7	99.7	99.7	99.7	100.0	99.6	99.8
四　川	99.8	99.7	99.9	99.8	99.8	99.9	99.8	99.7
贵　州	99.7	99.7	99.8	99.7	99.7	99.9	99.7	99.6
云　南	99.7	99.7	99.7	99.9	99.5	100.0	99.7	99.6
西　藏	99.4	99.4	99.4	99.4	99.5	99.4	99.4	99.8
陕　西	99.1	99.3	98.7	99.2	99.0	99.6	98.9	99.3
甘　肃	99.8	99.9	99.5	99.9	99.6	100.0	99.7	99.6
青　海	97.7	96.7	99.4	98.6	96.7	100.0	97.5	95.6
宁　夏	100.0	100.0	100.0	100.0	100.0	100.0	100.0	100.0
新　疆	99.3	99.1	99.7	99.4	99.3	100.0	99.4	98.0

3-4-1-1 交通出行活动居民每日平均时间(合计)

单位：分

地区	合计	分城乡		分性别		分年龄组		
		城镇	农村	男	女	6-17周岁	18-59周岁	60周岁及以上
全国	**50**	**54**	**42**	**52**	**48**	**42**	**56**	**38**
北京	62	63	54	65	58	46	72	41
天津	59	61	45	62	55	50	67	44
河北	51	56	42	53	48	36	58	44
山西	54	55	51	56	51	44	57	50
内蒙古	53	60	37	55	51	57	58	37
辽宁	50	56	35	52	49	46	59	35
吉林	46	52	34	47	44	46	52	32
黑龙江	54	61	41	56	52	57	57	47
上海	59	60	54	63	55	52	70	36
江苏	51	53	45	53	48	43	59	36
浙江	44	46	38	47	40	37	50	31
安徽	59	61	56	61	57	48	64	56
福建	49	52	41	50	48	46	55	33
江西	48	51	43	51	44	43	55	32
山东	48	50	42	49	46	41	54	37
河南	43	48	36	45	41	33	49	37
湖北	43	47	35	44	41	34	49	33
湖南	40	45	32	42	38	36	46	30
广东	56	60	44	58	54	47	62	40
广西	50	52	48	53	47	42	57	41
海南	50	54	45	52	49	47	56	35
重庆	48	53	36	49	47	42	55	36
四川	42	47	36	44	41	36	49	30
贵州	59	61	56	62	56	51	64	53
云南	52	58	46	54	50	33	59	45
西藏	34	49	23	35	33	19	39	30
陕西	53	56	48	55	52	47	58	43
甘肃	50	52	47	52	48	53	54	36
青海	48	53	40	51	46	47	52	35
宁夏	54	59	42	56	51	53	57	43
新疆	57	63	47	57	56	53	62	41

3-4-1-2 交通出行活动居民每日平均时间(工作日)

单位：分

地 区	合计	分城乡		分性别		分年龄组		
		城镇	农村	男	女	6-17周岁	18-59周岁	60周岁及以上
全 国	**52**	**56**	**44**	**54**	**50**	**45**	**58**	**39**
北 京	66	67	57	70	62	46	80	39
天 津	62	65	48	66	58	54	71	45
河 北	52	57	43	54	50	39	60	44
山 西	55	57	52	57	54	48	59	51
内蒙古	55	62	39	57	53	64	60	37
辽 宁	50	55	36	52	48	44	60	33
吉 林	47	53	36	49	45	48	53	33
黑龙江	56	63	41	58	53	61	59	47
上 海	64	64	57	68	58	55	76	36
江 苏	53	55	47	56	51	44	63	36
浙 江	46	48	39	49	42	39	52	32
安 徽	61	62	58	63	59	52	65	57
福 建	51	55	42	52	50	49	57	34
江 西	50	53	44	53	46	48	56	33
山 东	50	52	44	51	48	44	57	37
河 南	45	50	38	47	44	37	52	37
湖 北	44	49	35	45	43	36	51	34
湖 南	42	47	34	44	40	40	47	31
广 东	58	61	46	59	56	50	64	39
广 西	52	54	50	55	50	45	58	44
海 南	53	56	47	55	51	51	58	35
重 庆	50	55	36	50	49	42	57	36
四 川	44	49	37	45	43	39	51	30
贵 州	62	63	59	64	59	55	66	54
云 南	53	59	46	55	51	34	60	45
西 藏	35	52	23	35	34	13	40	31
陕 西	55	58	50	56	54	51	61	44
甘 肃	53	56	49	54	52	63	55	36
青 海	50	55	42	52	49	54	53	35
宁 夏	57	63	43	59	54	59	59	43
新 疆	57	64	47	58	56	56	61	40

3-4-1-3 交通出行活动居民每日平均时间(休息日)

单位：分

地区	合计	分城乡		分性别		分年龄组		
		城镇	农村	男	女	6-17周岁	18-59周岁	60周岁及以上
全 国	**45**	**49**	**38**	**48**	**43**	**34**	**51**	**37**
北 京	51	51	48	53	48	44	54	45
天 津	50	52	39	52	48	41	57	40
河 北	47	51	39	51	43	29	55	42
山 西	49	49	49	52	46	36	53	47
内蒙古	47	53	35	51	44	39	53	37
辽 宁	51	58	34	53	50	51	57	40
吉 林	42	49	29	43	41	44	48	28
黑龙江	50	56	38	52	48	47	52	46
上 海	49	49	46	50	48	45	55	35
江 苏	44	46	39	47	42	38	50	36
浙 江	40	42	34	43	36	33	44	30
安 徽	54	58	49	58	51	38	59	55
福 建	44	47	37	46	42	37	50	31
江 西	43	45	39	47	39	32	51	30
山 东	43	45	37	45	40	34	48	37
河 南	37	42	31	39	35	23	43	37
湖 北	40	43	34	41	38	30	46	31
湖 南	36	42	27	37	35	27	43	27
广 东	52	56	38	53	50	39	58	40
广 西	45	47	42	48	41	34	53	34
海 南	45	47	41	45	45	35	51	34
重 庆	45	50	34	46	44	42	50	36
四 川	39	42	33	41	36	31	44	31
贵 州	53	56	48	57	49	37	59	50
云 南	50	54	46	53	47	31	57	43
西 藏	31	43	24	32	31	20	35	29
陕 西	48	51	42	51	45	38	53	41
甘 肃	43	44	42	47	39	29	49	36
青 海	43	47	35	48	37	31	48	35
宁 夏	47	50	41	51	44	37	52	41
新 疆	57	63	48	56	57	45	63	44

3-4-2-1 交通出行活动参与者每日平均时间(合计)

单位：分

地区	合计	分城乡		分性别		分年龄组		
		城镇	农村	男	女	6-17周岁	18-59周岁	60周岁及以上
全国	**62**	**64**	**57**	**63**	**60**	**50**	**66**	**59**
北京	76	77	68	79	73	52	82	68
天津	69	70	59	72	66	54	74	65
河北	63	67	55	65	60	49	67	59
山西	62	64	59	64	61	53	64	63
内蒙古	68	71	60	69	67	63	71	62
辽宁	66	68	58	68	64	52	72	57
吉林	60	62	55	61	59	51	63	55
黑龙江	66	68	60	68	64	62	66	67
上海	73	74	68	77	70	55	79	64
江苏	61	62	59	63	60	46	66	58
浙江	57	58	56	59	55	43	62	52
安徽	63	64	62	65	62	51	68	62
福建	58	60	53	59	57	51	62	49
江西	60	61	58	62	58	51	65	54
山东	60	62	58	61	59	49	65	58
河南	58	60	54	60	56	44	63	59
湖北	57	59	54	58	56	43	62	55
湖南	56	60	49	58	55	47	60	54
广东	65	67	57	66	64	52	69	59
广西	59	60	58	61	57	47	64	56
海南	64	66	61	64	63	55	69	55
重庆	61	64	52	61	61	48	66	56
四川	56	58	52	57	54	45	60	51
贵州	67	69	64	69	65	55	71	67
云南	63	66	59	65	60	41	68	64
西藏	64	72	56	66	63	45	69	65
陕西	64	67	59	65	63	55	67	62
甘肃	63	64	63	66	61	53	66	59
青海	64	65	60	65	62	55	67	62
宁夏	66	69	60	69	64	57	69	70
新疆	69	74	61	67	71	60	73	64

3-4-2-2 交通出行活动参与者每日平均时间(工作日)

单位：分

地 区	合计	分城乡		分性别		分年龄组		
		城镇	农村	男	女	6-17周岁	18-59周岁	60周岁及以上
全 国	**71**	**73**	**67**	**72**	**70**	**61**	**74**	**68**
北 京	90	91	78	92	87	59	97	79
天 津	79	81	68	81	77	60	84	79
河 北	71	74	63	72	69	62	74	66
山 西	72	74	67	73	70	66	73	70
内蒙古	78	80	71	78	78	76	80	71
辽 宁	72	74	66	75	70	53	79	66
吉 林	68	68	66	68	67	55	71	66
黑龙江	74	75	71	75	73	68	74	77
上 海	85	86	77	88	82	61	91	79
江 苏	70	70	68	70	69	51	74	70
浙 江	65	65	63	66	63	48	68	63
安 徽	69	69	70	70	68	60	73	67
福 建	66	68	62	66	67	64	69	57
江 西	69	69	68	70	67	61	73	64
山 东	68	70	66	68	69	55	73	68
河 南	69	70	68	70	68	60	73	68
湖 北	67	68	66	69	66	52	72	66
湖 南	66	69	60	67	65	57	69	67
广 东	73	75	66	73	72	64	75	70
广 西	69	70	68	71	67	62	71	67
海 南	76	78	73	76	76	74	79	67
重 庆	69	71	63	69	70	54	74	65
四 川	67	69	63	68	66	58	70	63
贵 州	76	78	73	78	74	68	79	76
云 南	71	73	68	72	69	59	73	69
西 藏	82	89	75	85	80	66	86	80
陕 西	75	77	70	75	75	68	77	72
甘 肃	75	76	73	75	74	73	76	70
青 海	74	75	71	74	74	70	75	76
宁 夏	78	79	74	79	76	73	79	81
新 疆	77	82	70	76	79	71	79	78

3-4-2-3 交通出行活动参与者每日平均时间(休息日)

单位：分

地区	合计	分城乡		分性别		分年龄组		
		城镇	农村	男	女	6-17周岁	18-59周岁	60周岁及以上
全国	**71**	**73**	**67**	**73**	**69**	**63**	**73**	**69**
北京	88	89	78	91	85	83	87	94
天津	77	78	66	78	75	68	78	77
河北	71	73	68	75	68	64	73	69
山西	67	67	66	70	64	58	69	67
内蒙古	76	78	70	79	73	65	79	73
辽宁	81	83	73	82	80	78	82	78
吉林	68	70	63	67	69	67	70	61
黑龙江	71	72	68	72	69	66	70	76
上海	84	84	80	84	83	76	86	80
江苏	72	73	68	73	70	63	73	73
浙江	66	67	65	68	64	62	68	63
安徽	68	68	66	70	65	56	71	67
福建	64	66	58	66	61	58	67	54
江西	68	67	70	71	65	63	72	59
山东	69	71	65	72	66	65	69	70
河南	66	68	62	67	64	53	68	69
湖北	68	69	67	69	67	62	71	64
湖南	68	72	60	69	67	62	71	62
广东	75	78	64	76	74	69	78	68
广西	65	66	65	68	62	57	70	59
海南	69	70	67	67	71	65	71	61
重庆	73	75	67	74	72	68	75	70
四川	67	69	62	69	64	62	69	63
贵州	73	74	70	74	71	65	74	73
云南	70	71	68	74	66	54	73	69
西藏	84	95	74	86	82	79	85	88
陕西	73	77	66	75	71	63	76	71
甘肃	68	67	70	73	64	54	71	69
青海	73	74	70	77	68	61	76	74
宁夏	70	70	70	73	67	57	73	75
新疆	83	83	81	79	87	80	84	78

3-4-3-1 交通出行活动参与率(合计)

单位：%

地区	合计	分城乡		分性别		分年龄组		
		城镇	农村	男	女	6-17周岁	18-59周岁	60周岁及以上
全国	**80.5**	**84.0**	**73.7**	**81.9**	**79.1**	**84.9**	**84.9**	**65.2**
北京	81.2	81.4	79.7	82.6	79.7	87.8	87.9	59.5
天津	85.4	86.8	76.9	86.7	83.9	93.2	91.4	67.1
河北	80.8	83.6	76.0	81.4	80.2	72.7	86.5	73.4
山西	86.0	85.1	87.4	87.2	84.7	83.7	89.4	78.3
内蒙古	77.4	84.2	61.9	79.5	75.2	90.8	81.3	59.7
辽宁	76.6	82.5	60.2	77.7	75.5	88.7	82.1	61.5
吉林	76.1	84.0	61.7	78.4	73.8	91.7	81.7	57.5
黑龙江	81.9	89.0	67.5	82.8	81.0	92.3	85.6	69.6
上海	81.0	81.2	78.9	82.5	79.3	94.6	89.4	56.5
江苏	82.6	84.8	76.2	84.5	80.7	92.1	89.0	62.4
浙江	76.7	79.8	67.7	79.7	73.4	86.8	80.7	59.5
安徽	92.9	95.3	89.0	94.0	91.7	93.0	94.0	89.9
福建	84.5	87.6	76.9	85.4	83.5	89.6	88.3	66.9
江西	79.4	83.2	72.8	82.4	76.3	84.6	84.4	59.1
山东	78.7	81.8	72.8	79.9	77.4	84.2	83.7	63.3
河南	74.2	79.5	66.9	74.6	73.9	75.1	78.3	62.6
湖北	74.9	80.3	64.6	75.9	73.9	79.0	79.7	60.6
湖南	71.0	75.4	64.1	72.6	69.4	76.7	75.6	55.1
广东	86.1	88.8	77.6	87.3	84.7	90.0	89.3	67.0
广西	85.4	87.3	82.9	87.3	83.4	88.7	88.3	73.3
海南	79.2	81.9	74.6	80.1	78.1	84.4	82.0	63.3
重庆	79.6	84.1	68.2	80.9	78.2	88.1	83.6	64.8
四川	76.2	81.2	68.7	77.0	75.3	81.3	81.9	58.9
贵州	88.4	89.0	87.6	90.1	86.5	91.7	89.9	79.6
云南	83.6	88.0	78.6	84.0	83.2	82.0	87.9	69.6
西藏	52.4	68.4	41.5	52.6	52.1	41.5	56.7	46.9
陕西	82.5	83.4	80.8	83.5	81.5	84.3	86.7	70.0
甘肃	78.8	82.2	74.5	79.0	78.6	92.1	81.1	60.5
青海	75.9	80.9	67.1	77.9	73.9	86.9	77.3	56.8
宁夏	81.0	86.2	70.2	81.5	80.6	92.5	82.6	61.4
新疆	82.2	85.2	77.9	85.1	79.1	88.8	84.0	63.7

3-4-3-2 交通出行活动参与率(工作日)

单位：%

地区	合计	分城乡		分性别		分年龄组		
		城镇	农村	男	女	6-17周岁	18-59周岁	60周岁及以上
全国	**72.9**	**76.9**	**65.3**	**74.7**	**71.1**	**74.8**	**78.5**	**56.3**
北京	73.7	73.8	72.8	75.7	71.7	78.5	81.9	49.0
天津	78.6	80.1	70.0	81.0	76.2	89.1	85.3	57.5
河北	73.7	77.0	68.1	74.7	72.8	61.9	80.5	66.9
山西	77.4	77.2	77.8	78.4	76.4	71.8	80.5	73.0
内蒙古	70.7	78.1	54.1	73.0	68.3	85.2	74.8	52.1
辽宁	69.3	74.9	53.7	70.1	68.5	84.1	76.2	50.6
吉林	69.6	77.6	55.2	72.3	66.9	86.8	75.5	49.8
黑龙江	75.1	83.4	58.2	76.9	73.2	89.2	79.2	60.6
上海	74.4	74.6	73.0	77.5	71.0	90.0	84.1	46.2
江苏	76.8	79.1	69.6	79.4	74.0	87.2	84.9	51.7
浙江	70.7	73.7	62.4	74.2	66.9	79.5	76.1	50.4
安徽	87.7	90.3	83.5	89.6	85.8	86.4	89.5	84.1
福建	76.8	80.3	68.2	78.0	75.5	77.0	82.2	58.8
江西	72.4	76.9	64.5	75.5	69.1	78.3	77.3	51.2
山东	72.3	75.2	66.9	74.6	70.1	78.7	78.2	54.4
河南	65.6	71.9	56.9	66.6	64.7	62.6	71.3	53.9
湖北	65.4	71.7	53.4	66.3	64.4	68.4	70.4	51.5
湖南	63.1	67.2	56.4	64.9	61.2	69.7	67.8	46.0
广东	79.0	81.8	70.0	80.8	76.9	78.1	84.2	56.5
广西	76.1	77.7	74.0	77.2	74.9	71.8	81.6	65.2
海南	69.4	72.5	64.2	71.3	67.2	69.2	74.2	53.0
重庆	71.5	77.1	57.4	72.9	70.1	76.9	76.9	55.3
四川	65.6	70.8	58.0	66.7	64.6	66.4	72.8	47.8
贵州	81.1	81.7	80.4	82.6	79.6	83.1	83.3	71.8
云南	75.3	81.8	67.9	75.9	74.7	58.2	82.6	65.6
西藏	41.8	58.1	30.8	41.8	41.9	27.5	47.0	38.4
陕西	74.0	75.2	71.6	75.1	72.8	74.4	78.7	61.1
甘肃	70.8	73.4	67.5	71.6	70.0	86.5	72.7	51.3
青海	68.1	73.3	59.0	70.0	66.2	77.5	70.6	46.6
宁夏	72.6	79.3	58.7	73.8	71.4	81.1	74.8	53.6
新疆	73.7	78.3	67.1	76.7	70.5	78.4	76.8	51.2

3-4-3-3 交通出行活动参与率(休息日)

单位：%

地 区	合计	分城乡		分性别		分年龄组		
		城镇	农村	男	女	6-17周岁	18-59周岁	60周岁及以上
全 国	**64.1**	**67.5**	**57.4**	**65.9**	**62.2**	**54.6**	**70.2**	**54.7**
北 京	57.8	57.4	60.9	58.9	56.6	53.6	62.1	48.1
天 津	65.8	66.9	59.2	66.8	64.8	60.7	73.1	51.1
河 北	66.0	70.5	58.3	68.5	63.6	46.1	74.7	61.1
山 西	73.0	72.4	74.1	74.3	71.6	62.4	77.1	69.3
内蒙古	62.1	67.8	49.2	64.3	59.8	59.3	66.8	50.9
辽 宁	63.3	69.7	45.8	64.2	62.5	65.4	69.1	51.4
吉 林	61.6	70.1	46.1	64.3	58.9	65.3	68.0	45.8
黑龙江	70.6	77.5	56.5	72.4	68.8	71.4	74.7	61.2
上 海	58.3	58.3	57.8	59.3	57.2	58.4	64.3	44.1
江 苏	62.0	63.5	57.4	64.2	59.7	61.0	67.9	48.5
浙 江	59.7	62.5	51.8	62.8	56.3	54.0	64.9	47.7
安 徽	80.5	84.4	74.3	82.5	78.4	67.3	84.2	81.9
福 建	69.4	71.5	64.0	70.9	67.7	63.8	74.6	58.0
江 西	62.9	67.2	55.6	66.1	59.5	51.4	71.3	51.5
山 东	61.6	63.9	57.1	63.1	60.0	52.3	68.7	51.9
河 南	56.4	61.8	48.9	58.0	54.9	43.7	62.5	53.9
湖 北	58.1	62.3	50.2	59.2	57.0	48.0	64.9	48.9
湖 南	53.1	58.4	44.6	54.4	51.7	42.9	60.1	44.2
广 东	69.1	72.0	60.0	70.1	68.0	56.3	74.7	59.4
广 西	68.5	71.4	64.7	71.1	65.7	59.4	75.5	58.8
海 南	65.1	67.3	61.4	66.2	63.8	53.6	71.7	55.1
重 庆	62.1	66.5	50.8	62.9	61.2	61.8	66.6	51.3
四 川	58.0	61.4	53.0	59.9	56.1	49.7	64.0	49.0
贵 州	73.0	75.9	69.2	76.7	69.1	57.7	79.8	68.8
云 南	71.5	75.1	67.4	71.9	71.1	57.7	78.0	61.4
西 藏	37.3	45.4	31.8	37.5	37.1	25.7	41.7	33.3
陕 西	65.6	66.2	64.5	67.6	63.5	58.8	70.1	58.6
甘 肃	62.9	64.8	60.4	64.6	61.1	52.6	69.3	52.1
青 海	58.5	63.1	50.5	62.3	54.8	51.7	63.3	46.9
宁 夏	67.2	71.5	58.1	69.0	65.3	64.7	70.9	55.1
新 疆	68.6	75.1	59.1	70.6	66.3	56.6	75.0	56.0

3-5-1-1 劳动就业活动居民每日平均时间(合计)

单位：分

地区	合计	分城乡		分性别		分年龄组		
		城镇	农村	男	女	6-17周岁	18-59周岁	60周岁及以上
全国	**208**	**200**	**223**	**245**	**170**	**4**	**298**	**120**
北京	175	172	198	208	142		266	19
天津	178	175	198	213	142	0	277	37
河北	209	202	223	250	170	3	314	123
山西	194	182	218	260	126	4	276	107
内蒙古	208	193	242	256	158	3	289	100
辽宁	192	176	235	234	150	3	283	80
吉林	214	196	246	264	164	2	303	96
黑龙江	188	179	208	236	141	9	277	62
上海	185	179	229	214	153	2	281	20
江苏	211	209	217	251	169	4	306	104
浙江	254	240	294	296	208	4	340	143
安徽	210	207	215	251	167	7	299	144
福建	207	208	204	241	171	3	299	118
江西	190	190	192	211	168	12	280	128
山东	212	197	239	251	172	1	312	131
河南	189	194	182	224	153	2	282	141
湖北	217	209	232	255	177	1	300	165
湖南	202	193	215	240	161	7	285	156
广东	221	223	212	247	191	1	308	86
广西	193	192	195	209	176	7	289	129
海南	194	197	189	217	168	5	281	102
重庆	201	192	224	234	168	3	284	124
四川	214	184	258	244	184	3	289	171
贵州	201	191	215	228	173	9	279	177
云南	229	216	244	254	202	5	318	124
西藏	198	173	214	232	160	1[illegible]	276	84
陕西	196	188	211	248	142	3	279	117
甘肃	211	188	241	251	171	1	295	136
青海	203	182	239	240	165	5	286	95
宁夏	215	202	244	258	171	4	305	101
新疆	223	219	229	268	175	2	323	84

3-5-1-2 劳动就业活动居民每日平均时间(工作日)

单位：分

地区	合计	分城乡		分性别		分年龄组		
		城镇	农村	男	女	6-17周岁	18-59周岁	60周岁及以上
全国	**235**	**234**	**237**	**273**	**195**	**4**	**340**	**126**
北京	228	226	240	267	187		346	22
天津	213	213	211	250	173	0	332	40
河北	233	232	235	274	193	3	353	129
山西	218	212	229	286	147	3	312	114
内蒙古	228	220	247	276	177	2	320	102
辽宁	222	210	253	269	176	3	331	87
吉林	236	225	257	286	186	2	338	98
黑龙江	208	205	214	258	159	7	310	64
上海	234	230	271	269	198	2	358	23
江苏	245	249	233	289	201	4	359	112
浙江	287	275	320	329	240	4	387	152
安徽	232	236	227	275	188	7	335	149
福建	239	245	222	277	198	3	348	125
江西	212	215	208	233	190	12	315	135
山东	240	233	255	282	198	1	359	139
河南	213	225	197	248	178	2	322	150
湖北	240	236	247	280	198	1	336	172
湖南	225	222	228	264	184	8	322	163
广东	255	263	230	284	224	1	359	91
广西	211	215	206	227	195	7	318	136
海南	211	218	200	236	183	6	308	107
重庆	231	228	240	267	195	3	332	128
四川	237	215	269	267	206	3	326	174
贵州	218	212	226	246	190	10	304	188
云南	250	246	255	276	223	4	350	128
西藏	220	213	224	256	179	11	308	91
陕西	225	225	227	281	168	2	325	125
甘肃	231	217	248	271	189	1	326	137
青海	225	210	250	265	184	5	319	100
宁夏	237	231	248	281	191	3	338	104
新疆	244	248	239	288	197	1	355	89

3-5-1-3 劳动就业活动居民每日平均时间(休息日)

单位：分

地 区	合计	分城乡		分性别		分年龄组		
		城镇	农村	男	女	6-17周岁	18-59周岁	60周岁及以上
全 国	**141**	**117**	**188**	**174**	**107**	**4**	**193**	**105**
北 京	44	37	94	59	29		64	13
天 津	93	80	166	120	64	0	139	29
河 北	150	125	192	189	112	3	216	107
山 西	136	106	190	194	75	4	186	91
内蒙古	158	126	230	204	110	6	213	93
辽 宁	116	90	188	148	86	3	164	64
吉 林	158	124	218	207	109	2	215	91
黑龙江	138	111	192	182	94	15	197	56
上 海	60	53	123	76	43	3	89	12
江 苏	125	109	175	158	91	4	172	84
浙 江	172	152	231	211	129	3	222	121
安 徽	154	134	186	191	115	7	208	134
福 建	127	115	159	152	101	2	175	100
江 西	136	126	152	155	116	14	191	109
山 东	140	108	200	173	106	0	196	109
河 南	128	116	146	165	91	2	183	118
湖 北	160	141	196	194	124	1	209	148
湖 南	144	121	181	182	104	6	192	139
广 东	134	124	166	156	110	2	182	75
广 西	147	133	166	164	129	7	214	114
海 南	151	145	159	168	131	3	215	91
重 庆	126	103	183	151	100	3	162	113
四 川	158	107	232	185	130	3	197	163
贵 州	158	136	186	185	130	9	215	150
云 南	176	139	218	200	150	6	239	114
西 藏	143	74	189	171	111	11	197	67
陕 西	122	96	171	164	78	4	164	96
甘 肃	162	114	223	199	124	1	217	132
青 海	147	112	209	179	116	5	204	83
宁 夏	162	128	232	201	120	5	223	95
新 疆	171	148	203	218	120	6	245	71

3-5-2-1 劳动就业活动参与者每日平均时间(合计)

单位：分

地区	合计	分城乡		分性别		分年龄组		
		城镇	农村	男	女	6-17周岁	18-59周岁	60周岁及以上
全国	**383**	**383**	**383**	**404**	**354**	**280**	**392**	**330**
北京	355	353	365	366	339		355	364
天津	374	370	400	391	350	66	377	338
河北	391	388	396	421	354	340	403	331
山西	397	389	409	432	338	426	405	346
内蒙古	392	387	400	422	349	270	397	357
辽宁	378	379	375	398	352	330	385	337
吉林	406	399	418	437	366	476	410	380
黑龙江	400	405	391	425	364	234	409	336
上海	351	348	377	362	337	179	357	243
江苏	380	382	375	399	354	518	389	325
浙江	418	412	432	430	400	609	422	388
安徽	386	388	382	412	350	490	400	319
福建	380	381	375	402	350	346	385	340
江西	368	369	366	380	352	353	380	304
山东	395	389	403	419	363	222	408	334
河南	368	380	350	398	331	222	379	321
湖北	381	384	377	409	346	213	391	345
湖南	364	363	367	391	329	456	378	311
广东	377	379	369	388	361	148	382	317
广西	359	373	343	367	350	355	375	283
海南	361	380	333	370	350	382	374	271
重庆	363	367	354	390	331	715	373	315
四川	375	369	383	394	352	185	389	331
贵州	370	373	367	385	351	316	377	343
云南	392	384	401	405	377	193	400	345
西藏	371	331	397	389	345	294	378	279
陕西	371	379	360	403	325	181	387	301
甘肃	394	383	406	425	356	183	400	363
青海	417	407	432	433	397	409	420	390
宁夏	417	406	437	442	382	226	425	347
新疆	423	427	418	447	389	60	433	360

3-5-2-2 劳动就业活动参与者每日平均时间(工作日)

单位：分

地 区	合计	分城乡		分性别		分年龄组		
		城镇	农村	男	女	6-17周岁	18-59周岁	60周岁及以上
全 国	**440**	**454**	**415**	**458**	**415**	**444**	**454**	**356**
北 京	464	466	450	473	451		465	424
天 津	453	454	443	465	435	97	457	385
河 北	440	449	426	467	408	446	457	356
山 西	451	460	436	480	401	420	465	368
内蒙古	437	449	415	463	401	498	446	374
辽 宁	443	458	412	463	417	600	454	374
吉 林	456	466	442	481	423	480	467	390
黑龙江	454	474	420	476	422	556	465	361
上 海	462	461	467	470	450	435	469	305
江 苏	454	465	420	468	433	522	468	366
浙 江	476	478	472	484	465	660	485	420
安 徽	438	456	411	461	407	575	455	354
福 建	442	454	413	465	412	410	452	367
江 西	418	427	403	430	403	442	435	330
山 东	451	462	434	473	423	328	473	358
河 南	418	445	382	443	388	368	436	342
湖 北	434	446	412	458	402	270	448	378
湖 南	415	427	397	437	385	553	436	334
广 东	443	453	410	452	430	338	451	336
广 西	402	428	370	408	395	409	422	303
海 南	404	434	359	411	394	491	421	285
重 庆	426	443	390	451	396	720	444	338
四 川	425	440	408	441	405	398	448	345
贵 州	414	429	398	428	396	473	421	378
云 南	439	450	429	450	426	391	449	366
西 藏	421	410	428	434	400	390	428	314
陕 西	436	462	394	465	393	199	459	329
甘 肃	437	449	426	467	400	286	449	370
青 海	472	477	466	484	456	576	477	412
宁 夏	470	474	463	491	442	431	481	364
新 疆	481	496	461	498	457	261	487	397

3-5-2-3 劳动就业活动参与者每日平均时间(休息日)

单位：分

地 区	合计	分城乡		分性别		分年龄组		
		城镇	农村	男	女	6-17周岁	18-59周岁	60周岁及以上
全 国	**428**	**446**	**408**	**447**	**401**	**355**	**446**	**358**
北 京	432	429	441	437	422		435	401
天 津	452	459	434	469	423	217	463	363
河 北	440	445	434	458	412	394	457	371
山 西	460	470	450	486	401	443	475	390
内蒙古	434	452	413	460	391	481	448	364
辽 宁	430	459	397	441	413	344	446	367
吉 林	465	491	441	494	419	465	479	402
黑龙江	455	489	421	478	417	399	473	355
上 海	420	423	412	436	393	250	437	265
江 苏	437	454	408	455	409	509	462	345
浙 江	477	479	472	484	465	480	490	417
安 徽	434	452	414	449	410	499	454	364
福 建	426	441	402	441	404	360	439	364
江 西	405	418	386	417	388	456	427	315
山 东	447	451	444	468	417	82	471	373
河 南	408	436	381	430	374	391	423	357
湖 北	429	451	402	451	398	382	447	378
湖 南	399	415	383	428	355	460	424	332
广 东	429	446	393	444	408	327	439	345
广 西	385	413	359	391	377	411	404	307
海 南	383	414	344	389	374	405	398	289
重 庆	407	441	367	433	373	704	431	341
四 川	414	436	401	432	391	218	437	363
贵 州	394	419	373	407	376	342	412	331
云 南	425	438	415	437	408	264	438	354
西 藏	428	428	428	446	400	429	437	308
陕 西	413	439	389	440	365	295	438	332
甘 肃	434	444	427	461	396	312	444	391
青 海	473	482	465	482	460	534	481	404
宁 夏	453	449	457	470	426	375	467	356
新 疆	451	464	438	467	422	166	460	408

3-5-3-1 劳动就业活动参与率(合计)

单位：%

地区	合计	分城乡		分性别		分年龄组		
		城镇	农村	男	女	6-17周岁	18-59周岁	60周岁及以上
全国	**54.4**	**52.4**	**58.2**	**60.5**	**48.0**	**1.4**	**76.0**	**36.4**
北京	49.5	48.8	54.3	56.8	41.8		74.9	5.3
天津	47.6	47.3	49.6	54.4	40.6	0.5	73.5	10.8
河北	53.6	52.0	56.2	59.3	48.0	1.0	77.9	37.1
山西	49.0	46.7	53.3	60.2	37.3	0.8	68.1	31.0
内蒙古	53.1	49.9	60.5	60.6	45.3	1.2	72.8	27.9
辽宁	50.7	46.4	62.5	59.0	42.7	0.9	73.6	23.7
吉林	52.6	49.2	58.8	60.4	44.8	0.4	73.9	25.3
黑龙江	47.1	44.1	53.1	55.5	38.7	3.9	67.7	18.5
上海	52.5	51.6	60.7	59.1	45.5	1.3	78.9	8.1
江苏	55.5	54.8	57.7	63.0	47.8	0.8	78.5	32.0
浙江	60.8	58.2	68.2	68.7	52.1	0.6	80.5	36.9
安徽	54.4	53.3	56.3	60.8	47.8	1.4	74.7	45.2
福建	54.5	54.6	54.4	60.0	48.7	0.8	77.5	34.6
江西	51.8	51.4	52.4	55.4	47.9	3.5	73.5	42.1
山东	53.6	50.7	59.3	59.9	47.3	0.5	76.5	39.1
河南	51.3	50.9	52.0	56.4	46.3	0.9	74.4	43.8
湖北	56.9	54.4	61.6	62.5	51.0	0.4	76.6	47.7
湖南	55.3	53.3	58.5	61.4	48.9	1.6	75.2	50.2
广东	58.5	58.9	57.3	63.6	53.0	1.0	80.6	27.2
广西	53.7	51.3	56.8	56.9	50.3	2.0	76.9	45.7
海南	53.7	51.9	56.6	58.7	48.1	1.3	75.1	37.8
重庆	55.4	52.3	63.2	60.0	50.8	0.5	76.1	39.3
四川	57.0	49.9	67.6	61.8	52.2	1.4	74.2	51.7
贵州	54.3	51.1	58.4	59.3	49.1	2.9	73.9	51.7
云南	58.4	56.2	60.8	62.8	53.7	2.4	79.6	35.8
西藏	53.3	52.3	54.0	59.6	46.3	3.6	73.0	30.2
陕西	52.7	49.6	58.6	61.4	43.7	1.6	72.1	38.8
甘肃	53.6	49.0	59.2	59.0	47.9	0.7	73.6	37.4
青海	48.5	44.7	55.2	55.4	41.6	1.2	68.1	24.3
宁夏	51.7	49.8	55.8	58.4	44.7	1.5	71.8	29.2
新疆	52.7	51.3	54.8	60.0	45.0	3.7	74.7	23.3

3-5-3-2 劳动就业活动参与率(工作日)

单位：%

地区	合计	分城乡		分性别		分年龄组		
		城镇	农村	男	女	6-17周岁	18-59周岁	60周岁及以上
全国	**53.4**	**51.5**	**57.0**	**59.5**	**47.0**	**0.8**	**74.8**	**35.5**
北京	49.1	48.6	53.3	56.5	41.5		74.4	5.2
天津	47.0	46.9	47.6	53.8	39.8	0.3	72.7	10.3
河北	53.0	51.7	55.1	58.6	47.4	0.7	77.2	36.3
山西	48.4	46.1	52.6	59.7	36.6	0.8	67.2	30.8
内蒙古	52.2	48.9	59.5	59.7	44.3	0.4	71.7	27.3
辽宁	50.0	45.9	61.4	58.1	42.2	0.5	72.8	23.2
吉林	51.7	48.2	58.2	59.6	43.9	0.4	72.5	25.2
黑龙江	45.9	43.3	51.1	54.1	37.7	1.2	66.6	17.8
上海	50.7	49.9	57.9	57.1	43.9	0.4	76.5	7.5
江苏	54.1	53.6	55.6	61.7	46.3	0.8	76.7	30.7
浙江	60.2	57.6	67.7	68.0	51.7	0.6	79.8	36.3
安徽	53.0	51.8	55.1	59.6	46.2	1.2	73.6	42.0
福建	54.0	54.1	53.9	59.5	48.2	0.8	76.9	33.9
江西	50.8	50.3	51.5	54.2	47.1	2.7	72.5	41.0
山东	53.3	50.4	58.7	59.5	46.9	0.4	75.9	38.9
河南	50.9	50.5	51.5	56.0	45.8	0.5	73.8	43.7
湖北	55.3	52.9	59.9	61.1	49.2	0.2	75.0	45.4
湖南	54.1	52.0	57.5	60.3	47.7	1.4	73.8	48.8
广东	57.7	58.1	56.2	62.7	52.0	0.3	79.5	27.0
广西	52.6	50.2	55.8	55.6	49.4	1.8	75.4	44.7
海南	52.3	50.2	55.8	57.4	46.6	1.2	73.1	37.4
重庆	54.3	51.4	61.6	59.3	49.3	0.5	74.8	38.0
四川	55.7	48.8	65.9	60.5	50.8	0.7	72.7	50.5
贵州	52.7	49.6	56.8	57.4	47.8	2.0	72.2	49.7
云南	57.0	54.8	59.4	61.3	52.4	1.1	78.0	34.9
西藏	52.3	52.0	52.4	59.0	44.7	2.7	71.9	29.1
陕西	51.7	48.6	57.6	60.5	42.6	1.2	70.8	38.0
甘肃	52.8	48.4	58.2	58.1	47.3	0.4	72.6	37.0
青海	47.6	44.0	53.7	54.6	40.5	0.8	66.8	24.2
宁夏	50.4	48.9	53.6	57.3	43.3	0.7	70.2	28.5
新疆	50.8	50.0	51.9	57.9	43.1	0.2	72.9	22.4

3-5-3-3 劳动就业活动参与率(休息日)

单位：%

地 区	合计	分城乡		分性别		分年龄组		
		城镇	农村	男	女	6-17周岁	18-59周岁	60周岁及以上
全 国	**32.9**	**26.3**	**46.0**	**38.9**	**26.7**	**1.2**	**43.3**	**29.3**
北 京	10.2	8.7	21.2	13.5	6.8		14.7	3.2
天 津	20.5	17.4	38.3	25.5	15.2	0.2	30.1	8.0
河 北	34.1	28.1	44.3	41.3	27.1	0.9	47.4	28.9
山 西	29.5	22.6	42.2	39.9	18.6	0.8	39.1	23.4
内蒙古	36.5	27.9	55.6	44.4	28.1	1.2	47.5	25.6
辽 宁	27.1	19.7	47.4	33.7	20.7	0.9	36.8	17.4
吉 林	33.9	25.3	49.6	41.9	26.0	0.4	44.8	22.6
黑龙江	30.3	22.8	45.5	38.1	22.5	3.9	41.5	15.9
上 海	14.3	12.5	29.9	17.5	10.9	1.3	20.4	4.7
江 苏	28.6	23.9	42.8	34.7	22.4	0.8	37.1	24.2
浙 江	36.1	31.6	48.9	43.7	27.8	0.6	45.3	29.0
安 徽	35.5	29.7	44.8	42.6	28.1	1.4	45.9	36.8
福 建	29.9	26.0	39.5	34.6	24.9	0.4	39.9	27.6
江 西	33.5	30.2	39.3	37.1	29.7	3.1	44.8	34.5
山 东	31.2	23.9	45.0	37.0	25.3	0.2	41.7	29.2
河 南	31.4	26.6	38.2	38.4	24.4	0.5	43.2	33.1
湖 北	37.2	31.1	48.7	43.0	31.1	0.4	46.7	39.1
湖 南	36.1	29.1	47.2	42.7	29.3	1.3	45.3	42.1
广 东	31.2	27.7	42.1	35.1	26.9	0.8	41.3	21.6
广 西	38.2	32.1	46.3	42.0	34.1	1.7	53.1	37.0
海 南	39.3	35.1	46.3	43.2	34.9	0.8	54.0	31.4
重 庆	30.9	23.4	49.8	34.9	26.7	0.5	37.6	33.1
四 川	38.0	24.6	57.9	42.9	33.1	1.[illegible]	45.1	45.1
贵 州	40.1	32.4	50.0	45.4	34.5	2.5	52.2	45.3
云 南	41.4	31.8	52.4	45.8	36.8	2.3	54.5	32.2
西 藏	33.4	17.3	44.3	38.3	27.8	2.4	45.2	21.7
陕 西	29.5	21.9	43.9	37.3	21.4	1.5	37.5	28.8
甘 肃	37.4	25.7	52.1	43.2	31.4	0.4	48.9	33.8
青 海	31.2	23.2	45.0	37.1	25.1	1.0	42.5	20.6
宁 夏	35.7	28.4	50.8	42.9	28.2	1.4	47.8	26.7
新 疆	37.9	32.0	46.4	46.6	28.5	3.7	53.1	17.5

3-6-1-1 学习培训活动居民每日平均时间(合计)

单位：分

地区	合计	分城乡		分性别		分年龄组		
		城镇	农村	男	女	6-17周岁	18-59周岁	60周岁及以上
全国	**107**	**107**	**108**	**113**	**101**	**484**	**39**	**1**
北京	80	82	63	82	78	507	29	2
天津	84	82	92	88	79	468	35	2
河北	118	118	118	127	110	486	43	1
山西	115	125	96	121	108	546	45	1
内蒙古	90	100	69	93	87	509	40	2
辽宁	73	77	64	79	69	525	29	2
吉林	77	81	69	81	72	530	32	1
黑龙江	77	76	77	83	71	512	34	1
上海	69	71	48	71	67	531	29	4
江苏	92	97	76	98	86	524	27	1
浙江	82	88	66	84	81	514	28	1
安徽	118	117	121	130	107	502	41	1
福建	121	123	116	124	119	507	37	0
江西	135	141	125	146	124	449	61	0
山东	117	124	104	126	108	501	49	1
河南	137	135	141	151	123	488	48	1
湖北	107	109	102	119	94	510	38	1
湖南	118	120	114	128	107	491	40	2
广东	100	97	112	104	97	457	29	1
广西	119	118	121	122	116	414	43	0
海南	109	106	115	112	107	443	33	
重庆	99	100	94	107	90	489	41	0
四川	102	102	101	107	96	480	41	0
贵州	110	113	107	113	107	388	42	1
云南	100	90	112	102	98	469	30	
西藏	126	96	146	124	128	453	40	1
陕西	109	116	97	110	108	497	43	1
甘肃	118	122	113	127	109	502	49	0
青海	126	124	128	124	127	497	48	1
宁夏	136	140	128	142	130	530	55	2
新疆	125	106	152	123	126	457	43	2

3-6-1-2 学习培训活动居民每日平均时间(工作日)

单位：分

地区	合计	分城乡		分性别		分年龄组		
		城镇	农村	男	女	6-17周岁	18-59周岁	60周岁及以上
全国	**125**	**125**	**127**	**133**	**118**	**567**	**45**	**1**
北京	96	98	75	98	93	608	34	2
天津	97	95	108	102	92	548	40	3
河北	135	136	135	146	125	555	49	1
山西	131	142	111	139	123	619	53	1
内蒙古	104	115	81	109	100	586	47	2
辽宁	85	89	75	92	79	607	33	2
吉林	88	93	80	94	82	608	37	1
黑龙江	89	89	89	96	82	589	41	1
上海	79	82	55	81	78	626	32	4
江苏	107	113	89	114	100	614	31	1
浙江	96	103	77	99	93	605	32	1
安徽	136	134	140	150	123	583	45	1
福建	143	146	136	147	138	598	43	0
江西	157	162	147	170	143	522	70	0
山东	137	145	122	148	126	587	56	1
河南	160	157	165	176	144	568	57	1
湖北	122	124	120	137	107	585	43	1
湖南	136	139	133	148	124	570	47	2
广东	119	114	135	125	113	551	33	1
广西	141	139	144	146	136	493	50	1
海南	131	126	138	134	127	532	39	
重庆	115	117	110	126	104	574	47	0
四川	119	120	117	125	112	560	48	0
贵州	130	133	127	134	127	462	49	1
云南	118	106	131	120	115	554	34	
西藏	150	115	173	147	152	540	47	0
陕西	130	136	117	131	129	590	51	1
甘肃	139	142	135	150	128	588	58	0
青海	146	145	149	145	147	581	55	1
宁夏	160	164	152	167	153	627	64	2
新疆	148	123	184	147	149	548	49	2

3-6-1-3 学习培训活动居民每日平均时间(休息日)

单位：分

地　区	合计	分城乡		分性别		分年龄组		
		城镇	农村	男	女	6-17周岁	18-59周岁	60周岁及以上
全　国	**62**	**63**	**61**	**65**	**60**	**277**	**24**	**1**
北　京	42	43	33	43	40	254	17	2
天　津	50	50	51	52	47	267	23	2
河　北	75	75	76	79	71	313	26	1
山　西	73	81	59	77	70	362	25	1
内蒙古	55	61	40	55	55	316	23	1
辽　宁	44	47	36	45	43	319	16	2
吉　林	48	52	41	48	48	334	20	0
黑龙江	46	46	47	49	43	321	19	0
上　海	42	43	29	44	39	294	21	2
江　苏	54	57	43	57	50	299	18	1
浙　江	48	52	38	47	49	287	19	0
安　徽	74	74	73	79	68	300	29	0
福　建	67	68	65	65	69	279	21	0
江　西	82	89	70	87	76	269	39	0
山　东	68	72	59	72	63	285	30	0
河　南	81	81	80	89	72	290	26	1
湖　北	68	73	59	75	60	322	25	1
湖　南	70	73	67	75	65	296	23	1
广　东	53	52	54	51	54	225	19	1
广　西	65	65	65	63	66	217	26	0
海　南	56	54	59	56	56	222	18	
重　庆	57	58	55	60	54	278	25	0
四　川	59	59	59	62	56	281	23	0
贵　州	60	63	58	61	59	204	26	0
云　南	56	50	64	57	56	254	19	
西　藏	67	49	79	65	69	236	23	2
陕　西	59	64	49	59	58	264	23	1
甘　肃	66	72	59	69	63	287	26	0
青　海	74	73	76	71	77	287	30	2
宁　夏	76	79	70	78	73	287	32	3
新　疆	67	63	73	66	68	229	28	2

3-6-2-1 学习培训活动参与者每日平均时间(合计)

单位：分

地区	合计	分城乡		分性别		分年龄组		
		城镇	农村	男	女	6-17周岁	18-59周岁	60周岁及以上
全国	**429**	**424**	**438**	**435**	**422**	**492**	**302**	**87**
北京	385	386	369	386	383	507	226	95
天津	387	382	418	396	377	472	275	82
河北	429	421	443	435	422	496	293	73
山西	471	474	464	484	458	546	341	72
内蒙古	415	409	436	419	412	511	289	136
辽宁	421	418	432	425	416	529	262	140
吉林	443	440	451	458	428	536	309	56
黑龙江	454	445	473	453	455	530	340	76
上海	374	375	359	391	357	535	222	111
江苏	462	457	483	470	453	534	296	108
浙江	428	422	453	438	416	518	279	69
安徽	466	453	489	475	456	514	354	79
福建	454	453	458	444	465	514	303	69
江西	423	431	409	424	421	469	336	21
山东	439	435	449	447	430	504	318	78
河南	450	441	464	459	440	497	332	107
湖北	439	436	444	462	411	514	289	117
湖南	442	437	449	445	437	499	305	192
广东	397	390	419	411	382	459	261	83
广西	398	401	394	394	403	430	316	52
海南	428	425	433	433	422	468	312	
重庆	432	429	438	429	434	496	314	50
四川	427	433	420	417	439	485	316	44
贵州	374	384	362	373	375	402	309	85
云南	424	406	442	427	421	478	288	
西藏	404	366	424	405	404	465	281	22
陕西	435	425	458	442	427	504	310	90
甘肃	443	434	456	443	443	507	328	56
青海	456	455	457	466	447	505	358	123
宁夏	461	451	486	467	454	538	341	77
新疆	390	367	418	397	384	460	270	45

3-6-2-2 学习培训活动参与者每日平均时间(工作日)

单位：分

地 区	合计	分城乡		分性别		分年龄组		
		城镇	农村	男	女	6-17周岁	18-59周岁	60周岁及以上
全 国	**527**	**526**	**528**	**531**	**522**	**577**	**410**	**128**
北 京	520	522	501	524	515	608	366	138
天 津	482	479	499	488	476	553	369	131
河 北	521	522	519	524	517	566	413	113
山 西	558	563	547	569	547	619	440	108
内蒙古	511	510	514	514	507	589	394	186
辽 宁	530	531	525	536	523	612	385	180
吉 林	528	525	533	542	512	617	384	107
黑龙江	537	531	551	538	536	610	426	99
上 海	495	496	484	505	484	635	334	133
江 苏	575	574	578	579	570	626	429	149
浙 江	544	541	555	548	539	610	412	103
安 徽	562	554	574	563	560	597	470	102
福 建	554	553	554	547	561	609	400	83
江 西	509	517	493	508	509	546	427	47
山 东	545	543	548	547	542	591	442	122
河 南	538	530	550	545	530	578	425	202
湖 北	529	526	536	546	508	590	386	188
湖 南	532	532	531	536	527	579	406	247
广 东	505	500	518	520	488	553	373	95
广 西	487	497	476	488	487	511	419	75
海 南	528	528	527	530	525	561	417	
重 庆	526	527	525	528	525	582	412	73
四 川	523	523	521	512	535	566	426	82
贵 州	453	467	436	455	451	478	391	108
云 南	514	504	524	521	507	566	367	
西 藏	513	508	515	516	510	554	403	60
陕 西	543	538	554	551	535	599	430	106
甘 肃	541	535	549	543	539	594	434	150
青 海	549	554	541	559	540	594	450	201
宁 夏	587	588	585	588	585	637	487	143
新 疆	496	476	518	501	492	552	373	88

3-6-2-3 学习培训活动参与者每日平均时间(休息日)

单位：分

地区	合计	分城乡		分性别		分年龄组		
		城镇	农村	男	女	6-17周岁	18-59周岁	60周岁及以上
全 国	**292**	**295**	**285**	**293**	**291**	**304**	**262**	**130**
北 京	261	264	234	250	273	291	207	135
天 津	279	280	272	284	273	291	265	130
河 北	316	314	321	316	317	340	252	87
山 西	355	364	334	358	351	370	320	104
内蒙古	296	301	281	293	300	338	224	162
辽 宁	310	313	302	293	330	351	231	136
吉 林	335	331	344	333	336	363	277	90
黑龙江	334	327	347	339	328	353	289	75
上 海	276	276	283	293	259	311	235	137
江 苏	307	303	320	306	307	324	255	157
浙 江	295	295	295	301	288	316	251	81
安 徽	319	314	327	320	318	321	315	140
福 建	289	291	283	277	301	303	243	88
江 西	291	311	254	290	293	300	272	60
山 东	302	299	309	309	293	312	278	118
河 南	303	303	302	308	296	310	278	167
湖 北	329	343	302	346	310	351	273	189
湖 南	313	319	304	319	307	326	269	282
广 东	247	250	240	241	255	251	236	205
广 西	265	276	251	259	272	258	290	120
海 南	249	243	259	245	253	262	208	
重 庆	292	291	295	287	298	298	278	76
四 川	292	298	284	289	296	302	267	90
贵 州	238	249	224	234	242	234	252	75
云 南	280	271	288	282	278	286	259	
西 藏	274	242	289	269	279	286	246	69
陕 西	268	275	253	274	262	278	244	188
甘 肃	285	296	270	278	293	298	253	44
青 海	303	305	298	304	301	310	287	180
宁 夏	286	284	291	286	286	303	248	143
新 疆	257	273	240	256	258	265	248	74

3-6-3-1 学习培训活动参与率(合计)

单位：%

地区	合计	分城乡		分性别		分年龄组		
		城镇	农村	男	女	6-17周岁	18-59周岁	60周岁及以上
全　国	**25.1**	**25.3**	**24.6**	**26.1**	**23.9**	**98.4**	**12.8**	**1.2**
北　京	20.8	21.3	17.1	21.3	20.3	100.0	12.9	2.1
天　津	21.6	21.6	21.9	22.2	21.0	99.0	12.8	3.0
河　北	27.6	28.2	26.6	29.1	26.1	98.1	14.6	1.5
山　西	24.3	26.3	20.7	25.0	23.6	100.0	13.2	1.4
内蒙古	21.7	24.3	15.9	22.2	21.2	99.5	13.9	1.4
辽　宁	17.5	18.4	14.8	18.5	16.5	99.2	10.9	1.5
吉　林	17.3	18.5	15.2	17.7	16.9	98.8	10.4	1.1
黑龙江	16.9	17.2	16.3	18.2	15.6	96.6	10.1	0.9
上　海	18.4	19.0	13.3	18.1	18.7	99.3	12.9	3.4
江　苏	19.9	21.2	15.8	20.8	18.9	98.1	9.2	1.0
浙　江	19.3	20.9	14.5	19.1	19.4	99.3	10.2	1.6
安　徽	25.4	25.9	24.7	27.3	23.4	97.7	11.5	1.3
福　建	26.7	27.3	25.3	27.9	25.5	98.5	12.2	0.4
江　西	32.0	32.8	30.7	34.5	29.3	95.8	18.2	0.9
山　东	26.7	28.6	23.1	28.3	25.1	99.3	15.3	0.9
河　南	30.5	30.7	30.3	33.0	28.0	98.3	14.4	0.9
湖　北	24.4	25.1	23.1	25.8	22.9	99.3	13.1	1.0
湖　南	26.6	27.4	25.3	28.6	24.5	98.4	13.2	0.8
广　东	25.2	24.7	26.7	25.2	25.3	99.6	11.2	1.0
广　西	29.9	29.4	30.7	31.0	28.8	96.5	13.7	0.8
海　南	25.5	24.9	26.6	25.8	25.2	94.7	10.6	
重　庆	22.9	23.4	21.6	25.0	20.7	98.6	13.1	0.5
四　川	23.8	23.6	24.0	25.6	21.9	99.0	13.0	0.6
贵　州	29.5	29.4	29.5	30.2	28.6	96.6	13.7	0.8
云　南	23.6	22.2	25.3	23.8	23.4	98.0	10.3	
西　藏	31.2	26.3	34.5	30.6	31.8	97.5	14.2	2.4
陕　西	25.2	27.2	21.3	24.9	25.4	98.6	13.9	1.3
甘　肃	26.7	28.1	24.9	28.6	24.7	98.9	15.0	0.6
青　海	27.5	27.3	28.0	26.6	28.4	98.3	13.4	1.1
宁　夏	29.5	31.0	26.4	30.3	28.6	98.5	16.1	2.7
新　疆	31.9	28.9	36.4	31.1	32.8	99.3	15.9	4.3

3-6-3-2 学习培训活动参与率(工作日)

单位：%

地区	合计	分城乡		分性别		分年龄组		
		城镇	农村	男	女	6-17周岁	18-59周岁	60周岁及以上
全国	**23.8**	**23.7**	**24.0**	**25.0**	**22.5**	**98.4**	**10.9**	**0.8**
北京	18.4	18.9	15.0	18.7	18.1	100.0	9.4	1.5
天津	20.1	19.9	21.7	21.0	19.3	99.0	10.8	2.0
河北	26.0	26.0	25.9	27.8	24.2	98.1	12.0	1.2
山西	23.5	25.2	20.3	24.4	22.6	100.0	12.1	0.8
内蒙古	20.5	22.6	15.7	21.1	19.8	99.5	12.0	1.1
辽宁	16.1	16.7	14.3	17.1	15.0	99.2	8.7	1.2
吉林	16.7	17.7	14.9	17.4	16.0	98.5	9.7	0.7
黑龙江	16.5	16.7	16.2	17.8	15.3	96.6	9.5	0.9
上海	16.1	16.6	11.4	16.1	16.0	98.6	9.5	3.2
江苏	18.6	19.7	15.4	19.7	17.5	98.0	7.2	0.8
浙江	17.7	19.0	13.8	18.0	17.3	99.3	7.8	1.4
安徽	24.3	24.3	24.3	26.6	21.9	97.6	9.6	1.3
福建	25.8	26.3	24.5	26.9	24.7	98.2	10.9	0.3
江西	30.8	31.3	29.9	33.4	28.0	95.5	16.5	0.2
山东	25.2	26.7	22.2	27.0	23.2	99.3	12.8	0.7
河南	29.7	29.6	30.0	32.4	27.1	98.2	13.3	0.5
湖北	23.1	23.6	22.3	25.0	21.2	99.1	11.2	0.7
湖南	25.7	26.1	25.0	27.7	23.5	98.4	11.6	0.7
广东	23.6	22.9	26.0	24.0	23.2	99.6	8.9	0.7
广西	28.9	28.0	30.1	29.9	27.9	96.5	11.9	0.7
海南	24.8	24.0	26.2	25.4	24.1	94.7	9.4	
重庆	21.9	22.3	21.0	23.9	19.9	98.6	11.5	0.4
四川	22.7	22.8	22.5	24.4	21.0	99.0	11.3	0.3
贵州	28.7	28.4	29.0	29.3	28.0	96.6	12.5	0.8
云南	22.9	21.0	25.0	23.0	22.8	98.0	9.2	
西藏	29.2	22.7	33.6	28.6	29.9	97.5	11.6	0.2
陕西	23.9	25.3	21.1	23.7	24.0	98.6	11.9	1.0
甘肃	25.7	26.5	24.6	27.6	23.8	98.9	13.5	0.3
青海	26.6	26.1	27.5	26.0	27.2	97.7	12.3	0.6
宁夏	27.3	27.9	26.0	28.4	26.1	98.5	13.1	1.1
新疆	29.8	25.9	35.4	29.3	30.3	99.3	13.1	2.0

3-6-3-3 学习培训活动参与率(休息日)

单位：%

地 区	合计	分城乡		分性别		分年龄组		
		城镇	农村	男	女	6-17周岁	18-59周岁	60周岁及以上
全 国	**21.4**	**21.4**	**21.3**	**22.2**	**20.5**	**91.1**	**9.0**	**0.6**
北 京	16.0	16.2	14.2	17.1	14.7	87.1	8.1	1.2
天 津	17.9	17.7	18.8	18.4	17.3	92.0	8.8	1.6
河 北	23.8	23.9	23.7	25.1	22.5	91.9	10.4	0.7
山 西	20.7	22.4	17.5	21.4	19.9	97.9	7.9	1.2
内蒙古	18.5	20.3	14.3	18.6	18.3	93.5	10.2	0.8
辽 宁	14.3	15.1	11.8	15.5	13.1	90.9	7.1	1.2
吉 林	14.3	15.6	12.0	14.2	14.4	91.8	7.1	0.4
黑龙江	13.9	14.1	13.5	14.6	13.2	91.0	6.5	0.2
上 海	15.1	15.6	10.4	15.1	15.1	94.6	9.1	1.8
江 苏	17.5	18.8	13.5	18.7	16.3	92.1	6.9	0.5
浙 江	16.3	17.6	12.8	15.7	17.1	90.8	7.7	0.4
安 徽	23.1	23.5	22.3	24.8	21.3	93.5	9.3	0.2
福 建	23.2	23.3	23.1	23.5	22.9	92.1	8.6	0.4
江 西	28.2	28.6	27.5	30.2	26.1	89.6	14.2	0.7
山 东	22.4	24.1	19.2	23.4	21.5	91.3	10.6	0.4
河 南	26.6	26.6	26.5	28.9	24.3	93.7	9.5	0.6
湖 北	20.7	21.2	19.7	21.8	19.4	91.8	9.1	0.6
湖 南	22.4	22.7	21.9	23.7	21.1	90.8	8.6	0.4
广 东	21.3	20.8	22.5	21.1	21.4	89.3	8.1	0.6
广 西	24.4	23.4	25.7	24.5	24.2	84.1	9.1	0.1
海 南	22.4	22.3	22.6	22.7	22.1	84.9	8.6	
重 庆	19.6	20.0	18.6	21.1	18.1	93.2	9.1	0.3
四 川	20.3	19.9	20.9	21.5	19.0	93.2	8.8	0.3
贵 州	25.4	25.1	25.7	26.1	24.5	87.3	10.5	0.3
云 南	20.2	18.5	22.1	20.2	20.1	88.8	7.5	
西 藏	24.5	20.1	27.4	24.3	24.6	82.6	9.2	2.2
陕 西	21.8	23.2	19.3	21.7	22.0	95.1	9.6	0.7
甘 肃	23.2	24.3	21.7	24.8	21.5	96.2	10.1	0.3
青 海	24.4	23.8	25.4	23.3	25.4	92.6	10.3	0.9
宁 夏	26.5	27.7	24.0	27.3	25.6	93.3	13.1	2.2
新 疆	26.0	23.0	30.3	25.6	26.5	86.1	11.4	3.3

3-7-1-1 家务劳动活动居民每日平均时间(合计)

单位：分

地区	合计	分城乡		分性别		分年龄组		
		城镇	农村	男	女	6-17周岁	18-59周岁	60周岁及以上
全国	**77**	**72**	**87**	**43**	**113**	**5**	**75**	**141**
北京	77	75	94	50	105	2	67	144
天津	89	89	93	57	123	4	80	154
河北	78	75	83	41	115	6	77	140
山西	84	77	98	37	133	2	84	144
内蒙古	94	83	120	54	137	3	91	153
辽宁	91	87	102	55	127	3	78	148
吉林	99	92	113	58	140	2	93	150
黑龙江	102	90	125	56	147	4	96	152
上海	88	85	107	62	115	4	71	156
江苏	91	84	113	54	130	3	79	171
浙江	71	67	82	33	112	3	62	135
安徽	84	79	92	43	127	4	81	160
福建	74	69	86	33	117	3	74	145
江西	73	66	87	36	113	6	73	152
山东	79	73	89	42	116	3	75	141
河南	73	66	83	38	109	4	78	133
湖北	80	71	95	43	118	3	75	143
湖南	71	65	79	40	102	5	69	128
广东	64	61	72	37	94	6	63	134
广西	63	59	68	45	82	9	66	114
海南	64	60	71	39	92	6	68	116
重庆	81	73	104	52	112	5	77	137
四川	78	68	94	49	108	9	76	129
贵州	61	58	65	36	88	11	67	102
云南	72	69	75	45	100	8	74	125
西藏	83	75	88	56	112	10	98	131
陕西	83	78	92	44	124	5	83	141
甘肃	83	75	92	44	123	6	85	141
青海	82	82	82	44	120	8	90	136
宁夏	68	67	71	30	107	5	75	114
新疆	68	65	72	41	97	12	72	136

3-7-1-2 家务劳动活动居民每日平均时间(工作日)

单位：分

地区	合计	分城乡		分性别		分年龄组		
		城镇	农村	男	女	6-17周岁	18-59周岁	60周岁及以上
全国	**74**	**68**	**85**	**40**	**109**	**3**	**70**	**141**
北京	72	70	86	43	101	1	57	146
天津	83	82	90	50	118	2	71	153
河北	75	71	82	39	110	3	72	142
山西	82	73	97	34	131	0	80	144
内蒙古	92	79	119	52	133	1	87	153
辽宁	89	85	100	51	126	0	74	150
吉林	97	89	112	56	138	0	90	151
黑龙江	99	88	120	52	145	2	91	153
上海	82	79	101	55	110	3	61	157
江苏	86	79	109	49	125	2	72	169
浙江	68	64	79	30	109	1	57	135
安徽	81	76	90	40	124	3	76	162
福建	71	65	86	31	114	2	70	145
江西	70	63	84	34	109	4	68	152
山东	75	69	87	39	113	1	69	142
河南	70	63	81	35	106	1	74	135
湖北	76	68	91	39	114	1	69	142
湖南	67	62	76	37	99	3	64	127
广东	61	59	68	34	91	3	59	138
广西	60	57	64	42	79	6	63	111
海南	62	58	69	37	90	3	65	116
重庆	78	68	101	48	108	2	72	138
四川	75	64	91	46	104	4	71	130
贵州	59	56	63	33	85	5	65	102
云南	68	64	71	42	95	2	69	124
西藏	77	65	85	50	106	4	92	131
陕西	79	73	90	39	120	2	76	141
甘肃	80	72	91	41	120	3	81	144
青海	78	78	79	40	116	3	85	138
宁夏	65	62	70	27	104	2	70	116
新疆	63	61	65	36	91	3	67	135

3-7-1-3 家务劳动活动居民每日平均时间(休息日)

单位：分

地区	合计	分城乡		分性别		分年龄组		
		城镇	农村	男	女	6-17周岁	18-59周岁	60周岁及以上
全国	**86**	**82**	**95**	**52**	**121**	**13**	**88**	**139**
北京	92	89	111	68	116	6	90	139
天津	105	107	99	74	138	10	104	157
河北	87	87	88	49	125	14	92	136
山西	91	86	100	45	139	5	95	143
内蒙古	102	92	123	59	147	9	102	151
辽宁	97	93	108	66	127	8	89	143
吉林	104	98	115	62	146	4	102	148
黑龙江	109	96	136	65	153	10	108	150
上海	102	100	123	80	127	6	94	155
江苏	104	98	122	67	142	6	97	175
浙江	79	76	89	40	122	7	74	134
安徽	92	89	97	50	135	8	95	154
福建	80	77	89	39	125	8	84	143
江西	81	73	96	42	123	10	85	151
山东	87	83	95	51	123	8	89	139
河南	80	75	87	45	116	11	90	130
湖北	89	80	105	54	126	7	88	146
湖南	79	74	87	48	111	10	81	130
广东	71	68	81	44	102	15	74	124
广西	70	64	79	52	89	18	73	123
海南	70	65	77	44	98	13	74	117
重庆	91	83	110	61	121	14	92	134
四川	87	79	101	58	117	21	90	126
贵州	68	66	72	43	95	25	74	101
云南	82	82	83	54	113	23	85	129
西藏	98	99	97	71	127	26	116	131
陕西	93	91	97	56	133	13	99	139
甘肃	90	85	96	52	128	14	97	133
青海	92	92	90	53	130	19	103	131
宁夏	76	77	74	38	116	14	86	111
新疆	80	75	88	51	112	32	84	139

3-7-2-1 家务劳动活动参与者每日平均时间(合计)

单位：分

地区	合计	分城乡		分性别		分年龄组		
		城镇	农村	男	女	6-17周岁	18-59周岁	60周岁及以上
全国	**119**	**112**	**132**	**81**	**147**	**26**	**106**	**166**
北京	114	113	125	85	139	17	95	164
天津	125	123	140	88	156	25	105	175
河北	122	117	132	81	150	31	110	166
山西	134	126	149	75	175	17	125	163
内蒙古	140	126	168	96	172	25	126	182
辽宁	133	127	149	97	158	24	111	174
吉林	141	128	164	98	172	19	125	177
黑龙江	144	128	177	96	178	23	129	186
上海	122	119	144	94	148	27	98	170
江苏	136	126	164	95	166	27	110	194
浙江	117	115	124	71	147	17	102	161
安徽	131	123	144	83	164	27	114	184
福建	119	111	140	69	153	20	107	176
江西	120	112	133	75	151	27	105	184
山东	124	117	135	81	154	20	108	167
河南	121	109	138	78	150	26	112	162
湖北	123	116	135	81	154	18	106	170
湖南	112	107	121	79	136	24	101	152
广东	99	95	112	68	123	25	90	159
广西	91	89	93	72	107	28	86	127
海南	102	96	111	74	124	30	96	140
重庆	116	106	138	84	141	21	103	158
四川	113	103	126	82	136	29	104	151
贵州	91	90	92	62	114	28	92	123
云南	110	105	117	82	131	28	106	152
西藏	134	113	150	106	159	43	137	176
陕西	130	124	141	86	159	27	117	177
甘肃	135	127	146	93	163	32	128	175
青海	129	126	135	84	161	33	127	170
宁夏	110	104	125	64	139	22	109	144
新疆	110	106	116	81	131	36	107	171

3-7-2-2 家务劳动活动参与者每日平均时间(工作日)

单位：分

地区	合计	分城乡		分性别		分年龄组		
		城镇	农村	男	女	6-17周岁	18-59周岁	60周岁及以上
全国	**140**	**133**	**153**	**101**	**163**	**42**	**123**	**179**
北京	140	139	146	108	162	37	120	174
天津	142	139	158	105	169	48	119	184
河北	142	134	157	105	162	51	124	182
山西	155	146	171	97	186	33	145	176
内蒙古	160	147	185	120	186	41	146	191
辽宁	151	145	169	115	173	29	127	186
吉林	158	144	183	120	181	28	139	193
黑龙江	164	147	197	118	190	45	145	201
上海	142	139	168	114	164	54	116	183
江苏	153	143	179	114	177	53	123	204
浙江	138	134	146	92	162	37	119	173
安徽	150	144	160	101	180	49	129	198
福建	137	127	159	87	164	24	120	185
江西	141	132	155	96	167	51	121	193
山东	144	139	153	102	169	42	124	180
河南	146	133	164	103	170	52	133	175
湖北	144	137	156	102	169	28	124	183
湖南	132	127	140	100	151	40	118	165
广东	119	114	135	86	141	32	104	176
广西	102	102	102	84	117	35	97	129
海南	118	114	124	92	136	41	110	149
重庆	138	128	160	107	160	2[illegible]	122	173
四川	132	121	145	100	153	50	118	163
贵州	111	110	112	80	132	37	108	134
云南	131	124	139	105	149	67	121	159
西藏	168	146	183	138	190	62	167	197
陕西	163	160	168	115	189	66	147	196
甘肃	161	151	172	115	187	52	151	191
青海	157	156	161	111	184	75	150	185
宁夏	136	129	152	92	156	38	131	156
新疆	132	125	144	101	153	41	123	179

3-7-2-3 家务劳动活动参与者每日平均时间(休息日)

单位：分

地区	合计	分城乡		分性别		分年龄组		
		城镇	农村	男	女	6-17周岁	18-59周岁	60周岁及以上
全国	**146**	**141**	**156**	**113**	**169**	**70**	**139**	**177**
北京	149	147	160	128	166	53	143	167
天津	160	159	164	130	183	64	150	188
河北	150	146	155	109	175	76	144	175
山西	156	151	165	104	188	56	152	172
内蒙古	165	156	183	123	194	72	157	192
辽宁	153	147	170	130	168	82	138	182
吉林	162	150	185	123	187	58	151	187
黑龙江	166	146	208	126	192	60	157	194
上海	154	151	179	133	174	56	143	178
江苏	168	161	189	134	192	68	149	210
浙江	145	143	149	101	172	49	136	174
安徽	158	152	167	113	186	58	148	193
福建	141	135	157	93	170	50	132	184
江西	146	137	158	101	174	54	135	192
山东	149	145	155	111	174	56	141	174
河南	148	140	159	113	169	74	144	172
湖北	155	148	166	120	178	54	145	184
湖南	139	135	144	109	158	58	131	168
广东	122	118	134	95	142	67	117	158
广西	114	109	120	98	127	67	107	148
海南	121	115	130	96	139	74	114	151
重庆	144	137	159	116	163	61	138	168
四川	140	134	148	112	161	72	137	162
贵州	114	115	113	87	134	74	114	136
云南	141	137	144	115	158	82	137	172
西藏	178	168	185	156	195	130	179	203
陕西	162	161	164	128	183	74	157	190
甘肃	162	159	166	129	182	75	160	187
青海	158	155	165	118	184	85	160	180
宁夏	135	132	143	96	158	70	136	153
新疆	147	138	160	123	163	111	142	188

3-7-3-1 家务劳动活动参与率(合计)

单位：%

地区	合计	分城乡		分性别		分年龄组		
		城镇	农村	男	女	6-17周岁	18-59周岁	60周岁及以上
全 国	**64.9**	**64.2**	**66.4**	**53.7**	**76.6**	**20.8**	**70.3**	**84.7**
北 京	67.5	66.4	75.1	59.7	75.6	14.0	69.9	88.2
天 津	71.6	72.5	66.3	64.7	78.9	17.3	76.4	88.1
河 北	64.0	64.6	63.2	51.5	76.3	19.8	70.5	84.7
山 西	62.8	61.3	65.5	49.9	76.3	10.0	67.1	88.2
内蒙古	67.6	65.7	71.8	56.3	79.3	13.8	72.1	83.9
辽 宁	68.7	68.7	68.8	57.0	80.0	11.0	70.6	85.2
吉 林	70.4	71.3	68.8	59.3	81.5	8.3	74.8	84.7
黑龙江	70.3	70.3	70.3	58.0	82.6	18.7	74.2	81.9
上 海	71.9	71.5	74.7	66.4	77.8	13.4	71.9	91.8
江 苏	67.2	66.7	68.7	56.5	78.2	11.0	71.8	88.0
浙 江	60.4	58.5	65.7	45.9	76.3	15.9	60.8	83.7
安 徽	64.4	64.4	64.2	51.6	77.7	16.2	71.3	86.7
福 建	61.8	61.8	61.8	47.7	76.7	17.4	69.4	82.3
江 西	61.2	58.8	65.4	48.6	74.5	21.8	69.0	82.5
山 东	63.5	62.3	66.0	52.4	74.9	15.6	69.2	84.8
河 南	60.4	60.7	60.0	48.3	72.6	15.5	70.1	82.6
湖 北	64.5	61.4	70.4	52.9	76.6	14.9	70.1	84.2
湖 南	62.9	61.2	65.6	51.1	75.3	20.[illegible]	68.7	83.9
广 东	64.6	64.8	64.1	54.1	76.3	25.5	70.4	84.3
广 西	69.2	66.4	72.9	62.5	76.4	32.4	76.6	89.8
海 南	63.1	62.6	63.9	53.0	74.5	20.3	71.0	83.2
重 庆	70.2	68.2	75.2	61.3	79.2	23.5	75.1	86.6
四 川	69.6	66.2	74.5	60.1	79.2	31.4	73.3	85.6
贵 州	67.5	65.0	70.7	57.9	77.4	38.2	73.4	82.9
云 南	65.1	66.2	63.9	54.9	76.0	29.2	69.9	82.4
西 藏	61.6	65.8	58.7	53.3	70.8	23.8	71.8	74.3
陕 西	63.8	63.1	65.3	50.6	77.6	18.7	70.3	79.7
甘 肃	61.1	59.5	63.1	47.4	75.2	19.8	66.4	80.5
青 海	63.5	65.2	60.6	52.5	74.7	23.9	71.0	80.2
宁 夏	61.8	64.2	56.9	46.9	77.2	22.8	68.8	79.5
新 疆	61.7	61.9	61.6	50.3	74.1	32.5	67.4	79.8

3-7-3-2 家务劳动活动参与率(工作日)

单位：%

地区	合计	分城乡		分性别		分年龄组		
		城镇	农村	男	女	6-17周岁	18-59周岁	60周岁及以上
全国	**52.9**	**51.6**	**55.4**	**39.4**	**66.9**	**6.0**	**56.7**	**79.1**
北京	51.0	49.9	59.1	40.1	62.3	2.1	47.8	84.4
天津	58.4	58.6	57.1	47.6	69.7	4.4	59.5	83.2
河北	52.5	52.7	52.1	36.8	67.9	6.0	57.7	78.0
山西	52.6	50.4	56.6	35.5	70.4	1.4	55.0	81.9
内蒙古	57.2	53.9	64.5	43.8	71.2	2.5	59.3	80.4
辽宁	58.9	58.9	59.0	44.3	73.1	1.6	58.0	80.7
吉林	61.6	61.7	61.3	47.0	76.0	1.4	64.5	78.3
黑龙江	60.3	59.9	60.9	44.2	76.3	4.4	62.8	76.3
上海	57.5	57.1	60.3	48.5	67.1	5.0	53.1	85.8
江苏	56.4	54.9	61.1	42.8	70.5	3.6	57.9	82.7
浙江	49.0	47.4	53.8	32.5	67.1	2.0	48.0	77.9
安徽	54.1	52.6	56.4	39.5	69.2	5.9	58.9	81.9
福建	52.1	51.4	53.9	35.6	69.8	6.5	58.4	78.5
江西	49.8	47.4	54.0	35.5	65.1	8.5	55.7	78.8
山东	52.2	49.9	56.7	38.1	66.6	2.7	56.0	79.0
河南	48.1	46.9	49.7	33.9	62.3	2.6	55.5	76.9
湖北	52.4	49.4	58.3	38.0	67.6	3.8	55.7	77.3
湖南	50.8	48.4	54.6	36.8	65.4	6.6	54.8	77.0
广东	51.2	51.5	50.5	39.4	64.3	9.3	56.1	78.2
广西	58.4	55.6	62.1	49.8	67.6	17.0	65.2	85.8
海南	52.3	50.5	55.4	40.1	66.2	8.3	59.3	77.6
重庆	56.2	53.4	63.2	44.9	67.6	5.9	58.9	80.0
四川	56.8	52.7	62.9	45.7	68.1	8.6	60.4	79.9
贵州	52.7	50.5	55.6	41.1	64.8	13.4	59.9	76.1
云南	51.5	51.8	51.0	40.0	63.5	3.3	56.9	78.0
西藏	45.6	44.4	46.4	36.4	55.8	6.5	55.0	66.3
陕西	48.3	45.6	53.4	33.7	63.4	3.1	51.7	72.3
甘肃	49.7	47.4	52.7	35.4	64.5	6.6	53.5	75.4
青海	49.7	50.0	49.2	36.2	63.3	4.6	56.8	74.4
宁夏	47.6	48.5	45.8	29.0	66.8	4.1	53.6	74.1
新疆	47.6	49.0	45.5	36.1	59.8	7.9	54.5	75.7

3-7-3-3 家务劳动活动参与率(休息日)

单位：%

地区	合计	分城乡		分性别		分年龄组		
		城镇	农村	男	女	6-17周岁	18-59周岁	60周岁及以上
全国	**58.9**	**57.9**	**60.8**	**46.3**	**72.0**	**18.5**	**63.2**	**78.6**
北京	61.4	60.3	69.4	53.4	69.8	12.0	62.7	83.1
天津	66.1	67.1	60.0	57.1	75.4	15.5	69.6	83.5
河北	58.3	59.3	56.7	44.7	71.7	18.0	63.9	77.9
山西	58.4	57.1	60.7	43.2	74.2	8.8	62.1	82.9
内蒙古	61.6	59.1	67.0	48.1	75.7	12.8	64.7	79.0
辽宁	63.2	63.1	63.7	50.6	75.5	10.0	64.9	78.7
吉林	64.2	65.4	62.1	50.0	78.3	7.7	67.4	78.9
黑龙江	65.6	65.6	65.6	51.3	79.9	16.5	68.9	77.5
上海	66.3	66.1	68.6	60.0	73.1	10.8	65.8	86.7
江苏	61.8	61.0	64.2	50.1	73.8	8.7	65.3	83.4
浙江	54.6	52.7	60.0	39.8	70.8	15.0	54.4	76.9
安徽	58.2	58.2	58.1	44.2	72.7	14.0	64.0	79.9
福建	56.8	56.9	56.5	41.5	73.1	15.9	63.2	77.8
江西	55.9	53.2	60.5	42.1	70.5	18.0	62.6	78.7
山东	58.5	56.9	61.6	46.4	70.9	14.7	62.9	79.8
河南	54.2	53.7	54.9	39.8	68.6	14.3	62.1	75.6
湖北	57.5	54.3	63.7	44.8	70.8	12.4	61.1	79.3
湖南	57.1	55.2	60.1	44.3	70.5	17.9	62.0	77.2
广东	58.4	57.7	60.4	46.3	71.7	22.0	63.5	78.0
广西	61.4	58.3	65.7	53.3	70.2	26.4	67.9	82.9
海南	57.9	56.9	59.5	46.3	71.0	17.6	65.1	77.9
重庆	63.2	60.7	69.4	52.6	73.9	22.2	66.6	79.8
四川	62.5	58.7	68.0	52.3	72.8	28.9	65.1	78.0
贵州	59.9	57.1	63.5	49.0	71.2	34.5	64.8	74.0
云南	58.7	59.5	57.7	46.6	71.4	27.[illegible]	62.4	74.7
西藏	55.0	58.9	52.3	45.8	65.3	20.[illegible]	64.8	64.6
陕西	57.6	56.8	59.3	43.3	72.6	17.0	63.0	73.1
甘肃	55.2	53.3	57.7	40.2	70.7	18.4	60.3	71.4
青海	57.9	59.7	54.7	45.1	70.8	22.4	64.5	72.8
宁夏	56.4	58.5	51.8	40.0	73.3	19.9	62.9	72.5
新疆	54.6	54.5	54.8	41.3	68.9	29.2	58.8	74.0

3-8-1-1 陪伴照料家人活动居民每日平均时间(合计)

单位：分

地 区	合计	分城乡		分性别		分年龄组		
		城镇	农村	男	女	6-17周岁	18-59周岁	60周岁及以上
全 国	**30**	**33**	**24**	**19**	**41**	**2**	**40**	**24**
北 京	40	41	30	29	51	1	51	30
天 津	35	38	19	27	44	2	46	26
河 北	29	33	23	18	40	2	39	28
山 西	26	30	19	16	37	1	36	17
内蒙古	35	41	20	23	46	2	44	28
辽 宁	39	45	21	27	51	3	55	21
吉 林	28	32	20	15	40	2	36	20
黑龙江	33	37	23	23	42	1	40	28
上 海	28	28	26	20	35	1	35	20
江 苏	34	36	29	22	46	1	45	24
浙 江	29	33	18	18	42	1	36	26
安 徽	33	36	27	20	46	1	45	25
福 建	27	28	24	16	39	1	38	19
江 西	22	24	19	14	31	1	32	17
山 东	31	34	24	19	43	2	40	30
河 南	26	27	25	15	37	1	37	26
湖 北	31	36	22	21	42	1	43	25
湖 南	27	31	21	16	39	1	38	21
广 东	33	32	33	22	44	2	41	30
广 西	30	31	29	20	41	2	41	30
海 南	31	34	27	21	43	2	44	22
重 庆	28	32	19	21	36	1	39	19
四 川	24	29	17	15	33	1	34	13
贵 州	32	36	26	22	41	3	44	26
云 南	28	34	21	20	36	1	37	19
西 藏	23	28	21	16	32	2	29	35
陕 西	35	38	31	23	48	2	49	25
甘 肃	34	39	29	22	48	2	46	27
青 海	31	33	28	21	41	2	39	33
宁 夏	35	40	24	21	49	3	46	25
新 疆	31	36	23	19	44	4	37	41

3-8-1-2 陪伴照料家人活动居民每日平均时间(工作日)

单位：分

地区	合计	分城乡		分性别		分年龄组		
		城镇	农村	男	女	6-17周岁	18-59周岁	60周岁及以上
全国	**26**	**29**	**22**	**16**	**37**	**1**	**35**	**23**
北京	33	34	25	21	45	1	39	31
天津	32	34	18	23	41	1	40	27
河北	25	29	20	14	36	1	33	27
山西	23	25	18	14	32	0	31	16
内蒙古	31	37	19	21	42	2	39	28
辽宁	31	36	18	19	43	1	44	17
吉林	24	28	18	11	37	1	31	19
黑龙江	29	32	23	19	39	0	36	26
上海	24	24	23	17	32	1	29	21
江苏	30	31	27	17	43	1	39	23
浙江	24	28	16	14	36	1	29	24
安徽	29	32	24	17	42	1	40	24
福建	25	26	22	14	36	0	35	19
江西	19	20	16	12	26	0	26	16
山东	26	29	20	15	38	0	34	27
河南	22	23	22	12	33	0	30	25
湖北	28	32	20	18	38	1	37	24
湖南	24	26	19	13	35	0	33	19
广东	29	28	31	18	41	1	36	30
广西	27	27	27	17	37	1	36	30
海南	29	32	24	18	40	1	40	21
重庆	23	26	16	16	31	0	32	18
四川	20	24	15	11	29	1	29	12
贵州	29	32	25	20	39	2	40	25
云南	25	31	19	18	33	0	34	19
西藏	21	24	19	14	29	1	25	33
陕西	30	31	27	18	42	0	40	23
甘肃	32	35	28	19	45	2	42	25
青海	28	30	26	18	39	1	36	32
宁夏	30	34	23	17	44	[illegible]	41	24
新疆	28	33	22	17	41	[illegible]	34	42

3-8-1-3 陪伴照料家人活动居民每日平均时间(休息日)

单位：分

地 区	合计	分城乡		分性别		分年龄组		
		城镇	农村	男	女	6-17周岁	18-59周岁	60周岁及以上
全 国	**40**	**45**	**29**	**28**	**51**	**4**	**54**	**27**
北 京	58	60	42	50	67	3	79	28
天 津	44	48	23	38	51	7	60	25
河 北	39	44	30	27	50	3	54	32
山 西	35	42	22	22	49	2	50	19
内蒙古	43	51	23	29	57	4	56	27
辽 宁	57	68	29	44	70	8	80	31
吉 林	37	43	25	25	48	4	49	22
黑龙江	41	50	22	32	50	5	51	32
上 海	36	37	32	29	43	1	49	17
江 苏	44	48	32	34	55	2	61	27
浙 江	41	47	24	28	56	3	52	30
安 徽	41	46	34	28	55	3	58	29
福 建	32	34	28	20	46	2	47	18
江 西	31	34	27	21	42	3	45	20
山 东	41	47	31	29	55	4	55	37
河 南	36	39	32	23	49	2	53	28
湖 北	40	46	27	28	52	2	56	26
湖 南	36	42	26	22	50	2	52	23
广 东	42	43	38	31	53	4	54	32
广 西	37	39	33	26	48	5	52	29
海 南	39	41	35	29	50	4	54	25
重 庆	40	46	24	32	48	3	57	21
四 川	33	41	22	24	43	3	48	17
贵 州	38	46	29	29	48	7	53	27
云 南	34	42	25	26	42	4	46	20
西 藏	30	36	26	22	39	4	37	39
陕 西	50	55	40	36	65	5	70	29
甘 肃	41	50	30	29	54	2	55	31
青 海	37	39	34	28	47	7	47	35
宁 夏	45	54	27	30	60	7	61	26
新 疆	36	43	26	24	50	9	44	39

3-8-2-1 陪伴照料家人活动参与者每日平均时间(合计)

单位：分

地区	合计	分城乡		分性别		分年龄组		
		城镇	农村	男	女	6-17周岁	18-59周岁	60周岁及以上
全国	**106**	**107**	**104**	**84**	**121**	**38**	**107**	**113**
北京	126	129	101	104	143	42	126	131
天津	95	97	79	86	102	34	98	90
河北	101	101	101	78	116	41	97	127
山西	99	100	95	76	115	27	99	107
内蒙古	121	121	120	104	132	39	120	139
辽宁	121	124	104	100	135	35	129	99
吉林	111	113	106	83	128	64	109	126
黑龙江	116	122	99	94	133	37	115	122
上海	104	103	111	90	115	35	103	108
江苏	111	109	118	86	128	59	111	113
浙江	112	116	96	87	129	49	107	146
安徽	103	103	102	79	119	28	106	102
福建	102	104	99	80	117	24	105	99
江西	90	89	91	72	102	31	92	93
山东	108	110	103	83	125	37	105	130
河南	98	96	103	77	111	30	98	106
湖北	105	110	92	90	115	39	107	101
湖南	104	103	106	81	118	31	106	106
广东	109	105	122	87	127	45	111	107
广西	97	95	101	77	113	46	98	102
海南	101	100	105	81	117	52	105	87
重庆	105	108	94	91	115	27	109	100
四川	98	99	95	76	113	35	100	97
贵州	106	108	102	84	123	41	109	115
云南	107	110	102	89	121	39	108	112
西藏	98	95	101	82	110	49	96	124
陕西	106	107	105	87	120	31	109	104
甘肃	121	113	136	99	134	57	124	115
青海	112	119	101	88	131	47	115	113
宁夏	106	105	107	78	125	36	110	98
新疆	105	109	95	81	121	37	103	146

3-8-2-2 陪伴照料家人活动参与者每日平均时间(工作日)

单位：分

地 区	合计	分城乡		分性别		分年龄组		
		城镇	农村	男	女	6-17周岁	18-59周岁	60周岁及以上
全 国	**128**	**127**	**130**	**106**	**141**	**67**	**125**	**147**
北 京	141	143	124	116	158	96	135	171
天 津	116	118	103	108	122	46	115	125
河 北	130	128	135	104	145	81	122	169
山 西	119	121	116	99	131	78	117	135
内蒙古	145	141	168	129	155	70	138	188
辽 宁	151	155	133	131	162	72	153	144
吉 林	128	132	116	95	142	48	124	145
黑龙江	136	140	127	111	153	30	132	151
上 海	126	125	136	118	132	55	122	145
江 苏	129	128	136	99	148	68	126	151
浙 江	135	137	125	113	146	56	123	202
安 徽	121	124	116	94	138	48	123	118
福 建	119	117	124	100	128	40	118	127
江 西	109	109	109	93	118	60	107	120
山 东	134	140	121	107	149	84	125	171
河 南	116	110	128	96	126	62	112	136
湖 北	128	126	131	117	133	56	127	134
湖 南	127	124	132	107	137	69	126	134
广 东	128	124	141	106	143	73	126	141
广 西	115	110	124	93	131	99	113	126
海 南	121	117	130	99	136	163	123	108
重 庆	119	119	120	107	127	46	115	144
四 川	122	118	130	97	135	63	120	133
贵 州	129	131	126	106	146	69	127	153
云 南	135	135	135	117	148	32	133	148
西 藏	138	133	143	119	152	83	135	166
陕 西	126	127	126	111	134	47	126	130
甘 肃	152	144	166	131	163	101	154	150
青 海	136	139	128	111	151	51	137	134
宁 夏	128	126	134	96	147	69	129	123
新 疆	139	136	148	113	155	62	133	184

3-8-2-3 陪伴照料家人活动参与者每日平均时间(休息日)

单位：分

地区	合计	分城乡		分性别		分年龄组		
		城镇	农村	男	女	6-17周岁	18-59周岁	60周岁及以上
全国	**166**	**171**	**152**	**150**	**176**	**103**	**168**	**163**
北京	218	225	166	211	224	111	225	187
天津	145	148	116	144	147	114	149	131
河北	157	156	159	142	166	93	154	180
山西	156	165	129	130	172	82	158	146
内蒙古	180	185	159	163	191	89	183	176
辽宁	201	207	170	185	213	111	212	171
吉林	167	174	149	156	174	168	168	162
黑龙江	170	185	127	153	184	123	170	175
上海	175	174	177	168	180	69	181	145
江苏	169	172	158	159	177	127	173	153
浙江	184	191	155	159	202	176	178	224
安徽	156	160	149	136	169	68	159	156
福建	144	148	134	123	156	75	148	126
江西	151	152	150	134	163	90	154	150
山东	178	181	169	160	189	118	174	201
河南	159	161	155	143	168	83	164	146
湖北	164	174	138	154	170	98	169	147
湖南	168	172	157	147	179	83	170	164
广东	165	164	171	149	178	121	168	156
广西	145	145	146	125	160	116	148	139
海南	139	134	149	123	152	125	142	121
重庆	176	186	140	165	184	74	187	139
四川	161	169	144	148	170	85	165	151
贵州	153	161	137	134	167	105	156	151
云南	159	163	152	145	170	137	159	167
西藏	161	158	165	143	176	126	160	183
陕西	172	177	161	162	178	103	176	161
甘肃	176	179	171	167	182	72	178	185
青海	162	170	148	149	171	132	166	150
宁夏	159	167	132	136	174	99	165	136
新疆	151	160	133	131	163	100	151	182

3-8-3-1 陪伴照料家人活动参与率(合计)

单位：%

地区	合计	分城乡		分性别		分年龄组		
		城镇	农村	男	女	6-17周岁	18-59周岁	60周岁及以上
全　国	**28.4**	**31.3**	**22.9**	**22.9**	**34.2**	**4.1**	**37.8**	**21.8**
北　京	31.8	32.1	29.3	27.9	35.8	3.4	40.3	23.0
天　津	37.0	39.2	24.2	31.4	42.8	7.1	46.9	29.0
河　北	28.9	32.6	22.6	22.8	34.9	3.9	40.0	22.2
山　西	26.4	30.0	19.8	21.1	31.9	2.4	36.6	15.7
内蒙古	28.6	33.8	16.9	22.4	35.2	6.1	36.4	19.8
辽　宁	32.1	36.4	20.3	26.5	37.6	7.7	42.2	21.3
吉　林	25.0	28.5	18.7	18.4	31.6	2.4	33.1	15.7
黑龙江	28.2	30.6	23.3	24.4	32.0	3.8	34.9	22.9
上　海	26.6	27.0	23.2	22.7	30.8	2.3	33.5	18.7
江　苏	30.5	32.6	24.3	25.3	35.9	2.3	41.1	21.4
浙　江	26.1	28.6	18.8	20.2	32.5	2.6	33.4	17.7
安　徽	31.8	35.2	26.3	25.4	38.4	5.0	42.9	24.8
福　建	26.4	27.4	24.1	19.9	33.4	2.9	36.2	18.8
江　西	24.8	26.8	21.1	19.9	30.0	4.3	34.7	18.7
山　东	28.2	31.0	22.9	22.4	34.2	4.1	38.0	23.1
河　南	26.7	28.7	24.0	20.1	33.4	2.4	37.5	24.2
湖　北	29.9	32.9	24.1	23.4	36.6	3.4	39.7	24.3
湖　南	25.9	29.8	19.9	19.2	33.0	2.8	36.3	19.4
广　东	29.9	30.8	27.0	25.4	35.0	3.6	37.1	28.6
广　西	30.5	32.2	28.3	25.7	35.7	4.6	41.3	29.1
海　南	31.1	34.3	25.7	26.0	36.8	3.4	41.6	25.6
重　庆	26.8	29.6	19.6	22.5	31.1	4.7	35.7	18.9
四　川	24.5	28.9	17.9	19.6	29.4	3.6	34.6	13.6
贵　州	29.9	33.5	25.3	26.5	33.5	8.2	40.3	22.3
云　南	26.0	30.8	20.5	22.5	29.6	3.4	34.4	17.4
西　藏	23.9	29.1	20.4	19.7	28.7	4.0	29.8	28.1
陕　西	33.3	35.4	29.2	26.3	40.5	5.3	44.6	23.6
甘　肃	28.5	34.3	21.2	21.8	35.4	4.1	37.1	23.2
青　海	27.5	27.4	27.7	23.5	31.5	5.3	33.6	29.0
宁　夏	32.8	37.6	22.8	26.5	39.3	7.3	42.0	25.4
新　疆	29.3	32.9	24.1	23.1	36.1	9.5	36.0	28.2

3-8-3-2 陪伴照料家人活动参与率(工作日)

单位：%

地 区	合计	分城乡		分性别		分年龄组		
		城镇	农村	男	女	6-17周岁	18-59周岁	60周岁及以上
全 国	**20.6**	**22.6**	**16.6**	**14.9**	**26.4**	**1.1**	**27.8**	**15.9**
北 京	23.2	23.6	19.9	18.0	28.5	0.7	29.2	18.0
天 津	27.2	28.9	17.1	21.2	33.4	1.4	35.3	21.2
河 北	19.5	22.3	14.7	13.6	25.2	1.2	27.1	15.8
山 西	18.9	20.9	15.2	13.6	24.4	0.3	26.3	11.8
内蒙古	21.6	26.1	11.4	16.1	27.3	2.7	27.9	14.7
辽 宁	20.8	23.4	13.7	14.9	26.5	0.8	29.0	11.9
吉 林	19.0	21.0	15.4	11.7	26.3	1.1	24.8	13.2
黑龙江	21.6	23.2	18.5	17.4	25.8	0.3	27.3	17.4
上 海	19.1	19.4	17.0	14.3	24.4	1.2	23.6	14.7
江 苏	22.9	23.9	19.9	17.2	28.8	1.4	31.2	15.5
浙 江	18.2	20.1	12.5	12.0	24.8	1.0	23.5	12.0
安 徽	24.1	26.2	20.8	17.9	30.5	1.9	32.6	20.2
福 建	21.0	22.4	17.7	14.1	28.4	0.7	29.3	14.8
江 西	17.1	18.3	15.1	12.5	22.1	0.8	24.6	13.5
山 东	19.5	20.9	16.8	13.7	25.4	0.5	27.0	15.9
河 南	19.3	20.8	17.1	12.8	25.8	0.5	27.2	18.1
湖 北	22.0	25.3	15.6	15.5	28.7	1.6	29.3	18.0
湖 南	18.6	21.2	14.4	12.1	25.3	0.6	26.2	14.5
广 东	22.5	22.8	21.7	17.1	28.5	1.1	28.4	21.0
广 西	23.3	24.6	21.6	18.5	28.5	1.1	32.0	23.9
海 南	23.7	26.9	18.3	18.4	29.7	0.6	32.4	19.4
重 庆	19.7	22.2	13.5	15.1	24.3	1.0	27.5	12.4
四 川	16.6	20.1	11.5	11.8	21.5	1.1	24.0	8.9
贵 州	22.4	24.6	19.5	18.6	26.4	2.5	31.5	16.6
云 南	18.8	22.7	14.3	15.3	22.5	0.4	25.3	13.0
西 藏	15.1	18.3	13.0	11.6	19.0	1.3	18.8	20.0
陕 西	23.5	24.6	21.4	15.9	31.3	0.3	32.1	17.5
甘 肃	20.9	23.9	17.1	14.5	27.6	2.2	27.5	16.8
青 海	20.9	21.4	20.1	16.1	25.8	1.6	25.8	23.6
宁 夏	23.8	27.0	17.2	17.6	30.2	1.4	31.3	19.6
新 疆	20.4	24.2	14.9	14.8	26.4	2.1	25.8	22.8

3-8-3-3 陪伴照料家人活动参与率(休息日)

单位：%

地区	合计	分城乡		分性别		分年龄组		
		城镇	农村	男	女	6-17周岁	18-59周岁	60周岁及以上
全国	**23.9**	**26.4**	**19.2**	**18.8**	**29.2**	**3.5**	**32.3**	**16.7**
北京	26.7	26.9	25.1	23.4	30.0	3.0	35.4	15.0
天津	30.3	32.1	19.5	26.1	34.7	6.0	40.4	18.8
河北	24.8	28.3	18.9	19.2	30.3	3.4	34.7	18.0
山西	22.6	25.6	17.3	17.1	28.4	2.1	31.4	13.3
内蒙古	23.8	27.9	14.6	18.0	29.8	4.1	30.8	15.5
辽宁	28.5	32.7	16.9	24.0	32.9	7.2	37.7	18.1
吉林	21.9	24.8	16.5	16.2	27.6	2.4	29.1	13.3
黑龙江	23.9	27.0	17.7	20.7	27.1	3.8	29.9	18.6
上海	20.6	20.9	18.1	17.6	23.9	1.6	27.1	11.9
江苏	25.9	27.8	20.5	21.2	30.9	1.8	35.3	17.4
浙江	22.3	24.7	15.5	17.5	27.7	1.8	29.4	13.2
安徽	26.5	29.0	22.5	20.8	32.4	3.8	36.6	18.9
福建	22.5	23.1	21.2	16.3	29.2	2.3	31.5	14.1
江西	20.6	22.2	17.8	15.8	25.6	3.7	29.4	13.6
山东	23.4	25.9	18.4	17.9	28.9	3.7	31.7	18.3
河南	22.6	24.3	20.3	16.2	29.1	2.0	32.3	19.0
湖北	24.1	26.5	19.7	18.1	30.4	2.4	33.0	17.6
湖南	21.4	24.3	16.8	15.0	28.2	2.4	30.7	14.3
广东	25.3	26.2	22.5	21.0	30.0	3.0	32.1	20.8
广西	25.3	27.1	22.9	20.6	30.3	4.1	35.2	20.7
海南	27.8	30.5	23.4	23.5	32.8	3.0	37.9	20.9
重庆	22.6	24.7	17.3	19.2	26.1	4.3	30.5	15.1
四川	20.6	24.2	15.4	16.0	25.4	3.0	29.4	11.0
贵州	25.1	28.4	20.9	21.5	28.9	7.1	34.0	17.5
云南	21.3	25.5	16.5	17.9	24.9	3.2	28.8	11.9
西藏	18.5	22.8	15.5	15.3	22.0	3.3	23.0	21.1
陕西	28.9	30.9	25.2	21.9	36.3	5.0	39.6	18.1
甘肃	23.3	27.9	17.4	17.1	29.6	3.5	31.0	16.5
青海	23.0	23.0	22.9	18.7	27.3	5.1	28.0	23.5
宁夏	28.4	32.1	20.6	22.2	34.8	6.8	36.9	19.3
新疆	24.0	27.2	19.3	17.9	30.5	9.1	29.3	21.4

3-9-1-1 购买商品或服务活动居民每日平均时间(合计)

单位：分

地区	合计	分城乡		分性别		分年龄组		
		城镇	农村	男	女	6-17周岁	18-59周岁	60周岁及以上
全 国	**15**	**17**	**10**	**10**	**19**	**4**	**16**	**20**
北 京	20	21	15	15	25	6	19	31
天 津	23	25	13	18	28	5	21	36
河 北	16	19	11	10	22	4	17	23
山 西	16	17	14	10	23	2	18	20
内蒙古	13	16	6	9	18	4	14	16
辽 宁	20	24	10	15	26	4	20	27
吉 林	14	18	7	9	19	3	14	18
黑龙江	17	21	10	13	22	4	17	23
上 海	20	21	15	17	25	7	18	31
江 苏	16	16	16	12	21	5	18	19
浙 江	13	14	11	10	17	5	13	20
安 徽	14	17	10	10	19	4	15	20
福 建	14	16	11	10	20	4	16	20
江 西	13	14	11	9	18	3	15	18
山 东	14	16	11	11	18	5	16	19
河 南	14	16	12	9	20	4	16	22
湖 北	12	15	8	8	16	4	14	14
湖 南	12	15	8	8	17	3	14	15
广 东	15	16	11	10	20	4	15	23
广 西	12	15	9	11	14	5	14	18
海 南	13	14	13	10	17	2	16	18
重 庆	19	20	14	13	24	5	19	26
四 川	14	18	9	10	19	3	16	18
贵 州	12	14	9	8	15	4	14	13
云 南	12	16	8	10	15	5	13	15
西 藏	11	17	7	11	12	4	13	13
陕 西	14	16	9	10	18	5	16	15
甘 肃	11	14	7	7	15	2	13	11
青 海	14	17	9	10	19	5	16	19
宁 夏	11	13	7	7	15	2	13	13
新 疆	13	17	8	10	17	5	14	23

3-9-1-2 购买商品或服务活动居民每日平均时间(工作日)

单位：分

地区	合计	分城乡		分性别		分年龄组		
		城镇	农村	男	女	6-17周岁	18-59周岁	60周岁及以上
全国	**11**	**12**	**8**	**7**	**15**	**1**	**11**	**19**
北京	14	15	10	10	19	0	10	32
天津	18	20	12	14	23	1	14	37
河北	12	14	8	7	17	1	12	21
山西	12	13	11	7	18	0	13	20
内蒙古	10	13	5	7	14	1	10	17
辽宁	16	19	8	11	21	1	13	26
吉林	12	15	6	7	16	0	11	18
黑龙江	14	16	8	10	17	0	12	22
上海	14	14	11	11	17	1	9	30
江苏	12	11	13	8	16	1	12	18
浙江	10	11	8	7	14	1	9	20
安徽	11	13	8	7	15	1	11	20
福建	11	12	9	6	16	0	12	19
江西	10	10	8	6	13	1	10	17
山东	10	11	8	7	13	1	10	17
河南	10	11	9	6	15	1	10	20
湖北	9	11	6	6	13	1	10	13
湖南	9	11	6	6	13	0	10	14
广东	11	12	9	7	16	0	11	23
广西	10	11	7	8	11	2	10	17
海南	12	12	11	8	16	1	14	17
重庆	15	16	12	10	19	0	13	27
四川	12	15	7	9	15	0	12	18
贵州	9	11	6	6	12	1	11	12
云南	9	13	5	8	11	1	10	14
西藏	8	13	5	8	8	1	10	12
陕西	10	12	7	6	14	1	11	13
甘肃	7	9	5	4	11	0	8	11
青海	10	12	7	5	14	2	10	17
宁夏	8	9	4	5	11	0	9	11
新疆	9	11	5	6	11	1	8	20

3-9-1-3 购买商品或服务活动居民每日平均时间(休息日)

单位：分

地区	合计	分城乡		分性别		分年龄组		
		城镇	农村	男	女	6-17周岁	18-59周岁	60周岁及以上
全国	**24**	**28**	**16**	**18**	**30**	**12**	**28**	**22**
北京	35	36	29	29	41	21	39	30
天津	34	37	16	29	39	15	38	35
河北	26	31	18	18	34	13	30	29
山西	25	28	19	16	34	7	31	21
内蒙古	20	25	10	15	26	12	24	16
辽宁	31	37	16	25	37	11	36	29
吉林	20	26	9	14	26	10	23	17
黑龙江	27	32	17	20	34	14	30	25
上海	36	38	26	30	43	21	40	34
江苏	28	29	22	22	34	15	33	22
浙江	21	22	18	16	25	13	23	20
安徽	21	25	15	16	27	11	25	19
福建	23	25	17	18	29	12	26	24
江西	22	24	19	15	29	9	27	22
山东	26	29	19	21	30	16	30	23
河南	25	29	19	18	32	11	30	25
湖北	20	24	13	15	26	11	24	16
湖南	20	24	13	14	26	11	24	18
广东	23	26	16	17	30	11	26	24
广西	19	22	15	16	22	12	22	19
海南	17	17	17	15	20	5	20	21
重庆	29	32	20	22	35	17	34	23
四川	22	27	14	15	28	11	26	19
贵州	19	21	16	15	23	10	23	17
云南	20	26	13	15	25	16	22	15
西藏	19	28	14	17	22	12	22	16
陕西	23	26	17	19	27	13	28	18
甘肃	19	25	12	14	25	5	25	12
青海	25	30	17	21	29	15	28	23
宁夏	20	23	13	14	25	7	24	17
新疆	25	31	17	19	31	16	27	28

3-9-2-1 购买商品或服务活动参与者每日平均时间(合计)

单位：分

地区	合计	分城乡		分性别		分年龄组		
		城镇	农村	男	女	6-17周岁	18-59周岁	60周岁及以上
全国	**43**	**43**	**42**	**38**	**46**	**28**	**41**	**52**
北京	51	52	42	47	54	37	48	59
天津	43	44	32	39	46	26	38	55
河北	43	45	39	37	47	25	42	53
山西	42	42	41	36	45	21	43	43
内蒙古	43	45	36	38	46	28	43	46
辽宁	49	50	46	42	55	28	46	57
吉林	47	47	50	40	51	26	46	54
黑龙江	49	49	53	46	51	28	47	57
上海	44	44	38	40	47	36	39	54
江苏	43	42	45	37	47	29	42	48
浙江	38	38	39	36	40	29	36	46
安徽	43	42	45	39	46	31	41	52
福建	36	37	33	31	40	26	35	42
江西	40	41	39	35	44	26	39	50
山东	44	43	44	41	45	34	42	48
河南	45	45	46	38	50	29	43	57
湖北	42	42	40	38	44	30	41	47
湖南	44	45	43	39	48	31	43	53
广东	39	39	38	34	43	26	37	51
广西	37	37	37	35	39	26	34	50
海南	37	36	37	33	39	19	36	42
重庆	48	48	46	43	51	31	44	61
四川	45	45	45	42	47	25	43	56
贵州	38	38	38	33	41	23	38	48
云南	44	45	43	44	45	31	43	57
西藏	52	52	51	53	51	38	52	63
陕西	44	46	40	39	48	33	44	50
甘肃	43	43	41	35	47	31	43	45
青海	52	54	48	44	58	38	51	68
宁夏	40	40	38	33	44	22	40	46
新疆	43	44	41	40	45	30	42	55

3-9-2-2 购买商品或服务活动参与者每日平均时间(工作日)

单位：分

地 区	合计	分城乡		分性别		分年龄组		
		城镇	农村	男	女	6-17周岁	18-59周岁	60周岁及以上
全 国	**63**	**63**	**66**	**61**	**65**	**41**	**60**	**70**
北 京	79	81	66	79	80	28	77	82
天 津	58	59	47	55	60	33	49	70
河 北	64	66	60	60	66	42	62	69
山 西	64	64	65	62	65	32	64	66
内蒙古	63	65	55	60	65	56	64	63
辽 宁	69	69	69	64	72	76	65	75
吉 林	72	69	92	66	75	33	68	77
黑龙江	72	70	85	69	74	15	69	77
上 海	62	62	63	61	63	58	58	65
江 苏	60	59	63	55	63	31	60	62
浙 江	56	56	57	54	58	43	52	64
安 徽	64	61	72	65	63	35	60	72
福 建	51	54	43	48	53	44	50	54
江 西	58	56	62	56	59	42	56	64
山 东	71	69	76	73	70	81	68	76
河 南	73	71	77	61	80	63	67	84
湖 北	62	61	66	62	62	45	61	64
湖 南	67	66	72	68	67	42	65	73
广 东	53	54	51	50	55	32	50	62
广 西	52	50	58	52	53	38	48	66
海 南	50	49	51	47	52	31	50	50
重 庆	75	71	88	72	76	35	67	86
四 川	71	68	84	72	70	32	68	78
贵 州	57	56	59	51	60	30	57	66
云 南	69	67	72	73	66	39	68	74
西 藏	86	83	93	95	78	59	86	98
陕 西	73	75	66	73	73	89	72	73
甘 肃	67	66	68	56	72	77	69	61
青 海	90	89	93	78	95	87	87	98
宁 夏	64	63	68	56	68	[illegible]	62	70
新 疆	63	63	64	57	68	31	62	72

3-9-2-3 购买商品或服务活动参与者每日平均时间(休息日)

单位：分

地区	合计	分城乡		分性别		分年龄组		
		城镇	农村	男	女	6-17周岁	18-59周岁	60周岁及以上
全国	**88**	**88**	**87**	**83**	**91**	**94**	**90**	**78**
北京	110	111	97	105	113	128	119	83
天津	80	83	55	77	83	90	84	71
河北	87	88	82	80	91	80	89	84
山西	84	89	73	80	86	72	94	61
内蒙古	86	87	78	84	87	92	93	64
辽宁	96	96	101	89	101	87	104	83
吉林	92	91	101	88	95	90	97	81
黑龙江	101	96	121	98	102	99	104	93
上海	93	95	79	88	97	125	98	78
江苏	88	90	82	82	93	101	92	74
浙江	76	74	82	73	78	97	78	65
安徽	83	81	89	80	85	98	85	72
福建	70	71	67	68	72	89	70	62
江西	82	82	81	76	85	82	85	72
山东	98	97	101	98	97	110	101	86
河南	97	99	94	90	102	91	100	92
湖北	88	88	85	84	90	102	90	75
湖南	91	91	92	82	97	102	93	82
广东	77	79	68	74	79	87	78	67
广西	72	70	75	67	75	76	69	77
海南	60	57	65	61	59	61	59	60
重庆	95	96	88	91	97	108	96	85
四川	87	85	95	81	91	85	89	83
贵州	81	77	90	81	81	76	80	89
云南	95	93	102	90	99	105	96	85
西藏	114	107	126	109	119	113	113	131
陕西	93	94	91	90	96	106	95	80
甘肃	99	101	92	92	103	91	103	82
青海	118	120	115	120	117	119	120	110
宁夏	94	94	94	81	103	76	98	84
新疆	102	99	110	99	104	103	105	90

3-9-3-1 购买商品或服务活动参与率(合计)

单位：%

地区	合计	分城乡		分性别		分年龄组		
		城镇	农村	男	女	6-17周岁	18-59周岁	60周岁及以上
全国	**34.1**	**38.8**	**24.8**	**27.0**	**41.4**	**14.4**	**38.0**	**38.9**
北京	39.6	40.1	36.3	32.4	47.0	16.8	38.9	53.0
天津	53.2	55.4	40.7	47.0	59.8	19.9	55.2	65.5
河北	37.1	42.6	27.9	27.5	46.6	17.2	40.9	44.4
山西	38.1	40.7	33.3	26.6	50.1	11.7	41.4	47.5
内蒙古	31.0	36.9	17.8	23.9	38.4	13.6	32.5	36.2
辽宁	41.3	48.4	21.7	35.2	47.2	14.3	42.6	48.2
吉林	29.6	38.4	13.6	23.0	36.2	11.9	31.0	33.3
黑龙江	35.4	43.1	19.7	27.5	43.3	14.1	37.1	40.0
上海	46.8	47.6	40.4	42.0	51.9	18.2	46.4	57.6
江苏	38.1	39.3	34.7	32.0	44.4	16.6	42.4	40.3
浙江	34.5	36.9	27.5	27.6	42.0	15.5	35.4	42.3
安徽	32.8	39.4	22.3	25.0	40.9	12.0	37.7	37.4
福建	39.7	42.2	33.5	31.0	48.9	13.8	45.3	47.7
江西	32.5	34.3	29.3	24.5	41.0	12.3	38.9	36.4
山东	33.3	37.2	25.8	27.4	39.3	14.8	36.7	38.6
河南	31.6	35.0	27.0	23.8	39.5	13.4	36.5	38.1
湖北	29.3	34.2	19.9	22.1	36.8	12.2	33.7	30.3
湖南	27.7	33.1	19.1	20.8	34.9	11.2	32.7	28.8
广东	37.2	39.9	28.8	29.1	46.2	13.7	41.4	46.0
广西	33.6	39.6	25.8	30.7	36.7	18.1	39.2	35.4
海南	36.3	37.5	34.3	30.1	43.3	9.5	42.7	43.9
重庆	39.0	42.3	30.8	31.2	47.0	16.3	43.3	42.7
四川	32.0	39.8	20.4	24.4	39.6	13.2	36.7	32.8
贵州	30.9	36.2	24.1	25.1	36.9	16.4	37.3	27.5
云南	27.6	36.4	17.6	22.0	33.4	17.1	30.8	25.9
西藏	21.8	32.7	14.4	20.1	23.7	11.7	25.2	21.0
陕西	31.0	35.0	23.6	24.9	37.4	13.8	36.6	28.9
甘肃	25.4	31.8	17.4	19.5	31.4	7.0	30.8	24.5
青海	27.2	31.5	19.7	22.4	32.0	15.2	30.6	27.5
宁夏	27.5	32.3	17.3	21.9	33.2	9.3	32.5	28.5
新疆	30.8	38.0	20.4	24.8	37.2	17.7	32.9	41.2

3-9-3-2 购买商品或服务活动参与率(工作日)

单位：%

地区	合计	分城乡		分性别		分年龄组		
		城镇	农村	男	女	6-17周岁	18-59周岁	60周岁及以上
全国	**17.2**	**19.9**	**11.9**	**11.9**	**22.6**	**1.8**	**17.8**	**27.4**
北京	17.9	18.3	14.7	12.2	23.7	0.8	13.4	38.7
天津	32.1	33.2	25.8	25.9	38.6	4.2	29.6	52.1
河北	18.5	21.7	13.2	11.6	25.3	2.0	19.1	30.8
山西	19.3	20.1	17.8	11.4	27.6	1.5	19.7	30.7
内蒙古	16.5	20.1	8.5	11.2	22.0	1.3	15.8	26.5
辽宁	23.1	27.6	11.0	16.8	29.3	1.4	20.7	35.4
吉林	16.2	21.7	6.3	11.2	21.2	0.9	15.5	23.9
黑龙江	18.8	23.6	9.2	14.2	23.5	0.1	17.9	28.1
上海	22.7	23.3	17.6	18.1	27.6	1.4	16.1	45.4
江苏	19.4	19.1	20.5	14.1	24.9	2.4	19.2	29.5
浙江	18.1	19.5	14.0	13.4	23.2	3.0	16.7	30.5
安徽	17.7	21.7	11.1	11.1	24.5	2.1	19.0	27.3
福建	21.4	22.0	20.0	13.5	29.9	0.4	24.0	34.6
江西	16.5	18.1	13.6	10.3	23.0	2.1	18.6	26.2
山东	14.1	15.8	10.8	9.8	18.4	0.7	14.6	22.3
河南	13.9	15.0	12.3	9.3	18.5	1.5	15.0	24.0
湖北	14.7	17.6	9.1	9.2	20.4	1.4	15.9	20.7
湖南	13.7	16.8	8.7	8.7	18.9	1.1	15.7	19.0
广东	20.7	21.8	17.2	13.8	28.4	1.4	22.1	37.0
广西	18.5	22.8	12.9	16.2	21.0	4.5	21.4	26.3
海南	23.4	24.8	21.2	17.3	30.3	1.6	27.3	34.2
重庆	19.5	21.8	13.6	13.5	25.6	1.3	18.9	31.8
四川	16.4	21.6	8.6	11.7	21.0	0.6	17.6	23.6
贵州	15.4	18.8	11.1	11.1	20.0	5.0	18.5	17.6
云南	13.5	18.8	7.4	10.4	16.7	2.7	14.7	19.6
西藏	9.3	15.6	5.1	8.5	10.2	2.0	11.2	12.6
陕西	13.9	16.0	9.9	8.3	19.7	1.2	15.8	18.0
甘肃	11.2	14.3	7.4	7.2	15.4	0.6	12.2	17.3
青海	11.0	13.3	7.0	6.8	15.2	2.2	12.0	17.5
宁夏	11.8	14.6	5.8	8.3	15.4	0.2	14.0	16.2
新疆	13.5	17.6	7.6	10.9	16.3	3.6	13.6	28.4

3-9-3-3 购买商品或服务活动参与率(休息日)

单位：%

地区	合计	分城乡		分性别		分年龄组		
		城镇	农村	男	女	6-17周岁	18-59周岁	60周岁及以上
全　国	**27.1**	**31.3**	**18.8**	**21.6**	**32.8**	**13.2**	**30.6**	**28.4**
北　京	31.9	32.2	29.5	27.7	36.2	16.8	33.0	36.7
天　津	42.3	44.5	28.9	37.1	47.6	16.4	44.8	49.4
河　北	30.4	35.4	21.8	22.9	37.7	16.2	33.6	34.1
山　西	29.3	31.4	25.5	19.9	39.2	10.3	32.5	34.0
内蒙古	23.8	28.4	13.5	18.1	29.8	12.5	25.7	24.8
辽　宁	32.4	38.5	15.7	28.0	36.7	13.2	34.4	35.5
吉　林	21.5	28.2	9.2	16.0	26.9	11.2	23.7	20.6
黑龙江	27.0	33.2	14.2	20.5	33.4	14.1	29.1	27.1
上　海	39.0	39.9	32.2	34.5	43.9	16.8	40.5	43.3
江　苏	31.1	32.7	26.5	26.4	36.0	15.1	35.6	29.6
浙　江	27.3	29.4	21.4	22.5	32.6	13.0	29.0	30.5
安　徽	25.8	31.5	16.8	20.6	31.3	11.3	30.1	26.9
福　建	32.8	35.7	25.8	25.9	40.2	13.4	37.3	38.1
江　西	27.1	29.2	23.4	20.5	34.1	10.7	32.1	30.7
山　东	26.3	30.2	19.0	21.9	30.8	14.7	29.6	27.0
河　南	25.6	29.1	20.7	19.5	31.7	12.4	30.2	27.5
湖　北	23.0	27.2	14.9	17.5	28.7	11.2	26.7	22.1
湖　南	21.8	26.8	13.9	16.6	27.2	10.7	25.4	22.1
广　东	30.5	32.6	23.9	23.5	38.3	13.0	33.7	36.7
广　西	26.4	31.7	19.5	24.0	29.1	16.0	31.1	24.8
海　南	29.1	30.5	26.8	24.0	34.9	8.3	34.1	35.0
重　庆	30.4	33.7	22.2	24.5	36.5	15.6	35.5	27.4
四　川	24.7	31.3	15.0	18.6	31.0	13.0	28.7	22.7
贵　州	23.5	28.0	17.7	18.8	28.3	12.8	28.7	19.2
云　南	20.6	27.6	12.7	16.3	25.2	15.0	22.8	18.2
西　藏	17.0	25.9	11.0	15.6	18.7	11.0	19.8	12.0
陕　西	24.7	28.1	18.3	20.9	28.7	12.6	29.0	22.1
甘　肃	19.5	24.6	13.1	15.3	23.9	7.0	24.5	15.1
青　海	21.1	24.9	14.4	17.8	24.3	13.[illegible]	23.4	20.9
宁　夏	20.8	24.2	13.8	17.4	24.4	9.[illegible]	24.3	20.4
新　疆	24.5	30.9	15.3	19.2	30.3	15.4	26.1	31.3

3-10-1-1 看病就医活动居民每日平均时间(合计)

单位：分

地 区	合计	分城乡		分性别		分年龄组		
		城镇	农村	男	女	6-17周岁	18-59周岁	60周岁及以上
全 国	**2**	**2**	**2**	**2**	**2**	**1**	**2**	**5**
北 京	3	3	2	2	3	1	1	7
天 津	3	4	2	3	4	0	2	8
河 北	2	1	3	2	2	0	2	5
山 西	1	1	2	1	2	0	1	2
内蒙古	3	4	3	3	4	0	4	4
辽 宁	3	3	3	4	3	0	3	5
吉 林	2	2	1	2	2		2	3
黑龙江	2	2	1	2	2		2	3
上 海	3	3	3	2	4	3	2	5
江 苏	2	2	4	2	2	0	2	5
浙 江	2	2	2	2	2	0	2	4
安 徽	3	3	3	3	3	1	2	6
福 建	2	1	3	2	1	1	2	2
江 西	2	1	3	2	2	1	1	5
山 东	2	2	1	2	2	1	1	4
河 南	2	2	2	2	2	0	1	6
湖 北	3	3	2	3	3	1	2	7
湖 南	3	3	3	2	4	1	2	6
广 东	1	1	1	1	1	0	1	3
广 西	2	2	1	1	2	0	2	3
海 南	1	2	1	2	1	0	2	2
重 庆	2	1	3	1	2	0	1	3
四 川	2	2	2	2	2	0	2	3
贵 州	3	3	3	3	3	1	3	6
云 南	3	2	5	3	3	0	3	5
西 藏	2	2	1	2	2	0	2	6
陕 西	3	2	3	3	2	0	2	5
甘 肃	4	4	4	4	4	1	3	8
青 海	4	3	4	3	4	1	3	9
宁 夏	3	3	2	2	4	0	2	8
新 疆	5	5	4	4	5	2	4	13

3-10-1-2 看病就医活动居民每日平均时间(工作日)

单位：分

地区	合计	分城乡		分性别		分年龄组		
		城镇	农村	男	女	6-17周岁	18-59周岁	60周岁及以上
全国	**2**	**2**	**2**	**2**	**2**	**0**	**2**	**5**
北京	2	2	2	2	3	1	1	8
天津	3	4	1	3	3	0	2	8
河北	2	1	3	2	2	0	1	6
山西	1	1	2	1	2		1	2
内蒙古	4	4	3	3	4	0	4	4
辽宁	3	4	3	4	3	0	3	5
吉林	2	2	1	2	2		1	3
黑龙江	2	2	1	2	2		2	3
上海	3	4	3	2	5	3	2	6
江苏	2	2	4	2	2		2	5
浙江	2	2	2	2	2	0	2	4
安徽	3	3	2	3	3	0	2	7
福建	1	1	4	2	1	1	1	3
江西	2	1	3	2	2	1	1	5
山东	2	2	1	2	2	1	1	5
河南	2	2	2	2	2	0	1	6
湖北	3	4	2	4	3	1	2	8
湖南	3	3	3	2	4	1	2	7
广东	1	1	1	1	1		1	3
广西	2	2	1	1	2	0	2	3
海南	1	1	1	1	1	0	1	2
重庆	2	1	3	1	2	0	1	3
四川	2	2	2	2	3	0	2	3
贵州	3	3	3	3	3	1	3	6
云南	3	2	5	3	3	0	4	5
西藏	2	2	2	2	2	0	2	7
陕西	2	2	3	3	1	0	2	5
甘肃	4	3	5	3	4	1	3	8
青海	4	4	3	3	4	1	3	9
宁夏	3	3	2	2	4		2	9
新疆	5	5	5	4	5	2	4	14

3-10-1-3 看病就医活动居民每日平均时间(休息日)

单位：分

地区	合计	分城乡		分性别		分年龄组		
		城镇	农村	男	女	6-17周岁	18-59周岁	60周岁及以上
全国	**2**	**2**	**2**	**2**	**3**	**1**	**2**	**4**
北京	3	3	2	3	4	3	3	4
天津	4	4	2	3	4	1	3	6
河北	2	2	4	2	3	0	2	5
山西	1	1	2	1	1	0	1	2
内蒙古	3	3	2	3	2	1	3	3
辽宁	3	3	2	4	2	0	3	4
吉林	2	2	1	1	3		2	3
黑龙江	2	2	1	2	2		2	3
上海	2	2	2	2	2	2	2	3
江苏	2	2	3	2	2	1	2	3
浙江	2	2	3	2	3	0	2	5
安徽	3	2	4	2	4	2	3	4
福建	2	2	2	2	3	1	3	1
江西	2	1	3	2	1	2	1	4
山东	2	2	1	2	2	1	2	3
河南	2	2	2	2	2	1	2	5
湖北	3	3	2	3	3	1	2	6
湖南	2	3	2	2	3	1	3	3
广东	1	2	1	1	2	1	1	2
广西	2	2	2	2	2	1	2	2
海南	2	2	2	2	2	0	2	2
重庆	2	2	2	2	2	0	2	3
四川	2	2	1	1	2	1	2	2
贵州	3	3	4	3	3	2	3	5
云南	3	1	6	3	4	1	3	7
西藏	1	1	1	1	1	0	1	2
陕西	3	4	3	4	3	1	3	7
甘肃	4	4	4	4	4	0	4	8
青海	4	3	6	5	4	2	3	8
宁夏	4	4	3	2	5	1	4	6
新疆	4	5	3	4	4	1	4	10

3-10-2-1 看病就医活动参与者每日平均时间(合计)

单位：分

地区	合计	分城乡		分性别		分年龄组		
		城镇	农村	男	女	6-17周岁	18-59周岁	60周岁及以上
全国	**87**	**81**	**99**	**93**	**82**	**59**	**80**	**100**
北京	66	65	82	61	70	37	54	84
天津	55	55	54	58	52	36	53	57
河北	72	60	87	88	61	32	53	106
山西	65	54	83	70	62	17	70	60
内蒙古	106	91	199	107	105	72	111	98
辽宁	98	98	98	130	72	32	106	94
吉林	80	79	82	80	80		76	85
黑龙江	99	94	119	108	91		94	106
上海	61	62	55	51	67	72	61	59
江苏	94	82	119	112	82	37	98	94
浙江	73	72	76	73	73	21	69	81
安徽	94	93	94	85	103	56	88	108
福建	79	47	164	124	52	52	75	109
江西	97	96	97	100	93	92	80	113
山东	68	68	69	63	72	58	55	86
河南	94	104	80	114	80	40	72	123
湖北	108	114	93	145	79	55	86	139
湖南	141	136	151	128	150	147	138	144
广东	61	59	76	64	58	23	54	92
广西	75	80	69	80	72	38	84	74
海南	90	105	62	183	52	30	107	74
重庆	63	52	87	64	62	46	60	67
四川	74	71	80	67	80	21	81	72
贵州	105	95	120	105	104	85	93	148
云南	136	92	162	159	119	102	141	128
西藏	78	80	76	84	72	26	80	95
陕西	94	85	109	114	69	30	94	100
甘肃	104	98	111	88	124	95	109	99
青海	119	140	98	107	128	59	104	197
宁夏	90	89	93	59	117	29	73	149
新疆	103	104	102	105	102	155	80	147

3-10-2-2 看病就医活动参与者每日平均时间(工作日)

单位：分

地区	合计	分城乡		分性别		分年龄组		
		城镇	农村	男	女	6-17周岁	18-59周岁	60周岁及以上
全国	**158**	**152**	**170**	**174**	**146**	**139**	**159**	**159**
北京	134	133	136	130	136	110	141	132
天津	94	94	87	98	90	30	108	88
河北	143	136	150	172	119	60	112	179
山西	109	96	124	138	96		117	97
内蒙古	168	148	256	165	170	150	197	124
辽宁	160	160	157	219	118	38	196	140
吉林	155	164	127	184	134		145	167
黑龙江	160	157	169	170	152		143	194
上海	100	102	86	87	107	188	105	89
江苏	169	170	168	207	145		214	148
浙江	154	171	119	143	162	30	179	129
安徽	141	130	170	124	164	75	124	163
福建	186	121	238	253	116	113	273	143
江西	159	144	170	162	156	199	123	184
山东	140	146	120	131	147	165	156	131
河南	183	193	165	207	165	65	139	229
湖北	186	199	157	254	133	164	153	219
湖南	225	213	247	234	221	251	193	258
广东	128	119	243	129	128		113	158
广西	133	131	137	168	119	56	146	122
海南	208	289	101	302	128	45	277	161
重庆	108	92	131	105	110	45	103	113
四川	161	154	175	154	166	30	164	161
贵州	169	152	196	183	157	146	150	225
云南	193	184	197	232	163	201	224	142
西藏	124	123	124	146	106	33	126	155
陕西	166	154	180	247	94	15	193	150
甘肃	200	199	202	214	190	132	213	195
青海	200	213	181	190	206	138	173	277
宁夏	157	159	151	106	197		128	195
新疆	190	194	185	202	180	246	183	188

3-10-2-3 看病就医活动参与者每日平均时间(休息日)

单位：分

地区	合计	分城乡		分性别		分年龄组		
		城镇	农村	男	女	6-17周岁	18-59周岁	60周岁及以上
全国	**145**	**136**	**165**	**151**	**140**	**119**	**140**	**159**
北京	129	125	182	129	129	103	127	145
天津	107	106	124	101	112	136	107	105
河北	137	103	177	139	135	71	114	193
山西	107	110	104	112	104	60	110	107
内蒙古	159	146	271	180	138	194	167	136
辽宁	154	158	141	186	118	92	173	135
吉林	118	115	131	96	130		130	104
黑龙江	165	157	211	187	146		160	171
上海	103	100	136	102	104	73	117	96
江苏	155	140	192	189	132	129	176	133
浙江	139	121	206	148	132	71	109	190
安徽	197	190	204	191	201	205	195	199
福建	141	118	238	182	123	97	141	231
江西	162	176	155	184	131	144	158	175
山东	111	110	115	106	115	88	112	116
河南	146	154	135	169	130	115	126	174
湖北	158	153	173	188	136	82	146	183
湖南	211	228	178	178	235	185	292	135
广东	107	107	109	102	111	81	104	137
广西	139	137	142	154	126	132	141	140
海南	155	157	150	263	112	69	190	104
重庆	139	128	170	155	127	180	130	147
四川	99	98	100	99	98	72	103	99
贵州	157	146	172	151	165	154	144	204
云南	245	127	303	231	255	160	216	338
西藏	121	136	106	132	110	108	125	113
陕西	167	176	149	183	146	95	146	211
甘肃	170	179	159	143	211	345	183	150
青海	209	222	198	210	206	149	187	319
宁夏	170	170	172	122	207	103	158	251
新疆	157	166	135	148	167	311	129	217

3-10-3-1 看病就医活动参与率(合计)

单位：%

地区	合计	分城乡		分性别		分年龄组		
		城镇	农村	男	女	6-17周岁	18-59周岁	60周岁及以上
全国	**2.7**	**2.8**	**2.5**	**2.3**	**3.0**	**0.9**	**2.4**	**4.7**
北京	4.0	4.2	2.4	3.3	4.8	3.2	2.8	7.9
天津	6.2	6.8	2.9	5.4	7.1	0.9	4.4	13.2
河北	3.0	2.5	3.8	2.5	3.5	0.7	2.9	5.0
山西	2.0	1.8	2.2	1.4	2.5	0.3	1.9	3.3
内蒙古	3.1	3.9	1.4	2.6	3.6	0.6	3.3	3.9
辽宁	3.3	3.4	3.0	3.0	3.7	0.9	2.8	5.3
吉林	2.2	2.8	1.2	1.9	2.5		2.0	3.5
黑龙江	1.8	2.2	1.0	1.7	2.0		1.8	2.5
上海	4.9	4.9	4.7	3.6	6.3	3.7	3.5	8.7
江苏	2.5	2.3	3.1	1.9	3.0	0.5	1.8	5.2
浙江	2.9	2.8	3.0	2.5	3.3	0.4	2.6	5.1
安徽	3.0	2.9	3.0	3.0	2.9	1.5	2.4	5.7
福建	2.0	2.0	1.9	1.4	2.6	1.4	2.1	2.2
江西	1.7	1.1	2.9	1.7	1.8	1.1	1.2	4.1
山东	2.8	3.2	1.9	2.5	3.0	1.2	2.4	4.7
河南	2.1	2.1	2.1	1.7	2.6	0.5	1.8	4.6
湖北	2.8	3.0	2.5	2.4	3.3	1.1	2.4	5.1
湖南	2.0	2.1	1.8	1.5	2.5	0.5	1.7	3.9
广东	1.9	2.2	0.9	1.6	2.2	0.8	2.0	2.9
广西	2.2	2.4	2.1	1.6	2.9	1.2	2.2	3.5
海南	1.5	1.6	1.5	0.8	2.3	0.8	1.5	2.3
重庆	2.6	2.5	3.0	2.3	3.0	0.4	2.2	5.0
四川	2.7	3.1	2.2	2.4	3.0	1.2	2.7	3.7
贵州	3.1	3.3	2.8	3.0	3.1	1.7	3.4	3.8
云南	2.4	1.7	3.2	2.0	2.9	0.5	2.5	4.2
西藏	2.2	2.7	1.9	2.0	2.5	1.2	2.0	5.9
陕西	2.8	2.7	2.9	3.0	2.5	0.8	2.3	5.4
甘肃	3.8	3.7	3.9	4.2	3.4	0.8	3.2	8.4
青海	3.1	2.4	4.3	2.9	3.3	2.4	3.0	4.3
宁夏	3.2	3.6	2.5	2.9	3.5	1.0	3.3	5.3
新疆	4.4	4.6	4.1	4.2	4.7	1.4	4.5	8.7

3-10-3-2 看病就医活动参与率(工作日)

单位：%

地区	合计	分城乡		分性别		分年龄组		
		城镇	农村	男	女	6-17周岁	18-59周岁	60周岁及以上
全 国	**1.5**	**1.5**	**1.5**	**1.2**	**1.7**	**0.3**	**1.2**	**3.2**
北 京	1.8	1.9	1.3	1.2	2.4	0.5	0.6	5.7
天 津	3.5	3.9	1.4	3.3	3.8	0.1	1.8	9.3
河 北	1.4	1.1	2.0	1.3	1.5	0.3	1.1	3.1
山 西	1.2	1.0	1.5	0.7	1.7		1.1	2.1
内蒙古	2.1	2.5	1.3	1.6	2.6	0.2	2.0	3.4
辽 宁	2.1	2.2	2.0	1.8	2.5	0.7	1.5	3.9
吉 林	1.1	1.3	0.8	0.9	1.3		1.0	1.8
黑龙江	1.1	1.3	0.8	1.1	1.2		1.2	1.4
上 海	3.5	3.5	3.3	2.3	4.7	1.6	2.3	6.9
江 苏	1.4	1.1	2.3	1.0	1.7		0.7	3.7
浙 江	1.3	1.2	1.7	1.2	1.4	0.1	1.0	2.8
安 徽	1.9	2.2	1.3	2.1	1.6	0.6	1.3	4.3
福 建	0.8	0.5	1.5	0.8	0.8	0.6	0.5	2.0
江 西	1.1	0.8	1.7	0.9	1.2	0.4	0.8	2.6
山 东	1.3	1.5	1.0	1.2	1.4	0.4	0.6	3.5
河 南	1.1	1.2	0.9	0.9	1.2	0.1	0.9	2.6
湖 北	1.7	1.9	1.5	1.5	2.0	0.4	1.4	3.5
湖 南	1.3	1.4	1.2	0.9	1.8	0.3	1.2	2.6
广 东	0.8	1.0	0.3	0.8	0.8		0.8	1.8
广 西	1.3	1.6	0.9	0.7	1.9	0.2	1.3	2.4
海 南	0.6	0.5	0.6	0.5	0.6	0.4	0.5	1.0
重 庆	1.5	1.2	2.1	1.3	1.6	0.1	1.2	3.0
四 川	1.4	1.5	1.1	1.1	1.6	0.1	1.5	1.8
贵 州	1.9	2.1	1.7	1.7	2.1	0.8	2.1	2.6
云 南	1.7	1.0	2.5	1.4	2.0	0.2	1.6	3.5
西 藏	1.6	2.0	1.4	1.4	1.9	0.9	1.4	4.5
陕 西	1.4	1.1	1.8	1.3	1.5	0.2	1.0	3.2
甘 肃	1.9	1.7	2.2	1.6	2.3	0.6	1.5	4.2
青 海	1.8	1.7	1.9	1.3	2.2	0.7	1.7	3.1
宁 夏	1.7	1.8	1.3	1.5	1.9		1.5	4.4
新 疆	2.5	2.4	2.6	2.2	2.8	1.0	1.9	7.4

3-10-3-3 看病就医活动参与率(休息日)

单位：%

地区	合计	分城乡		分性别		分年龄组		
		城镇	农村	男	女	6-17周岁	18-59周岁	60周岁及以上
全国	**1.6**	**1.7**	**1.5**	**1.4**	**1.8**	**0.7**	**1.6**	**2.4**
北京	2.6	2.7	1.3	2.3	2.8	2.8	2.4	3.0
天津	3.4	3.7	2.0	2.9	4.0	0.7	3.1	5.7
河北	1.8	1.6	2.2	1.4	2.1	0.4	2.0	2.4
山西	1.2	1.0	1.5	0.9	1.4	0.3	1.2	1.7
内蒙古	1.7	2.2	0.6	1.7	1.7	0.4	1.9	2.0
辽宁	1.8	1.8	1.7	1.9	1.7	0.4	1.6	2.7
吉林	1.6	2.0	0.9	1.2	2.1		1.4	2.8
黑龙江	1.1	1.4	0.4	1.0	1.1		1.0	1.6
上海	1.8	1.9	1.5	1.5	2.2	2.4	1.3	2.9
江苏	1.5	1.4	1.7	1.2	1.8	0.5	1.3	2.6
浙江	1.7	1.8	1.4	1.5	1.9	0.3	1.6	2.9
安徽	1.6	1.3	2.1	1.3	1.9	0.9	1.6	2.0
福建	1.4	1.6	0.9	0.8	2.1	1.0	1.8	0.5
江西	1.0	0.5	1.8	1.1	0.8	1.1	0.5	2.3
山东	1.8	2.1	1.3	1.6	2.0	1.0	1.9	2.3
河南	1.4	1.3	1.6	1.1	1.7	0.5	1.3	2.8
湖北	1.6	1.8	1.3	1.4	1.9	0.8	1.3	3.0
湖南	1.1	1.2	1.0	0.9	1.3	0.5	0.9	2.1
广东	1.3	1.4	0.9	1.0	1.6	0.8	1.4	1.5
广西	1.2	1.1	1.3	1.1	1.3	0.9	1.3	1.1
海南	1.3	1.4	1.0	0.7	1.9	0.6	1.3	1.9
重庆	1.4	1.5	1.3	1.1	1.7	0.3	1.3	2.3
四川	1.6	1.8	1.2	1.4	1.7	1.0	1.5	2.1
贵州	2.0	2.0	2.1	2.2	1.9	1.4	2.2	2.2
云南	1.4	0.9	2.0	1.2	1.6	0.3	1.5	1.9
西藏	0.9	1.1	0.8	0.8	1.0	0.3	0.9	1.8
陕西	2.0	2.1	1.9	2.3	1.8	0.8	1.9	3.3
甘肃	2.5	2.5	2.5	3.0	2.0	0.1	2.2	5.5
青海	1.9	1.3	3.0	2.2	1.7	1.7	1.9	2.5
宁夏	2.2	2.3	2.0	1.8	2.5	1.0	2.4	2.6
新疆	2.7	3.2	1.9	2.7	2.6	0.4	2.9	4.8

3-11-1-1 运动健身活动居民每日平均时间(合计)

单位：分

地区	合计	分城乡		分性别		分年龄组		
		城镇	农村	男	女	6-17周岁	18-59周岁	60周岁及以上
全　国	**35**	**39**	**27**	**36**	**33**	**26**	**29**	**59**
北　京	56	54	69	58	54	34	42	105
天　津	42	43	38	46	38	32	30	75
河　北	35	37	31	37	33	24	28	61
山　西	34	39	27	35	33	20	29	60
内蒙古	37	43	23	39	35	27	25	72
辽　宁	45	50	32	48	43	26	30	81
吉　林	35	43	21	40	30	21	21	72
黑龙江	36	42	23	39	33	19	23	69
上　海	41	41	36	41	41	23	31	69
江　苏	34	36	27	35	33	21	28	54
浙　江	39	42	29	40	37	26	35	57
安　徽	28	32	22	31	25	19	26	41
福　建	35	37	32	38	32	27	31	58
江　西	37	40	31	39	36	34	35	48
山　东	33	35	29	35	30	18	27	56
河　南	35	38	31	37	33	24	30	60
湖　北	33	36	27	34	32	29	28	49
湖　南	43	46	40	42	44	32	40	62
广　东	31	33	22	33	28	27	27	51
广　西	26	34	15	27	24	24	22	38
海　南	23	28	16	25	21	18	21	38
重　庆	41	45	29	41	40	29	32	68
四　川	39	47	28	38	41	33	33	60
贵　州	28	33	21	29	27	42	20	34
云　南	28	37	18	28	28	24	22	54
西　藏	27	42	17	30	23	30	24	43
陕　西	34	41	22	34	35	27	28	57
甘　肃	36	47	22	38	35	23	29	69
青　海	29	34	20	32	26	23	23	59
宁　夏	31	36	20	31	31	19	25	68
新　疆	27	34	18	29	26	25	20	65

3-11-1-2 运动健身活动居民每日平均时间(工作日)

单位：分

地 区	合计	分城乡		分性别		分年龄组		
		城镇	农村	男	女	6-17周岁	18-59周岁	60周岁及以上
全 国	**32**	**36**	**25**	**33**	**32**	**20**	**26**	**59**
北 京	51	49	64	51	51	23	36	105
天 津	39	40	37	42	36	26	26	76
河 北	33	34	30	34	31	18	25	63
山 西	32	36	24	31	33	13	27	59
内蒙古	35	40	23	36	34	22	23	74
辽 宁	44	49	31	46	43	24	28	84
吉 林	33	41	19	38	28	16	19	73
黑龙江	34	40	22	36	33	13	21	71
上 海	37	37	32	36	38	13	27	69
江 苏	31	33	25	32	31	14	26	55
浙 江	36	39	27	37	35	16	32	57
安 徽	26	29	20	28	23	13	24	41
福 建	31	31	30	33	28	17	27	58
江 西	34	38	29	35	34	28	33	47
山 东	30	31	27	31	28	11	24	58
河 南	32	35	28	33	31	18	28	59
湖 北	32	34	27	32	32	24	26	51
湖 南	41	42	38	39	42	25	37	62
广 东	27	29	19	28	26	17	24	51
广 西	25	32	15	26	24	22	21	38
海 南	22	26	15	23	20	15	20	38
重 庆	38	43	27	38	38	22	29	70
四 川	37	44	26	35	38	27	30	60
贵 州	28	32	21	28	27	44	20	34
云 南	27	36	17	27	27	24	20	56
西 藏	24	38	15	26	22	24	21	42
陕 西	31	37	20	30	32	19	25	57
甘 肃	34	45	21	35	34	16	27	71
青 海	27	32	19	29	25	17	22	61
宁 夏	28	33	18	26	30	9	23	69
新 疆	25	32	15	26	24	18	19	66

3-11-1-3 运动健身活动居民每日平均时间(休息日)

单位：分

地 区	合计	分城乡		分性别		分年龄组		
		城镇	农村	男	女	6-17周岁	18-59周岁	60周岁及以上
全 国	**41**	**46**	**31**	**44**	**37**	**42**	**35**	**57**
北 京	69	67	82	75	62	61	58	103
天 津	49	51	40	56	43	49	39	73
河 北	40	45	33	45	36	39	35	55
山 西	40	45	32	46	34	36	34	61
内蒙古	42	49	24	45	38	41	32	68
辽 宁	48	53	33	53	43	33	37	74
吉 林	39	47	24	45	33	36	26	68
黑龙江	39	45	26	45	32	33	28	63
上 海	51	51	48	54	47	46	43	69
江 苏	40	43	30	44	36	39	35	54
浙 江	45	49	33	48	42	53	40	57
安 徽	34	39	26	38	30	34	32	41
福 建	46	50	38	51	41	52	41	57
江 西	44	48	37	48	40	48	40	50
山 东	40	43	35	45	35	37	35	54
河 南	42	45	38	45	39	37	37	60
湖 北	36	40	28	38	33	4[illegible]	32	42
湖 南	50	54	44	51	50	52	45	62
广 东	40	43	31	45	34	5[illegible]	34	52
广 西	28	36	16	31	25	31	24	37
海 南	27	32	18	29	24	27	24	37
重 庆	46	51	36	49	44	47	39	63
四 川	46	56	31	47	46	47	40	60
贵 州	28	35	20	30	27	39	22	37
云 南	29	38	19	30	28	25	25	48
西 藏	35	54	21	41	28	46	29	45
陕 西	43	51	28	44	41	47	36	57
甘 肃	42	54	26	45	38	39	35	65
青 海	32	38	23	37	28	38	26	54
宁 夏	38	44	24	43	33	45	29	65
新 疆	33	40	24	35	31	43	24	63

3-11-2-1 运动健身活动参与者每日平均时间(合计)

单位：分

地区	合计	分城乡		分性别		分年龄组		
		城镇	农村	男	女	6-17周岁	18-59周岁	60周岁及以上
全　国	**70**	**72**	**64**	**72**	**68**	**46**	**64**	**101**
北　京	92	91	98	93	91	58	77	134
天　津	73	73	73	79	68	49	61	105
河　北	69	71	66	71	67	45	62	101
山　西	71	73	67	72	71	41	65	101
内蒙古	82	84	74	85	78	53	67	118
辽　宁	89	90	83	91	87	54	69	123
吉　林	90	89	93	100	79	51	65	135
黑龙江	84	86	78	89	79	42	67	119
上　海	70	71	63	70	71	41	61	93
江　苏	64	67	57	66	63	41	58	86
浙　江	70	71	64	71	68	43	66	93
安　徽	60	62	56	62	58	41	59	77
福　建	64	66	57	67	60	41	62	93
江　西	64	65	61	64	64	50	63	86
山　东	71	71	69	72	68	40	62	103
河　南	66	68	63	69	64	42	63	95
湖　北	67	69	62	68	66	50	61	92
湖　南	72	72	73	72	73	49	69	99
广　东	65	66	58	67	62	49	62	91
广　西	65	71	51	66	63	45	64	96
海　南	63	66	55	65	61	44	60	93
重　庆	76	79	65	77	74	46	66	111
四　川	72	76	63	72	72	51	64	103
贵　州	61	66	54	63	60	50	61	94
云　南	72	77	62	75	69	45	67	116
西　藏	75	80	67	78	70	61	74	114
陕　西	71	75	61	73	70	50	64	103
甘　肃	85	92	70	88	82	43	78	139
青　海	73	77	65	77	70	48	68	117
宁　夏	75	79	64	74	77	44	71	113
新　疆	68	75	53	69	67	46	62	118

3-11-2-2 运动健身活动参与者每日平均时间(工作日)

单位：分

地区	合计	分城乡		分性别		分年龄组		
		城镇	农村	男	女	6-17周岁	18-59周岁	60周岁及以上
全国	**90**	**93**	**82**	**90**	**89**	**55**	**83**	**120**
北京	119	118	121	115	123	72	103	152
天津	94	95	89	99	89	53	84	123
河北	91	93	86	89	92	56	80	127
山西	93	95	88	92	95	51	89	116
内蒙古	104	107	93	107	100	64	88	136
辽宁	113	115	105	116	110	73	91	142
吉林	116	114	125	129	102	59	87	158
黑龙江	111	114	99	116	106	54	90	143
上海	92	93	84	91	93	63	82	107
江苏	85	87	76	86	84	64	76	102
浙江	87	88	83	88	85	53	83	104
安徽	79	83	71	80	78	54	77	94
福建	82	85	75	85	78	46	80	111
江西	76	80	69	74	78	55	78	97
山东	93	94	91	94	92	46	83	125
河南	84	86	82	85	84	50	82	113
湖北	87	90	81	87	87	60	80	115
湖南	89	89	90	87	92	59	87	114
广东	83	85	71	85	80	57	80	108
广西	81	88	64	81	81	52	84	114
海南	80	84	70	83	77	57	76	110
重庆	96	101	80	95	96	53	86	130
四川	90	94	82	86	94	58	84	120
贵州	72	77	64	73	71	56	77	108
云南	92	99	77	93	91	53	89	140
西藏	97	109	81	97	97	73	100	137
陕西	95	100	83	95	96	60	88	126
甘肃	113	122	95	113	113	53	101	171
青海	97	102	83	101	92	55	92	140
宁夏	103	107	88	97	109	55	97	132
新疆	88	96	71	86	90	49	86	136

3-11-2-3 运动健身活动参与者每日平均时间(休息日)

单位：分

地区	合计	分城乡		分性别		分年龄组		
		城镇	农村	男	女	6-17周岁	18-59周岁	60周岁及以上
全 国	**104**	**107**	**95**	**109**	**98**	**100**	**98**	**118**
北 京	135	135	132	144	125	124	126	155
天 津	108	110	100	116	99	107	100	121
河 北	103	107	93	110	95	94	98	117
山 西	106	108	100	116	94	90	102	122
内蒙古	116	121	97	123	108	109	108	130
辽 宁	117	119	110	122	111	101	106	134
吉 林	126	125	129	138	112	121	104	155
黑龙江	115	117	111	126	103	100	105	132
上 海	106	107	96	109	101	96	103	113
江 苏	92	97	78	96	88	93	88	99
浙 江	98	99	91	104	90	103	93	106
安 徽	88	92	80	91	85	87	86	94
福 建	101	105	89	106	94	99	98	110
江 西	96	99	89	99	91	96	91	108
山 东	107	110	101	113	100	101	102	119
河 南	99	102	94	103	94	93	95	111
湖 北	97	100	89	101	92	94	93	109
湖 南	102	103	99	104	99	96	97	117
广 东	105	107	97	112	96	113	100	112
广 西	100	106	85	104	94	92	94	125
海 南	93	95	88	95	91	88	88	113
重 庆	108	109	104	112	103	101	101	123
四 川	107	112	97	111	104	106	98	127
贵 州	99	107	85	101	97	99	91	120
云 南	103	109	93	108	98	82	99	132
西 藏	126	133	115	136	112	121	122	166
陕 西	109	115	94	114	105	108	104	120
甘 肃	124	129	112	132	116	99	123	146
青 海	110	113	103	117	103	106	102	137
宁 夏	117	121	103	122	110	118	108	133
新 疆	111	116	101	116	106	117	97	139

3-11-3-1 运动健身活动参与率(合计)

单位：%

地区	合计	分城乡		分性别		分年龄组		
		城镇	农村	男	女	6-17周岁	18-59周岁	60周岁及以上
全国	**49.6**	**53.6**	**41.6**	**50.4**	**48.7**	**56.2**	**44.7**	**57.9**
北京	61.0	59.7	70.5	62.6	59.3	58.9	55.1	78.1
天津	57.3	58.3	51.4	58.5	56.0	66.4	49.3	71.4
河北	50.4	52.4	47.0	52.2	48.6	53.9	45.3	59.9
山西	48.4	53.1	39.6	49.5	47.1	49.1	44.1	59.3
内蒙古	45.1	51.2	31.3	45.5	44.7	51.7	37.7	61.3
辽宁	51.2	55.7	38.7	52.8	49.6	48.6	43.9	66.2
吉林	38.9	48.1	22.2	40.4	37.3	41.7	31.9	53.2
黑龙江	42.3	48.4	29.9	43.3	41.3	44.7	34.7	58.0
上海	58.0	58.1	57.5	58.5	57.5	56.1	51.6	73.9
江苏	52.7	54.5	47.3	53.7	51.7	50.9	48.6	63.3
浙江	55.4	59.0	45.1	56.1	54.6	61.0	52.3	61.1
安徽	46.8	51.6	39.1	49.9	43.7	47.1	44.5	53.0
福建	55.4	55.2	55.7	57.5	53.0	65.6	50.0	62.2
江西	58.0	61.9	51.2	60.0	55.9	67.8	55.0	55.9
山东	46.5	48.7	42.3	48.7	44.3	45.1	43.3	54.9
河南	52.9	55.7	49.0	53.5	52.3	55.7	48.0	62.8
湖北	49.3	51.9	44.4	49.4	49.2	58.0	45.4	52.6
湖南	60.1	63.5	54.6	59.3	60.9	65.5	57.4	62.1
广东	47.2	49.9	38.8	48.4	45.8	54.5	43.3	56.2
广西	39.8	47.1	30.1	41.1	38.4	53.5	34.4	39.7
海南	37.0	42.0	28.5	38.5	35.3	40.8	34.7	40.5
重庆	53.7	57.2	45.0	53.6	53.8	62.5	48.4	61.0
四川	54.7	61.9	44.0	53.4	56.0	63.7	50.7	58.4
贵州	45.3	50.2	39.1	45.6	45.0	84.9	33.6	36.5
云南	38.7	47.4	28.9	37.4	40.0	54.3	32.3	46.6
西藏	36.2	53.4	24.5	38.5	33.6	49.2	31.8	37.3
陕西	48.2	54.6	36.2	47.0	49.5	54.2	43.9	55.4
甘肃	42.7	51.4	31.9	42.8	42.7	52.4	37.7	50.0
青海	38.9	43.6	30.6	41.2	36.6	47.9	33.5	50.3
宁夏	40.8	45.4	31.3	42.0	39.6	44.0	35.3	59.6
新疆	40.2	45.2	32.9	41.6	38.6	54.4	32.4	55.4

3-11-3-2 运动健身活动参与率(工作日)

单位：%

地区	合计	分城乡		分性别		分年龄组		
		城镇	农村	男	女	6-17周岁	18-59周岁	60周岁及以上
全国	**35.9**	**38.7**	**30.5**	**36.5**	**35.3**	**35.4**	**31.2**	**49.5**
北京	43.0	41.6	52.8	44.4	41.5	32.4	35.2	69.5
天津	41.5	41.6	41.1	42.6	40.4	47.8	31.5	61.6
河北	36.0	36.4	35.2	38.2	33.8	32.7	31.6	49.5
山西	34.3	37.9	27.7	34.2	34.5	26.1	30.2	51.2
内蒙古	33.7	37.8	24.4	33.6	33.7	34.0	25.8	54.4
辽宁	39.4	42.9	29.8	39.5	39.2	32.6	30.3	59.3
吉林	28.7	36.0	15.6	29.7	27.8	26.5	21.3	46.1
黑龙江	31.1	35.4	22.3	31.3	30.8	24.6	23.6	50.0
上海	40.1	40.4	37.7	39.3	41.0	21.3	32.5	64.4
江苏	37.1	38.4	33.3	37.1	37.1	21.1	33.9	53.7
浙江	41.3	44.3	32.6	41.4	41.2	29.5	38.9	54.5
安徽	32.4	34.8	28.5	34.7	29.9	24.5	30.8	43.3
福建	37.7	37.0	39.4	39.0	36.4	36.4	33.6	52.6
江西	45.3	47.2	41.8	46.7	43.7	51.3	41.8	48.6
山东	32.0	33.2	29.7	33.3	30.7	23.2	28.7	46.1
河南	38.1	40.5	34.7	39.4	36.7	35.8	33.5	52.6
湖北	36.7	38.3	33.7	36.4	37.1	40.2	32.4	44.7
湖南	45.5	47.3	42.5	45.1	45.8	41.9	43.1	54.1
广东	32.4	34.2	26.8	32.3	32.5	29.8	29.8	47.2
广西	30.8	36.6	23.0	31.7	29.8	41.7	25.4	33.7
海南	27.3	31.1	21.0	27.9	26.6	25.4	25.9	34.4
重庆	40.0	42.7	33.2	40.0	40.0	41.7	33.8	53.9
四川	40.7	46.4	32.3	40.5	40.9	46.1	35.2	50.5
贵州	38.2	42.2	33.1	38.8	37.6	78.9	25.6	30.9
云南	29.8	36.2	22.6	29.5	30.2	45.8	22.6	40.3
西藏	24.7	34.6	18.0	26.8	22.4	32.6	21.2	30.5
陕西	32.8	37.3	24.3	32.1	33.6	31.2	28.5	45.4
甘肃	30.2	36.7	22.0	30.6	29.8	29.2	26.7	41.6
青海	28.0	31.2	22.4	28.9	27.0	30.3	23.6	43.3
宁夏	27.2	30.4	20.6	27.1	27.3	16.6	24.2	52.0
新疆	28.3	33.2	21.3	30.3	26.2	35.5	21.8	48.6

3-11-3-3 运动健身活动参与率(休息日)

单位：%

地区	合计	分城乡		分性别		分年龄组		
		城镇	农村	男	女	6-17周岁	18-59周岁	60周岁及以上
全国	**39.4**	**43.0**	**32.3**	**40.6**	**38.1**	**41.8**	**35.5**	**48.0**
北京	51.0	49.5	62.0	52.5	49.5	49.6	45.6	66.5
天津	45.6	46.6	39.7	47.9	43.3	46.0	39.2	60.5
河北	39.3	41.9	35.0	40.8	37.9	41.4	35.7	46.6
山西	38.1	41.4	32.2	39.6	36.6	40.1	33.1	50.3
内蒙古	36.0	41.0	24.7	36.6	35.3	37.1	29.7	52.3
辽宁	41.0	44.9	30.3	43.6	38.5	32.4	35.0	55.5
吉林	31.0	37.8	18.5	32.7	29.2	29.6	25.3	44.1
黑龙江	33.4	38.3	23.6	35.4	31.4	32.9	26.8	48.1
上海	48.0	47.8	49.6	49.5	46.4	48.3	42.2	61.5
江苏	43.5	45.0	39.0	45.6	41.3	41.8	39.4	54.0
浙江	46.4	49.7	36.7	46.4	46.4	51.6	42.9	53.5
安徽	38.7	42.9	32.1	42.0	35.4	39.1	36.8	43.6
福建	46.0	47.3	42.9	48.4	43.5	52.7	42.1	51.9
江西	45.8	48.2	41.6	48.2	43.3	50.3	43.8	46.5
山东	37.5	39.2	34.3	39.7	35.3	36.3	34.6	45.2
河南	42.6	44.2	40.3	43.6	41.6	40.1	39.1	54.6
湖北	36.7	39.6	31.3	37.6	35.8	43.2	34.1	38.6
湖南	49.6	52.8	44.5	48.5	50.8	54.0	46.7	53.1
广东	38.2	40.2	31.7	40.4	35.7	45.0	34.4	46.9
广西	27.9	34.4	19.3	29.4	26.4	33.5	25.2	29.6
海南	28.7	33.6	20.5	30.8	26.3	30.1	27.0	33.1
重庆	43.1	46.5	34.4	43.5	42.6	46.0	38.8	51.6
四川	43.0	50.2	32.4	42.1	43.9	44.6	40.9	47.2
贵州	28.7	32.8	23.4	29.6	27.8	39.0	24.4	30.6
云南	28.3	34.8	20.9	27.8	28.8	30.2	25.6	36.1
西藏	27.5	40.8	18.4	30.0	24.7	38.1	24.1	27.0
陕西	38.9	43.9	29.5	38.4	39.5	43.8	34.4	47.4
甘肃	33.6	41.7	23.4	34.4	32.8	39.2	28.5	44.5
青海	29.3	33.4	22.2	31.8	26.9	35.7	25.1	39.4
宁夏	32.5	36.7	23.8	35.3	29.6	37.3	27.0	48.7
新疆	30.0	34.5	23.5	30.6	29.4	37.2	24.6	45.3

3-12-1-1 文化休闲娱乐活动居民每日平均时间(合计)

单位：分

地区	合计	分城乡		分性别		分年龄组		
		城镇	农村	男	女	6-17周岁	18-59周岁	60周岁及以上
全国	**153**	**155**	**148**	**160**	**145**	**101**	**141**	**227**
北京	158	159	152	166	150	92	140	240
天津	155	152	170	163	146	100	131	238
河北	136	137	133	139	133	94	119	212
山西	149	153	140	148	149	69	141	224
内蒙古	152	145	169	158	147	84	134	238
辽宁	179	177	184	182	175	94	154	255
吉林	181	186	172	182	181	99	159	263
黑龙江	183	188	173	184	182	97	160	266
上海	192	194	179	204	180	86	168	286
江苏	163	164	161	175	150	92	150	235
浙江	161	162	157	172	149	88	151	230
安徽	133	136	130	139	127	93	126	188
福建	149	148	152	162	135	95	146	217
江西	160	163	154	173	146	120	151	230
山东	141	143	136	145	137	90	121	223
河南	122	124	120	126	119	85	119	172
湖北	153	154	151	158	148	96	145	210
湖南	177	172	184	180	173	106	172	245
广东	146	144	154	156	135	109	136	233
广西	170	167	174	181	158	141	155	245
海南	166	164	169	169	162	134	153	244
重庆	160	162	155	166	153	98	144	235
四川	168	181	150	179	158	100	158	239
贵州	167	169	164	176	158	154	154	225
云南	164	172	154	175	152	123	149	253
西藏	104	118	95	109	99	81	101	170
陕西	139	138	143	147	132	88	130	201
甘肃	128	133	121	136	119	102	117	184
青海	135	142	123	147	122	97	132	194
宁夏	140	141	138	149	132	90	133	230
新疆	121	129	110	121	121	96	112	203

3-12-1-2 文化休闲娱乐活动居民每日平均时间(工作日)

单位：分

地区	合计	分城乡		分性别		分年龄组		
		城镇	农村	男	女	6-17周岁	18-59周岁	60周岁及以上
全国	**135**	**135**	**134**	**139**	**130**	**56**	**125**	**225**
北京	133	133	135	138	128	48	111	238
天津	139	136	156	145	132	64	114	236
河北	119	119	119	119	119	55	105	207
山西	136	138	132	132	140	34	129	225
内蒙古	139	130	160	142	137	42	123	235
辽宁	165	163	169	165	165	55	139	254
吉林	167	170	162	165	169	57	145	260
黑龙江	172	174	167	171	173	61	148	267
上海	170	171	161	179	160	43	139	286
江苏	143	142	148	153	133	46	129	233
浙江	141	142	140	150	132	42	131	226
安徽	117	118	114	120	114	50	112	186
福建	129	126	136	138	119	50	127	215
江西	139	142	134	149	129	73	134	228
山东	122	123	122	123	121	46	104	220
河南	104	104	104	104	104	44	103	171
湖北	135	136	134	137	134	50	130	205
湖南	158	153	166	158	158	59	156	243
广东	125	122	136	132	117	61	118	232
广西	150	146	154	160	139	90	142	240
海南	150	148	154	151	149	85	144	245
重庆	141	141	142	143	139	53	125	232
四川	153	162	140	161	145	55	143	242
贵州	149	149	149	157	142	106	142	223
云南	147	152	142	156	138	74	137	252
西藏	86	99	77	90	82	37	89	167
陕西	123	119	131	128	118	44	116	200
甘肃	114	118	108	121	106	60	106	181
青海	119	124	111	129	109	60	118	195
宁夏	126	124	129	132	119	45	123	228
新疆	105	113	94	104	107	53	102	201

3-12-1-3 文化休闲娱乐活动居民每日平均时间(休息日)

单位：分

地区	合计	分城乡		分性别		分年龄组		
		城镇	农村	男	女	6-17周岁	18-59周岁	60周岁及以上
全国	**197**	**203**	**185**	**211**	**183**	**212**	**180**	**232**
北京	220	223	193	234	205	201	214	246
天津	195	193	207	208	182	192	175	244
河北	178	183	169	187	168	194	154	223
山西	180	192	160	189	171	158	171	223
内蒙古	185	182	192	196	173	190	161	245
辽宁	213	210	220	227	200	193	192	260
吉林	217	227	197	223	211	203	195	270
黑龙江	211	222	189	216	207	189	192	264
上海	249	252	225	269	228	194	241	286
江苏	212	219	194	231	193	206	202	241
浙江	210	214	200	227	191	203	201	242
安徽	174	179	167	188	160	200	159	193
福建	200	203	193	223	176	207	191	224
江西	211	215	203	233	187	238	192	236
山东	187	195	172	198	176	198	164	232
河南	169	175	159	179	158	189	158	176
湖北	197	200	193	210	184	210	183	223
湖南	223	221	227	236	210	225	211	252
广东	199	198	200	215	180	227	183	235
广西	221	219	223	236	205	268	189	258
海南	205	204	206	214	195	258	177	244
重庆	207	215	188	225	190	210	192	243
四川	206	226	177	223	189	211	194	231
贵州	212	220	202	225	199	272	184	231
云南	204	223	183	221	187	246	179	255
西藏	149	164	140	157	141	191	131	179
陕西	180	184	172	193	166	199	166	204
甘肃	163	173	151	174	152	206	142	191
青海	175	186	154	192	157	189	166	193
宁夏	177	185	161	190	164	201	156	233
新疆	161	168	150	162	158	204	137	208

3-12-2-1 文化休闲娱乐活动参与者每日平均时间(合计)

单位：分

地区	合计	分城乡		分性别		分年龄组		
		城镇	农村	男	女	6-17周岁	18-59周岁	60周岁及以上
全　国	**160**	**163**	**155**	**167**	**153**	**108**	**148**	**234**
北　京	167	168	156	173	160	103	148	246
天　津	160	157	174	167	152	104	136	241
河　北	143	145	139	144	142	103	124	218
山　西	156	161	147	155	157	79	146	229
内蒙古	161	153	178	166	156	91	143	244
辽　宁	187	187	190	189	186	107	163	259
吉　林	192	196	184	191	193	108	169	271
黑龙江	188	193	178	188	188	105	165	269
上　海	199	200	185	211	186	92	175	289
江　苏	171	171	171	183	158	100	157	241
浙　江	172	174	166	183	160	96	163	237
安　徽	138	140	134	144	132	96	130	195
福　建	156	154	158	168	142	100	152	224
江　西	167	171	159	179	154	129	156	240
山　东	150	153	145	155	145	98	130	230
河　南	130	132	127	133	127	93	125	178
湖　北	162	165	156	166	157	108	151	219
湖　南	186	182	192	191	181	118	180	253
广　东	153	151	158	161	142	113	143	238
广　西	176	173	180	188	164	147	162	249
海　南	174	172	177	178	170	141	161	255
重　庆	165	167	159	171	158	104	148	239
四　川	174	186	157	184	164	107	162	246
贵　州	172	175	167	179	163	155	159	232
云　南	170	177	162	181	158	133	154	262
西　藏	123	134	116	128	118	96	121	188
陕　西	146	144	150	152	140	91	136	216
甘　肃	134	140	126	141	127	105	123	195
青　海	143	151	129	154	131	104	139	205
宁　夏	148	150	145	156	140	98	139	243
新　疆	133	143	119	132	134	103	126	213

3-12-2-2 文化休闲娱乐活动参与者每日平均时间(工作日)

单位：分

地区	合计	分城乡		分性别		分年龄组		
		城镇	农村	男	女	6-17周岁	18-59周岁	60周岁及以上
全国	**162**	**164**	**157**	**165**	**158**	**91**	**145**	**241**
北京	165	166	155	168	161	83	138	250
天津	160	158	173	163	157	87	133	245
河北	144	146	141	143	145	88	123	222
山西	162	167	153	158	166	68	147	233
内蒙古	167	159	183	168	166	74	145	252
辽宁	190	191	186	187	192	90	160	264
吉林	193	196	186	186	199	87	166	275
黑龙江	191	194	186	187	196	94	162	277
上海	197	199	182	206	187	76	163	291
江苏	172	172	175	180	164	83	150	252
浙江	172	174	166	180	163	82	156	240
安徽	141	144	135	144	137	80	130	202
福建	154	153	158	161	146	83	145	231
江西	162	168	153	170	154	104	151	242
山东	152	156	147	154	151	77	128	237
河南	132	133	131	131	133	78	123	190
湖北	164	169	155	166	161	87	151	225
湖南	186	183	192	186	187	97	176	258
广东	149	147	156	154	143	88	138	244
广西	173	169	177	183	162	121	160	253
海南	176	175	178	177	174	120	164	260
重庆	164	165	162	165	164	86	143	242
四川	178	188	163	184	171	90	159	259
贵州	167	172	162	174	160	129	157	238
云南	171	175	166	179	161	111	154	267
西藏	139	149	131	145	131	107	131	209
陕西	153	152	154	156	149	75	140	221
甘肃	140	149	129	146	133	91	128	204
青海	149	158	135	159	139	98	142	217
宁夏	154	156	150	159	148	84	142	247
新疆	140	153	122	139	141	89	132	226

3-12-2-3 文化休闲娱乐活动参与者每日平均时间(休息日)

单位：分

地 区	合计	分城乡		分性别		分年龄组		
		城镇	农村	男	女	6-17周岁	18-59周岁	60周岁及以上
全 国	**217**	**224**	**203**	**230**	**203**	**233**	**201**	**247**
北 京	244	249	205	258	229	232	239	261
天 津	212	211	218	225	199	209	193	255
河 北	199	206	188	206	192	222	174	241
山 西	198	209	176	206	189	185	187	232
内蒙古	204	202	208	215	191	212	180	259
辽 宁	232	232	232	244	220	225	213	269
吉 林	238	248	219	243	232	226	218	282
黑龙江	224	235	200	226	221	206	205	270
上 海	265	268	239	286	243	207	261	293
江 苏	230	235	213	249	210	227	220	253
浙 江	235	240	219	253	215	225	228	257
安 徽	190	196	182	203	177	213	175	210
福 建	215	219	207	238	191	221	207	237
江 西	227	233	217	246	206	259	205	253
山 东	210	220	191	221	198	221	188	249
河 南	188	196	177	200	176	210	177	192
湖 北	219	225	208	231	206	246	200	246
湖 南	243	243	244	256	230	256	230	265
广 东	218	219	214	233	200	240	204	250
广 西	241	239	243	255	225	289	210	271
海 南	226	225	227	235	215	273	198	265
重 庆	223	232	201	239	206	230	208	254
四 川	224	243	195	239	208	230	213	247
贵 州	229	239	216	239	217	280	203	248
云 南	222	239	201	236	206	271	194	274
西 藏	193	204	185	200	186	230	176	216
陕 西	201	205	193	213	189	209	188	231
甘 肃	180	192	166	189	171	219	159	211
青 海	195	210	171	211	179	208	187	215
宁 夏	196	206	176	206	185	222	174	250
新 疆	190	201	175	191	189	225	169	230

3-12-3-1 文化休闲娱乐活动参与率(合计)

单位：%

地区	合计	分城乡		分性别		分年龄组		
		城镇	农村	男	女	6-17周岁	18-59周岁	60周岁及以上
全国	**95.3**	**95.1**	**95.5**	**95.7**	**94.8**	**93.0**	**95.2**	**97.1**
北京	94.7	94.4	97.0	95.7	93.7	88.9	94.7	97.7
天津	97.0	96.9	98.0	97.6	96.5	96.5	96.4	98.7
河北	95.1	94.6	95.8	96.5	93.6	91.3	95.5	97.0
山西	95.4	95.3	95.6	95.8	94.9	87.6	96.4	97.9
内蒙古	94.6	94.4	95.0	94.7	94.4	92.3	93.9	97.7
辽宁	95.3	94.7	96.9	96.3	94.3	88.1	94.8	98.7
吉林	94.6	95.3	93.5	95.3	94.0	91.1	94.1	97.1
黑龙江	97.3	97.1	97.5	97.6	97.0	93.1	97.2	99.0
上海	96.8	96.9	96.4	97.0	96.6	93.9	96.3	98.9
江苏	95.5	95.9	94.5	96.1	94.9	92.3	95.5	97.4
浙江	93.6	93.2	94.9	93.8	93.4	91.7	92.8	96.9
安徽	96.6	96.7	96.4	96.9	96.3	96.3	96.7	96.5
福建	96.1	96.0	96.3	96.8	95.3	95.1	96.1	97.0
江西	95.6	95.0	96.5	96.7	94.3	93.3	96.3	96.1
山东	93.9	93.8	94.0	93.5	94.3	91.6	93.3	96.9
河南	94.3	94.2	94.6	94.7	94.0	91.6	94.6	96.5
湖北	94.7	93.7	96.5	95.0	94.4	88.8	95.8	95.9
湖南	94.9	94.4	95.7	94.5	95.4	89.7	95.8	97.1
广东	95.9	95.4	97.2	96.6	95.0	96.4	95.3	97.8
广西	96.6	96.6	96.6	96.7	96.4	96.2	96.0	98.4
海南	95.3	95.3	95.4	95.0	95.6	95.5	95.0	96.0
重庆	97.1	96.9	97.6	97.2	97.0	93.7	97.4	98.5
四川	96.6	97.2	95.7	96.9	96.3	92.8	97.4	97.2
贵州	97.5	96.8	98.3	98.3	96.6	98.9	97.1	97.0
云南	96.1	97.2	94.8	96.3	95.9	92.8	96.8	96.6
西藏	84.5	88.1	82.1	85.1	83.9	84.0	83.8	90.5
陕西	95.3	95.3	95.2	96.2	94.3	96.5	95.7	93.1
甘肃	95.2	95.0	95.5	96.6	93.8	96.9	95.0	94.4
青海	94.5	94.1	95.2	95.5	93.5	93.6	94.7	94.9
宁夏	94.6	94.4	95.1	95.4	93.8	92.1	95.4	94.6
新疆	90.9	89.9	92.3	91.2	90.5	93.1	89.2	95.6

3-12-3-2 文化休闲娱乐活动参与率(工作日)

单位：%

地区	合计	分城乡		分性别		分年龄组		
		城镇	农村	男	女	6-17周岁	18-59周岁	60周岁及以上
全国	**83.4**	**82.5**	**85.1**	**84.3**	**82.5**	**62.3**	**85.7**	**93.4**
北京	80.8	80.0	87.2	82.0	79.6	57.5	80.0	94.9
天津	86.6	86.0	90.3	88.9	84.2	72.8	85.5	96.1
河北	82.7	81.5	84.7	83.4	81.9	61.9	85.3	93.2
山西	83.9	82.6	86.3	83.6	84.2	49.7	88.2	96.3
内蒙古	83.5	81.8	87.4	84.8	82.1	56.8	85.1	93.5
辽宁	86.9	85.3	91.2	88.0	85.8	61.2	86.7	96.2
吉林	86.9	86.8	87.3	88.8	85.1	65.8	87.2	94.6
黑龙江	89.7	89.7	89.7	91.4	88.0	64.6	91.0	96.6
上海	86.1	85.8	88.2	86.5	85.6	56.8	85.3	98.0
江苏	83.1	82.6	84.5	85.1	80.9	55.8	85.6	92.3
浙江	82.2	81.5	84.2	83.3	80.9	50.9	84.0	94.0
安徽	83.1	82.0	85.0	83.4	82.9	61.8	86.6	92.1
福建	83.6	82.7	85.8	85.6	81.5	61.0	87.8	93.1
江西	85.8	84.6	87.9	87.7	83.9	69.9	89.1	94.1
山东	80.2	78.7	83.2	80.0	80.5	60.2	81.2	92.5
河南	78.8	78.3	79.5	79.3	78.3	56.4	83.6	89.9
湖北	82.7	80.8	86.3	82.4	83.0	58.0	86.0	91.3
湖南	84.6	83.3	86.8	84.8	84.5	60.3	88.9	94.0
广东	84.1	83.2	86.9	85.8	82.2	69.9	85.3	95.2
广西	86.7	86.4	87.1	87.5	85.9	74.6	88.6	95.0
海南	85.4	84.7	86.6	85.1	85.7	70.8	87.6	94.0
重庆	85.7	85.0	87.4	86.9	84.5	61.8	87.5	95.9
四川	86.3	86.6	85.9	87.4	85.2	60.9	90.2	93.6
贵州	89.3	86.9	92.3	90.0	88.6	82.6	90.4	93.6
云南	86.3	86.7	85.8	86.9	85.6	66.8	89.2	94.4
西藏	62.1	66.6	59.1	61.9	62.4	34.7	68.3	79.5
陕西	80.5	78.2	85.0	81.9	79.1	58.4	82.9	90.5
甘肃	81.2	78.8	84.3	82.8	79.6	65.9	83.1	88.8
青海	79.8	78.5	82.2	81.4	78.2	61.2	82.8	89.9
宁夏	81.7	79.6	86.1	83.1	80.2	54.0	87.0	92.4
新疆	75.2	74.2	76.7	74.9	75.5	59.0	77.6	88.9

3-12-3-3　文化休闲娱乐活动参与率(休息日)

单位：%

地　区	合计	分城乡		分性别		分年龄组		
		城镇	农村	男	女	6-17周岁	18-59周岁	60周岁及以上
全　国	**90.9**	**90.7**	**91.3**	**91.7**	**90.1**	**91.0**	**89.9**	**93.7**
北　京	90.1	89.5	94.2	90.8	89.4	86.4	89.3	94.2
天　津	92.1	91.6	94.9	92.5	91.7	92.0	90.6	95.6
河　北	89.2	88.9	89.6	90.9	87.5	87.2	88.5	92.5
山　西	91.3	91.5	91.0	92.1	90.5	85.1	91.2	96.1
内蒙古	90.8	90.0	92.4	91.2	90.4	89.3	89.7	94.5
辽　宁	91.7	90.7	94.7	92.7	90.7	85.9	90.3	96.5
吉　林	91.2	91.8	90.0	91.6	90.7	89.8	89.4	95.7
黑龙江	94.5	94.5	94.4	95.4	93.5	91.6	93.5	97.8
上　海	93.9	93.9	93.9	93.9	93.8	93.5	92.4	97.4
江　苏	92.5	92.9	91.2	93.1	91.9	90.7	91.6	95.5
浙　江	89.6	88.9	91.5	90.0	89.2	90.1	88.0	93.8
安　徽	91.7	91.4	92.1	92.6	90.7	93.8	90.9	91.9
福　建	93.0	93.0	93.1	93.9	92.1	94.0	92.3	94.5
江　西	93.0	92.5	93.9	94.7	91.2	91.9	93.3	93.4
山　东	89.3	89.0	89.9	89.8	88.7	89.5	87.5	93.2
河　南	89.7	89.7	89.8	89.9	89.5	89.7	89.0	91.7
湖　北	90.1	88.7	92.7	90.7	89.5	85.7	91.1	90.7
湖　南	91.8	90.8	93.4	91.9	91.6	87.8	91.7	95.1
广　东	91.2	90.5	93.3	92.3	89.9	94.8	89.5	94.3
广　西	91.7	91.6	91.7	92.3	91.0	92.7	90.0	95.2
海　南	90.8	90.7	90.9	90.8	90.7	94.3	89.2	92.1
重　庆	93.0	92.9	93.2	93.8	92.2	91.0	92.3	95.9
四　川	92.0	93.1	90.5	92.9	91.1	91.8	91.4	93.7
贵　州	92.7	91.8	93.8	94.0	91.4	97.2	90.8	93.4
云　南	92.3	93.5	90.9	93.7	90.8	90.9	92.3	93.2
西　藏	77.3	80.4	75.3	78.7	75.8	83.1	74.6	83.0
陕　西	89.5	89.8	89.0	91.0	88.0	95.2	88.4	88.3
甘　肃	90.3	89.8	91.0	91.9	88.7	94.3	89.2	90.3
青　海	89.4	88.9	90.3	91.3	87.4	90.9	88.9	89.6
宁　夏	90.4	89.8	91.7	92.2	88.5	90.5	89.7	92.9
新　疆	84.4	83.3	85.9	85.0	83.7	90.6	81.1	90.4

3-13-1-1 社会交往活动居民每日平均时间(合计)

单位：分

地 区	合计	分城乡		分性别		分年龄组		
		城镇	农村	男	女	6-17周岁	18-59周岁	60周岁及以上
全 国	**18**	**16**	**22**	**18**	**19**	**8**	**15**	**34**
北 京	8	8	11	9	8	3	7	16
天 津	19	16	34	18	20	10	16	30
河 北	12	9	17	12	12	4	10	22
山 西	22	18	31	22	23	3	19	44
内蒙古	11	10	13	11	11	2	9	21
辽 宁	13	14	11	13	13	5	11	21
吉 林	11	11	12	11	12	2	9	21
黑龙江	16	14	19	16	16	4	13	27
上 海	14	13	18	12	15	1	9	28
江 苏	15	13	22	13	18	3	11	32
浙 江	17	17	17	15	18	5	12	36
安 徽	13	12	14	11	14	3	9	29
福 建	29	25	38	31	27	8	26	58
江 西	25	24	26	25	25	19	19	47
山 东	18	15	22	15	20	9	15	30
河 南	21	17	27	20	22	9	15	50
湖 北	18	18	18	16	20	6	16	33
湖 南	18	17	19	17	19	6	15	34
广 东	20	18	26	21	18	7	18	41
广 西	25	20	32	26	24	14	22	48
海 南	32	30	37	37	27	13	30	57
重 庆	18	15	23	17	18	10	15	28
四 川	17	17	17	17	17	3	15	27
贵 州	29	27	32	27	31	15	30	45
云 南	19	17	21	18	19	11	17	34
西 藏	32	25	37	24	41	4	28	113
陕 西	19	15	28	19	20	8	14	42
甘 肃	19	18	21	20	18	5	16	41
青 海	35	31	42	35	35	8	30	88
宁 夏	24	20	33	24	24	7	18	69
新 疆	14	14	14	14	14	4	14	29

3-13-1-2 社会交往活动居民每日平均时间(工作日)

单位：分

地 区	合计	分城乡		分性别		分年龄组		
		城镇	农村	男	女	6-17周岁	18-59周岁	60周岁及以上
全 国	**16**	**14**	**20**	**15**	**17**	**5**	**13**	**33**
北 京	7	6	10	7	6	2	4	16
天 津	17	15	32	16	19	7	14	29
河 北	10	7	16	10	11	3	8	23
山 西	19	15	27	18	20	1	16	40
内蒙古	10	9	12	9	11	1	8	19
辽 宁	12	13	9	12	12	2	10	20
吉 林	10	10	11	9	11	1	8	20
黑龙江	15	13	18	15	14	4	11	27
上 海	12	11	17	10	14	0	7	27
江 苏	13	11	19	10	16	2	8	30
浙 江	14	14	14	12	17	3	10	35
安 徽	11	9	13	9	13	2	8	26
福 建	24	21	33	25	24	4	21	56
江 西	24	23	25	23	25	19	17	47
山 东	15	12	21	12	18	4	12	29
河 南	19	14	24	17	20	4	13	49
湖 北	17	17	17	15	19	4	14	33
湖 南	16	15	18	15	17	4	13	33
广 东	17	15	24	17	16	4	15	39
广 西	24	18	31	25	22	12	20	49
海 南	28	25	34	33	23	11	26	56
重 庆	15	13	21	14	16	9	12	26
四 川	14	13	15	14	14	5	12	24
贵 州	28	27	29	26	30	15	28	42
云 南	17	15	20	16	19	8	16	34
西 藏	30	23	35	22	40	3	26	115
陕 西	17	12	25	16	18	5	12	40
甘 肃	17	14	20	17	17	3	13	41
青 海	32	27	40	32	31	5	27	85
宁 夏	22	18	32	22	23	4	16	71
新 疆	13	13	14	13	14	3	13	30

3-13-1-3 社会交往活动居民每日平均时间(休息日)

单位：分

地区	合计	分城乡		分性别		分年龄组		
		城镇	农村	男	女	6-17周岁	18-59周岁	60周岁及以上
全 国	**24**	**22**	**27**	**24**	**23**	**14**	**21**	**37**
北 京	12	12	14	14	10	6	12	16
天 津	22	20	37	22	23	16	20	32
河 北	16	13	20	17	14	8	16	21
山 西	30	26	39	30	30	9	28	53
内蒙古	15	15	15	16	13	5	13	26
辽 宁	16	16	16	15	16	11	13	23
吉 林	14	14	14	15	13	5	11	23
黑龙江	19	18	22	19	19	5	18	28
上 海	18	18	18	18	18	3	15	31
江 苏	21	18	31	19	23	8	18	35
浙 江	22	22	23	22	22	12	18	39
安 徽	18	18	17	18	17	8	14	36
福 建	40	36	51	47	34	19	40	65
江 西	27	27	28	29	25	19	24	48
山 东	24	22	27	22	25	21	21	32
河 南	27	23	33	26	28	19	21	53
湖 北	22	23	21	19	25	12	21	32
湖 南	23	22	23	23	22	11	20	37
广 东	28	26	32	32	23	16	27	44
广 西	29	25	34	29	29	21	27	44
海 南	42	40	45	47	36	38	38	61
重 庆	24	22	30	25	24	14	23	33
四 川	24	26	22	24	24	15	23	33
贵 州	33	28	40	31	35	17	34	51
云 南	22	20	24	22	21	18	19	33
西 藏	36	30	40	30	42	[illegible]	33	107
陕 西	26	21	35	26	26	15	21	46
甘 肃	25	26	24	27	22	10	24	40
青 海	43	41	48	43	44	15	39	97
宁 夏	27	24	35	29	26	15	22	64
新 疆	16	16	17	18	15	8	17	28

3-13-2-1 社会交往活动参与者每日平均时间(合计)

单位：分

地 区	合计	分城乡		分性别		分年龄组		
		城镇	农村	男	女	6-17周岁	18-59周岁	60周岁及以上
全 国	**69**	**66**	**74**	**68**	**71**	**41**	**60**	**100**
北 京	60	60	57	63	56	39	49	85
天 津	50	46	65	49	51	34	43	67
河 北	58	53	63	58	58	34	49	84
山 西	78	66	97	80	75	31	68	104
内蒙古	68	69	67	67	69	38	58	91
辽 宁	62	62	63	62	62	40	53	79
吉 林	66	58	87	68	65	38	57	81
黑龙江	64	62	69	65	63	29	54	88
上 海	71	69	85	67	75	20	55	96
江 苏	65	64	69	59	71	40	50	92
浙 江	86	83	94	80	92	60	68	120
安 徽	68	62	79	67	70	32	56	97
福 建	75	70	84	76	73	36	67	112
江 西	67	67	67	64	71	48	56	111
山 东	63	61	65	58	67	35	57	86
河 南	77	68	87	72	82	39	64	118
湖 北	72	75	66	65	78	38	64	95
湖 南	72	71	73	71	72	44	61	101
广 东	64	59	81	66	62	42	57	101
广 西	78	75	81	79	77	54	69	116
海 南	95	94	98	105	83	69	87	137
重 庆	67	66	68	64	70	42	60	91
四 川	63	65	60	63	63	34	57	92
贵 州	65	63	67	62	68	39	64	92
云 南	80	76	84	79	82	48	77	112
西 藏	98	92	102	82	113	39	80	186
陕 西	74	68	81	71	77	49	58	110
甘 肃	72	69	75	75	68	34	60	111
青 海	101	100	103	104	99	43	85	173
宁 夏	85	77	95	84	85	38	68	142
新 疆	63	68	57	65	61	34	59	93

3-13-2-2 社会交往活动参与者每日平均时间(工作日)

单位：分

地区	合计	分城乡		分性别		分年龄组		
		城镇	农村	男	女	6-17周岁	18-59周岁	60周岁及以上
全　国	**99**	**96**	**103**	**98**	**100**	**49**	**87**	**133**
北　京	98	100	88	110	86	60	78	125
天　津	69	64	89	67	70	41	61	89
河　北	88	79	95	90	86	45	72	122
山　西	118	105	135	127	111	29	107	142
内蒙古	104	108	98	104	104	49	94	123
辽　宁	92	93	90	96	89	47	82	111
吉　林	103	91	133	106	102	49	94	116
黑龙江	95	91	102	100	91	43	80	125
上　海	114	111	139	102	126	38	91	138
江　苏	89	88	89	78	98	39	66	120
浙　江	130	125	148	122	137	84	109	158
安　徽	108	99	121	109	108	42	91	142
福　建	106	105	107	111	100	46	95	137
江　西	92	95	88	87	97	58	85	145
山　东	76	75	76	68	82	29	67	106
河　南	117	106	129	113	122	54	100	153
湖　北	105	112	95	98	112	45	97	129
湖　南	109	112	105	110	109	51	96	145
广　东	89	81	112	92	87	50	78	132
广　西	109	103	113	114	102	68	98	151
海　南	131	130	131	142	116	74	127	165
重　庆	94	97	90	87	101	48	89	124
四　川	89	90	88	93	85	40	79	131
贵　州	85	86	84	81	89	49	87	115
云　南	115	113	116	113	117	55	119	138
西　藏	134	136	133	114	150	57	111	213
陕　西	111	107	115	107	115	64	95	138
甘　肃	108	105	110	111	105	44	89	150
青　海	141	145	136	142	140	59	120	208
宁　夏	132	128	137	134	131	59	109	180
新　疆	92	103	81	93	91	35	90	127

3-13-2-3 社会交往活动参与者每日平均时间(休息日)

单位：分

地区	合计	分城乡		分性别		分年龄组		
		城镇	农村	男	女	6-17周岁	18-59周岁	60周岁及以上
全国	**120**	**120**	**120**	**123**	**118**	**104**	**112**	**142**
北京	118	124	93	126	109	96	113	137
天津	88	84	101	92	84	106	78	102
河北	105	105	105	114	96	94	101	119
山西	138	126	158	145	132	113	126	165
内蒙古	126	136	107	128	122	121	115	144
辽宁	107	104	116	108	107	109	95	124
吉林	111	100	136	121	101	112	99	126
黑龙江	107	107	106	108	106	62	104	117
上海	127	127	127	133	122	65	117	147
江苏	115	115	115	110	119	122	106	127
浙江	147	142	164	150	145	161	136	163
安徽	128	127	129	135	120	100	118	148
福建	130	127	136	140	118	102	126	153
江西	107	109	105	107	107	96	96	138
山东	99	104	92	100	99	87	96	111
河南	130	124	137	124	136	105	118	162
湖北	125	130	116	111	138	98	121	142
湖南	121	122	119	124	118	121	112	135
广东	117	112	130	122	109	122	109	142
广西	129	139	120	127	131	112	124	151
海南	159	163	154	172	143	173	148	180
重庆	127	131	120	127	126	106	120	149
四川	125	135	110	125	124	97	117	154
贵州	103	93	114	103	104	72	101	134
云南	138	135	141	148	129	139	129	162
西藏	140	143	138	130	149	97	123	216
陕西	133	136	130	136	131	108	121	160
甘肃	122	129	114	135	109	102	116	142
青海	159	170	145	162	156	110	143	219
宁夏	128	124	135	132	124	101	114	171
新疆	115	123	106	124	105	99	110	146

3-13-3-1 社会交往活动参与率(合计)

单位：%

地区	合计	分城乡		分性别		分年龄组		
		城镇	农村	男	女	6-17周岁	18-59周岁	60周岁及以上
全国	**26.3**	**24.5**	**29.8**	**26.1**	**26.5**	**18.6**	**25.5**	**34.5**
北京	14.0	13.2	19.6	14.3	13.7	7.3	13.5	18.6
天津	37.7	35.3	51.8	36.1	39.4	28.5	36.7	44.6
河北	20.3	16.5	26.8	20.4	20.2	12.1	20.6	26.4
山西	28.7	27.1	31.8	27.4	30.2	10.4	28.5	42.2
内蒙古	16.4	15.2	19.1	16.3	16.4	6.3	15.8	23.3
辽宁	20.9	22.2	17.3	20.2	21.6	11.9	19.9	25.8
吉林	17.0	19.0	13.4	16.0	18.1	5.6	15.2	25.5
黑龙江	24.9	23.4	28.0	24.9	24.9	13.7	24.2	30.9
上海	19.2	19.0	20.7	18.5	19.9	5.8	16.9	29.1
江苏	23.2	20.1	32.6	21.4	25.0	8.4	22.0	34.3
浙江	19.4	19.9	17.9	18.8	19.9	9.0	17.6	30.1
安徽	18.5	19.0	17.8	17.2	19.8	10.6	16.7	29.9
福建	38.5	35.8	45.1	40.4	36.5	23.2	39.1	52.3
江西	36.7	35.8	38.3	38.3	35.1	39.4	33.8	42.5
山东	28.0	24.5	34.7	26.4	29.7	25.2	25.9	34.8
河南	27.3	25.0	30.6	27.1	27.5	22.2	23.7	42.4
湖北	25.5	24.5	27.4	24.9	26.2	16.7	24.3	34.5
湖南	25.0	24.2	26.3	24.1	25.9	13.3	25.3	33.9
广东	30.7	30.2	32.3	32.3	29.0	16.8	32.2	40.3
广西	32.2	26.9	39.3	32.8	31.6	26.6	31.4	41.3
海南	33.8	31.6	37.6	35.2	32.3	26.4	33.9	41.9
重庆	26.5	23.5	34.3	26.7	26.4	24.3	25.2	31.2
四川	26.5	25.7	27.8	26.8	26.3	23.0	26.6	28.7
贵州	45.3	43.0	48.3	44.3	46.3	39.1	46.6	48.7
云南	23.2	21.8	24.9	23.0	23.6	22.1	21.6	30.1
西藏	32.4	27.1	36.1	29.2	36.0	11.1	34.9	60.6
陕西	26.2	21.9	34.5	26.2	26.3	15.5	24.7	38.2
甘肃	26.7	25.5	28.3	26.5	27.0	13.4	27.1	36.9
青海	34.7	31.0	41.2	34.0	35.4	19.2	35.2	51.1
宁夏	28.2	25.2	34.4	28.3	28.1	18.6	26.0	48.5
新疆	22.5	20.7	25.2	22.2	22.9	12.1	24.0	31.6

3-13-3-2 社会交往活动参与率(工作日)

单位：%

地区	合计	分城乡		分性别		分年龄组		
		城镇	农村	男	女	6-17周岁	18-59周岁	60周岁及以上
全国	**16.3**	**14.5**	**19.7**	**15.5**	**17.1**	**10.2**	**14.8**	**25.1**
北京	7.0	6.4	11.4	6.5	7.5	2.8	5.7	12.7
天津	25.2	23.4	36.3	23.8	26.7	18.1	23.4	33.0
河北	11.7	8.9	16.5	10.9	12.6	5.9	10.9	18.5
山西	16.1	13.8	20.2	14.5	17.8	3.2	14.9	28.2
内蒙古	9.2	8.0	12.0	8.4	10.1	3.0	8.1	15.6
辽宁	12.9	13.9	10.1	12.0	13.7	5.0	11.8	17.6
吉林	10.0	11.0	8.1	8.7	11.3	1.9	8.2	17.0
黑龙江	15.4	14.3	17.7	15.1	15.7	8.6	14.0	21.2
上海	10.3	10.0	12.6	9.7	11.0	1.3	7.7	19.5
江苏	14.5	12.2	21.4	13.0	16.1	4.0	12.5	25.0
浙江	11.1	11.6	9.7	10.1	12.2	3.2	8.8	22.0
安徽	9.9	9.3	10.7	8.0	11.8	3.9	8.5	18.5
福建	22.9	19.7	30.7	22.2	23.5	9.2	21.7	40.7
江西	25.6	24.1	28.2	25.8	25.4	33.4	20.3	32.4
山东	20.0	16.4	27.0	18.1	22.0	14.4	18.5	27.5
河南	15.8	13.6	18.9	15.2	16.5	8.3	12.8	31.9
湖北	16.0	14.9	17.9	15.3	16.6	8.7	14.0	25.5
湖南	14.7	13.5	16.7	13.6	15.9	7.1	14.0	22.7
广东	18.7	17.9	21.0	18.8	18.6	7.5	19.1	29.9
广西	21.9	17.5	27.7	22.0	21.8	17.0	20.1	32.7
海南	21.7	19.4	25.7	23.2	20.1	14.2	20.7	33.9
重庆	16.0	13.1	23.3	16.0	16.0	17.7	13.5	21.0
四川	15.5	14.7	16.7	14.8	16.2	12.2	15.1	18.5
贵州	32.8	31.3	34.6	31.8	33.8	29.8	32.6	36.6
云南	15.2	13.6	17.1	14.5	16.0	13.8	13.0	24.5
西藏	22.6	16.8	26.5	18.9	26.7	4.7	23.4	53.9
陕西	15.3	11.6	22.2	14.8	15.8	7.3	12.3	29.2
甘肃	15.6	13.5	18.3	15.3	16.0	5.8	14.5	27.5
青海	22.6	18.8	29.3	22.8	22.4	8.7	22.2	40.9
宁夏	16.9	13.9	23.2	16.2	17.8	6.0	14.6	39.4
新疆	14.5	12.8	16.8	14.0	14.9	7.5	14.9	23.5

3-13-3-3 社会交往活动参与率(休息日)

单位：%

地区	合计	分城乡		分性别		分年龄组		
		城镇	农村	男	女	6-17周岁	18-59周岁	60周岁及以上
全国	**19.6**	**18.2**	**22.3**	**19.7**	**19.5**	**13.4**	**19.0**	**26.2**
北京	10.1	9.5	15.1	10.8	9.5	6.0	10.5	11.4
天津	25.5	23.6	37.0	23.9	27.3	14.8	25.5	31.2
河北	14.8	12.2	19.1	15.0	14.6	8.4	15.7	17.7
山西	22.0	20.4	25.0	21.0	23.0	8.0	21.9	32.0
内蒙古	11.9	10.8	14.2	12.7	11.0	3.8	11.2	18.1
辽宁	14.7	15.2	13.4	14.0	15.4	9.9	13.5	18.7
吉林	12.4	13.7	10.1	12.3	12.6	4.5	11.2	18.2
黑龙江	18.1	16.8	20.7	17.9	18.3	7.4	17.1	24.4
上海	14.2	14.2	14.4	13.9	14.6	4.5	12.8	21.0
江苏	18.3	15.5	26.9	17.4	19.3	6.3	17.1	27.9
浙江	15.0	15.4	13.9	14.6	15.5	7.6	13.4	24.0
安徽	13.7	14.2	12.9	13.7	13.7	8.0	11.6	24.0
福建	31.1	28.5	37.7	33.2	28.9	18.3	31.7	42.4
江西	25.5	24.9	26.6	27.3	23.6	19.5	24.6	35.2
山东	23.9	20.9	29.4	22.6	25.2	23.8	21.9	28.5
河南	21.0	18.9	23.9	21.1	20.9	18.3	17.7	32.7
湖北	17.7	17.3	18.3	17.1	18.3	12.3	17.0	22.9
湖南	18.8	18.2	19.7	18.4	19.1	9.4	18.3	27.6
广东	23.6	23.2	24.8	25.8	21.1	12.8	24.8	31.0
广西	22.5	18.3	28.0	22.5	22.4	18.8	21.7	28.9
海南	26.3	24.7	29.0	27.4	25.0	21.7	25.6	33.7
重庆	19.3	17.0	24.9	19.4	19.1	13.6	19.4	22.4
四川	19.3	18.9	19.9	19.4	19.1	15.6	19.5	21.2
贵州	32.2	29.9	35.2	30.5	34.0	23.3	33.7	37.9
云南	15.6	14.6	16.8	15.1	16.2	12.8	15.0	20.6
西藏	25.6	20.8	28.8	22.9	28.6	8.8	27.2	49.8
陕西	19.4	15.6	26.6	19.1	19.7	13.6	17.4	28.8
甘肃	20.3	19.9	20.9	20.3	20.4	9.3	21.0	27.9
青海	27.3	23.8	33.4	26.4	28.2	14.5	27.0	44.2
宁夏	21.3	19.0	26.1	22.0	20.6	15.7	18.9	37.4
新疆	14.2	13.1	15.9	14.6	13.8	8.1	15.1	19.3

第四章

互联网使用情况

4-1-1-1 互联网使用居民每日平均时间(合计)

单位：分

地区	合计	分城乡		分性别		分年龄组		
		城镇	农村	男	女	6-17周岁	18-59周岁	60周岁及以上
全　国	**337**	**379**	**255**	**347**	**327**	**111**	**433**	**249**
北　京	424	445	276	437	411	143	521	302
天　津	410	430	293	417	403	161	486	357
河　北	310	351	240	310	310	103	408	237
山　西	355	383	302	351	359	106	437	307
内蒙古	304	352	196	307	300	87	369	245
辽　宁	393	432	287	396	390	119	478	326
吉　林	360	413	263	353	367	112	423	314
黑龙江	399	421	355	395	403	149	467	346
上　海	430	440	347	450	409	152	529	295
江　苏	352	384	256	369	334	111	463	225
浙　江	360	402	240	383	336	99	464	205
安　徽	328	375	252	338	317	108	440	214
福　建	315	337	260	332	297	105	410	222
江　西	272	304	215	281	262	103	359	205
山　东	309	348	236	313	305	98	404	243
河　南	337	363	301	340	334	127	441	286
湖　北	310	356	223	325	295	113	408	209
湖　南	309	352	241	313	305	97	413	227
广　东	409	433	330	429	385	130	508	292
广　西	298	350	229	312	284	128	391	224
海　南	360	399	295	387	329	135	462	256
重　庆	332	372	232	346	318	98	430	240
四　川	297	350	218	305	289	93	389	204
贵　州	284	338	214	295	272	114	374	194
云　南	318	377	252	326	310	119	396	230
西　藏	307	414	234	328	283	93	389	223
陕　西	321	363	243	337	305	101	412	242
甘　肃	310	366	240	316	304	73	406	220
青　海	398	447	311	409	386	111	497	329
宁　夏	272	299	217	282	262	70	346	209
新　疆	345	413	247	350	340	108	437	274

4-1-1-2 互联网使用居民每日平均时间(工作日)

单位：分

地 区	合计	分城乡		分性别		分年龄组		
		城镇	农村	男	女	6-17周岁	18-59周岁	60周岁及以上
全 国	**332**	**376**	**245**	**341**	**322**	**70**	**437**	**248**
北 京	431	453	275	444	418	97	541	304
天 津	412	433	286	418	406	115	498	361
河 北	303	348	227	302	304	63	410	238
山 西	349	380	292	342	356	64	439	305
内蒙古	300	348	190	300	299	53	369	244
辽 宁	386	426	275	388	384	75	477	320
吉 林	358	413	258	348	367	71	426	316
黑龙江	398	420	352	396	399	107	471	349
上 海	437	448	341	456	416	104	545	298
江 苏	352	386	251	368	335	74	472	226
浙 江	358	401	232	380	333	56	469	200
安 徽	320	371	238	330	310	67	441	213
福 建	308	332	248	325	290	67	411	219
江 西	263	297	202	270	255	64	358	206
山 东	304	344	228	307	301	61	406	242
河 南	329	357	290	330	329	85	443	287
湖 北	306	357	209	320	291	66	414	210
湖 南	304	349	232	306	302	62	416	227
广 东	403	430	319	423	382	81	513	289
广 西	285	340	212	297	272	82	388	220
海 南	353	394	283	383	319	93	465	254
重 庆	329	370	223	341	316	53	436	241
四 川	290	345	210	296	284	57	390	203
贵 州	275	330	204	286	263	75	373	195
云 南	310	370	241	318	301	71	396	231
西 藏	298	416	217	319	274	41	392	225
陕 西	320	365	234	336	303	63	419	245
甘 肃	306	364	233	312	300	44	408	220
青 海	391	444	298	402	380	79	497	327
宁 夏	269	296	212	278	259	38	351	208
新 疆	336	408	232	341	331	62	437	273

4-1-1-3 互联网使用居民每日平均时间(休息日)

单位：分

地 区	合计	分城乡		分性别		分年龄组		
		城镇	农村	男	女	6-17周岁	18-59周岁	60周岁及以上
全 国	**350**	**386**	**281**	**363**	**337**	**215**	**425**	**250**
北 京	406	424	276	418	393	258	472	299
天 津	405	422	308	414	396	275	458	348
河 北	327	359	272	329	324	202	406	235
山 西	369	392	326	372	365	212	431	310
内蒙古	314	360	210	323	305	174	367	247
辽 宁	411	446	315	418	405	227	481	341
吉 林	366	415	277	366	366	213	417	310
黑龙江	403	422	364	394	411	254	458	340
上 海	414	420	362	435	391	270	489	287
江 苏	352	380	267	371	332	205	441	224
浙 江	367	405	259	388	343	207	449	217
安 徽	347	384	288	360	335	210	439	218
福 建	332	350	289	352	312	200	405	230
江 西	294	322	246	310	278	200	362	202
山 东	322	356	258	328	316	189	396	246
河 南	357	378	326	366	347	232	435	282
湖 北	321	353	259	338	303	229	394	208
湖 南	321	358	262	331	310	184	404	228
广 东	421	441	358	446	394	253	493	298
广 西	331	377	270	348	313	242	399	236
海 南	377	409	323	396	356	239	456	258
重 庆	341	376	253	358	324	211	417	240
四 川	313	364	237	325	301	202	387	206
贵 州	305	356	240	316	294	211	376	189
云 南	339	393	278	344	334	239	396	229
西 藏	329	407	276	349	307	224	381	219
陕 西	325	358	264	340	310	196	395	235
甘 肃	320	370	257	327	312	145	401	220
青 海	415	457	342	429	401	193	499	334
宁 夏	280	305	229	291	269	152	334	213
新 疆	369	427	285	375	363	223	435	278

4-1-2-1 互联网使用参与者每日平均时间(合计)

单位：分

地 区	合计	分城乡		分性别		分年龄组		
		城镇	农村	男	女	6-17周岁	18-59周岁	60周岁及以上
全 国	**363**	**402**	**283**	**371**	**354**	**135**	**439**	**292**
北 京	439	458	292	452	425	160	524	326
天 津	424	441	318	428	419	173	488	389
河 北	335	375	264	335	334	134	413	264
山 西	372	402	317	368	377	131	441	322
内蒙古	325	370	217	325	324	111	374	277
辽 宁	423	455	327	422	423	153	484	372
吉 林	379	434	278	370	388	128	430	348
黑龙江	412	435	365	406	417	159	469	376
上 海	448	456	379	467	427	166	531	330
江 苏	382	413	287	397	367	137	466	278
浙 江	397	433	285	413	379	120	471	281
安 徽	357	400	285	368	346	134	444	262
福 建	337	354	293	354	319	123	412	271
江 西	296	326	241	303	288	126	366	241
山 东	335	372	263	340	331	121	410	283
河 南	361	387	325	365	358	153	448	315
湖 北	337	382	248	351	323	136	416	251
湖 南	340	378	275	344	335	132	419	263
广 东	429	450	358	446	409	146	510	348
广 西	319	371	249	330	307	147	397	260
海 南	388	423	327	414	358	161	465	322
重 庆	358	391	268	371	345	119	435	283
四 川	324	378	241	330	318	121	396	247
贵 州	316	362	251	326	306	140	382	263
云 南	337	388	275	343	330	144	402	254
西 藏	352	442	283	371	330	129	415	298
陕 西	345	380	273	357	331	117	415	293
甘 肃	340	390	272	349	330	97	414	262
青 海	424	468	343	434	413	136	506	366
宁 夏	292	315	243	300	284	91	348	242
新 疆	373	446	267	374	372	130	446	333

4-1-2-2 互联网使用参与者每日平均时间(工作日)

单位：分

地 区	合计	分城乡		分性别		分年龄组		
		城镇	农村	男	女	6-17周岁	18-59周岁	60周岁及以上
全 国	**389**	**430**	**301**	**397**	**379**	**142**	**449**	**307**
北 京	467	488	306	481	452	149	547	341
天 津	443	459	337	446	439	157	504	403
河 北	356	398	279	358	353	142	418	273
山 西	394	425	335	387	402	137	450	328
内蒙古	343	391	228	342	344	122	380	289
辽 宁	432	465	333	431	434	132	487	380
吉 林	396	455	288	383	409	119	440	360
黑龙江	426	447	381	420	431	152	474	391
上 海	475	485	386	491	457	172	551	342
江 苏	412	447	302	426	397	160	479	293
浙 江	428	466	305	444	410	136	484	295
安 徽	378	429	292	392	364	132	450	275
福 建	362	384	304	380	342	129	419	283
江 西	316	351	252	321	310	133	369	254
山 东	362	403	279	366	357	122	423	300
河 南	394	422	353	397	391	171	459	335
湖 北	364	413	262	381	345	135	427	271
湖 南	366	406	295	370	362	143	429	278
广 东	456	480	376	473	436	144	520	360
广 西	342	397	264	351	331	156	400	277
海 南	412	446	349	444	375	171	472	334
重 庆	387	420	290	396	377	122	448	297
四 川	350	403	266	356	344	142	403	261
贵 州	339	388	268	351	326	147	389	283
云 南	361	412	298	372	351	162	408	271
西 藏	413	486	345	432	390	184	441	329
陕 西	377	418	293	391	362	13[illegible]	431	310
甘 肃	369	427	292	380	359	107	424	281
青 海	457	502	371	468	446	159	518	382
宁 夏	322	349	262	329	315	101	361	253
新 疆	403	473	292	405	400	129	457	347

4-1-2-3 互联网使用参与者每日平均时间(休息日)

单位：分

地区	合计	分城乡		分性别		分年龄组		
		城镇	农村	男	女	6-17周岁	18-59周岁	60周岁及以上
全国	**386**	**417**	**322**	**397**	**375**	**271**	**435**	**311**
北京	429	446	303	441	417	303	480	337
天津	429	443	344	437	422	309	465	398
河北	366	397	312	367	365	275	416	286
山西	393	416	350	395	391	270	439	335
内蒙古	344	387	240	350	338	230	379	291
辽宁	452	477	376	452	452	301	492	408
吉林	396	446	305	393	399	252	433	360
黑龙江	422	440	384	412	432	279	461	381
上海	439	442	407	458	418	304	494	338
江苏	389	414	308	405	371	258	448	287
浙江	412	441	316	426	395	255	460	313
安徽	387	417	334	398	375	268	446	285
福建	361	371	333	379	342	242	410	289
江西	327	350	283	341	312	252	372	250
山东	360	392	296	366	353	243	408	307
河南	393	413	363	403	382	290	447	330
湖北	364	394	304	380	347	295	408	276
湖南	364	393	313	376	351	264	418	276
广东	449	464	398	469	426	293	497	373
广西	364	406	305	378	348	291	409	291
海南	414	441	367	432	394	295	462	340
重庆	375	401	301	390	359	261	425	297
四川	350	400	272	360	339	256	398	266
贵州	350	389	294	359	341	271	389	277
云南	369	412	317	371	367	298	407	275
西藏	397	449	355	408	383	320	424	328
陕西	359	383	309	373	344	235	405	303
甘肃	361	403	305	375	347	202	417	278
青海	454	487	390	464	443	251	514	387
宁夏	308	328	263	317	299	200	342	261
新疆	411	474	320	412	410	280	455	363

4-1-3-1 互联网使用活动参与率(合计)

单位：%

地 区	合计	分城乡		分性别		分年龄组		
		城镇	农村	男	女	6-17周岁	18-59周岁	60周岁及以上
全 国	**92.9**	**94.3**	**90.2**	**93.5**	**92.4**	**82.4**	**98.7**	**85.2**
北 京	96.7	97.0	94.3	96.7	96.6	89.5	99.4	92.9
天 津	96.8	97.6	92.0	97.3	96.2	93.1	99.6	91.9
河 北	92.5	93.5	90.8	92.4	92.6	76.4	99.0	89.8
山 西	95.3	95.3	95.3	95.4	95.2	81.0	99.0	95.3
内蒙古	93.6	95.0	90.3	94.3	92.8	78.5	98.5	88.4
辽 宁	93.0	95.0	87.6	93.9	92.2	77.5	98.7	87.5
吉 林	95.0	95.2	94.6	95.4	94.6	87.0	98.5	90.2
黑龙江	97.0	96.8	97.3	97.4	96.6	94.1	99.7	92.1
上 海	96.1	96.6	91.5	96.4	95.7	91.5	99.7	89.3
江 苏	92.1	93.1	89.1	92.9	91.2	81.2	99.3	81.0
浙 江	90.8	93.0	84.3	92.7	88.7	82.9	98.3	73.2
安 徽	91.8	93.8	88.5	91.9	91.7	80.6	99.1	81.7
福 建	93.4	95.3	88.6	93.9	92.8	85.1	99.4	82.2
江 西	91.9	93.4	89.2	92.8	90.9	81.6	98.1	84.9
山 东	92.2	93.5	89.8	92.1	92.3	81.2	98.4	85.8
河 南	93.3	93.8	92.7	93.2	93.4	82.8	98.4	90.9
湖 北	92.0	93.0	89.9	92.7	91.2	82.8	98.2	83.3
湖 南	90.9	93.1	87.4	90.9	90.9	73.6	98.5	86.5
广 东	95.3	96.2	92.3	96.3	94.1	88.9	99.5	83.7
广 西	93.4	94.5	92.0	94.4	92.3	86.7	98.6	86.1
海 南	92.7	94.2	90.1	93.4	91.9	83.7	99.4	79.5
重 庆	92.8	95.3	86.6	93.4	92.2	82.1	98.8	85.0
四 川	91.7	92.6	90.3	92.4	90.9	81.1	98.3	82.6
贵 州	89.6	93.1	85.2	90.6	88.7	81.1	97.7	73.7
云 南	94.5	97.2	91.5	94.9	94.0	83.1	98.6	90.7
西 藏	87.1	93.6	82.7	88.3	85.8	72.5	93.7	74.9
陕 西	93.3	95.6	88.9	94.3	92.2	86.2	99.3	82.7
甘 肃	91.3	93.7	88.2	90.6	92.0	75.5	98.1	83.9
青 海	93.8	95.6	90.6	94.3	93.3	82.0	98.2	89.7
宁 夏	93.1	94.9	89.4	93.9	92.2	77.2	99.4	86.3
新 疆	92.7	92.7	92.6	93.7	91.6	83.3	97.8	82.5

4-1-3-2 互联网使用活动参与率(工作日)

单位：%

地区	合计	分城乡		分性别		分年龄组		
		城镇	农村	男	女	6-17周岁	18-59周岁	60周岁及以上
全国	**85.4**	**87.5**	**81.3**	**85.8**	**85.0**	**49.1**	**97.3**	**80.9**
北京	92.5	92.8	90.1	92.4	92.5	65.2	98.8	89.0
天津	93.0	94.3	85.1	93.6	92.3	73.4	98.7	89.5
河北	85.1	87.3	81.3	84.3	85.9	44.3	97.9	87.2
山西	88.5	89.3	87.2	88.5	88.6	46.9	97.6	93.2
内蒙古	87.3	89.1	83.4	87.9	86.7	43.6	97.0	84.6
辽宁	89.3	91.8	82.6	90.1	88.6	57.1	97.8	84.2
吉林	90.3	90.8	89.4	90.8	89.8	59.8	96.7	87.7
黑龙江	93.4	94.0	92.3	94.2	92.7	70.9	99.4	89.1
上海	92.1	92.5	88.2	93.0	91.1	60.7	98.8	87.0
江苏	85.5	86.2	83.2	86.6	84.4	46.0	98.5	77.0
浙江	83.6	86.2	76.1	85.7	81.3	41.1	97.0	67.9
安徽	84.6	86.7	81.3	84.2	85.1	50.9	98.0	77.5
福建	85.2	86.6	81.7	85.4	85.0	51.7	98.1	77.5
江西	83.1	84.8	80.1	84.0	82.2	48.3	97.1	81.3
山东	84.1	85.5	81.5	83.8	84.4	50.5	96.0	80.7
河南	83.7	84.6	82.4	83.2	84.2	49.6	96.6	85.8
湖北	84.1	86.4	79.9	83.9	84.3	49.1	96.9	77.3
湖南	83.1	86.0	78.6	82.7	83.6	43.5	97.0	81.5
广东	88.5	89.7	84.6	89.4	87.6	56.3	98.8	80.3
广西	83.3	85.5	80.5	84.6	82.0	52.7	96.9	79.1
海南	85.7	88.4	81.2	86.2	85.1	54.4	98.6	76.3
重庆	85.0	88.1	77.1	86.2	83.8	43.0	97.3	81.1
四川	82.9	85.6	79.0	83.2	82.6	39.9	96.6	77.9
贵州	81.1	85.1	76.0	81.5	80.8	51.1	95.9	69.1
云南	85.8	90.0	81.0	85.6	85.9	44.1	97.1	85.0
西藏	72.2	85.6	63.0	73.9	70.2	22.4	88.8	68.2
陕西	84.8	87.4	79.9	85.8	83.7	47.7	97.2	78.8
甘肃	82.9	85.3	79.8	82.2	83.6	41.2	96.2	78.0
青海	85.5	88.4	80.4	85.8	85.1	49.5	95.9	85.5
宁夏	83.5	84.8	80.7	84.6	82.3	37.3	97.2	82.2
新疆	83.4	86.2	79.3	84.1	82.7	48.2	95.7	78.6

4-1-3-3 互联网使用活动参与率(休息日)

单位：%

地区	合计	分城乡		分性别		分年龄组		
		城镇	农村	男	女	6-17周岁	18-59周岁	60周岁及以上
全国	**90.7**	**92.5**	**87.2**	**91.4**	**90.0**	**79.5**	**97.6**	**80.4**
北京	94.5	95.0	91.2	94.9	94.2	85.2	98.4	88.6
天津	94.4	95.3	89.5	94.8	94.0	89.1	98.6	87.3
河北	89.4	90.6	87.3	89.8	88.9	73.4	97.6	82.1
山西	93.8	94.2	93.1	94.1	93.5	78.8	98.1	92.5
内蒙古	91.4	93.1	87.6	92.3	90.4	75.3	97.0	85.0
辽宁	91.0	93.6	83.9	92.3	89.7	75.5	97.6	83.5
吉林	92.3	93.0	90.9	92.9	91.7	84.5	96.4	86.1
黑龙江	95.5	95.9	94.9	95.8	95.3	90.8	99.3	89.2
上海	94.3	94.9	89.1	95.0	93.6	89.0	99.0	85.1
江苏	90.5	91.9	86.5	91.6	89.5	79.2	98.5	78.0
浙江	89.2	91.7	81.9	91.3	86.9	81.1	97.5	69.3
安徽	89.9	92.0	86.4	90.4	89.3	78.1	98.5	76.7
福建	92.1	94.3	86.8	92.9	91.3	82.5	99.0	79.6
江西	90.0	92.0	86.7	90.9	89.1	79.4	97.3	80.6
山东	89.5	90.7	87.1	89.6	89.4	78.0	97.2	79.9
河南	90.9	91.6	89.9	90.9	90.8	80.0	97.3	85.5
湖北	88.1	89.6	85.1	88.8	87.2	77.5	96.4	75.2
湖南	88.2	90.9	83.8	88.0	88.4	69.6	96.7	82.4
广东	93.9	95.1	90.1	95.1	92.6	86.1	99.1	79.9
广西	91.1	92.9	88.7	92.0	90.0	83.2	97.7	81.0
海南	91.0	92.8	87.9	91.7	90.2	81.0	98.5	75.9
重庆	91.1	93.9	84.1	91.8	90.4	80.7	98.1	80.7
四川	89.5	91.1	87.1	90.2	88.7	79.0	97.2	77.6
贵州	87.2	91.4	81.8	88.2	86.2	77.7	96.5	68.4
云南	91.9	95.4	87.9	92.8	90.9	80.5	97.3	83.3
西藏	83.0	90.6	77.9	85.5	80.2	69.8	89.8	66.8
陕西	90.6	93.3	85.4	91.0	90.1	83.1	97.6	77.4
甘肃	88.6	91.9	84.4	87.2	89.9	71.7	96.3	79.2
青海	91.5	93.8	87.6	92.3	90.7	76.8	97.0	86.2
宁夏	90.9	92.8	87.1	91.9	90.0	75.9	97.6	81.4
新疆	89.8	90.2	89.1	90.9	88.6	79.8	95.7	76.6

4-2-1-1 手机上网居民每日平均时间(合计)

单位：分

地 区	合计	分城乡		分性别		分年龄组		
		城镇	农村	男	女	6-17周岁	18-59周岁	60周岁及以上
全 国	**269**	**297**	**216**	**276**	**263**	**82**	**350**	**194**
北 京	303	315	209	306	299	100	361	246
天 津	333	346	258	333	333	136	387	307
河 北	249	274	207	247	251	77	331	190
山 西	308	324	279	307	310	88	382	265
内蒙古	250	287	167	251	249	72	309	189
辽 宁	343	370	269	342	345	105	411	295
吉 林	310	349	238	301	318	95	370	259
黑龙江	345	349	336	333	356	130	401	305
上 海	306	309	282	316	295	107	367	230
江 苏	264	285	201	272	255	70	351	165
浙 江	280	312	187	295	264	74	359	166
安 徽	273	302	227	278	268	83	371	174
福 建	246	259	215	260	232	76	322	173
江 西	211	235	170	217	206	68	288	146
山 东	234	260	184	238	230	68	310	178
河 南	279	295	258	278	281	100	371	227
湖 北	245	273	192	254	235	86	323	166
湖 南	245	277	194	249	241	68	338	163
广 东	316	327	282	334	296	96	392	233
广 西	241	284	184	256	226	86	331	161
海 南	316	345	266	338	290	107	414	205
重 庆	252	275	192	261	242	67	333	169
四 川	238	283	172	241	235	71	320	149
贵 州	227	265	179	236	219	71	314	133
云 南	253	293	208	261	245	80	336	124
西 藏	264	339	212	280	245	79	336	183
陕 西	255	278	213	265	245	82	328	190
甘 肃	264	298	221	270	258	56	351	177
青 海	352	388	290	364	340	81	443	302
宁 夏	217	228	194	223	210	49	282	149
新 疆	294	343	223	301	287	81	377	226

4-2-1-2 手机上网居民每日平均时间(工作日)

单位：分

地区	合计	分城乡		分性别		分年龄组		
		城镇	农村	男	女	6-17周岁	18-59周岁	60周岁及以上
全　国	**257**	**283**	**206**	**263**	**251**	**49**	**339**	**193**
北　京	285	297	197	287	283	65	340	248
天　津	323	335	251	322	324	96	378	310
河　北	237	261	195	234	239	45	319	191
山　西	298	313	270	294	301	50	375	263
内蒙古	240	275	160	240	239	39	300	185
辽　宁	330	355	259	328	332	67	398	290
吉　林	304	343	233	293	314	63	364	262
黑龙江	338	340	332	328	347	92	395	307
上　海	290	293	266	300	280	73	347	231
江　苏	253	271	197	260	245	44	339	165
浙　江	268	300	178	285	250	45	347	163
安　徽	260	289	213	264	256	52	359	172
福　建	232	244	204	245	218	49	309	171
江　西	200	224	160	204	196	46	278	147
山　东	221	245	177	225	218	39	298	176
河　南	267	282	247	263	271	64	364	227
湖　北	234	264	178	242	226	49	315	166
湖　南	235	266	185	238	232	43	329	162
广　东	298	307	270	316	279	58	377	229
广　西	226	269	169	239	211	50	319	158
海　南	306	337	256	332	277	75	410	204
重　庆	239	262	181	249	229	33	320	170
四　川	227	269	164	230	224	38	311	148
贵　州	219	255	172	226	211	47	307	138
云　南	242	281	198	250	233	41	329	123
西　藏	249	327	195	265	230	32	329	182
陕　西	243	265	203	253	233	50	316	191
甘　肃	253	285	213	259	247	34	340	175
青　海	341	377	278	353	330	53	435	299
宁　夏	208	217	190	215	200	26	275	148
新　疆	281	332	208	289	273	42	370	224

4-2-1-3 手机上网居民每日平均时间(休息日)

单位：分

地区	合计	分城乡		分性别		分年龄组		
		城镇	农村	男	女	6-17周岁	18-59周岁	60周岁及以上
全国	**300**	**330**	**241**	**308**	**292**	**163**	**377**	**196**
北京	346	361	239	352	340	187	414	241
天津	359	373	274	361	356	235	410	300
河北	280	305	237	280	280	156	359	188
山西	336	353	304	339	333	182	399	271
内蒙古	276	316	187	279	274	152	331	197
辽宁	377	406	296	377	377	201	443	310
吉林	325	366	250	323	327	174	383	253
黑龙江	362	370	345	345	378	223	415	299
上海	344	347	321	355	333	192	416	228
江苏	292	318	212	302	281	136	382	166
浙江	310	345	209	320	298	149	388	173
安徽	307	336	260	313	299	159	402	179
福建	282	298	241	296	266	144	357	177
江西	239	263	197	247	229	123	315	145
山东	266	299	204	272	260	139	342	181
河南	309	327	284	314	305	192	388	227
湖北	272	296	227	284	260	176	343	167
湖南	271	305	217	277	265	132	361	166
广东	361	377	311	380	339	193	431	242
广西	281	324	224	297	264	175	362	169
海南	338	366	292	353	322	188	425	206
重庆	283	308	220	293	273	151	365	167
四川	266	317	191	268	264	153	344	151
贵州	250	290	197	259	239	132	333	120
云南	282	325	234	288	277	177	354	127
西藏	301	370	254	318	282	194	354	186
陕西	285	310	238	295	274	161	356	185
甘肃	291	332	240	299	284	112	378	182
青海	380	415	319	393	367	151	464	308
宁夏	238	254	204	242	235	105	299	150
新疆	326	372	259	330	321	179	392	233

4-2-2-1 手机上网参与者每日平均时间(合计)

单位：分

地区	合计	分城乡		分性别		分年龄组		
		城镇	农村	男	女	6-17周岁	18-59周岁	60周岁及以上
全国	**309**	**332**	**260**	**313**	**305**	**118**	**358**	**269**
北京	326	338	235	330	322	136	366	283
天津	353	363	290	350	356	157	390	353
河北	285	312	238	283	287	119	337	238
山西	336	354	302	334	338	118	388	306
内蒙古	277	313	193	277	278	98	315	240
辽宁	377	397	317	371	382	146	418	353
吉林	339	381	262	331	348	123	378	314
黑龙江	366	374	351	353	379	152	404	352
上海	330	332	318	341	319	146	371	273
江苏	314	330	259	315	312	114	356	265
浙江	328	353	243	337	318	110	372	262
安徽	320	345	276	323	316	122	378	262
福建	280	286	262	292	267	103	327	252
江西	255	276	216	258	252	111	297	225
山东	273	294	228	277	269	99	321	243
河南	316	327	298	314	317	136	379	285
湖北	282	309	229	288	276	118	334	230
湖南	295	321	249	298	292	116	349	235
广东	349	355	330	365	331	130	397	316
广西	281	321	224	290	271	121	339	234
海南	363	389	317	383	340	156	419	312
重庆	294	312	244	301	287	10[illegible]	342	243
四川	283	322	218	283	283	104	330	236
贵州	276	310	228	282	269	112	327	216
云南	303	336	262	306	299	113	349	232
西藏	314	370	270	327	299	120	363	275
陕西	290	308	253	296	283	109	333	270
甘肃	308	340	265	313	302	91	360	251
青海	389	421	331	400	379	1[illegible]3	453	364
宁夏	249	255	233	254	243	[illegible]0	286	207
新疆	333	387	254	337	328	1[illegible]4	390	301

4-2-2-2 手机上网参与者每日平均时间(工作日)

单位：分

地 区	合计	分城乡		分性别		分年龄组		
		城镇	农村	男	女	6-17周岁	18-59周岁	60周岁及以上
全 国	**326**	**347**	**282**	**330**	**322**	**135**	**356**	**291**
北 京	327	339	238	330	324	138	352	302
天 津	359	366	311	356	362	149	385	371
河 北	301	324	260	299	304	142	332	259
山 西	352	369	322	350	354	121	390	315
内蒙古	291	325	207	289	293	103	315	259
辽 宁	382	400	327	376	388	133	412	366
吉 林	354	398	274	343	366	122	383	337
黑龙江	375	379	367	362	388	142	402	375
上 海	331	333	315	339	322	155	359	289
江 苏	326	341	277	328	325	143	350	288
浙 江	342	365	261	353	329	143	368	278
安 徽	335	362	287	338	331	134	374	279
福 建	294	301	275	308	279	120	321	274
江 西	267	288	225	268	265	127	292	242
山 东	290	310	247	292	287	100	321	268
河 南	345	356	330	338	353	162	385	313
湖 北	303	329	247	311	294	130	336	256
湖 南	315	341	269	320	310	146	349	256
广 东	360	362	356	376	343	140	388	338
广 西	304	342	247	314	294	153	335	260
海 南	381	403	339	404	353	164	422	335
重 庆	309	325	262	316	302	111	338	266
四 川	304	335	248	305	302	135	330	254
贵 州	298	332	248	307	288	142	328	244
云 南	331	360	292	339	321	145	355	266
西 藏	364	405	327	379	347	179	382	319
陕 西	309	327	271	316	300	129	333	292
甘 肃	330	365	284	334	325	105	362	279
青 海	415	444	359	423	406	124	458	383
宁 夏	269	274	258	277	260	106	288	227
新 疆	361	411	281	366	354	121	394	329

4-2-2-3 手机上网参与者每日平均时间(休息日)

单位：分

地 区	合计	分城乡		分性别		分年龄组		
		城镇	农村	男	女	6-17周岁	18-59周岁	60周岁及以上
全 国	**358**	**383**	**306**	**363**	**353**	**250**	**394**	**298**
北 京	388	401	284	396	379	270	429	302
天 津	393	405	321	392	394	286	420	372
河 北	337	366	287	335	338	256	375	267
山 西	376	395	340	378	374	256	413	330
内蒙古	317	355	224	316	317	221	345	267
辽 宁	426	446	365	420	433	292	457	393
吉 林	373	415	294	370	377	236	405	336
黑龙江	397	408	373	379	414	273	426	368
上 海	384	386	375	395	373	283	427	291
江 苏	357	379	284	361	353	233	393	286
浙 江	375	401	289	379	372	232	410	298
安 徽	370	394	329	376	364	249	414	291
福 建	330	338	305	341	318	206	368	278
江 西	298	319	259	303	293	213	331	237
山 东	325	354	266	331	320	220	364	273
河 南	364	376	345	368	360	274	405	311
湖 北	334	353	294	343	324	267	366	268
湖 南	342	366	299	348	336	241	385	258
广 东	407	416	376	423	389	277	441	350
广 西	341	377	288	349	331	263	378	272
海 南	401	423	360	412	387	291	436	333
重 庆	343	362	291	349	337	240	381	269
四 川	330	374	257	329	332	232	363	270
贵 州	316	353	264	324	309	226	353	224
云 南	356	391	312	353	360	281	381	275
西 藏	381	426	345	389	371	313	402	328
陕 西	339	358	299	347	330	229	373	290
甘 肃	356	392	307	366	347	195	398	290
青 海	434	463	380	445	423	230	484	389
宁 夏	286	301	255	289	284	180	313	236
新 疆	387	438	312	391	383	260	419	356

4-2-3-1 手机上网活动参与率(合计)

单位：%

地区	合计	分城乡		分性别		分年龄组		
		城镇	农村	男	女	6-17周岁	18-59周岁	60周岁及以上
全　国	**87.1**	**89.3**	**83.0**	**88.1**	**86.2**	**69.1**	**97.7**	**72.2**
北　京	92.7	93.3	88.9	92.7	92.8	73.4	98.5	86.7
天　津	94.4	95.3	88.9	95.1	93.7	86.6	99.2	87.0
河　北	87.4	87.7	86.8	87.4	87.4	64.5	98.2	79.7
山　西	91.8	91.5	92.4	91.7	91.9	74.0	98.3	86.7
内蒙古	90.2	91.8	86.6	90.7	89.7	73.2	97.9	78.6
辽　宁	91.1	93.3	85.0	92.1	90.1	72.4	98.3	83.6
吉　林	91.3	91.7	90.6	91.1	91.5	76.9	97.7	82.6
黑龙江	94.1	93.4	95.6	94.3	94.0	85.4	99.1	86.5
上　海	92.6	93.0	88.8	92.6	92.5	73.5	98.8	84.4
江　苏	84.1	86.2	77.9	86.2	81.9	61.1	98.7	62.4
浙　江	85.4	88.4	76.9	87.5	83.1	67.8	96.4	63.2
安　徽	85.5	87.6	82.1	86.1	84.9	67.9	98.2	66.4
福　建	88.1	90.5	82.0	89.0	87.0	73.6	98.5	68.7
江　西	82.8	85.2	78.7	84.1	81.5	61.4	97.1	65.1
山　东	85.8	88.4	80.8	86.1	85.5	67.9	96.8	73.2
河　南	88.5	90.1	86.3	88.5	88.5	73.8	97.8	79.6
湖　北	86.7	88.4	83.6	88.1	85.3	72.6	96.9	72.2
湖　南	83.2	86.4	78.0	83.7	82.6	58.5	96.9	69.4
广　东	90.6	92.2	85.4	91.7	89.3	73.8	98.7	73.8
广　西	85.9	88.7	82.1	88.1	83.5	71.0	97.7	68.7
海　南	86.9	88.7	83.9	88.3	85.3	68.9	98.8	65.6
重　庆	85.6	88.3	78.8	86.8	84.4	65.8	97.4	69.5
四　川	84.2	87.8	78.9	85.3	83.0	68.6	97.1	63.2
贵　州	82.5	85.7	78.4	83.5	81.5	63.1	96.1	61.5
云　南	83.6	87.2	79.6	85.2	82.0	67.5	96.3	53.7
西　藏	83.8	91.6	78.5	85.7	81.8	65.3	92.5	66.6
陕　西	88.1	90.0	84.4	89.6	86.5	75.5	98.3	70.2
甘　肃	85.8	87.8	83.2	86.2	85.3	61.4	97.5	70.5
青　海	90.5	92.2	87.5	91.1	89.8	71.7	97.7	83.0
宁　夏	87.1	89.1	83.1	87.9	86.4	60.7	98.6	71.7
新　疆	88.3	88.7	87.7	89.2	87.3	70.9	96.6	75.1

4-2-3-2 手机上网活动参与率(工作日)

单位：%

地区	合计	分城乡		分性别		分年龄组		
		城镇	农村	男	女	6-17周岁	18-59周岁	60周岁及以上
全国	**78.7**	**81.6**	**73.1**	**79.5**	**77.9**	**36.6**	**95.1**	**66.4**
北京	87.1	87.7	82.9	86.9	87.3	47.3	96.4	81.9
天津	90.0	91.5	80.8	90.4	89.5	64.8	98.1	83.6
河北	78.5	80.7	75.0	78.3	78.8	31.8	96.2	73.6
山西	84.4	84.8	83.7	83.9	85.0	41.0	96.1	83.4
内蒙古	82.4	84.7	77.0	83.1	81.6	37.9	95.2	71.6
辽宁	86.3	88.9	79.2	87.1	85.6	50.4	96.5	79.2
吉林	85.7	86.1	84.9	85.3	86.0	51.9	95.1	77.6
黑龙江	90.1	89.8	90.6	90.7	89.4	65.2	98.2	81.8
上海	87.7	88.1	84.6	88.4	87.0	47.5	96.8	80.1
江苏	77.4	79.4	71.4	79.3	75.4	30.6	97.0	57.4
浙江	78.5	82.0	68.3	80.7	76.1	31.3	94.3	58.5
安徽	77.7	79.8	74.4	78.0	77.5	39.0	96.0	61.7
福建	79.0	80.9	74.3	79.7	78.3	40.9	96.1	62.5
江西	75.2	77.6	70.9	76.3	74.0	36.4	95.0	60.7
山东	76.3	78.9	71.5	76.9	75.8	38.6	92.7	65.8
河南	77.4	79.2	74.8	77.9	76.8	39.3	94.4	72.6
湖北	77.3	80.0	72.1	77.9	76.7	37.7	93.8	64.7
湖南	74.5	78.1	68.8	74.4	74.7	29.2	94.3	63.1
广东	82.8	85.0	76.0	84.2	81.3	41.3	97.0	67.8
广西	74.1	78.6	68.2	76.3	71.8	32.6	95.2	60.8
海南	80.5	83.4	75.5	82.2	78.5	45.7	97.3	61.0
重庆	77.3	80.6	69.1	78.8	75.9	29.9	94.9	64.0
四川	74.8	80.4	66.4	75.4	74.1	28.4	94.1	58.2
贵州	73.5	76.8	69.1	73.7	73.2	32.9	93.6	56.5
云南	73.2	78.0	67.7	73.8	72.5	28.2	92.7	46.4
西藏	68.2	80.8	59.7	69.9	66.3	18.1	86.2	57.0
陕西	78.9	81.0	74.9	80.2	77.6	39.0	94.9	65.5
甘肃	76.8	78.1	75.1	77.5	76.1	31.9	93.9	62.9
青海	82.3	85.0	77.6	83.4	81.2	42.3	94.9	78.2
宁夏	77.3	79.1	73.6	77.7	76.9	24.6	95.6	65.4
新疆	78.0	80.8	74.0	78.9	77.1	34.7	94.1	68.1

4-2-3-3 手机上网活动参与率(休息日)

单位：%

地区	合计	分城乡		分性别		分年龄组		
		城镇	农村	男	女	6-17周岁	18-59周岁	60周岁及以上
全国	**83.8**	**86.3**	**78.9**	**84.8**	**82.7**	**65.1**	**95.6**	**65.9**
北京	89.3	90.0	84.1	89.0	89.6	69.3	96.5	79.9
天津	91.2	92.2	85.5	91.9	90.5	82.2	97.6	80.7
河北	83.2	83.5	82.7	83.7	82.7	61.0	95.8	70.6
山西	89.3	89.3	89.3	89.6	89.0	70.9	96.7	82.3
内蒙古	87.3	89.0	83.4	88.1	86.4	69.1	95.9	74.0
辽宁	88.4	91.0	81.2	89.8	87.1	68.9	96.8	79.0
吉林	87.1	88.3	84.9	87.4	86.8	73.5	94.7	75.4
黑龙江	91.2	90.7	92.3	91.1	91.3	81.7	97.4	81.2
上海	89.5	90.0	85.6	89.8	89.2	67.8	97.3	78.5
江苏	81.6	84.0	74.4	83.6	79.5	58.3	97.1	58.0
浙江	82.5	86.0	72.5	84.6	80.3	64.2	94.5	58.0
安徽	82.8	85.3	78.8	83.4	82.1	63.8	96.9	61.3
福建	85.4	88.0	79.0	86.9	83.8	69.8	97.0	63.8
江西	80.0	82.3	76.1	81.6	78.4	57.9	95.0	61.1
山东	81.8	84.5	76.6	82.2	81.3	63.5	94.2	66.4
河南	85.1	87.0	82.3	85.4	84.8	70.2	95.6	73.0
湖北	81.4	83.6	77.2	82.7	80.1	66.1	93.8	62.2
湖南	79.3	83.4	72.7	79.6	78.9	54.5	93.6	64.3
广东	88.6	90.5	82.6	89.8	87.2	69.7	97.9	69.1
广西	82.5	86.1	77.6	85.1	79.7	66.4	95.9	62.1
海南	84.5	86.4	81.2	85.7	83.0	64.4	97.4	61.9
重庆	82.4	85.2	75.3	83.8	81.0	62.8	95.9	62.1
四川	80.6	84.8	74.4	81.6	79.6	65.8	94.7	56.1
贵州	78.9	82.3	74.5	80.2	77.5	58.2	94.2	53.8
云南	79.4	83.1	75.1	81.7	76.9	63.2	93.0	46.1
西藏	79.0	86.8	73.7	81.6	76.1	61.9	88.0	56.6
陕西	84.0	86.5	79.4	85.1	83.0	70.3	95.4	64.0
甘肃	81.8	84.8	78.2	81.7	82.0	57.4	94.9	62.8
青海	87.6	89.8	83.8	88.4	86.8	65.8	95.9	79.3
宁夏	83.1	84.6	80.1	83.6	82.7	58.1	95.3	63.3
新疆	84.1	84.8	83.1	84.5	83.7	66.7	93.5	65.6

4-3-1-1 电脑上网居民每日平均时间(合计)

单位：分

地 区	合计	分城乡		分性别		分年龄组		
		城镇	农村	男	女	6-17周岁	18-59周岁	60周岁及以上
全 国	**43**	**58**	**15**	**48**	**38**	**6**	**68**	**4**
北 京	96	103	44	107	85	18	142	10
天 津	55	62	16	62	47	9	86	5
河 北	40	55	15	43	37	7	64	7
山 西	26	35	10	26	27	4	41	3
内蒙古	32	43	5	33	30	3	48	3
辽 宁	34	44	6	40	28	4	55	4
吉 林	25	37	3	27	22	3	38	4
黑龙江	35	47	11	43	27	9	54	3
上 海	99	105	46	110	87	24	145	16
江 苏	60	74	17	71	49	9	95	6
浙 江	65	75	34	74	55	13	95	7
安 徽	36	52	11	43	29	3	59	5
福 建	48	58	24	54	43	6	76	2
江 西	36	46	19	41	31	7	58	4
山 东	43	59	12	47	39	7	71	3
河 南	31	45	12	37	25	6	51	3
湖 北	44	61	12	50	37	5	72	4
湖 南	36	47	17	38	34	6	59	4
广 东	69	85	21	73	65	7	100	3
广 西	30	42	13	32	27	6	48	3
海 南	24	33	8	30	18	6	36	2
重 庆	47	59	17	52	42	7	76	3
四 川	34	46	16	37	30	5	54	4
贵 州	27	39	11	31	23	3	44	2
云 南	25	37	11	26	24	3	37	2
西 藏	25	50	7	28	21	1	36	1
陕 西	46	62	14	52	39	7	71	6
甘 肃	31	48	9	32	29	4	46	5
青 海	26	35	10	28	23	3	38	1
宁 夏	35	47	9	37	32	3	52	1
新 疆	30	44	9	29	30	5	44	1

4-3-1-2 电脑上网居民每日平均时间(工作日)

单位：分

地 区	合计	分城乡		分性别		分年龄组		
		城镇	农村	男	女	6-17周岁	18-59周岁	60周岁及以上
全 国	**52**	**71**	**16**	**57**	**48**	**4**	**83**	**5**
北 京	123	133	56	136	110	13	185	11
天 津	68	76	17	75	60	8	107	5
河 北	47	66	15	50	45	5	77	8
山 西	31	43	10	30	33	2	49	4
内蒙古	38	52	5	38	37	2	58	3
辽 宁	42	54	6	47	36	3	68	4
吉 林	30	45	3	33	28	2	46	5
黑龙江	41	56	11	49	33	7	65	2
上 海	122	130	55	133	110	17	182	17
江 苏	73	91	18	84	61	5	117	6
浙 江	76	89	38	84	68	5	113	7
安 徽	44	63	13	51	36	2	72	5
福 建	58	71	26	63	53	3	93	2
江 西	41	53	21	45	38	5	68	5
山 东	52	73	13	56	48	5	88	4
河 南	37	54	13	42	31	4	62	4
湖 北	52	72	13	58	45	3	86	5
湖 南	43	57	21	44	43	5	72	5
广 东	84	103	24	87	80	5	122	3
广 西	35	50	15	37	33	5	58	3
海 南	28	39	9	34	21	5	43	2
重 庆	58	73	21	62	54	4	95	4
四 川	40	55	18	42	38	3	65	4
贵 州	32	47	12	36	27	3	51	2
云 南	30	45	12	30	29	2	45	2
西 藏	31	65	8	34	28	0	46	2
陕 西	58	79	17	65	50	6	91	7
甘 肃	38	60	10	39	37	3	59	5
青 海	30	42	10	33	28	1	46	2
宁 夏	42	58	10	43	41	2	64	1
新 疆	34	51	10	32	36	3	51	1

4-3-1-3 电脑上网居民每日平均时间(休息日)

单位：分

地区	合计	分城乡		分性别		分年龄组		
		城镇	农村	男	女	6-17周岁	18-59周岁	60周岁及以上
全国	**21**	**27**	**11**	**27**	**15**	**12**	**31**	**3**
北京	28	30	13	36	20	32	35	6
天津	23	24	13	29	16	13	33	4
河北	23	28	14	27	18	13	32	7
山西	14	17	9	15	13	9	20	2
内蒙古	16	21	5	22	11	6	24	3
辽宁	15	19	6	22	9	8	24	2
吉林	11	15	2	14	7	5	15	2
黑龙江	19	24	8	26	12	14	27	3
上海	41	43	24	53	27	42	52	14
江苏	28	32	16	39	17	19	40	4
浙江	36	41	24	48	24	31	48	5
安徽	17	23	8	24	10	6	26	3
福建	25	27	20	31	17	15	35	1
江西	23	26	16	30	15	13	33	3
山东	19	25	9	23	16	14	28	2
河南	17	22	9	22	12	9	26	2
湖北	24	31	10	30	17	11	37	3
湖南	17	22	9	22	12	10	26	2
广东	33	39	13	38	27	13	45	3
广西	17	24	6	21	11	7	25	3
海南	14	19	5	19	8	8	20	0
重庆	20	25	9	28	13	15	29	2
四川	18	22	12	25	11	10	26	4
贵州	16	21	9	19	12	5	24	1
云南	13	18	9	16	11	5	19	1
西藏	8	12	6	11	6	5	11	1
陕西	16	21	7	21	11	8	22	4
甘肃	12	16	6	14	10	3	15	5
青海	14	17	8	16	12	7	19	0
宁夏	16	20	8	22	10	5	23	1
新疆	19	26	7	23	14	8	25	2

4-3-2-1 电脑上网参与者每日平均时间(合计)

单位：分

地 区	合计	分城乡		分性别		分年龄组		
		城镇	农村	男	女	6-17周岁	18-59周岁	60周岁及以上
全 国	**248**	**255**	**203**	**249**	**246**	**71**	**270**	**148**
北 京	282	284	243	291	270	88	302	177
天 津	254	258	197	249	261	95	269	150
河 北	240	252	186	234	248	73	267	192
山 西	219	224	192	202	239	58	241	121
内蒙古	213	218	147	216	209	51	227	112
辽 宁	252	259	163	250	256	70	270	141
吉 林	236	243	145	239	233	89	256	112
黑龙江	243	244	229	248	235	94	262	107
上 海	259	261	223	261	255	77	291	121
江 苏	274	279	225	277	271	71	298	173
浙 江	268	273	239	274	260	67	293	206
安 徽	250	261	195	259	238	55	273	132
福 建	246	247	243	255	236	51	274	127
江 西	210	212	202	214	205	80	231	154
山 东	252	261	191	254	249	63	283	148
河 南	228	240	178	228	227	72	257	123
湖 北	248	260	173	254	240	61	269	173
湖 南	233	236	219	226	241	95	246	222
广 东	270	273	236	269	270	66	288	161
广 西	236	240	219	247	222	93	257	152
海 南	216	229	153	224	202	78	240	102
重 庆	238	239	226	238	237	65	258	126
四 川	232	243	196	219	250	70	253	128
贵 州	217	227	178	221	210	61	235	119
云 南	219	222	207	216	223	63	238	81
西 藏	197	216	141	192	205	45	209	59
陕 西	263	271	212	272	252	82	284	166
甘 肃	227	238	173	221	235	75	244	151
青 海	209	207	221	216	202	39	234	63
宁 夏	256	262	206	254	258	60	273	79
新 疆	222	241	144	222	222	81	240	69

4-3-2-2 电脑上网参与者每日平均时间(工作日)

单位：分

地区	合计	分城乡		分性别		分年龄组		
		城镇	农村	男	女	6-17周岁	18-59周岁	60周岁及以上
全国	**354**	**361**	**304**	**354**	**354**	**124**	**370**	**202**
北京	403	405	367	416	388	142	420	235
天津	354	356	307	348	363	167	366	201
河北	347	354	303	346	350	137	369	224
山西	324	331	278	318	331	98	338	193
内蒙古	310	314	248	309	312	96	322	153
辽宁	358	362	282	358	357	110	372	224
吉林	327	329	289	324	331	132	348	163
黑龙江	349	353	317	356	340	226	362	137
上海	365	368	311	358	375	125	393	173
江苏	381	385	323	374	391	126	395	219
浙江	377	384	337	376	379	109	390	244
安徽	353	361	302	367	335	72	372	190
福建	367	370	344	372	360	92	379	195
江西	305	310	284	311	298	131	317	301
山东	363	373	283	360	366	106	386	171
河南	336	346	285	331	343	146	357	164
湖北	349	356	295	362	333	85	364	275
湖南	334	337	322	326	344	148	344	314
广东	376	377	351	372	380	126	385	238
广西	329	338	298	331	328	179	345	179
海南	320	332	250	331	301	138	342	132
重庆	341	342	328	350	330	120	353	173
四川	330	342	285	314	350	103	347	180
贵州	305	313	273	305	306	105	320	166
云南	324	337	280	343	306	120	337	160
西藏	287	314	193	274	308	25	292	136
陕西	374	381	322	384	361	156	394	197
甘肃	334	346	263	333	334	112	350	200
青海	327	321	376	349	304	51	342	123
宁夏	361	367	295	350	373	91	373	85
新疆	321	338	233	318	323	119	335	121

4-3-2-3 电脑上网参与者每日平均时间(休息日)

单位：分

地 区	合计	分城乡		分性别		分年龄组		
		城镇	农村	男	女	6-17周岁	18-59周岁	60周岁及以上
全 国	**252**	**255**	**239**	**258**	**242**	**160**	**273**	**191**
北 京	239	240	218	246	226	185	252	233
天 津	261	263	235	258	266	177	279	181
河 北	240	242	236	239	243	156	263	204
山 西	238	233	257	226	254	164	260	119
内蒙古	225	225	219	242	195	129	236	187
辽 宁	268	272	238	263	282	144	295	153
吉 林	245	253	184	241	254	202	267	122
黑龙江	251	248	267	260	233	163	269	182
上 海	221	221	229	236	195	156	247	147
江 苏	270	269	279	275	260	166	293	241
浙 江	283	287	265	295	260	185	303	268
安 徽	255	264	223	257	251	142	275	195
福 建	252	246	274	264	232	144	283	135
江 西	233	221	274	244	212	177	248	177
山 东	252	256	232	250	256	157	280	206
河 南	244	254	217	249	236	154	270	184
湖 北	271	278	235	279	258	163	290	212
湖 南	244	248	232	254	228	188	253	277
广 东	266	268	251	270	261	141	286	239
广 西	259	263	237	274	233	163	283	176
海 南	222	234	172	232	197	156	236	124
重 庆	238	241	215	242	228	164	257	154
四 川	242	247	230	246	235	192	252	198
贵 州	247	251	238	259	231	130	267	146
云 南	236	221	279	231	243	133	255	69
西 藏	205	190	229	218	182	179	214	60
陕 西	235	236	226	240	226	150	251	215
甘 肃	208	211	197	200	222	165	221	167
青 海	237	231	264	259	211	116	270	30
宁 夏	238	234	263	251	214	138	252	186
新 疆	255	283	166	267	236	164	274	125

4-3-3-1 电脑上网活动参与率(合计)

单位：%

地区	合计	分城乡		分性别		分年龄组		
		城镇	农村	男	女	6-17周岁	18-59周岁	60周岁及以上
全 国	**17.5**	**22.8**	**7.2**	**19.4**	**15.5**	**9.0**	**25.2**	**3.0**
北 京	34.1	36.3	18.0	36.8	31.4	21.0	47.1	5.5
天 津	21.6	23.9	8.0	25.0	18.0	9.9	31.9	3.3
河 北	16.7	21.9	7.8	18.4	14.9	10.1	24.1	3.8
山 西	12.0	15.8	5.1	12.7	11.4	6.5	17.0	2.6
内蒙古	14.8	19.8	3.7	15.5	14.2	5.8	21.1	2.9
辽 宁	13.5	17.1	3.8	16.0	11.1	6.3	20.4	2.7
吉 林	10.4	15.1	1.9	11.5	9.4	3.0	14.7	3.8
黑龙江	14.4	19.2	4.6	17.3	11.5	9.4	20.7	2.4
上 海	38.2	40.3	20.6	42.1	34.0	31.0	49.8	13.3
江 苏	21.9	26.6	7.6	25.7	17.9	12.5	31.9	3.3
浙 江	24.2	27.6	14.3	26.8	21.2	19.0	32.3	3.2
安 徽	14.4	19.8	5.8	16.8	12.0	5.2	21.5	3.5
福 建	19.7	23.6	10.0	21.2	18.0	11.6	27.8	1.5
江 西	17.2	21.5	9.6	19.0	15.2	9.2	25.1	2.7
山 东	17.0	22.7	6.3	18.4	15.7	11.6	25.2	2.2
河 南	13.6	18.6	6.5	16.0	11.2	7.7	20.0	2.8
湖 北	17.7	23.3	7.2	19.8	15.5	8.9	26.6	2.6
湖 南	15.4	20.1	7.9	16.6	14.1	6.6	23.8	1.8
广 东	25.6	31.0	8.7	27.0	24.1	11.2	34.7	1.9
广 西	12.6	17.7	5.9	13.1	12.1	6.1	18.8	2.2
海 南	11.1	14.6	5.2	13.3	8.7	7.2	15.2	1.5
重 庆	19.9	24.7	7.6	21.9	17.8	10.9	29.4	2.6
四 川	14.6	18.9	8.2	17.0	12.1	7.0	21.4	3.0
贵 州	12.5	17.3	6.3	14.0	10.9	5.2	18.5	1.6
云 南	11.4	16.8	5.4	12.1	10.8	5.3	15.7	2.2
西 藏	12.5	23.2	5.2	14.4	10.4	3.1	17.1	2.1
陕 西	17.4	23.0	6.8	19.1	15.5	8.0	25.2	3.6
甘 肃	13.5	20.1	5.1	14.4	12.5	5.7	18.9	3.3
青 海	12.3	16.8	4.4	13.1	11.5	6.8	16.4	1.9
宁 夏	13.5	17.9	4.4	14.6	12.4	4.5	19.1	1.5
新 疆	13.4	18.2	6.4	13.3	13.4	5.7	18.1	2.1

4-3-3-2 电脑上网活动参与率(工作日)

单位：%

地 区	合计	分城乡		分性别		分年龄组		
		城镇	农村	男	女	6-17周岁	18-59周岁	60周岁及以上
全 国	**14.8**	**19.6**	**5.3**	**16.1**	**13.4**	**3.4**	**22.5**	**2.4**
北 京	30.6	32.7	15.3	32.7	28.5	9.3	44.1	4.6
天 津	19.1	21.4	5.6	21.7	16.5	4.7	29.3	2.6
河 北	13.5	18.7	4.9	14.3	12.7	3.8	20.9	3.4
山 西	9.7	12.9	3.7	9.4	10.0	1.8	14.6	1.8
内蒙古	12.1	16.6	2.2	12.3	11.9	1.7	17.9	2.2
辽 宁	11.6	15.0	2.3	13.2	10.1	2.8	18.2	1.9
吉 林	9.2	13.8	1.0	10.1	8.3	1.3	13.4	3.1
黑龙江	11.8	15.8	3.6	13.9	9.7	3.0	18.0	1.7
上 海	33.4	35.3	17.6	37.1	29.4	13.5	46.3	9.9
江 苏	19.1	23.7	5.5	22.5	15.6	3.8	29.6	2.9
浙 江	20.2	23.3	11.3	22.3	17.9	4.8	29.0	3.0
安 徽	12.4	17.5	4.2	14.0	10.7	2.2	19.3	2.7
福 建	15.8	19.2	7.6	16.9	14.7	2.7	24.4	1.1
江 西	13.6	17.2	7.3	14.5	12.6	3.8	21.5	1.5
山 东	14.4	19.6	4.7	15.6	13.2	4.5	22.9	2.1
河 南	10.9	15.5	4.4	12.8	9.0	2.7	17.3	2.5
湖 北	14.9	20.3	4.5	16.1	13.6	3.7	23.5	1.8
湖 南	12.9	17.0	6.4	13.4	12.4	3.1	20.8	1.5
广 东	22.3	27.2	6.8	23.3	21.2	4.1	31.7	1.4
广 西	10.6	14.7	5.2	11.1	10.1	2.9	16.7	1.8
海 南	8.8	11.8	3.6	10.2	7.1	3.4	12.6	1.5
重 庆	17.0	21.3	6.3	17.7	16.4	3.2	26.8	2.2
四 川	12.2	16.1	6.3	13.5	10.8	2.9	18.8	2.1
贵 州	10.4	15.0	4.4	11.8	8.8	2.4	16.0	1.4
云 南	9.2	13.4	4.3	8.8	9.6	2.1	13.2	1.4
西 藏	10.8	20.8	4.1	12.5	8.9	0.6	15.6	1.1
陕 西	15.4	20.7	5.4	16.8	13.9	3.7	23.1	3.4
甘 肃	11.4	17.5	3.7	11.7	11.1	2.7	16.7	2.5
青 海	9.3	13.0	2.8	9.4	9.1	1.8	13.4	1.3
宁 夏	11.6	15.7	3.3	12.4	10.9	1.7	17.1	1.3
新 疆	10.6	15.0	4.3	10.1	11.2	2.7	15.1	1.1

4-3-3-3 电脑上网活动参与率(休息日)

单位：%

地区	合计	分城乡		分性别		分年龄组		
		城镇	农村	男	女	6-17周岁	18-59周岁	60周岁及以上
全国	**8.5**	**10.6**	**4.4**	**10.6**	**6.3**	**7.3**	**11.2**	**1.8**
北京	11.7	12.5	6.1	14.4	8.9	17.2	14.0	2.8
天津	8.7	9.2	5.4	11.3	5.9	7.5	11.7	2.2
河北	9.4	11.5	5.9	11.4	7.4	8.3	12.3	3.2
山西	5.9	7.3	3.4	6.7	5.1	5.5	7.7	1.6
内蒙古	7.3	9.5	2.5	9.0	5.5	4.8	10.0	1.5
辽宁	5.7	7.0	2.3	8.4	3.2	5.4	8.0	1.5
吉林	4.3	6.0	1.4	5.8	2.9	2.6	5.7	1.9
黑龙江	7.6	9.7	3.1	10.0	5.1	8.6	10.1	1.7
上海	18.4	19.4	10.6	22.5	14.1	26.6	21.1	9.3
江苏	10.4	12.0	5.6	14.0	6.7	11.7	13.7	1.8
浙江	12.8	14.1	9.0	16.2	9.1	17.0	15.8	1.8
安徽	6.7	8.6	3.7	9.3	4.1	4.2	9.4	1.8
福建	9.7	10.8	7.1	11.9	7.4	10.1	12.3	0.9
江西	9.7	11.9	6.0	12.2	7.0	7.6	13.2	1.8
山东	7.6	9.7	3.8	9.1	6.2	8.8	10.1	1.2
河南	7.0	8.8	4.3	8.9	5.0	6.1	9.5	1.1
湖北	8.9	11.2	4.4	10.9	6.7	6.8	12.6	1.5
湖南	7.0	9.0	3.9	8.7	5.2	5.4	10.1	0.8
广东	12.3	14.6	5.1	14.2	10.2	9.1	15.6	1.2
广西	6.4	9.2	2.7	7.8	4.9	4.2	8.9	1.9
海南	6.3	8.1	3.2	8.3	3.9	5.0	8.4	0.3
重庆	8.5	10.2	4.1	11.4	5.5	9.1	11.3	1.5
四川	7.4	9.1	5.0	10.0	4.8	4.9	10.3	2.1
贵州	6.3	8.3	3.8	7.2	5.4	3.6	9.1	0.6
云南	5.7	8.0	3.1	6.9	4.4	4.1	7.5	0.8
西藏	4.1	6.2	2.7	4.9	3.1	2.6	5.1	1.0
陕西	6.8	8.9	3.0	8.6	5.0	5.6	8.9	2.1
甘肃	5.7	7.8	3.1	6.9	4.5	4.5	7.0	2.8
青海	5.9	7.6	3.0	6.3	5.5	6.0	7.2	0.6
宁夏	6.8	8.6	2.9	8.6	4.9	4.0	9.0	0.8
新疆	7.3	9.4	4.2	8.4	6.0	4.9	9.2	1.4

4-4-1-1 其他设备上网居民每日平均时间(合计)

单位：分

地区	合计	分城乡		分性别		分年龄组		
		城镇	农村	男	女	6-17周岁	18-59周岁	60周岁及以上
全国	**24**	**24**	**25**	**23**	**26**	**23**	**15**	**50**
北京	25	26	23	24	27	24	18	47
天津	22	22	19	21	23	16	13	45
河北	21	22	18	19	22	18	14	40
山西	20	24	13	18	21	15	14	39
内蒙古	22	22	23	22	22	13	12	53
辽宁	16	18	11	15	17	9	12	27
吉林	26	27	23	24	27	14	16	51
黑龙江	20	25	9	20	20	11	12	39
上海	26	27	19	25	27	21	17	48
江苏	28	25	37	26	30	32	16	54
浙江	16	14	19	14	17	12	10	33
安徽	18	21	14	17	20	22	11	36
福建	20	20	21	19	22	22	11	48
江西	24	24	25	24	25	27	13	54
山东	32	28	40	28	36	23	22	62
河南	27	24	31	26	28	21	19	55
湖北	21	22	19	20	22	22	13	39
湖南	28	27	29	26	30	23	16	60
广东	23	22	28	22	24	26	15	56
广西	27	23	31	23	31	37	12	60
海南	20	20	20	19	22	22	11	49
重庆	33	38	23	32	34	24	21	68
四川	25	21	30	26	23	22	14	51
贵州	29	33	24	28	30	40	16	59
云南	40	46	33	39	41	36	23	104
西藏	19	25	14	20	17	14	17	39
陕西	21	23	15	19	22	12	13	46
甘肃	15	19	10	14	16	13	9	38
青海	20	24	11	17	22	28	16	26
宁夏	21	24	14	22	20	19	12	59
新疆	22	26	15	20	24	22	17	46

4-4-1-2 其他设备上网居民每日平均时间(工作日)

单位：分

地区	合计	分城乡		分性别		分年龄组		
		城镇	农村	男	女	6-17周岁	18-59周岁	60周岁及以上
全国	**23**	**22**	**23**	**21**	**24**	**16**	**14**	**50**
北京	23	23	22	21	25	18	16	45
天津	21	21	18	20	22	11	12	46
河北	19	20	17	18	20	12	13	39
山西	20	24	12	18	22	13	15	39
内蒙古	22	21	25	23	22	12	12	56
辽宁	15	17	10	13	17	5	11	26
吉林	24	25	22	22	25	6	15	50
黑龙江	19	24	8	19	19	8	11	39
上海	25	25	20	23	26	14	15	50
江苏	27	23	36	24	29	25	15	54
浙江	13	13	16	12	15	6	9	30
安徽	16	19	12	15	18	14	10	35
福建	18	18	18	16	19	15	10	46
江西	21	20	22	20	21	13	12	55
山东	30	27	38	26	35	18	20	62
河南	26	22	31	24	27	17	18	56
湖北	20	21	18	19	20	14	13	39
湖南	26	26	26	24	28	15	16	60
广东	21	20	25	20	23	18	14	57
广西	24	21	28	21	28	27	11	58
海南	18	18	18	17	20	13	12	48
重庆	32	35	22	30	33	16	21	67
四川	23	20	28	24	22	15	14	52
贵州	25	28	20	24	25	26	15	55
云南	38	44	32	38	39	28	23	105
西藏	18	24	14	20	16	9	17	41
陕西	19	22	14	18	20	7	12	47
甘肃	15	19	10	14	16	3	9	39
青海	19	25	10	16	22	25	16	26
宁夏	19	22	13	19	18	10	12	58
新疆	21	25	14	19	22	17	16	48

4-4-1-3 其他设备上网居民每日平均时间(休息日)

单位：分

地 区	合计	分城乡		分性别		分年龄组		
		城镇	农村	男	女	6-17周岁	18-59周岁	60周岁及以上
全 国	**29**	**28**	**29**	**28**	**30**	**41**	**17**	**51**
北 京	32	33	24	31	33	39	23	51
天 津	24	25	22	24	25	27	16	43
河 北	24	26	21	22	26	33	14	40
山 西	19	22	13	18	20	22	11	37
内蒙古	21	23	18	22	21	15	13	47
辽 宁	19	21	14	19	19	18	14	28
吉 林	30	33	25	29	32	34	19	54
黑龙江	22	28	11	23	21	17	16	38
上 海	29	30	17	27	31	37	21	45
江 苏	32	30	40	30	34	49	19	54
浙 江	21	19	25	20	22	26	13	39
安 徽	24	25	21	22	25	45	12	36
福 建	26	26	28	24	28	41	14	52
江 西	33	33	33	32	33	63	14	54
山 东	37	32	45	33	40	36	26	62
河 南	30	28	33	30	31	31	21	53
湖 北	25	26	21	24	26	42	14	38
湖 南	32	30	36	31	33	42	18	60
广 东	28	26	35	28	28	47	17	53
广 西	34	29	40	30	38	61	12	64
海 南	25	25	25	24	26	44	11	52
重 庆	38	43	25	38	39	45	23	70
四 川	29	24	35	32	25	40	16	51
贵 州	40	44	34	38	42	74	19	68
云 南	43	50	35	40	46	57	23	102
西 藏	20	26	16	20	19	25	16	33
陕 西	24	27	20	24	25	26	16	45
甘 肃	17	21	11	15	18	26	9	33
青 海	21	24	15	19	23	34	16	25
宁 夏	26	30	18	28	24	41	13	62
新 疆	25	29	19	22	28	36	18	43

4-4-2-1 其他设备上网参与者每日平均时间(合计)

单位：分

地 区	合计	分城乡		分性别		分年龄组		
		城镇	农村	男	女	6-17周岁	18-59周岁	60周岁及以上
全 国	**114**	**114**	**114**	**112**	**117**	**85**	**97**	**157**
北 京	118	120	108	116	120	84	100	169
天 津	111	116	84	113	109	71	87	155
河 北	108	110	105	105	111	81	95	143
山 西	122	136	91	128	117	103	112	143
内蒙古	130	126	138	130	129	84	97	180
辽 宁	124	126	113	117	130	75	106	159
吉 林	142	139	148	138	145	67	120	189
黑龙江	128	133	103	130	125	59	109	169
上 海	121	122	114	121	121	72	97	175
江 苏	113	105	134	111	116	91	89	156
浙 江	109	104	122	105	114	65	92	158
安 徽	94	95	90	88	100	78	84	117
福 建	100	98	105	102	98	79	79	149
江 西	101	101	101	98	105	74	86	149
山 东	138	126	157	124	151	100	120	178
河 南	112	110	114	111	113	82	103	146
湖 北	102	99	108	104	100	83	86	134
湖 南	123	122	125	125	121	83	104	169
广 东	109	108	113	105	114	84	96	163
广 西	114	111	118	108	120	107	82	157
海 南	120	120	119	116	124	92	106	159
重 庆	125	131	103	126	123	78	105	171
四 川	117	123	111	121	112	90	100	146
贵 州	114	117	110	110	119	101	90	174
云 南	126	136	113	130	123	105	100	174
西 藏	99	112	87	103	94	89	93	133
陕 西	103	111	85	100	106	51	83	166
甘 肃	92	96	82	99	86	53	83	130
青 海	116	123	95	106	125	118	111	128
宁 夏	97	98	94	98	96	65	85	139
新 疆	103	116	81	97	108	87	93	150

4-4-2-2 其他设备上网参与者每日平均时间(工作日)

单位：分

地区	合计	分城乡		分性别		分年龄组		
		城镇	农村	男	女	6-17周岁	18-59周岁	60周岁及以上
全国	**152**	**154**	**148**	**149**	**154**	**112**	**136**	**185**
北京	159	160	150	154	163	112	142	197
天津	148	156	108	145	151	90	116	198
河北	150	153	144	150	150	97	148	177
山西	168	188	121	170	167	183	166	167
内蒙古	170	161	193	174	167	165	127	213
辽宁	150	157	128	136	164	73	137	179
吉林	186	183	192	187	185	65	173	216
黑龙江	177	180	162	170	185	98	154	211
上海	159	161	145	163	156	118	127	204
江苏	154	144	177	151	156	141	132	177
浙江	154	150	161	143	164	77	142	189
安徽	127	133	113	117	137	92	127	145
福建	134	137	129	133	136	107	112	175
江西	139	147	128	139	139	86	134	171
山东	172	163	186	157	185	141	151	202
河南	149	144	155	148	150	121	135	180
湖北	144	146	140	157	133	102	134	170
湖南	157	159	155	159	156	102	143	191
广东	141	144	133	137	144	97	131	187
广西	144	142	145	137	149	113	124	187
海南	158	158	159	165	152	115	148	191
重庆	162	172	130	162	161	109	144	192
四川	151	158	143	154	147	123	130	176
贵州	142	147	135	138	147	112	120	206
云南	163	176	146	163	163	142	134	204
西藏	141	162	123	148	133	162	131	167
陕西	151	162	126	147	155	77	128	195
甘肃	132	135	126	144	122	74	128	156
青海	158	167	127	143	172	206	145	152
宁夏	140	150	112	141	138	81	140	164
新疆	144	158	118	138	150	116	139	178

4-4-2-3 其他设备上网参与者每日平均时间(休息日)

单位：分

地 区	合计	分城乡		分性别		分年龄组		
		城镇	农村	男	女	6-17周岁	18-59周岁	60周岁及以上
全 国	**168**	**169**	**167**	**168**	**169**	**174**	**147**	**191**
北 京	182	186	148	181	184	165	166	215
天 津	164	171	130	171	158	154	139	199
河 北	164	167	158	152	175	167	137	197
山 西	147	161	117	154	142	167	127	161
内蒙古	161	172	136	159	163	119	148	184
辽 宁	187	188	185	185	188	192	170	206
吉 林	202	204	198	200	204	173	180	235
黑龙江	186	189	175	197	176	106	176	227
上 海	176	179	140	179	172	144	166	200
江 苏	155	151	167	157	154	161	136	173
浙 江	179	169	205	178	180	160	152	229
安 徽	151	147	160	145	158	177	133	147
福 建	152	148	164	156	149	160	123	184
江 西	163	164	162	159	168	189	121	180
山 东	195	181	219	185	204	179	182	218
河 南	158	160	156	162	155	144	153	176
湖 北	159	157	162	160	157	184	128	178
湖 南	176	176	176	181	172	184	149	198
广 东	168	165	174	167	169	173	149	196
广 西	190	184	195	185	194	232	128	204
海 南	180	180	180	174	186	202	143	196
重 庆	172	178	147	176	167	165	149	198
四 川	168	179	157	181	153	186	153	172
贵 州	192	194	190	185	200	215	142	233
云 南	169	183	151	174	166	189	138	194
西 藏	149	149	148	152	145	185	134	154
陕 西	155	165	134	156	154	127	139	194
甘 肃	126	133	113	133	121	118	117	141
青 海	147	146	147	141	151	159	137	154
宁 夏	145	146	144	151	140	145	126	168
新 疆	150	165	125	137	163	161	133	181

4-4-3-1 其他设备上网活动参与率(合计)

单位：%

地区	合计	分城乡		分性别		分年龄组		
		城镇	农村	男	女	6-17周岁	18-59周岁	60周岁及以上
全国	**21.2**	**21.1**	**21.5**	**20.5**	**22.0**	**27.2**	**15.6**	**32.1**
北京	21.5	21.6	20.8	20.6	22.5	29.1	17.8	27.7
天津	19.8	19.3	22.7	18.8	20.8	22.3	15.2	29.2
河北	19.0	19.9	17.4	18.4	19.5	22.6	14.3	27.6
山西	16.2	17.4	13.9	14.3	18.1	14.6	12.5	27.1
内蒙古	17.0	17.1	16.6	17.3	16.6	15.6	12.5	29.5
辽宁	13.1	14.3	10.0	12.8	13.4	11.9	11.4	16.9
吉林	18.0	19.5	15.4	17.3	18.8	21.0	13.5	26.9
黑龙江	15.4	18.7	8.7	15.1	15.6	18.2	11.4	23.0
上海	21.3	21.9	16.6	20.2	22.5	28.9	17.5	27.8
江苏	24.8	23.9	27.6	23.6	26.1	35.1	18.3	34.5
浙江	14.2	13.8	15.4	13.7	14.8	18.3	11.2	20.8
安徽	19.7	22.0	15.9	19.4	19.9	28.7	12.7	30.6
福建	20.2	20.4	19.7	18.3	22.3	28.3	14.1	31.9
江西	24.0	23.6	24.7	24.2	23.7	36.4	15.0	36.4
山东	23.3	22.3	25.3	22.8	23.9	23.3	18.3	34.9
河南	24.0	21.6	27.4	23.4	24.6	25.6	18.2	37.8
湖北	20.8	22.5	17.5	19.7	21.9	26.3	15.8	29.0
湖南	22.6	22.2	23.2	20.9	24.4	27.5	15.6	35.7
广东	21.2	20.2	24.4	21.1	21.4	31.3	15.7	34.2
广西	23.5	21.2	26.6	21.7	25.4	34.2	14.2	38.2
海南	16.9	16.8	17.1	16.2	17.7	23.6	10.8	30.8
重庆	26.8	28.8	21.8	25.8	27.8	31.0	20.3	39.9
四川	21.2	17.3	26.9	21.7	20.7	24.6	14.5	35.2
贵州	25.4	28.2	21.8	25.4	25.3	39.5	17.6	33.8
云南	31.5	33.7	28.9	29.6	33.4	34.4	22.8	59.7
西藏	18.7	21.8	16.6	19.2	18.2	15.1	18.3	29.0
陕西	20.0	21.0	18.0	19.5	20.5	23.9	15.9	27.9
甘肃	16.8	20.1	12.7	14.6	19.2	24.2	10.8	29.0
青海	17.0	19.8	12.0	16.0	17.9	23.6	14.3	20.0
宁夏	21.6	24.8	14.9	22.1	21.0	29.4	14.0	42.8
新疆	21.2	22.7	19.0	20.5	22.0	25.8	17.7	31.0

4-4-3-2 其他设备上网活动参与率(工作日)

单位：%

地区	合计	分城乡		分性别		分年龄组		
		城镇	农村	男	女	6-17周岁	18-59周岁	60周岁及以上
全国	**14.9**	**14.6**	**15.4**	**14.2**	**15.6**	**14.5**	**10.5**	**27.2**
北京	14.5	14.4	14.7	13.7	15.2	16.4	11.0	22.8
天津	14.1	13.7	16.8	13.9	14.4	12.5	10.6	23.2
河北	12.8	13.3	11.9	12.3	13.3	12.8	8.9	22.3
山西	12.0	12.9	10.2	10.9	13.1	6.8	9.0	23.5
内蒙古	13.0	13.0	13.0	13.0	13.1	7.4	9.3	26.1
辽宁	10.0	10.7	8.1	9.8	10.2	7.2	8.2	14.6
吉林	12.8	13.6	11.4	11.8	13.8	9.6	8.8	22.9
黑龙江	10.5	13.2	5.0	10.9	10.1	8.4	7.2	18.6
上海	15.4	15.7	13.6	14.4	16.5	12.0	12.2	24.3
江苏	17.3	16.2	20.4	16.2	18.4	17.9	11.5	30.6
浙江	8.8	8.3	10.0	8.4	9.2	8.0	6.4	15.9
安徽	12.8	14.4	10.4	12.7	13.0	14.7	8.0	24.3
福建	13.3	13.0	13.9	12.4	14.2	14.0	9.0	26.3
江西	14.9	13.7	17.1	14.5	15.4	14.7	9.2	31.9
山东	17.7	16.3	20.3	16.7	18.7	12.8	13.5	30.8
河南	17.1	15.3	19.8	16.4	17.8	14.2	13.1	31.1
湖北	13.7	14.2	12.8	12.2	15.3	13.6	9.9	23.0
湖南	16.5	16.2	17.0	15.1	17.9	14.8	10.9	31.6
广东	15.2	14.2	18.5	14.6	15.9	18.9	10.9	30.2
广西	16.9	15.1	19.3	15.3	18.6	23.8	9.2	31.2
海南	11.6	11.7	11.6	10.2	13.3	11.2	7.9	25.2
重庆	19.5	20.7	16.7	18.8	20.3	14.3	14.3	35.1
四川	15.4	12.7	19.5	15.6	15.3	12.3	10.5	29.3
贵州	17.3	19.2	14.8	17.3	17.3	23.2	12.1	27.0
云南	23.6	25.2	21.8	23.2	24.0	19.7	16.9	51.4
西藏	12.8	15.0	11.3	13.2	12.3	5.5	13.3	24.4
陕西	12.5	13.4	10.8	12.0	13.0	8.5	9.3	24.0
甘肃	11.4	13.9	8.1	9.9	12.9	10.2	7.1	25.2
青海	12.1	14.7	7.7	11.4	12.9	12.2	10.9	17.0
宁夏	13.5	14.6	11.2	13.6	13.4	12.4	8.3	35.7
新疆	14.3	16.0	11.8	13.8	14.8	14.8	11.5	26.8

4-4-3-3 其他设备上网活动参与率(休息日)

单位：%

地区	合计	分城乡		分性别		分年龄组		
		城镇	农村	男	女	6-17周岁	18-59周岁	60周岁及以上
全 国	**17.0**	**16.8**	**17.3**	**16.4**	**17.6**	**23.5**	**11.6**	**26.5**
北 京	17.4	17.5	16.2	17.0	17.8	23.8	13.8	23.9
天 津	14.8	14.5	16.6	14.1	15.5	17.8	11.2	21.7
河 北	14.7	15.5	13.1	14.3	15.0	19.8	10.6	20.4
山 西	12.8	13.4	11.5	11.7	13.8	12.9	8.9	23.0
内蒙古	13.3	13.5	13.0	13.9	12.7	12.6	8.9	25.6
辽 宁	10.2	11.2	7.5	10.2	10.3	9.5	8.5	13.8
吉 林	14.9	16.2	12.5	14.2	15.6	19.5	10.4	23.1
黑龙江	11.9	14.6	6.3	11.5	12.2	15.7	8.9	16.8
上 海	16.5	17.0	12.1	15.2	17.9	25.7	12.5	22.7
江 苏	20.7	19.6	23.7	19.4	22.0	30.8	13.8	31.2
浙 江	11.6	11.3	12.4	11.3	12.0	16.4	8.8	17.2
安 徽	15.6	17.3	12.8	15.5	15.7	25.4	9.0	24.8
福 建	17.3	17.3	17.0	15.5	19.1	25.6	11.3	28.1
江 西	20.2	20.3	20.0	20.4	20.0	33.3	11.8	29.9
山 东	18.7	17.8	20.6	18.1	19.4	20.2	14.1	28.4
河 南	19.1	17.8	21.1	18.6	19.7	21.4	14.1	30.3
湖 北	15.5	16.7	13.3	14.7	16.4	22.6	11.0	21.5
湖 南	18.3	17.2	20.2	17.4	19.3	23.0	11.9	30.3
广 东	16.6	15.5	20.1	16.5	16.6	26.9	11.5	27.1
广 西	17.7	15.6	20.5	16.0	19.5	26.3	9.6	31.2
海 南	13.8	13.8	13.8	13.5	14.1	21.8	7.6	26.4
重 庆	22.2	24.3	16.8	21.3	23.0	27.5	15.2	35.5
四 川	17.1	13.7	22.1	17.8	16.4	21.3	10.8	29.7
贵 州	20.8	23.0	18.1	20.7	21.0	34.6	13.2	29.1
云 南	25.5	27.4	23.3	23.2	27.9	30.1	16.8	52.3
西 藏	13.4	17.1	10.8	13.5	13.2	13.5	12.1	21.3
陕 西	15.8	16.4	14.7	15.2	16.5	20.5	11.8	23.0
甘 肃	13.1	15.9	9.7	11.2	15.1	21.6	7.3	23.7
青 海	14.2	16.4	10.4	13.4	15.1	21.7	11.5	16.5
宁 夏	17.9	20.6	12.2	18.4	17.3	28.4	10.1	36.8
新 疆	16.7	17.7	15.2	16.2	17.2	22.2	13.4	23.7

附　录

指标解释

居民每日平均时间 指按全部调查对象加权平均的参与某类活动的时间。

参与者每日平均时间 指按参与者(参与某类活动的人)加权平均的参与某类活动的时间。

活动参与率 指全部调查对象中参与者（参与某类活动的人）所占的比例。

个人生理必需活动领域 包括睡觉休息、个人卫生护理、用餐或其他饮食、看病就医等活动大类。

有酬劳动领域 包括劳动就业活动大类中除无酬实习等就业活动外的其他活动类别。

无酬劳动领域 包括家务劳动、陪伴照料家人、购买商品或服务等活动大类以及劳动就业活动大类中的无酬实习等就业活动、社会交往大类中的公益志愿活动。

个人自由支配活动领域 包括运动健身、文化休闲娱乐等活动大类以及社会交往大类中除公益志愿活动外的其他活动类别。

学习培训领域 包括学习培训活动大类。

交通活动领域 包括交通出行活动大类。

睡觉休息活动 指为满足个人生理需要而进行的睡觉休息活动。包括夜间睡眠、午睡、打盹、闭眼短时休息等。不包括入睡前和睡醒后躺在床上刷手机、听音乐等。

个人卫生护理活动 指自己完成的日常个人卫生护理活动、自我健康管理和接受家人提供的无偿卫生护理活动。包括上厕所、刷牙、洗脸、洗手、洗澡、泡澡、泡脚、化妆、护肤、梳头发、剃须、戴（隐形）眼镜、剪指甲、修脚、穿衣服等，进行血压、血糖监测，注射胰岛素、吃药、处理伤口等。不包括接受医生、护士、护工等提供的有偿卫生护理。

用餐或其他饮食活动 指在家、在餐厅（含在工作单位、学校等）等任何地点的早、中、晚或其他时间的餐饮活动。包括吃饭、吃外卖快餐、吃零食、吃点心、喝水、喝饮料、喝酒、喝茶、喝咖啡等饮食活动。不包括为获取劳动报酬或经营收入进行的试吃、试喝等活动。

交通出行活动 指因各种目的，采用某种交通方式(含步行)的出行活动。包括上下班(学)的交通出行，去会见客户、不同办公地点间、去外地出差的交通出行，去商场购物、去医院就医的交通出行，去健身锻炼场所、文化休闲娱乐场所、社交场所的交通出行，去机场、火车站等乘飞机、乘火车的交通出行。

劳动就业活动 指为获取劳动报酬或经营收入、工作经验或职业技能等进行的商品生产、服务提供等活动。劳动报酬可以是现金，也可以是实物，不论实际是否获得。劳动就业活动包括专职、兼职、学徒、实习、试用期等在各类城乡企事业单位的就业活动，农业（种植业）、畜牧业、林业、渔业等初级生产经营活动，商品销售、维修安装、客货运输、家庭建筑等生产经营活动，提供个人护理服务、家政服务、运输服务等有偿服务活动，开网店、做直播、开网约车、送快递外卖等灵活就业活动，以及与就业活动有关的带薪学习培训（如单位安排的上岗前培训、党校学习、在岗培训、脱产学习等）等。不包括为家人提供的无酬家务劳动、无酬志愿者工作等。

学习培训活动 指各级教育水平的学习。包括学前教育、小学阶段、初中阶段、高中阶段、高等教育等各级学历教育学习，成人技术培训、成人非学历高等教育等继续教育学习，以及与之有关的课外学习、补课、完成家庭作业、自学等；包括与职业有关的技能学习、资格认证和各类短期培训（外语、计算机、驾校等），以及个人娱乐爱好等其他学习培训活动；包括参加资格认证课程、为职业考试进行的复习课程等活动。不包括与就业活动有关的带薪学习培训（如单位安排的上岗前培训、党校学习、在岗培训、脱产学习等）。

家务劳动活动 指为自己或家庭成员提供的无偿家务活动。包括烧菜做饭、洗衣清扫、饲养宠物和其他家务劳动等。不包括为非家庭成员提供的无偿家务活动。

陪伴照料家人活动 指对各个年龄阶段的家人进行生活照料、学习辅导等活动。包括照料家人日常起居、卫生护理，与家人交谈，进行学习方面的辅导、陪伴和监督等活动。不包括陪伴照料非家庭成员。

购买商品或服务活动 指通过互联网或到实体店购买商品或接受服务的活动。包括在商场超市或通过互联网等方式购买食品、衣服、日常用品等消费品以及家用电器、家具和汽车等耐用品，联系家电维修人员上门维修电器、在汽车维修点修理汽车等，在银行、律所、广告媒体、婚庆公司、房屋租赁等专门机构办理相关业务活动等，在美发店、美容院等接受理发、美发、美甲、修足、按摩等服务，也包括以购物为目的收看网络直播或电视购物等。不包括陪他人而自己不购买商品或服务，在医院、诊所、卫生室等医疗卫生机构或通过互联网请医生护士为自己进行的各类看病就医、护理活动。

看病就医活动 指在医院、诊所、卫生室等医疗卫生机构或通过互联网请医生护士为自己进行的看病就医和护理活动。包括就诊、开药、住院、手术、输液、打针、体检、咨询、理疗、按摩、验光等。不包括陪他人看病就医和带宠物看病就医。

运动健身活动 指以健身强体为目的在家里或各类运动健身场所开展的活动。包括散步、跑步、登山、骑行等运动，太极拳、散打等各类武术运动，跳广场舞、健身舞、健身操、瑜伽等各类舞蹈运动，篮球、足球、乒乓球、羽毛球等各类球类运动，游泳、跳水、潜水、帆船、冲浪等各类水上运动，滑冰、滑雪等各类冰雪运动，摔跤、柔道、拳击等各类搏击运动，使用杠铃、哑铃等健身器械进行的健身活动。不包括围棋、象棋、跳棋、桥牌等棋牌类智力运动。

文化休闲娱乐活动 指参加文化或休闲活动、开展文娱爱好、参观使用各类文化场馆设施以及旅游等活动。包括阅读书报期刊、视听娱乐、游戏消遣放松、文娱爱好、参与文化场馆活动、旅游等其他文化休闲娱乐等。

社会交往活动 指以社会交往为目的的各类活动。包括社交性质的交谈、聊天、打电话、发信息、发邮件等，参加聚会、校庆、婚丧仪式等活动，参加单位、社区或慈善机构组织的社区服务、志愿服务等。不包括工作或学习性质的通信、交流、发邮件等活动。

互联网使用 指调查对象在进行某类活动时的互联网使用情况，包括通过手机、电脑或其他设备上网。